情報と謀略 上

国書刊行会

序
——歴史の真相を探知する手がかり——

日本文化大学　学長
元内閣情報調査室長　大森　義夫

東京の空にそびえる東京スカイツリーは春日井邦夫さんの下町の自宅から近い。穏やかな初冬の昼下がり、隣接する「東京ソラマチ」のレストランで久しぶりに昼食を共にした。蛇行する隅田川を見下ろしつつ春日井さんは、

「このあたり一帯、空襲で廃墟でしたがねー」

といつもの落ち着いた声で語った。私も下町の高校を卒業した者でなじみの風景ではあるが、定点観測のような春日井さんの分析に素直に耳を傾けるのは楽しい慣わしだ。

定点観測といえば、私は一九六七（昭和四二）年から二年半、当時日米間のホットイシュー（重要問題、優先課題）となっていた沖縄に、警察庁から情報担当として駐在を命じられていた。その時に内閣情報調査室（当時は内閣調査室。略称は内調）から長期出張の形で派遣されてきたのが春日井邦夫さんで、牛肉やコメの値段（当時はドル）を克明にメモする同氏の態度に「本物の情報マン」の原型を見た思いがした。私は三〇歳、春日井さんは四五歳前後だったろう。爾来四五年もの間、親しく付き合いを続けて現在に至っている。

当時、時事通信社の沖縄特派員を務めていたのが田久保忠衛氏で、那覇からワシントンに転勤、沖縄返還からニクソン政権の勢力均衡政策まで幅広く取材して日本における安保問題の論客となった。安全保障に焦点をしぼった防衛関連情報誌『ざっくばらん』を刊行していた奈須田敬さん（二〇一三年に九二歳で没す）が田久保さんをメインとした勉強会（田久保サロン）を銀座で毎月開催し、マスコミや自衛隊などの研究家たちが会合するようになったが、春日井さんも私もその一角に座を占めた。

春日井さんは寡黙ながら質問を受ければ、砂川から新島など各地での反基地闘争の経緯やら沖縄での表面には出ない世論や現地紙の動向など、現場を知る者だけが語り継ぐ内面史を自分の言葉で伝える役割だった。春日井さんは神田の特定の古本屋で世界各国の諜報本をこつこつと購入しては、

「これは役に立ちますよ」

と勧めてくれた。実に貴重な情報の伝道師というべき存在だった。

そうした環境の中、奈須田さんの『ざっくばらん』に著者Xという匿名で一九八二年ころから「情報と謀略」は毎号掲載された。該博な知識で極めて緻密に書かれていたから、この著者はよほど情報活動のプロに違いないと話題になったが、我々のサークル内では、

「これを書けるのは彼しかいない」

とすぐ定評になったものだ。改めて、志を共有し切磋琢磨する集団の中から有益な教科書が生み出される歴史を思い起こすものである。本書後半に著述されるように春日井さんは「昭和の吉田松陰」・「昭和の天才」とも評される仲小路彰氏の下に若くして師事、実践で鍛えられた。これも情報マンはいかに育成されるか、の生きた実例

である。

長い年月にわたり実地観測と勉強を積み重ね、メモをとりそれを整理する地道な生活こそ情報に生き、情報の後方を支える一つの人生であるように思われる。

本書の中で、英米などの実際の事例を引用する形で春日井さんは表面に出ない情報活動の凄み、歴史を衝き動かす隠れた秘密工作を現代に遺そうとしている。それはじっと、その世界をウォッチしてきた特異な人物だけが我々に伝えられる重層的なものの見方であり、歴史の真相を探知する手がかりというものだろう。

読者各位は本書の頁をめくり、春日井さんの蘊蓄をフォローしながらインテリジェンスの世界に頭脳を侵されて行くことになる。

○それまで英国（チャーチル首相）の政治工作に反発していた米国サイドが内心動き出したのは「一つは、有名な原爆の共同研究であり、他の一つは、暗号解読分野での協力であった」こと。
○チャーチルとしてはドイツや日本がソ連と協調するのを妨げつつ、米国をして絶妙のタイミングで対日参戦に踏み切らせることを至高の戦略としたこと。
○日本は開戦すれば米国内の情報網をつぶされるので、ワシントンからアルゼンチンのブエノスアイレスに情報活動の中心地を移そうとしたこと。
○日本に五〇年も住み、東京帝国大学で教鞭をとっていた英国人学者を対米戦に反対の思想を持つ日本の一等書記官に接触させて、ついには来栖三郎大使の高度の情報まで盗聴に成功したこと。
○英国海軍航空隊がイタリアのタラント湾で成功した雷撃戦術を用いて真珠湾攻撃を日本海軍が考え始めた

と英国は米国FBIに通報したこと。
○情報機関の基本原則として①大統領の直接指揮、②秘密資金の使用、③既存の情報機関とは別の海外情報の収集、④宣伝活動と破壊工作の機能、があげられること。
○いかなる国家も、外国の情報機関の自国内での非合法活動については寛容ではあり得ないこと。
○フーバーのFBIは、依然平時の警察官の伝統に従ってスパイを逮捕すればよいという大きな間違いを犯したこと、
等々は本書『情報と謀略』の先ずは入口である。
本書の刊行の意義大なることを読者とともに語りたい。

二〇一四年八月一五日

まえがき

情報戦の重要性と本書執筆の動機

情報が「敵情を報知する」意味として用いられたのは、一八七六（明治九）年出版の酒井忠恕訳『仏国歩兵陣中要務実地演習軌典』が最初である。明治以降の国際化にともない、国内外の情報を収集・分析する情報活動の重要性が飛躍的に増した。利害を異にする各国の情報の素早い収集と、正しい解読にもとづく政治判断と国家戦略が国の存亡に直結するようになったからである。

特に通信や航空機、レーダーなどの発達にともなって情報の重要性が高まり、第二次大戦では各国の諜報機関が死闘を演じた。情報の優劣が戦局を劇的に転換し、勝敗を左右する原動力の一つとなったためである。では、わが国の情報活動は欧米列強に比較して、どのような成果をあげ、どのような敗北を喫したのであろうか――。

「情報戦の真相を理解し、二度と情報戦で負けてはならない」――これが本書執筆の動機である。

本書は一九八二（昭和五七）年一月より二〇一一（平成二三）年四月まで、防衛関連情報月刊誌『ざっくばらん』（並木書房発行）に、「X《エックス》」の仮名で連載した「情報と謀略」をまとめたものである。『ざっくばらん』は一九七四（昭和四九）年八月に創刊され、主筆・発行者は奈須田敬氏である。奈須田氏は歴史・軍事分野に卓見を持ち、国家安全保障の名高い論客であった。当初の打ち合わせでは二年ほどの連載予定であったが、連載は奈須田主筆の激励のもとに、連綿と継続して丸二九年と三ヵ月の長期にわたり、三五一回を数え、計百万字に達した。ここで本書の執筆に至る私の事歴の一端を略記しておきたい。

仲小路彰先生に導かれて

戦時下の一九四二（昭和一七）年春に、初めて仲小路彰先生の「日本を中心とする世界史」に接し深い感銘を受けた。当時私は新設の東京都立航空工業学校に第一期生として入学し航空機関科に在学中で、航空機関士への道を歩みはじめていた。新任の奥村正夫教諭の講義を通じて「日本世界史観」を知ったのである。戦局はすでにマニラを完全占領し、ラバウルを攻略するなど、日本中が戦勝気分にあふれていた。六月から東京上野の産業会館で、（財）日本世界文化復興会主催の仲小路彰先生を中心とする「アジア復興レオナルド・ダ・ヴィンチ展覧会」が開催された。私と野島芳明、小網汪世、佐藤増一の同級生四人は「航空工業グループ」と呼ばれていたが一二月までの開催中に展覧会を何度も見学し、仲小路先生はじめ諸先生への心酔を深めていった。

同年一二月に都立航空工業学校航空機関科を繰り上げ卒業し、私は日立航空機株式会社に入社。一九四四（昭和一九）年一二月から千葉工場に移った。

一九四五（昭和二〇）年八月下旬、終戦直後に奥村教諭、小網汪世、佐藤増一と私の四人で（財）日本世界文化復興会本部（東京麻布広尾町二、仲小路邸）を訪ね、仲小路先生が執筆された小冊子「我等斯ク信ズ」を清水宣雄理事からいただき、終戦の意義と日本再建の心構えを教えられた。同年秋に（財）日本世界文化復興会・戦争組立建築部に採用され、翌一九四六年正月より勤務を開始。同年二月二十二日に私と小網汪世、大久保力雄で麻布の仲小路邸を訪問し、初めて仲小路先生にお目にかかった日のことを忘れたことはない。先生は日本間の大きな炬燵で私たちに何が聞きたいかをやさしく問われた。私は、

「陛下の人間宣言が報道されていますが、どう考えたらよいのでしょうか」

と尋ねた。先生は眼鏡を光らせながら、

「新聞は天皇の人間宣言ばかりを強調しているが、いままでは人間ではなかったのですか。五ヵ条の御誓文には、非常に大切なことが書かれている。この精神を大切に守っていくことが大事ですよ」

とおっしゃった。その後、戦争組立建築技術を戦災組立住宅に転用する作図・パネル設計等を行い、山中湖分室（仲小路彰研究室）との連絡に従事した。次第に仲小路先生の思想にもふれ、その薫陶のもと本格的研究・勉学への希望を深め、山中湖畔への移住を懇請。一九四七（昭和二二）年一〇月に移住が実現し、一九五八（昭和三三）年八月までの一二年間、仲小路先生の日々の話をメモし原稿化する作業に従事することになった。

仲小路先生の八四年の生涯にとってこの一二年は、わずか七分の一の期間であったが、終戦を契機とする先生のグローバリズムへの思想的大展開の時期に当たり、『世界平和提案』『平和文化体系』『日本経営計画』『要約世界大成』『ロシア大革命史』『未来学原論』など、先生の思想の根幹となる著作が次々に構想され、講述を経て書き進められた最も創造的な日々であった。日夜ストーブを囲み、時勢を論じ、われら何をなすべきかを諄々と説かれた先生の思想と人間的偉大さに親しく接し得たことは、私の生涯の誇りである。

一九五六（昭和三一）年から本格化した『ロシア大革命史』（全一二巻）の原稿作成が軌道に乗り、東京・目黒にあった（財）史料調査会（富岡定俊理事長）に「ロシア大革命史刊行会」を置くと、私と野島芳明、島田清春の三名が出

版のための編集委員として、一九五八（昭和三三）年八月に山中湖畔を下り上京することになった。

内閣調査室二二年

『ロシア大革命史』の編集に没頭中の一九五九（昭和三四）年一月、㈶史料調査会の富岡理事長から防衛庁の新島《にいじま》ミサイル試射場建設で揺れる「新島」行きの打診を受ける。思いがけないことで固辞すると、「出版の仕事は野島と島田の両君がカバーする。基地問題は難しいが、革命史を学び、仲小路さんのもとで大学なら三つぐらい卒業するほど研究をつづけた君だから必ずできる。ぜひやってほしい」と頼まれ、引き受けざるを得なかった。同年三月新島に向かい、数年後に新島を引き揚げたのち「国土建設調査会」の調査員に就任。各地の基地問題調査に携わり、一九六三（昭和三八）年二月にはじめての著書『基地闘争』を出版し、冒頭に、

「敵のもっている、またもっているかもしれないあらゆる種類の武器、あらゆる戦闘手段や戦闘方法を知りつくそうという心がまえのないような軍隊の行動がばかばかしいことであり犯罪でさえあるということは、誰しもみとめるところである。だがこのことは、軍事よりも政治にいっそうよくあてはまる」（レーニン「共産主義の左翼小児病」）

と書いた。「反マルクス・レーニン・スターリン主義者」として、けっしてそうした愚かな教条主義者にはならないという誓いの言葉でもあった。

一九六五（昭和四〇）年四月に内閣調査室委託団体「国民出版協会」に勤務し、同年八月より内閣調査室第三部に派遣勤務となり、内調室員となる。七〇年安保を間近に迎えるなか、「調査月報」の編集に従事し、「一九七〇

年問題について」を執筆し、『日本の安全保障』(全一二巻) などの関連書籍を刊行した。一方、沖縄への出張にも従事し、警察庁から情報担当として沖縄に駐在していた大森義夫氏にお世話になり、その関係は今も続いている。また時事通信社の沖縄特派員を務めていた田久保忠衛氏などに出会い、今日に至る知遇を得た。

一九七四(昭和四九)年七月に内閣調査室第三部班長となり、一九八七(昭和六二)年に定年退職するまでの一三年間、一貫して日本の情報を取り扱う内閣調査室に居たことになる。

奈須田敬氏との出会い

安全保障問題の論客奈須田敬氏が防衛関連情報月刊誌『ざっくばらん』を発行したのは、私が内閣調査室第三部班長に就任した直後の、一九七四(昭和四九)年八月であった。奈須田氏との出会いは『ざっくばらん』の開始よりもはるかに古い。『ざっくばらん』の発行が軌道に乗り七年目を迎えたとき「情報と謀略」の連載が決まり、情報の花形の「暗号」を取り上げ、ナチスドイツの難攻不落といわれた「(暗号機) エニグマ」を英・米の諜報チームが解読する、スリリングな情報戦から連載を開始した。やがて田久保忠衛氏を中心とする「田久保サロン」の勉強会にも参加し、奈須田氏との交友も深まっていった。私の精神的支柱は若き日に山中湖畔で一二年間も薫陶を受けた仲小路彰先生の教えであったが、先生は「情報と謀略」の連載二年目の一九八四(昭和五九)年九月一日に、世寿八四歳で生涯を閉じられた。悲報に接し、大きな喪失感に沈みながらご冥福を祈った。かえすがえすも残念だったのは奈須田氏が「ぜひともご一緒に、仲小路彰先生にお目にかかりたいですね」と言っていたのに、先生との出会いの場を設けられないまま、先生の訃報に接したことであった。

「情報と謀略」の連載はその後も続き、三五一回(二〇一一年三月号)を発刊したあと、二〇一一年三月一一日の東日本大震災に遭遇して『ざっくばらん』が休刊となり、二カ月後の六月二三日に「『ざっくばらん』ごくろうさんの集い」が行われ、主筆・発行人の奈須田氏の長年の労苦を顕彰した。そして奈須田氏は二〇一三（平成二五）年七月二八日に亡くなられた。九二歳の大往生であった。

出版への感謝

もとより情報戦の核心は秘匿《ひとく》されやすく、容易に公開されないのが常である。私は連載に当たり、関連資料や既発表の論述を丹念に調べ、その背後に隠されている各国諜報員の秘密活動を追って記述した。情報の取り扱いや分析など、執筆時点で入手できたもののすべてを駆使した。

また、当初はこれほど長い連載を想定せず、しかも月一回の発行のため、エピソードを中心に一回ごとの読み切りを意識して書いたため、テーマによっては切り口を変えて再登場するものもある。それゆえに本書の刊行にあたり、一部テーマを整理し、見出しを整え、掲載順を並べ替えたため、各回の文末に掲載月日を付記した。

最後に、近来わが国を取り巻く極東情勢が緊迫の度を増し、情報の重要性が増している。そのなかで「二度と情報戦で負けてはならない」と肝に銘じてきた私の思いが本書を通して幾分でも理解されるならば、著者としてこれに勝る喜びはない。情報の大切さを徹底して教示された仲小路彰先生と、情報のプロとして本書執筆の後見人であった奈須田敬氏の霊前に本書を捧げ、深甚の御礼と感謝を申し述べるものである。

二〇一四年八月一五日

春日井　邦夫

『情報と謀略』上巻／目次

『情報と謀略』下巻／目次

凡例

一、本書は著者春日井邦夫氏が「X《エックス》」の仮名で、防衛関連情報月刊誌『ざっくばらん』（並木書房発行）に一九八二（昭和五七）年一月より二〇一一（平成二三）年四月まで連載した「情報と謀略」をまとめたものである。

一、本文は原則として新字体、現代仮名遣いを用いた。ただし一部の人名には旧字体を用いた。

一、難字にはルビをふり、難解な言葉には（　）で意味を補った。

一、軍事用語として略号が多出するが、読者の利便をはかるため適宜（　）で訳語を表記した。

例　BSS（英、安全保障調整局）

OSS（米、戦略情報局）

一、本書をまとめるにあたり、一部テーマを整理し、掲載順を並べ替え、各回の文末に雑誌掲載年月日を付記し、関連記事については（第〇章〇参照）と表示した。

国書刊行会

二〇一四年八月

第1章　暗号機エニグマをめぐる謀略

1　チャーチルとイントレピッド作戦

情報戦における日独両国の敗北

日本にとって第二次大戦の最大の教訓は、再び〝情報〟で後れを取って国を危うくしてはならないということである。相変わらず、安全保障の論議は盛んだが、国の安全の最大の鍵が、なによりも〝情報〟にあることを指摘する声は、いまだにあまりにも少ない。〝情報による敗北〟の意味が戦勝国側から長く秘匿されてきたこと。従って敗北の実相が分からないまま、今後どう対応するかとらえようがなくすぎてきたことによるものであろう。

こうした情報戦の真相は、歴史の謎となるに違いない。ただ時の経過がある程度明らかにした事実に基づき、想像の翼を羽ばたかせ、推理を重ね、再構成することによってようやく、全容に迫り得るものであろう。これは戦中・戦後といまなお秘かに戦われている全地球的な情報戦争についても同じように言えることである。

恐らく第二次大戦中「諜報上の最大の成功は、一九三九年英国人によってなされたものだろう。この年に彼らは、エニグマとして知られているナチスの最高レベルの暗号機械を一台入手し、戦争の終結まで、ヒトラーと将軍間の連絡の大部分を連合国が傍受できるようにした」「一九四一年までに、アメリカ諜報員は日本最高レベルの軍事および外交の暗号を解読し、ついで日本大使館で使われていた複雑な暗号解読機の作製に成功した。」

これはリーダーズダイジェスト社の『20世紀／激動の記録』が明らかにしている英米両国の情報戦勝利の簡潔な要約である。（日本リーダーズダイジェスト社発行、一九七七（昭和五二）年一〇月四日第一刷）

このうち日本の暗号が解読されていたことについては、アメリカの真珠湾責任者追及の査問委員会の記録等を通じて、戦後早くから知られていた。ミッドウェーの敗北、山本連合艦隊司令長官の戦死等いずれも暗号解読によることが知られていた。

しかし、イギリスのエニグマ解読については、長く秘密が保持されてきた。その概要が明らかになったのは、一九六〇年代のことであり、それも小出しに行われた。一九六二（昭和三七）年、キム・フィルビーのソ連への逃亡事件を契機にモントゴメリ・ハイドの『静かなカナダ人』（アメリカ版『三六〇三号室』）が刊行され、イギリスの対外秘密工作の中心として、ニューヨークのロックフェラーセンター三六〇三号室に置かれたBSC（イギリス安全保障調整局）とそれを指揮したウイリアム・スティーヴンスンの存在を明らかにした。しかし暗号解読については、まだ触れていなかった。一九六七年になるとデーヴィッド・カーンの『暗号戦争』が書かれ、アメリカの暗号解読のほぼ全容が知られるようになった。イギリスは一九七〇年代に入ってやっと国家機密法の制約を解き始める。一九七四年、F・W・ウインターボーザムの『ウルトラ・シークレット』、さらに一九七六年ウイリアム・スティーヴンスンの『〝豪勇〟と呼ばれた男』（邦訳『暗号名イントレピッド』）が刊行されて、ようやくその全貌に触れることができるようになったのである。

豪勇（イントレピッド）の派遣と情報の提供

ナチス・ドイツのポーランド進撃によって始まった第二次大戦の当初二年三ヵ月間、アメリカは奇妙な中立を保った。アメリカ人の大多数は海外の戦局に無関心で、一九三〇年代の半ばに議会が採択した三つの中立法案だけで平和と安全が保障されるものと思っていた。議会と世論は、孤立主義を支持する声が圧倒的であった。

ヒトラーによって欧州本土が席捲され一人イギリスが孤立した時期に、ようやく首相となったチャーチルにとって、イギリスを救う道はアメリカを巻き込んで参戦させること以外になかった。かつて第一次大戦当時海相だったチャーチルは「同盟国を戦場に参加させる術策は大きな戦闘に勝つ方策に劣らず有用である」と書いていたが、第二次大戦でも、アメリカを参戦させるための必死の術策を、二年余にわたって続けたのである。

チャーチルがまず伝えなければならなかったことは、ヒトラーの野望は決して欧州だけにとどまらないこと。欧州の問題はアメリカの問題であるという情勢判断であった。もとよりルーズベルトも同感であった。しかし、ルーズベルトにとって最大の心配は、イギリスが本土侵攻にどれだけ耐えられるのか。フランスのように単独和平に走るのではないかということであった。チャーチルはイギリスが決して戦いを放棄しないという決意を、なぜ決して敗れないかの理由とともに伝えることを必要としたのである。そしてこうした決意をルーズベルトに伝え、英米共同の計画を推進する個人的代表として後に〝イントレピッド（豪勇）〟という暗号名で呼ばれたウイリアム・スティーヴンスンを派遣した。一九四〇（昭和一五）年春のことであった。

スティーヴンスンはルーズベルト大統領にまず、ウラニウム235の核分裂で原爆の製造が可能であり、イギリスでも原子力の研究が進行中である。ドイツが成功する前に英米の協力で原爆を完成させるべきだと提案した。すでに六カ月前に、アインシュタイン博士等から原爆の可能性を知らされていた大統領は、これを直ちに理解することができた。次いで、プレッチリーのドイツの暗号システム解読が進んでおり、〝エニグマ〟の秘密を全面的に解明する日も近いこと。英米の情報機関の協力によって、これを一層促進することが、勝利の道であると説いた。さらに、こうした秘密情報を武器として、ナチ占領下で地下軍隊にゲリラ戦を戦わせる決意であること。イギリスの情報組織に関するノウハウを提供する用意があることを伝えたのである。

ルーズベルトは、国務省にさえ秘密でFBIとイギリス秘密情報機関（SIS）の緊密な連絡と結合のための極秘の裁定を下した。これによってイギリスは〝ウルトラ〟情報をFBIを通じて大統領に直接渡すことになり、さらに暗号解読資料と技術の交換を進め、独日の暗号をほぼ完璧に読破するに至ったのである。

真珠湾攻撃によってアメリカが正式に参戦する一年余りも前のことである。

抵抗か降伏かの瀬戸際に追い詰められたイギリス、あくまで戦い、勝つために取った策略は、改めていくつかの問題を提起している。

なかでも「同盟国を戦場に参加させる策略」の重要性である。戦後、欧州においては、NATO（北大西洋条約機構）によるアメリカとの緊密な結束となって生かされているが、日本の場合、集団的自衛権についてさえ、今なお極めて曖昧な状況にある。しかも自ら日米安保条約に依存しながらそれが有事には有効に働くものだと思い込んで、あまり心配していないようだ。英米間の血縁関係においてさえ、ルーズベルトを巻き込むためにチャーチルがいかに苦心したかを考えれば、いまの日本のようなやり方で事が済むわけがない。アメリカ側から要請されている軍事技術協力さえままならないようでは、情報協力どころではない。（一九八二・一・一掲載）

2　エニグマ暗号機を奪取し解読せよ

ポーランドの暗号技術

一九八〇（昭和五五）年のポーランドは、〝労働者の政府〟の国で、政府が戒厳令で労働者を抑圧し軍政をしくという異常な状態にあった。ソンネンフェルト（ブルッキングス研究所客員研究員）が指摘したように「早晩国民の〝爆発〟につながり得る」事態であり、第三次大戦の導火線になりかねない状況であった。

当時元NATO北部軍司令官ジョン・ハケット将軍は『第三次大戦・一九八五年八月』というシナリオで、ポーランド労働者の反ソ暴動をきっかけとする第三次大戦の勃発を描いていた。ソ連軍がNATO軍を攻撃する一九八五年八月よりも九ヵ月前に、ポーランドで労働者の反ソ暴動が始まる。テレビ局内の反体制グループによってこの劇的シーンが収録され、グダニスクのテレビ局は、ストに同調する技術者によって暴動シーンを送信。これが欧州ネットワークのテレビで放映されたため、たちまち東欧各地に飛び火し、東ベルリンでは苛烈な暴動が起こる……というシナリオであった。

ただしソ連もさるもの、そうなっては困るので軍政移行では厳重な情報管制を行い、ポーランド内外の通信を遮断させて、生々しいイメージが紛争拡大の契機となることを回避している。あくまでポーランド自身の問題だという姿勢を取っていた。米ソともポーランドを第三次大戦の発火点にしたくないことでは一致していた。

かつて第二次大戦もこのポーランドを発火点として勃発した。チャーチルは、ヒトラーの電撃的侵攻の直後一九三九（昭和一四）年九月三日に二五年ぶりに海軍大臣にカムバックする。それまでの非公然の関係ではなく、海相として公然と情報活動を指揮できるようになったのである。

当時、イギリス諜報機関（SIS）は〝C〟と呼ばれたサー・ヒュー・シンクレア提督のもとで、GCCS（暗号解読部局）が〝エニグマ〟攻略を目指して、ポーランドの情報機関と緊密な協力を続けていた。〝エニグマ〟とは古代ギリシャ語で〝謎〟を意味する。一九一九年オランダの発明家フーゴ・コッホが特許を得た機械式暗号を、翌年ドイツの技師シェルビウスが譲り受けて〝エニグマ〟と命名。商業用暗号機として発売した。販売は不振だったが、ナチスのSD

（公安諜報部）が軍用暗号機として採用して改良し、解読不可能と信じて広く使用したのである。

もともとポーランドでは暗号の技術が進んでいた。ポーランド人には数学者が多く、またロシア・ドイツ等列強の分割に対する抵抗運動の必要が、そうした技術の発達を促したのであろう。ポーランドでは合法的に入手した商業エニグマ暗号機をもとに研究が進められていた。

エニグマをめぐる「知恵の戦い」の開始

一方、一九三七（昭和一二）年、チャーチルから派遣されることになるウイリアム・スティーヴンスンは、ドイツ国内の協力者を通じて〝エニグマ〟がＳＤのハイドリッヒのもとで、情報活動に使用されていることを知り、その重要性に着目する。三〇年代の初期から、チャーチルの非公式情報グループのメンバーとして来るべき情報戦争の準備を進めていた後の〝イントレピッド〟にとって、ハイドリッヒ＝エニグマは、知恵の戦いの宿命的な敵手となるのである。

一九三八年になると、持ち運びのできる型の暗号機が、ベルリン近くの工場で多数作られているという情報がもたらされる。〝エニグマ〟はナチ電撃戦の神経組織になるものであることが明確になった。イギリスのＧＣＣＳはドイツの部隊間の通信の傍受を始める。さらに第一次大戦の〝四〇号室〟のベテラン、アラステァ・デニストン中佐が、この携帯用〝エニグマ〟の複製に挑戦する。

しかし、ポーランドの技師による模型作製は失敗に帰した。スティーヴンスンはチャーチルに〝エニグマ〟の実物入手を図るとともに、それを操作解読する要員の必要性を強調する。天才的なイギリスの数学者アラン・チューリング博士を中心とする解読グループが組織される。

一九三九（昭和一四）年早々、イギリスの情報関係者の使節団がワルシャワに送られた。団長はコリン・ガビンズ大佐であった。大佐はテロ・ゲリラ戦の専門家であり、ポーランド情報機関の旧知の〝同志〟たちと〝エニグマ〟奪取を協議する。そして当時国境部隊に配布中の〝エニグマ〟を積んだドイツ軍用トラックをポーランドの工作員が待ち伏せし、火災によって証拠が残らない事故を演出して〝エニグマ〟を手に入れる。

ワルシャワに運ばれた本物の〝エニグマ〟は、デニストン中佐のスーツケースでロンドンへ送られ、さらに北約六〇マイルのブレッチリー・パークのベドフォード公爵の屋敷内に運ばれた。捕獲したハイドリッヒ＝エニグマのあらゆる組み合わせを、特定の日の通信の意味が分かるまで試験するという膨大な作業が始められたのである。それはナチのポーランド侵攻に先だつ一週間前のことであった。

ポーランド共和国は、自らの滅亡の寸前に第二次大戦の命運を決する贈物をイギリスに託したのである。しかも、このポーランドに報いられたものは、大戦末期のヤルタ協定によるソ連圏への編入であった。悲劇は繰り返されることになった。

ポーランドは日本にとっても忘れることのできない国である。かつて明治陸軍の情報の創始者といわれた福島安正少佐（後に大将）が敢行した単騎シベリア横断の壮挙は、ポーランドから始まっている。その偉業をたたえて落合直文が書いた七五調一千余行の長詩の一部が陸軍軍歌『波《ポーランド》瀾《かい》懐古《こ》』として詠い継がれた。今は知る人も少なくなったが、明治日本の偉さは、極東から遠く離れた欧州の亡国波乱の悲劇を自国の問題として考え、列強のすさまじい弱肉強食、特にロシアの脅威を一兵卒にまで実感させたことにある。

福島少佐は、当時駐独武官として欧州列強の動向を見守るとともに、特にポーランドを巡るイギリス・フランス・ロシア・ドイツ・オーストリア等の諜報謀略戦と、ポーランド独立の〝志士〟たちの戦いを、貴重な体験として学んだという。この体験が、日露戦争における明石元二郎大佐（当時）の活躍に受け継がれるのである。

〝明石謀略〟については余りにも有名だが、ロシアの極東への兵力転用を阻止し、講和促進を図るため、ロシア国内の反政府分子を結束させて、各地での騒乱を企図した。一九〇四（明治三七）年の秋、大佐に協力して真っ先に行動を開始したのが、ポーランドの社会党、国民党などの志士たちであった。彼らは、満州派遣のポーランド出身兵を日本軍に投降させる工作まで提唱したのである。

第一次大戦で独立を回復したポーランドは、日本陸軍の暗号研究のため、ヤン・コワレフスキー大尉を派遣。三宅坂の参謀本部の一室で大正一三（一九二四）年九月なかばから講義を開始、三カ月間続け一二月初めに終えた。受講者は陸軍から四名、海軍から三名。陸軍の四名はコワレフスキー大尉の帰国とともにポーランドの陸軍参謀本部に留学し、陸軍暗号機関の中核となって行く。その後、この暗号留学は毎年二名ずつ昭和一四年ごろまで続いていたという。（一九八二・二・一掲載）

3　英SDが壊滅に瀕したフェンロー事件

縮小されたイギリス情報機関

ワシントン駐在のソ連大使館付武官ワシリー・チトフ少将は、一九八二（昭和五七）年二月四日夜「好ましからざる人物」としてアメリカから国外追放された。FBI（アメリカ連邦捜査局）のトリックにかかり、アメリカの〝機密〟文書を受け取ろうとして逮捕されていたのである。逮捕のきっかけはある人物からの「ソ連が自分に接近してきている」というFBIへの情報であったという。チトフ少将がアメリカの〝機密に接近できる人物〟にアタックしたことが逆用され、協力しているように見せかけながら〝エサ〟をちらつかせ、それに飛び付いたところを捕らえたのである。

戦後二〇年の米ソ冷戦下の情報戦争のすさまじさを垣間見させる出来事であるが、第二次世界大戦後の米ソ冷戦下では珍しいことではなかった。

第二次欧州戦争勃発（一九三九年九月）によって平時から戦時に移ったばかりのオランダ駐在のイギリスの情報機関は、ラインハルト・ハイドリッヒの保安課報部（SD）に同じように翻弄され、壊滅の危機に瀕したことがある。〝フェンロー事件〟である。

フェンローとはドイツとの国境にあるオランダの町である。一九三九（昭和一四）年一一月九日、ここでハーグのイギリス情報機関の二人の責任者、シギスマンド・ペイン・ベスト大尉とリチャード・スティーヴンズ少佐が、アルフレート・ナウヨックスの指揮するナチSDに逮捕されるという事件が起こった。ベルリンに連行された二人の供述から欧州大陸内のイギリス情報網の秘密が暴露され、開戦三カ月にしてイギリスは情報戦争の緒戦に完敗したのである。

イギリスの情報機関は、第一次大戦後の平和のなかで縮小され、不振を極めていた。イギリスの政治指導者は、対情報組織のMI5には関心を示したが、対外情報収集組織であるMI6には余り関心を示さず、削減された乏しい予算のもとで、ごく少数の職業的情報官の一団が組織を維持していたのである。しかもMI6は人的構成でも、長官のヒュー・シンクレア提督の下でバレンティ・ビビアン大佐（副長官）とクロード・ダンジィ大佐（長官補佐）が互いに敵対し合うという問題を抱えていたようである。評判の悪いダンジィは追放されかかるが、戦時に大陸からドイツ内部に潜入する組織を作る任務を与えられ、イタリアに派遣され、後にスイスに移り、〝Z〟という組織を作った。〝Z〟組織は従来の在外公館の出先機関「旅券管理事務所」を〝隠れ蓑〟とする組織とは全く分離され、独自の情報員と暗号、通信施設を持ち、主に営利会社の形を取っていた。戦争になって在外公館の組織が使えなくなっても、それに代わることが意図されたのである。

ハーグの「旅券管理事務所」はスティーヴンズ少佐によって指揮され、ハーグの〝Z〟組織をベスト大尉が指揮していた。ところが、シンクレア提督が健康を害して引退（一一月、後任スチュアート・ミンギス大佐）する直前に、ダンジィ大佐に覚書を送り、〝Z〟が現地の出先と一緒になるよう指令した。その結果両者の連絡は密接となったが、もともと一方が壊滅した場合の代替となるはずの二つの組織を一つにするという錯誤を犯すことになった。

ドイツ側は、大戦当初、イギリスにはチェンバレン首相を始め、いかなる代価を払っても平和を求めようとする対独宥和政策の信奉者がいることを知っていた。彼らはヒトラーに敵意を抱かれないために、ポーランドを侵略しているドイツを爆撃することさえ拒否する有り様で、これが開戦当初五ヵ月の〝奇妙な戦争〟（フォーニー・ウォー）であった。

SDの工作者〝Z〟機関に接触

この時期にナチスドイツのSD（保安課報部）は〝和平〟交渉に見せかけてイギリス情報機関に接触し、あわよくばMI6に浸透し、その秘密を探ろうと計画する。当初SDのハイドリッヒは、優秀なイギリス側がそんな罠に乗るわけがないし、逆にやられると反対であったが、若いヴァルター・シェレンベルクが強引に主張し、フェンローでの接触工作を自ら計画、推進し始める。

SDはフランツ博士という政治亡命者の触れ込みのドイツ人を使って、九月の初め、〝Z〟のベストに接触し、確認不可能のニセ情報と本物と混ぜ合わせてイギリス側に提供し始める。フランツはドイツ国防軍の反政府グループを知っているといい、SDの工作員が扮するその何人かを紹介する。ベストは信頼し、最新型の無線送信機を提供して暗号で交信を始めるようになる。

シェレンベルクはこの段階から、自ら国防軍総司令部輸送課のシェンメル大尉で反政府グループの代表だと称して参加。グループの首領は将官だと言明する。すっかり信用したイギリス情報当局は、それが誰なのか。ひょっとするとカナリス提督（防諜局長官）ではないのか、などと活発な関心を示し始めた。

シェレンベルクは、さらにベストに対し、その将官が会いたがっているが、ベストが本当のイギリス情報機関員である証拠として、ドイツ向けBBC放送で指定するメッセージを流して欲しいと要求。BBCは一〇月一一日、二回にわたって放送している。一〇月二一日には、スティーヴンズも参加して、将官との会見と和平交渉のためロンドンに送る手筈など、最終的打ち合わせが行われた。

シェレンベルクとしてはイギリス側との交渉をできるだけ長びかせ、機密を探ろうと考えていた。ところが、このころミュンヘンで起こったヒトラー暗殺未遂事件が局面を一変する。爆破犯人に関わりがあると見られたベストとスティーヴンズを即刻逮捕して連行せよとの厳命がヒムラーから下る。やむなく彼は一一月九日に最後の罠を仕掛け、SDのナウヨックス大尉の力を借りて成功するのである。

この日、自動車の運転手として加わっていたオランダ情報部のクロップ中尉は抵抗して射殺された。この中立国オランダ情報機関の対英協力は、中立義務違反として、ナチスドイツのオランダ侵略の口実に利用されることになる。

捕らえられた二人は「細大洩らさず話した」（ドイツ側公式報告）という。その内容は『英秘密情報機構』という特別報告にまとめられ、一九四〇（昭和一五）年には『英国に関する情報』と題する文書の一部として限定出版されている。ただイギリスにとって幸いなことに、二人が知らなかった暗号解読部門については、秘密が守られることになった。

フェンロー事件の教訓は、一誘拐事件によって一つの情報組織がいかに壊滅するかを、典型的に示したことである。また情報官の能力と秘密保持の訓練について再検討が求められることになる。さらにナチスドイツとの取引についての警戒心が一挙に高められることになる。その衝撃が余りにも強かったので「羹《あつもの》に懲りて膾《なます》を吹き」五年後の反ヒトラー陰謀（七・二〇事件）に対しては、何ら為すことなく傍観することになった。

一方、フェンロー事件は、イギリス〝和平〟派の幻想を完全に粉砕し、チャーチルによるイギリス情報組織の再編・強化を急速に推進することとなった。チャーチルは伝統的なMI6のノウハウを活用しながら、そこに新しい優秀な

人材を登用して行くのである。（一九八二・三・一掲載）

4　戦争の発端は謀略事件から始まる

一九三九年九月グリウィツェ事件

戦争の発端が、しばしば謀略によって作為されることは、史上幾多の事例を見ることができる。一九三一（昭和六）年の満州事変への直接・間接のきっかけとなった張作霖の爆殺事件。一九三七（昭和一二）年、日中全面戦争に発展した盧溝橋の一発の銃声。そして一九三九（昭和一四）年、第二次大戦の口火となったポーランド侵略の口実を作るために、ヒトラー自身がSS（親衛隊）に命じたグリウィツェ事件も、典型的な戦争作為の謀略の一つであった。

グリウィツェとは、現ポーランド領シレジア地方の中都市で、クラカウからブレスラウに至る鉄道の中間にある。第一次大戦後はドイツとポーランド国境のドイツ領であった。一九三八（昭和一三）年一〇月、ミュンヘン会談でチェコ解体が容認された直後から、ヒトラーはポーランドに対して、ダンチヒ返還の要求を始めオーストリアとチェコで成功したテロと脅迫の戦術を組織した。

リッペントロップ独外相は、ドイツ系少数民族に対するポーランドの迫害は耐え難いものになりつつあるとワルシャワに警告を発し、ナチスドイツのマスコミは、ポーランドの路上でドイツ婦女子が暴行を受け、ドイツ人の住宅や商店にタールが塗られていると非難するキャンペーンを開始した。これに対しポーランドはおびえるどころか、国境を変えようとするいかなる試みも侵略行為と見なすという強い姿勢を取り、テロにはテロをという対応を示した。ポーランドの強硬姿勢の背後には、ナチスドイツの侵略に対しては軍事援助するというイギリス政府の声明（三月三一日）があり、さらにこの年の一月、ワルシャワに秘かに送られたコリン・ガビンズ大佐を団長とするイギリス情報関係者の使節団とポーランド参謀本部第二部との協議による対独テロとゲリラ戦の計画があった。

そしてこの計画のなかに、エニグマ暗号機奪取が秘められていたことについては、すでに述べた。イギリスやポーランドの情報関係者にとって、ナチスドイツのオーストリア、チェコ侵略の手法はすでに知られており、次にポーランド侵略を正当化するための謀略を準備することが予想されていたのである。

ヒトラーはすでに一九三九（昭和一四）年四月三日「極秘」の戦争指令を出し、ポーランド侵攻の「白色作戦」計画を概定した。SD長官ハイドリヒは、ポーランド攻撃に完璧な口実を与える計画を考え、八月初めSS国家長官ヒムラーとともにヒトラーに報告、了承を得た。（『髑髏の結社＝SSの歴史』（ハインツ・ヘーネ／森亮一訳、フジ出版社、昭和五六年六月五日初版発行））

それはポーランド正規軍およびゲリラ部隊に変装したSD特殊部隊が、侵攻前夜に国境地帯で一連の紛争を引き起こすという計画であり、特にその中心は、グリウィッツェにあるドイツのラジオ放送局を短時間占領し、マイクに向かってポーランド語で反ナチ演説を流すことであった。別の一隊は、クロイップブルクのビッチェン営林局を襲撃し、さらにグリウィッツェとラティボールの間にあるホーホリンデン税関を破壊する。また、この偽装ポーランド部隊は実際に戦闘が行われたことを示すために現場に遺棄死体を残して引き上げる。死体は強制収容所の囚人にポーランドの軍服を着せた上で薬殺し、各所に分散して放置し、銃撃して穴をあけておくというものであった。

八月五日、ハイドリヒはアルフレート・ナウヨックスSS大尉に放送局襲撃の実行を命じた。これでナウヨックスは〝第二次大戦を起こした男〟となるのだが、さらに三カ月後にはフェンローにおけるイギリス情報機関員誘拐の実行者になる。

また、グリウィッツェ以外での全作戦の工作にはヘルボルト・メールホーンSS准将。ビッチェン営林局襲撃はオットー・ラッシュSS准将が指揮に当たり、ホーホリンデン税関にはオットフリート・ヘルヴィヒSS中佐の率いる偽装ポーランド部隊が、ポーランド側から攻め込むことに決まった。ポーランド語を話す兵士が集められ、ポーランドの軍服の調達が国防軍総司令部（OKW）防諜部のカナリス提督に指令された。ゲシュタポ長官のハインリヒ・ミュラーには、遺棄死体を戦場にばらまく任務が与えられた。

八月二〇日に襲撃準備は完了。二三日にはヒトラーが〝白色〟作戦開始を二六日午前四時三〇分と決定した。ところが、二五日の午後六時すぎになって、ヒトラーは突如対ポーランド作戦の中止を命じた。すでに動き始めていた偽装作戦も即時中止されなければならなかった。

しかし、メールホーンはヘルヴィヒとの連絡が取れずに、ポーランド領内をさまよい、ヘルヴィヒは予定通り、税関を襲撃してしまった。ヒトラーの突然の決心変更は、イギリスがポーランドと相互援助協定を締結したこととムッソリーニが参戦を拒否したことによるものであった。

八月三一日、ヒトラーは改めて攻撃期日を九月一日午前四時四五分に決定。ハイドリヒは国境で待機している部下に緊急指令を発した。今度はほぼ予定通りにいった。ナウヨックスの一隊は、グリウィツェの放送局に突入。予定通り数分間、ポーランド語の予定原稿を放送したが、ブレスラウから全国中継することができず、何千人かのドイツ人が雑音まじりの声を聞いただけであった。

九月一日のナチ党機関紙は「ポーランド暴徒ドイツ国境を侵す」と大見出しで報じ、グリウィツェ事件を「ポーランドのゲリラによるドイツ領土総攻撃の意思表示に間違いない」と書いた。ヒトラーは開戦を宣言した国会で、前夜一四件の国境紛争が勃発し、そのうち三つは重大であったと発表した。

ニューヨーク・タイムズ紙までが、正規のポーランド部隊がドイツ陣地への攻撃に加わり、これはポーランド軍の総攻撃の信号であったと報じた。

この偽瞞工作によって、ポーランドが最初に攻撃を受けた場合ポーランドを援助するとの協定に拘束されたイギリスは事実関係を確認できず混乱し、介入を遅らせることになった。

戦争作為の謀略は絶えない

グリウィツェ以後も、戦争作為の同じような謀略は絶えない。一九三九（昭和一四）年一一月二九日、ソ連は仮空のフィンランド軍の砲撃を理由に国交を断絶し、翌三〇日フィンランドに攻め込んだ。ソ・フィン戦争の開戦である。

第二次大戦後五年たった一九五〇年の朝鮮戦争においてさえ、北朝鮮側は「南進は報復行動だ」と主張し、韓国側からの挑発に応戦し反撃したのだという態度を変えていない。一九六四年八月の「トンキン湾事件」は、アメリカの大規模なベトナム介入への道を開いたが、後に暴露された「ペンタゴン報告書」によれば、アメリカ政府が主張したような北ベトナム側の一方的攻撃とは言えないものであったことが明らかとなっている。（一九八二・四・一掲載）

5　英米首脳の極秘交信を暴露したタイラー・G・ケント事件

参戦に反対するアメリカ大使館員

一九四〇（昭和一五）年五月二〇日、ナチスドイツ軍が怒濤の勢いでパリに向けて進撃を続けているさなか、タイラー・ゲイトウッド・ケントというロンドン駐在アメリカ大使館の二八歳の暗号係書記のアパートメントが捜索され、〝最高機密〟（トップ・シークレット）の印がついた電送文書一五〇〇通の写しが発見された。そのなかには、一九三九年九月の第二次欧州大戦開戦以来、ルーズベルト米大統領とチャーチル英海相の間に交わされた暗号通信も含まれていた。

追及されたケントは、チャーチルと一緒になってアメリカを戦争に引き込もうとするルーズベルト大統領の合衆国憲法に違反する陰謀を覆すためだと主張した。イギリスが最も苦境に立った時期に発覚し、英米関係を破滅させる恐れさえあった内部告発のタイラー・G・ケント事件である。

ケントは一九三九（昭和一四）年一〇月にモスクワからロンドンに赴任したばかりであった。三六年以来三年間、ソ連駐在アメリカ大使館で暗号担当だった職員であり、反共反ユダヤ主義者であった。彼はモスクワ在勤中からルーズベルト大統領の外交政策に不満を抱いていた。

ロンドン駐在のアメリカ大使は、当時ジョセフ・P・ケネディ（J・F・ケネディ大統領の父親）である。ケネディ大使は三七年に任命されて以来、チェンバレン英首相や親ナチの宥和主義的考えをもったイギリス貴族と密接に接触を続けた。彼は戦争は避けられないし、イギリスは必ず敗ける。敗北を避けるためには〝和平〟以外にないという信念の持ち主であった。

これはまさにチャーチルが最も反対した〝敗北主義〟であり、そうした駐英アメリカ大使の言動の及ぼす弊害は、極めて大きかった。チャーチルはケネディ大使を啓発する意味からも、大統領との文通をアメリカ大使館を通じて行い、ルーズベルトの真意を理解させようとしたが、効果がなかったどころか、その一部が漏洩していたのである。

すでに漏洩の事実は一九四〇（昭和一五）年の始めごろからイギリス側が探知していたが、それをチェンバレン首相に伝えるわけにはいかなかった。チェンバレンはケネディが説くドイツは〝無敵〟であることとの信念に感銘する心情の持ち主で、大使がロンドンに連れてきた米国の孤立主義者チャールズ・リンドバーグ大佐が語るナチ空軍の圧倒的優位に関する報告に耳を傾ける有り様であった。

ケネディ大使は、アメリカ国内のアイルランド系反英グループ——東部のカトリック系と〝アメリカ第一主義者〟と呼ばれた孤立主義グループの態度を代表していたのである。シカゴ・トリビューン紙は、かつてケネディ駐英大使に対し、第一次大戦中、イギリスがアメリカを戦争に巻き込むのを助けて祖国を裏切ったと政敵に非難された当時の駐英大使ウォルター・ハインズ・ペイジの役割を演ずるなと書き、〝不誠実な英国人〟によってヨーロッパの戦争に引き込まれるのを拒むべきだと論じていたのである。

ケントの逮捕

ケントのアパートメントが捜索される一〇日前の五月一〇日、チャーチルはようやく首相となった。彼の最初の命令の一つは、イギリスの情報機関を統合することであり、アメリカ大使館からの機密漏洩の徹底的追及であった。

すでにイギリスの暗号解読部門は、ブレッチリーに移転する三九年八月以前から、ベルリン宛のドイツ外交暗号を傍受し、一部を解読していた。そうした通信のなかにローマ駐在ドイツ大使ハンス・マッケンゼンからのものがあり、そこにチャーチル海相とルーズベルト大統領間の通信を情報源とするものが含まれていたのである。

マッケンゼンはその情報を、ロンドン駐在のイタリア大使館員デル・モンテ公爵から得ていた。そのデル・モンテは、帝政ロシアの元提督の娘で反ユダヤ・親ナチ・グループのアンナ・ウォルコフを通じて、タイラー・ケントとつながっていることが判明した。彼女はしばしば夜中に、このアメリカ大使館の暗号書記の訪問を受けていたのである。

確信犯としてのケント事件

アメリカ大使館からの機密漏洩は、暗号書記のケントからであり、ケネディ大使ではなかったことがはっきりした。ケネディ大使は、イギリス当局がケントに法的手続きを取れるよう外交官の職から罷免することに同意した。大使はルーズベルト大統領に電話で、われわれの極秘暗号は役に立たなくなった。全世界の外交使節との秘密通信は停止しなければならないと報告し、もしアメリカが参戦していたら、ケントを裏切者として射殺することを勧告しただろうと付言した。

外交官の身分保障を剝奪されたケントは、異例にもイギリス法廷で裁かれることになった。戦争か平和かを巡ってアメリカの世論が激しく対立している情勢を考慮して、裁判は外部に洩れないよう秘密裡に行われた。八月に罪状認否手続きがあり、一〇月に非公開審理が行われ、一一月七日、アンナ・ウォルコフが一〇年、タイラー・ケントは七年の懲役刑の判決を受けた。当時、どれだけの文書がイタリア経由でドイツ側に渡ったか確かな証拠がつかめなかったため、スパイ罪では裁かれなかった。

またケントは、終始、自分のしたことはスパイ行為ではなく、自国の大統領と間もなくイギリスの首相となる人物との間で準備された戦争にアメリカが引き込まれる前に、アメリカ議会の注目を引き付けるために書類を提出することにあったと主張し続けた。彼らの判決は、皮肉にも、ルーズベルト大統領が三選（一一月五日）を果たした直後に下されたのである。

タイラー・ケント事件は、イギリスが存亡の危機に瀕している時期に、英米関係も崩壊の危険に直面していた事実を浮き彫りにした。またこれを契機に、アメリカの孤立主義の代弁者であったケネディ大使自身が、英米両国首脳から完全に浮き上がり、無視されるという結果をもたらした。

この事件と時を同じくしてチャーチルは、〝イントレピッド〟ウイリアム・スティーヴンスンをアメリカに派遣し、ルーズベルト大統領と秘密の連絡を取り、国務省にも内緒で、通常の外交ルートに代わるBSC（イギリス安全保障調整局）とFBIのフーバー長官との秘密連絡を確立していた。

スティーヴンスンは、第一次大戦当時、W・ワイズマン卿がニューヨークにおけるMI6の最高責任者となって、ウィルソン米大統領の片腕といわれたハウス大佐と組んで、ドイツ打倒の英米連携外交を成功させた故知にならって、ウィリアム・ジョセフ・ドノヴァン（後のOSS長官）と組み、中立国アメリカを参戦させるために全力を注いだのである。（一九八二・五・一掲載）

6　ルーズベルトの腹心ドノヴァン

イントレピッドとドノヴァン

ニューヨークにBSC（イギリス安全保障調整局）の本拠を構えたウイリアム・スティーヴンスン（暗号名イントレピッド）にとって当時最大の課題は、イギリス本土防衛の危機の数ヵ月間にイギリスがその補給のための船団護衛に必要としたアメリカの駆逐艦をいかに入手するかであった。秋の大統領選で三選を目指していたルーズベルト大統領にとって、危機に瀕しているイギリスにこれ以上接近することは、政治的に危険極まりないことであった。

スティーヴンスンは、ルーズベルトの危惧を除き、イギリスの実情をさらに理解させるために、大統領が自ら選んだ腹心の代理人をイギリスに送り、英米関係をさらに密着させる必要に迫られた。彼はその適格な人物として、大統領の個人的信用が厚く、秘密情報任務のため海外に派遣されたことのあるウイリアム・ジョセフ・ドノヴァンを選んだ。ドノヴァンは一八八三年生まれで、スティーヴンスンより一三歳年長だったが、第一次大戦当時から面識があり、三〇年代に入って再び連絡を取り合っていた。両者は特に英米海軍間の暗号解読分野での非公式な接触と情報交換を通じて緊密な協力関係を築いていた。

一九四〇（昭和一五）年七月一五日、ドノヴァンは大統領の個人的代表としてイギリスに出発した。駐英アメリカ大使館にもその使命は秘密にされていた。彼はアメリカが取るべき道——一つはイギリスに必要な補給を行い戦争続行を支持するか、一つはケネディ大使等が警告するように破綻に瀕したイギリスを失われたものとして放棄するか。そのいずれを選ぶかについて、大統領に助言するために派遣されたのである。

スティーヴンスンはイギリス国王ジョージ六世に「陛下のみの閲覧に供する」通信を送り、国王が彼に胸襟を開かれるよう切に懇請した。イギリス国王は秘密情報に関する最終の権限を持ち、情報機関の首脳の任命権者である。スティーヴンスンもすでにこの年の春の渡米に際しては、チャーチル海相の媒介でチェンバレン首相の頭越しに国王に謁見し、国王の堅い決意に接していた。それをルーズベルトの最も信頼するドノヴァンに明確にされることを乞うたのである。

七月一七日、国王に謁見したドノヴァンには、前日にヒトラーが発したイギリス本土攻撃指令の〝ウルトラ〟による解読文が手渡された。そこには上陸作戦の前提として、イギリス空軍が「精神的にも物理的にも粉砕されなければならない」ことが明示されていた。すでにドイツ空軍のロンドン空襲も開始されており、バッキンガム宮殿も目標となって至近弾に見舞われていたが、イギリス国王は王室がアメリカに脱出することなどあり得ないことを、身をもって示されたのである。

ドノヴァンが見たイギリスの暗号解読力とレーダー網

ドノヴァンはホワイトホールの迷宮のような地下の作戦室でチャーチル首相に会見した、チャーチルはシェークスピア劇の大将軍のように弁じたが、その手持ちの兵力と装備は、驚くほど貧弱であった。弾薬の備蓄は侵攻予定のドイツ兵二〇〇〇人に一発にすぎないと計算されていた。Uボートの危険を冒してカナダから補給される海上輸送の維持強化こそがイギリスの生命線であったのである。

七月一九日、ドノヴァンは、チャーチルが「敵に対する破壊活動と妨害工作のあらゆる行動を調整する」機関として「特殊作戦執行部」を創設したことを知らされる。敵の活動について情報を集めるだけでなく、それに基づいて攻撃的秘密活動を進める組織が確立されたのである。彼は、コリン・ガビンズに会った。ガビンズはポーランドで〝エニグマ〟奪取に貢献した不正規戦の権威である。後に欧州本土の対独抵抗組織をリードすることになる彼は、情報・破壊工作やゲリラ戦の指導者を訓練していた。

コリン・ガビンズのもとには、ダンケルクから脱出したポーランド人、オランダ人、自由フランス人、ノルウェー人、ベルギー人たちから選抜された要員が訓練を受けたり、ゲリラ活動の研究を続けていた。政治心理戦のための工作員もいた。対抗スパイ活動の専門家は、イギリス本土に浸透しているドイツのスパイを見付けては、絞首台か協力かの選択を迫り、寝返らせて逆用する〝ダブル・クロス・システム〟を取っていた。

イギリスは、たとえ上陸されてもゲリラ戦で抵抗し、ロンドンが陥ちればニューヨークのＢＳＣ（イギリス安全保障調整局）から指令を出せるようＢＳＣを正式に、イギリス情報機関と特殊作戦執行部を統合した組織として発展させつつあった。それはイギリスがアメリカを巻き込んで、あらゆる抵抗と反撃を行う決意のあらわれでもあった。

こうしたドノヴァンの行動は、やがて駐英大使ジョセフ・ケネディの知るところとなる。ケント事件の衝撃から立直っていたケネディは、激怒して妨害を始める。ドノヴァンの背景を知ってか知らずか、ケネディ大使はドノヴァンがジャーナリスト（シカゴ・デイリー・ニューズ記者）であるとして交際範囲を制限しようとした。イギリスの安全に関する機密を洩らす恐れがあるというのだ。そして、相変わらずイギリスはもうおしまいだ、本格的爆撃が始まればロンドンは消されてしまうという報告を続けていた。

ドノヴァンが帰国した八月上旬、ドイツ空軍のイギリス本土大量爆撃が本格化した。しかし、彼はイギリスが技術力でその侵攻を阻止すると確信していた。彼は〝レーダー〟システムを研究していたロバート・ワトスン＝ワットの話を忘れなかった。また、ようやく本格化しつつあった〝ウルトラ〟の成果を絶えず知らされていた。〝ウルトラ〟がドイツ空軍の作戦命令を読み、〝レーダー〟がスピットファイヤー戦闘機を敵編隊に誘導する。これで劣勢のイギリス空軍を効率的に運用して対抗し得るという自信を秘めていたからである。

彼はルーズベルト大統領に報告した——対英援助をスピードアップし、量も増加させねばならない。イギリスはアメリカの防衛第一線であり、もしイギリスが失われればアメリカが欧州に足掛かりを取り戻すのに一世紀を要するだろう。またナチの手口から見れば、そのころにはアメリカは自分を救うのに手遅れとなっていよう、と。

ルーズベルト大統領は、旧式の駆逐艦五〇隻をイギリスに譲渡し、大西洋のイギリス基地をアメリカが使用する取引を決断・成立させた。それはアメリカの大戦介入への象徴となるものであり、イギリス国民の士気を高揚させることになった。

また、ドノヴァンが携行して帰ったイギリスの情報組織に関する膨大な資料はルーズベルト大統領に強い印象を与えた。当時、暗号解読以外に情報組織らしい組織をもたなかったアメリカは、大戦遂行のための情報機関の必要を、ようやく知るのである。一九四一（昭和一六）年一月〝三選〟を果たした大統領は、ドノヴァンに新しい情報機関の立案を命じ、同年七月一一日には「情報調整部」（ＣＯＩ）を設立し、ドノヴァンを長官に任命した。それは真珠湾攻撃の五ヵ月前であり、四二年六月には、「戦略情報局」（ＯＳＳ）と名称を変える。これが戦後のＣＩＡの前身となる。（一九八二・六・一掲載）

7　暗号解読作業〝ウルトラ〟と〝マジック〟が米英同盟を緊密に

アメリカの援助を引き出すため情報提供

一九四〇（昭和一五）年八月一四日〝イギリスの戦い〟が頂点に達しつつあったころ、ワシントンにイギリスから大きな木箱が送り届けられた。イギリス空軍参謀総長の科学顧問サー・ヘンリー・ティザードがチャーチル首相に命ぜられて預って来た厖大な科学技術情報資料である。前々から〝イントレピッド〟（スティーヴンスン）はチャーチルに、アメリカの対英援助を引き出すために、まず自らの機密情報を提供すべきだと提言してきたが、「ウルトラ」によってヒトラーのイギリス本土侵攻作戦の間近いことを知ったチャーチルは、それが敵手に落ちることを避け、あわせて英米関係緊密化のために、ティザードの代表団とともにワシントンに送ったのである。

そこには、イギリス・ウラニウム委員会の〝デューブ・アロイズ〟(円管合金)と呼ばれる原爆製造プロジェクトの理論、レーダー、ジェット・エンジン、化学兵器、イギリスが発明した〝空洞磁電管〟(マグネトロン)――これは駆逐艦や航空機に搭載できる小型レーダーを可能にし、後にアメリカで大量生産されて、対Uボート撃滅戦を可能にした。さらにすでに実戦化されている新兵器のフィルム、近接信管、艦船用ロケット兵器、多連装ポムポム砲に関する資料等々があり、イギリスの軍事技術の結晶であった。

ティザード卿は開戦ぎりぎりまでにイギリス本土のレーダー網の整備を実現した最高責任者であり、軍事技術開発についてイギリス随一の専門家であった。彼は八月二七日、アメリカ陸軍の暗号部門の責任者であり通信情報の権威だったモーボーン将軍と会見したのを皮切りに、一〇月上旬に帰国するまでアメリカの政治・軍事・技術の指導層と会談を続けたが、それが英米間の極秘の科学技術協力を急速に強化する契機となった。

一つは、有名な原爆の共同研究であり、他の一つは、暗号分野での英米協力である。

すでにルーズベルト大統領やドノヴァンなど少数のアメリカ首脳は「ウルトラ」の存在を知り、最新情報を得ていたが、〝イントレピッド〟はそれを両国の暗号専門家の協力と機密交換にまで発展させることを急務としていた。

機密室の廃止と復活、日本暗号も丸裸

アメリカには一九二〇年代から〝ブラック・チェンバー〟(機密室)の伝統があり、ハーバード・ヤードリーという暗号の〝奇才〟がアメリカ駐在外国公館と本国政府との間の暗号通信を傍受・解読していた。しかし一九二九(昭和四)年フーバー大統領の登場とともに任命されたヘンリー・スチムソン国務長官は、ヤードリーの予算増額の要求に「紳士たるもの、みだりに他人の信書を盗み見するものではない」と答え、国務省から出ていた年間四万ドルの予算を打ち切り、一九二九年五月限りで〝機密室〟を廃止したことを公表した。ヤードリーは暗号解読任務が全面的に中止されたと思い込まされたうえ、〝大恐慌〟のなかで生活にも困り、『アメリカのブラック・チェンバー』という本を書き、ベストセラーとなって世界的センセーションを巻き起こした(一九三一年六月)。特に日本では、一九二一年のワシントン軍縮会議で日本代表団に訓令された東京からの暗号電報がすべて解読されていたと暴露されて、大騒ぎとなり、

在来の暗号を当時難攻不落と考えられていた〝エニグマ〟システムに作りかえる契機となっている。

しかしアメリカはヤードリーの〝ブラック・チェンバー〟は閉鎖したが、その資料と残った資金をウイリアム・F・フリードマンが暗号関係の文官の責任者となっていた陸軍通信隊情報部に移管し、依然として傍受・解読を続けたのである。この組織は三〇年代後半に、モーボーン将軍によって拡張され、独立した機能を持つようになる。フリードマンが日本の〝紫〟（パープル）暗号解読に全力を注いだのは、モーボーン将軍の勧めによるものであり、二人は古い友人であった。

フリードマンは一九四〇（昭和一五）年八月までに〝エニグマ〟を改造した日本の暗号機の複製を作り、その解読法を完成していた。この日本の暗号解読作業は〝マジック〟という暗号名で独自に続けられた。イギリスがアラストア・デニストンやアラン・チューリングを中心に〝ウルトラ〟を開発したのと、ほとんど時を同じくして、アメリカも日本の最高機密を読破していたのである。

もちろん、もともと暗号分野での英米協力は、一九三〇年代から非公式に行われていた。政治的配慮から公式的には厳しく抑制されながら、専門家同士の個人的交際は続いていた。スティーヴンスンとドノヴァンは〝エニグマ〟に対する共通の関心を語り合える同志であった。ドノヴァンはアメリカ海軍情報部長ウォルスター・S・アンダースン少将の友人であり、スティーヴンスンは第一次大戦のイギリス海軍諜報部長ホール提督の配下でもあった。

一九三八（昭和一三）年一月、アメリカ海軍の戦争計画局長R・E・インガソル大佐が、仮想敵国の暗号に対する活動を調整するために秘かにロンドンに派遣された。当時のチェンバレン首相はこれに関心を示さなかったが、非公式には多くの成果があった。一つには暗号解読に必要な傍受した通信文を多量にプールして交換することである。また、アメリカ側と直接情報交換を禁じられていたが、紙上の記録に残らないように、口頭で多くの知識を交換できたのである。

〝中立〟から〝同盟〟へ一歩前進のアメリカ

一九四〇（昭和一五）年の秋には、イギリス本土における〝ウルトラ〟の本拠ブレッチリーに、フリードマンの姿が見られるようになった。〝イントレピッド〟は、アメリカの専門家がブレッチリーに常駐すべきだと説いてきたが、ニューヨークでBSC（イギリス安全保障調整局）の本部がようやく軌道に乗りつつあるころに、暗号分野での英米協力が非公式に開始されたのである。

英米両国が公式に暗号分野で協力することになったのは、一九四〇年一〇月だとされている。アメリカ陸軍省戦争計画のG・V・ストロング少将が英米陸海軍合同委員会の陸軍代表としてロンドンに駐在していた一〇月中旬ごろ、イギリス側にアメリカが日本暗号システムの中核を突き崩した事実を明らかにしたとされており、一一月末までに、英米両国が暗号体系の完全交換などを含む協定に調印したといわれる。

その結果、アメリカ側はドイツ最新式暗号システムの解読と作成に必要なキーと、そのキーを使用する暗号機を譲り受け、イギリス側はフリードマンによって作られた〝パープル〟暗号機を入手したという。〝ウルトラ〟と〝マジック〟が交換されたのである。

〝イントレピッド〟は国家の命運をかけて戦うイギリスと、まだ〝中立〟を守り続けるアメリカとの事実上の同盟関係という〝大魚〟を釣り上げつつあった。真珠湾攻撃までのおよそ一年間に、無電傍受や暗号解読にかけて世界的組織だったプレッチリーとの協力関係が、急速に深まっていったのである。（一九八二・七・一掲載）

8　コベントリー市民の見殺しが〝真珠湾謀略〟の原型か

コベントリーへの夜間無差別爆撃の黙認

一九四〇（昭和一五）年一一月一四日夜、ドイツ空軍はイギリス本土のコベントリー市を五〇〇機で集中攻撃し、六〇〇トンの爆弾と焼夷弾で同市を焼野が原とした。歴史的なセント・マイケル寺院や市の多くの部分が破壊され、市民五五四人が死亡し、八六五人が負傷した。

ヒトラーはイギリス空軍が〝イギリスの戦い〟に生き残り、ミュンヘンを空襲してヒトラーの演説を妨害したことに怒り、イギリスの非戦闘員に恐怖を実感させ、その抵抗力を粉砕するため、「月光ソナタ」（暗号名）作戦を発動し、イギリスの地方都市を「コベントリー化する」と豪語して夜間無差別爆撃を強化し始めたのである。

当時この空襲についてチャーチルは、暗号解読で事前に情報を得ていた。しかし、通常の防空活動準備以外何もしなかった。それどころか「コベントリーの犠牲」をナチの暴虐の〝象徴〟として利用し、来るべき大戦末期のドイツ本土に対する大量無差別爆撃を心理的に合法化する〝象徴〟として逆用さえするのである。

すでにヒトラーのイギリス本土上陸の〝あしか〟（シー・ライオン＝暗号名）作戦は延期され、断念されつつあった。九月一五日が作戦完了の期限だったが、八月以降のイギリス本土空襲にもかかわらず、イギリスは屈しなかった。ドイツ空軍は八月中旬までは英仏海峡やイギリス南岸の港湾を攻撃。八月一一日から九月上旬にかけて空軍基地と航空機工場、レーダー施設を爆撃し〝イギリスの戦い〟は最高頂に達した。これに対しイギリス側は、プレッチリーの〝ウルトラ〟でドイツ側の意図と目標を事前に知り、レーダーで敵機の進入路をキャッチし、ＧＣＩ（地上戦闘機指揮装置）で味方の戦闘機隊を効果的に誘導迎撃して戦ったが、多勢に無勢で苦戦を続けた。

特に八月二四日から九月六日にかけて、ドイツ側は連日一〇〇〇機を繰り出してイギリス空軍を量的に圧倒しようとし、イギリス南部の飛行場群は大損害を受けた。ＧＣＩも破壊されて指揮不能となり、戦闘機隊の後退が真剣に検討される事態となった。もし攻撃があと二週間も続けば、イギリス空軍の全滅は必至であり、イギリス本土上陸も可能であった。

しかしドイツ側は九月五日になってロンドンの白昼爆撃に目標を変更するという戦略的錯誤を犯した。八月二三日夜、ドイツの爆撃機が航法ミスで目標を誤り、バッキンガム宮殿附近に爆弾を落としたことにイギリス側が警告するため、八月二五日以降四回にわたってベルリンを夜間爆撃したが、この心理戦的空襲に激怒したヒトラーの命令で行われた作戦の変更であった。おかげでロンドンの非戦闘員は悲惨な目に合ったが、虎の子のイギリス戦闘機隊は基地を修復・整備して息をつく時間的余裕を得たのである。

九月七日、晴れわたった午後、予想された通りドイツ爆撃隊がテムズ川上空を埠頭に近づいてきたとき、チャーチルはホワイトホールの空軍省の屋上で見守りながら、〝ウルトラ〟の威力を噛み締めていた。以来五七日間、ロンドンの爆撃は続き、ロンドン七〇〇万市民は恐怖のどん底に落ちるが、チャーチルの期待通り、よく耐えぬいたのである。

結局、イギリス本土の制空権を取れなかったヒトラーは、ロンドンに対する都市爆撃に続いて、一一月以降、地方都市に対する夜間無差別爆撃を志向した。それはもはやイギリス本土上陸が不可能だという状況のなかで、なおドイツの優勢を世界に印象づけ、いかにイギリス人に恐怖を与えるかが狙いであった。コベントリーはその最初の目標となったのである。

ルーズベルトはチャーチルに学んだ

一九四〇（昭和一五）年一一月の第二週、プレッチリーの〝ウルトラ〟は、一四日夜地方都市に対する集中爆撃が行われるという事前警告を解読した。個々の攻撃目標は暗号化されて不明だったが、ラジオ・ビームを誘導に使用する集中攻撃であることが分かった。当日の一三時、ビームの傍受部隊がルートを計算し、コベントリーであることを突き止め報告した。コベントリーはプレッチリーの北西四〇マイルにあり、暗号解読班のなかにも、ここに家族を住まわせている者もいた。またイギリスのジェット機研究のセンターがあり、最初に成功したホイットル・ジェット・エンジンの青写真がアメリカへ送られるため複写されることになっていた。

チャーチルはコベントリーの住民に警告して立ち退かせることもできた。しかしそれはドイツ側にイギリスがコベントリー空襲を事前に知っていたことを直ちに知らせることになる。ドイツ側が疑問をもって理由を探り始めれば、プレッチリーでようやく実用化され、英米協力に極めて有効な〝ウルトラ〟や、電波誘導妨害システムの秘密が危うくなる。警告しなければ、多分コベントリーの多くの住民が傷付き死ぬだろう。

こうしたジレンマに対しチャーチルは、その夜空襲が論理上予想される地域に、普通取られる措置、消防隊と救急隊に警報を出し、防空監視隊におとりの火を燃やす準備を整えておくこと以上の警告を与えなかった。情報源の秘密を守ったのである。当時イギリスはドイツ機がラジオ・ビーコンの誘導で飛来することを逆用し、攻撃目標を推定して準備したり、ミーコンと呼ぶ一連の受信所でドイツ側の電波を増幅して爆撃機を別の方向にそらせたり、ビームを曲げて目標を誤らせるといった極秘の対抗手段を開発していたが、不幸にもコベントリーでは有効でなかった。

予定通り一四日の夜、コベントリーは廃墟と化した。また、続いてバーミンガム、ブリストル、サザンプトン、リバプール、プリマス、シェフィールド、マンチェスター、リーズ、グラスゴーなどの地方都市も次々に攻撃され〝コベントリー化〟した。一九四〇年六月から四一年六月までの一二カ月間に、イギリス非戦闘員の損害は、コベントリー市民を含めて死者四万三三八一人、重傷者五万八五六人、計九万四三三七人に上がった。

しかし、こうしたヒトラーの〝コベントリー化〟に対して、英米連合軍のお返しは強烈であった。大戦末期であるがハンブルグ、ウエーゼル等のドイツの都市は〝絨毯〟爆撃され、市民五三万七〇〇〇人が殺され、八三万四〇〇〇人が負傷することになる。

一九四〇年一一月五日に三選したルーズベルトは、〝イントレピッド〟スティーヴンスンを通じて送られた〝ウルトラ〟情報によって、コベントリーの悲劇をチャーチルと共有していた。その運命を知りながらあえて見殺しにするというチャーチルの苦悩を、最もよく知っていた一人である。ルーズベルトはスティーヴンスンに「戦争はますます神のように振る舞うことをわれわれに強制する……私は一体どうすべきだったかが分からない」とつぶやいたという。ルーズベルトもまた、アメリカ国民をより深く戦争の危険に巻き込むイギリス支援政策を秘密裡に進めていたのである。

すでに日独伊三国同盟が締結（一九四〇年九月二七日）されており、これを契機にチャーチルが申し入れた英米情報機関と参謀部門の合同会議による対枢軸基本戦略の検討さえ進められていた。英米協力は一年後の真珠湾に至る軌跡を踏み始めるのである。ルーズベルトにとって真珠湾の原型は、コベントリーを放置したチャーチルの決断であったのかもしれない。（一九八二・八・一掲載）

9　昭和一六年三月に米英軍事協力の基本「ABC—1」計画が完了

徹底的に秘匿された米英参謀会議

W・スティーヴンスン（〝イントレピッド〟）のBSC（イギリス安全保障調整局）は、一九四一（昭和一六）年一月末から始まった英米参謀会議の秘密をいかに秘匿するかに全力をあげた。ルーズベルト大統領は三選されたとはいえ、なお米英間の〝慣習法同盟〟関係（例えば、法的手続きを経ないで結婚関係に入る男女間の合意のようなもの）をアメリカ国民に知られるわけにはいかなかったのである。

すでに前年の一一月上旬、大統領選挙の帰趨が明らかになったころ、スターク米海軍作戦部長は、米英両国の軍事協力の基本計画となる情勢分析を行い、いわゆる「ドッグ計画覚書」を作成した。それはアメリカ海軍の作戦責任者が始めてアメリカの積極的参戦の可能性を示したばかりでなく、参戦した場合にアメリカが取るべき基本的な四つのコースを想定し、そのD項（俗に〝ドック〟）こそ、アメリカが取るべき方針だとした注目すべき文書であった。

その四つのコースとは、（A）米軍事力で西半球防衛と大西・太平両洋の安全保障に当たる。（B）対日全面攻勢を取り大西洋では守勢にとどまる。（C）最強力の軍事援助を欧州のイギリス軍と極東の英蘭華各軍の双方へ行う。（D）イギリスの同盟軍として大西洋で強力な攻勢を取り、太平洋では守勢を目指すものである。

しかし、このD項を取った場合の欠陥は、大西洋での勝利を確立するまで日本の南西太平洋での進出を許さざるを得ないことであった。このためアメリカは、十分な戦備が整うまでは対日戦争の回避に努め、同時に日本の南進を阻止する外交努力が必要であった。

スターク作戦部長は、D計画をマーシャル米陸軍参謀総長に示して同意を得るとともに、イギリス軍側にも明らかにし、かねてイギリス側から申し入れがあった米英陸海軍当局者の秘密幕僚会議を始めるよう勧告した。

もともと大英帝国を維持したいというルーズベルト大統領の意向に沿い、欧州第一主義を志向するD計画に、チャーチルはわが意を得たものとして元気付けられた。彼はイギリス軍首脳に対し、D計画に一致しないような議論はするなと警告した。チャーチルのアメリカ引き込み工作は成果を上げつつあった。

一二月二一日、アメリカ海軍合同の計画担当者はスターク提案に基づくアメリカ国防政策案の作成作業を完了した。アメリカ国防政策の主目的は西半球の安全保障にある。それは大英帝国との完全な協力によって確保される。アメリカが参戦を余儀なくされるまでは、スターク覚書のA項の方針を取り、もし対日戦争を余儀なくされたら、D項に基づき、同時に大西洋で参戦し同方面で主攻勢を取るのに必要な兵力を送るために、中部太平洋、極東方面の作戦行動は制限する、というものであった。

チャーチルの外交的勝利

一九四一（昭和一六）年一月一六日、この国防政策勧告案は大統領に提示された。大統領の考えは、陸海軍首脳の意見と一致していた。しかし、ルーズベルトは、アメリカ陸軍が十分に準備できるまでは、作戦行動についてイギリスに言質を与えてはならない。アメリカの軍事政策はその兵力が増強されるまでは〝非常に保守的〟でなければならないと釘を刺すことを忘れなかった。

一月一五日、イギリス軍の代表団はアメリカへ向け出発した。一月二九日、ワシントンで米英の参謀会議が開かれ、三月二九日までに一四回の会議が行われた。最終日に米英双方が一致した報告書は、一般に「ABC第1号」（American-British Conference Number One）として知られているが、それは第二次大戦における連合軍協力の基本方針として〝西欧第一主義〟を規定するものであった。これはチャーチルの大きな外交的勝利であり、〝イントレピッド〟工作の知られざる成功であった。

この英米参謀会議について、マーシャル米陸軍参謀総長、スターク海軍作戦部長は、最大限の秘密が守られねばならないと強調していた。それは敵側にとられるよりも、アメリカの議会やマスコミに洩れることを心配していたのである。もし新聞がかぎつけて米英間の秘密同盟を暴露したら、孤立主義者は大統領弾劾に立ち上がり、アメリカの戦争準備は崩壊しただろう。アメリカ国民に決して早まって打ち明けられてはならなかったのである。

折からアメリカ議会では、武器貸与問題がやかましく論議されていた。マーシャル参謀総長は上院委員会で「アメリカが参戦する意図は絶対にない」と断言しながら、その日の米英討議では、二年以内に五〇〇万のアメリカ陸軍を編成する計画が議題とされていた。マーシャルにとってこれを打ち明けることは、とてもできなかったのである。当時、アメリカでは二〇人そこそこ、イギリスでも三軍の首脳だけの小グループしか、ABC―1については知らなかった。その機密を維持する任務は、専らスティーヴンスンの役目であった。

ABC―1はあくまでも〝紳士協定〟にとどまった。アメリカ軍部はルーズベルト大統領の正式認可を取ろうとしたが、大統領は戦争の場合は再び上げるようにといって差し戻している。すでに事実上〝政策〟になっている事項について、大統領が依然曖昧な態度を取ることはおかしなことであった。

この大統領のおかしな反応に接したアメリカ陸海軍当局者は、果たして自分たちが作戦計画を具体的に進める権限を与えられたのかどうかという深刻な疑問を持った。しかし、マーシャル陸軍参謀総長は、大統領はABC―1を否決したわけではないから陸軍はその独自の準備を進めることができるという見解を取り、海軍もまたそれにならって具体的計画の作成を進めたのである。

ルーズベルト大統領はスティーヴンスンの疑問に答えて言った。「私は分裂した国民を戦争に引き込むことはできない。私はこれは第一次世界大戦から学んだ。当時もイギリス国民がいま感じているのと同じ切迫感を持った。しかし、ウィルソンは私に教えた。私はアメリカが公然と参戦する場合は国民が一致して参戦することを、確実に、非常に確実にしようと思っている。」

スターク提督のＤ計画が作られた直後の四〇年一一月二五日、横浜入港の新田丸で二人のカトリック神父が日本を訪問した。このＪ・Ｅ・ウォルシュとＪ・Ｋ・ドラウトの両神父は井川忠雄の通訳で松岡外相、武藤陸軍軍務局長と会見、年末に帰米したが、これがきっかけで日米交渉が開始されたことは、よく知られている。塩崎弘明氏の研究で、ドラウト神父の相談役が第一次大戦当時ニューヨークでのイギリスＭＩ６の最高責任者Ｗ・ワイズマンであり、ワイズマンは、一九四〇年当時、米英間の外交伝書使であったことが明らかにされている。同氏はこの工作の「発端から英米政府中枢も関与し、太平洋での時間稼ぎのための工作課題として取り組んだのではないか」と指摘しているが、Ｄ計画の欠陥が日本の南方進出を放任せざるをえないことにあったとすれば、それへの対応策として〝日米交渉〟が演出されたことは十分推測されよう。そしてさらにＷ・ワイズマンの背後に〝イントレピッド〟の影がちらついていた。（一九八二・九・一掲載）

10　〝イントレピッド〟の対日情報工作

イギリス憲兵に押さえられた平沢書記官

スティーヴンスン（〝イントレピッド〟）がチャーチル英首相から与えられた任務は、アメリカからできる限り多くの援助を引き出し、かつアメリカを参戦に導くことであった。イントレピッドはそのためにイギリス軍事技術、なかでも暗号技術の提供、ウルトラ（ドイツの暗号の解読作業の暗号名）とマジック（日本の暗号の解読作業の暗号名）の交換、さらに英米参謀会議による欧州第一主義の確認などを行ってきた。また、英米連合戦線の結成という大計画を推進するため、アメリカ国内にＳＩＳの情報網を張り巡らせ、至るところに協力者を入り込ませた。

ラディスラス・ファラゴーの『盗まれた暗号』（The Broken Seal 一九六七年、堀江芳孝訳、原書房）は、〝ウルトラ〟の秘密が明らかにされる以前に書かれたものだが、スティーヴンスンの活躍、特にアメリカ国内での対日情報活動について興味ある記述をしている。

すでに一九四一（昭和一六）年一月、イギリスの最新戦艦キング・ジョージ五世号は〝ウルトラ〟と交換した〝マジック〟を積んでイギリス本国に向かい、ブレッチリーは日本の外交暗号を読みこなすことができるようになっていた。

〝イントレピッド〟はホワイトハウスから受け取る情報の交換としてルーズベルト大統領のために興味深い情報を提供したいと考え、FBIのフーバー長官の黙認のもとに、在来のドイツ、イタリア、スペイン、ヴィシー政府等の外交団のなかにスパイを送り込み、暗号書や秘密書類を入手する活動を進めた。日本についても手を延ばしていたのである。

ワシントンの日本大使館のなかにも連絡があり、ニューヨークとサンフランシスコの日本領事館のなかにも接触点を持ったという。イントレピッドがニューヨークにBSCを開設した直後の一九四〇年七月、ブエノスアイレスのイギリス人スパイが、日本が西半球で情報組織を再編成しようとしていると報告してきた。日本はワシントンからブエノスアイレスに情報活動の中心地を移そうとしている。アメリカと衝突すればアメリカ国内の情報網は潰れるので、それに代わる組織をアルゼンチンに作ろうとしていると見たのである。すでにワシントンの日本の情報組織のキャップは、日本大使館の平沢書記官であることが分かっていた。また、ブエノスアイレスからの報告では、アルゼンチン外務省が平沢書記官の任地赴任の要請書を認め、間もなく本人が到着する見込みであるとのことであった。同時に、ワシントンには平沢書記官の代わりに寺崎英成一等書記官が来ることが分かった。寺崎書記官はアメリカ婦人と結婚し、ニューヨークとワシントンに連絡を持ち、国務省では評判がよい人物で〝マリコ〟の父親であった。

イントレピッドは、この重要な機会を十分利用した。彼が日本大使館と連絡したところ平沢書記官一行のアルゼンチンへの出発は七月末であることが分かる。そこで船がイギリス領のバルバドスに着いたらイギリス官憲に一行を取り押さえさせるという手配をした。イントレピッドの指令に基づき、平沢一行は船から下され、イギリス領トリニダードに飛行機で運ばれた。ここにはニューヨークから飛んだBSCの調査員が待ち受け、尋問し、写真や指紋まで取った。荷物も検査され、地図が発見された。それには英米の海軍基地が記入されていたという。また情報資料として価値のある印刷物と、現金四万ドルが発見され、そのうち一万五千ドルは平沢夫人のハンドバッグのなかに縫い付けられてあった。この海賊のような調査から、かなりの情報をイントレピッドは入手した。特に尋問の結果から、日本が戦争の方向に傾いていることを確信するに至ったという。彼はアメリカ国内で、日本関係の情報活動を強化し、アメリカの情報機関のいずれよりも、よい連絡を日本大使館内に持っていたというのである。

日米の妥協を恐れたイントレピッド

一九四一（昭和一六）年一一月、日米会談が最終段階に達しつつあったとき、日本外務省は野村駐米大使を助けるため、来栖三郎大使を派遣することになった。

イントレピッドは来栖一行の派遣に非常な関心を持った。その本当の目的は何か――すでに太平洋での日本の対米開戦は必至で、それによって待望のアメリカの参戦を達成できると見ていたイギリスにとって、日本が一時的妥協によってアメリカに参戦の機会を失わせることこそ最も懸念されるところであった。

来栖一行は、一一月五日、香港から中華航空でサイパンに飛び、グアムまで日本の駆逐艦で行き、ハワイ、サンフランシスコを経て、一一月一五日、ワシントンに到着した。

来栖大使には〝ユキ・シロジ〟（結城司郎次）という若い書記官が随行した。彼は一九二七年入省、四〇年一二月アメリカ課長となり、四一年一一月一日、先任書記官として随行することになった。彼は日米会談の進行、特に最終段階について詳細に知っていた。

イントレピッドは早速ワシントンに移動し、一人の協力者を使って来栖一行に接近する手段を取った。協力者は、有名なイギリスの学者で日本に五〇年も住み、東京帝国大学の教鞭を取っていた人物で、結城書記官は東大在学中、彼の教え子であった。

この学者は、結城書記官に連絡を取り、結城はその招待を受け、再会を喜んだ。数回にわたって、ワシントンのあるアパートで会合が開かれたが、イントレピッドは、そのすべてを盗聴した。老学者は今でも日本に愛着を感じていると語り、自分が駐米イギリス大使ハリファックス卿に話をして、イギリス政府を通じて日米交渉を妥結させるようにできると持ちかけた。結城書記官は胸襟を開いて、恩師に会談の詳細と悪化している実状を語り、日本が戦争の方に動いていることについてさえ、かなり触れ、来栖大使がワシントンに持ってきた情報についても打ち明けたという。そこには、傍受電報の解読ではあらわれてこない高度な情報も含まれていた。こうした会話の一切が記録されたのである。

スティーヴンスンは毎日、その盗聴記録から訳出された話の内容をルーズベルト大統領のもとに届けた。

この記録を見て、大統領は〝マジック〟から得ていた暗号解読情報を確認するとともにそれを補足する知識を得たのである。

イントレピッドは、来栖大使一行の派遣が彼の危惧したような日米の一時的妥協ではなく、日本軍部の開戦準備が整うまでアメリカに和平交渉が継続中だからという安心感を与えるものであることを知って、恐らく安堵したことであろう。当時、暗号解読以外に、アメリカの情報機構がほとんど機能していない時期に、イントレピッドは、アメリカに欠けていた機能――解読した暗号を読み取るための機能を代行し、ルーズベルト大統領を補佐するとともに、イギリスの国益に基づく情報操作を兼ねてそれに成功していたのである。(一九八二・一〇・一掲載)

11　ワイズマンのヴィーデマン工作

第一次大戦の有力情報マン――ワイズマン卿

サー・ウイリアム・ワイズマンのことについては、日米交渉の発端となったウォルシュ司教、ドラウト神父の訪日の背後にあった人物であり、その黒幕は〝イントレピッド〟だろうと書いた。

当時BSC(イギリス安全保障調整局)によるアメリカ国内での情報活動は、ルーズベルト大統領の秘密の指示に基づき、FBIのフーバー長官の黙認のもとで活発を極め、事情を知らされていなかった国務省からはアメリカの中立政策を無視するものだという敵意の対象とさえなりかねないものがあった。

ワイズマン卿は第一次大戦当時〝イントレピッド〟のように英米関係の調整者として大きな役割を果たした人物である。そのアメリカ国内の人脈を生かせる、イントレピッドの情報活動における重要な一員であった。一九四〇年一〇月には、ドイツの駐サンフランシスコ総領事フリッツ・

ヴィーデマンと秘かに接触するよう依頼されていた。

ヴィーデマンは第一次大戦当時、伍長だったヒトラーの中隊長であり、その後第二次大戦まではヒトラーの右腕とされた人物である。一九三七年彼はサンフランシスコ総領事としてアメリカに渡り、太平洋におけるナチスの情報組織と日本のそれを調整する立場になった。しかし、ヒトラーに失望した彼は、一九四〇年四月ごろからナチズム反対の言動をサンフランシスコの外交団のなかで明らかにし始め、イギリスに行きたいと希望を表明し、イギリスの情報組織に接触を求めてきた。彼はイギリス側に一九三九年八月二二日の会議録を提供し協力を申し出たのである。

それはヒトラーがスターリンとの不可侵条約成立直前に、国防軍の上級指揮官と参謀長を集めて行った特別会議の議事録である。そのなかでヒトラーは、英仏と戦う必要すらないうちにポーランドを征服するとともに、一九四三年までに究極の目的であるソ連の征服を実現させるため西欧を中立化するという青写真を明らかにしたものであった。

ヴィーデマンがなぜ協力を申し出たのか、その理由は不明だった。特にロンドンで〝ヒトラーのスパイ〟だと非難されアメリカに移ってきた旧ドイツ王家の王女だと自称するオーストリア女性シュテフィ・リヒターがヴィーデマンの愛人になったことは、ヴィーデマンの行動を一層うさんくさいものにした。ＦＢＩは彼がソ連に反対するアメリカ人にナチズムを受け入れやすくするために、ことさらヒトラーの反ソ政策を宣伝していると解釈したが、その後ヴィーデマンがドイツへの帰国を恐れているという情報を得て、一応その反ナチ・反ヒトラーについては認めた。しかし、なお〝親ナチ〟として有名な〝王女〟との関係に疑念を捨てなかった。

こうしたなかでイントレピッドは、ヴィーデマンによる情報獲得の可能性を求めてワイズマン卿に接触を依頼したのである。もちろん、この工作についてアメリカ側の公式な承認は求めなかったし、イギリス側にもフェンロー事件の記憶はなお生々しかった。

アメリカ国務省の怒り

ワイズマンとヴィーデマンの交渉は、マーク・ホプキンス・ホテルの一室で〝王女〟の口ききで、進められた。〝王女〟ことシュテフィ・リヒターは、恒久平和がイギリスとの調整によって達成できることをヒトラーに説得するため〝王女〟自らベルリンに行くことを求めた。もちろん、チャーチルの意思をよく知っているイントレピッドにとって〝対独平和〟などは論外であったが、ヒトラーが対ソ攻撃をすることは当面のイギリス本土の苦境を救うためにも歓迎せざるを得ない。しかし、他方ルーズベルト大統領にとって、現段階での英独和平は、イギリスの脱落と等しく反対せざるを得ない。ワイズマンの工作は、こうした微妙な関係のなかで、日本に対しては対米戦争引き延ばしのための日米交渉を、ドイツに対しては対ソ戦争の可能性を測る情報活動を進めていたものである。

当時日本側では、松岡外相の日独伊三国同盟にソ連を加えた四国同盟でアメリカの参戦を阻止しようとの構想が練られており、ドイツでは一一月のヒトラーとモロトフとの会談を直前にして、独ソ協調か対ソ攻撃かの岐路に立とうとする時期でもあった。

ワイズマンとの会話のなかでヴィーデマンは、反ユダヤ、反共で親ナチスの有力な英米人グループの氏名をはっきりと告げた。また、一一月三日の会話では、ヒトラーのジブラルタル占領とスエズ占領による地中海両端の封鎖計画の概略を暴露した。また対ソ侵攻の前段となるバルカン侵入計画についても語った。これは英米両国首脳にとって重要な情報であった。

ところが、アメリカ国務省はワイズマンのヴィーデマン工作に対して、交戦国と交渉してアメリカの中立の立場を濫用したという理由で中止を求め、ワイズマンのイギリスへの送還を要求したのである。これはBSCにとって最大の衝撃であり、イギリス側には信じられないことであった。かつて故ウイルソン大統領の補佐官ハウス大佐と組んで英米関係の調整者だったトップ・レベルの人物を、こともあろうに国務省は追放しようとしたのである。

イントレピッドはFBIのフーバー長官に訴え、フーバーは国務省に対し、ワイズマンとヴィーデマン総領事との接触は、FBIの理解と認可を得て行われたことを証言した。国務省は、自分たちの関知しないところで、FBIとBSCが秘密工作し、イギリス情報機関がアメリカ国内で活動していることに敵意をいっそう燃えたたせた。

結局、事件は直接ルーズベルト大統領のもとに上げられ、大統領によって追放手続きを中止させることができた。

アメリカの中立姿勢は建前ながら依然として厳しく、イントレピッドの活動は決して容易ではなかったのである。もともと、いかなる友好国の間でも、情報機関同士が真に友好的であることは稀である。アメリカ大統領がいかに親英的であっても、国務省はイギリス情報機関が自国の主権を〝犯す〟ことに無関心ではあり得なかったのである。

ヴィーデマンについては、別の情報で、彼がヒトラー打倒を望むドイツ王統派運動の代表であることが説明された。これはドイツ外務省内部の協力者でベルリンにいた〝ジョニー・ヘアヴァード〟（ハンス・ハインリヒ・ヘアヴァルト・フォン・ビッテンフェルト。戦後ロンドン駐在西独大使となった）からの情報で、このジョニーの保証でヴィーデマンは、その影響力があまり有害にならないと見られた中国への脱出を認められた。

ワイズマン卿の追放騒ぎは、ＢＳＣとアメリカ国務省との微妙な関係を示す出来事であったが、ＢＳＣとフーバーのＦＢＩとの関係も、次第に難しくなって行く。（一九八二・一一・一掲載）

12　貴重な情報傍受基地バーミューダ

ＢＳＣはアメリカの主権を侵害する？

いかなる国家も、外国の情報機関の自国内での非合法活動については寛容ではあり得ない。ＢＳＣ（イギリス安全保障調整局）の活動が成果を上げ始めると、スティーヴンスンとＦＢＩのフーバー長官との関係も微妙なものとなって行く。アメリカ国内の対情報活動を任務とするフーバーにとって、ＢＳＣの活動の拡大はアメリカの主権を侵害する目ざわりなものとならざるを得なかった。特にスティーヴンスンがルーズベルト大統領と密接な関係を維持するため、大統領の私的な情報担当補佐官としてのドノヴァンとの接触を深めるにつれて、フーバーとの関係は緊張を余儀なくされた。

もともとフーバーは、ルーズベルト大統領が嫌いだったという（ウイリアム・サリバン／ビル・ブラウン『ＦＢＩ』中央公論社）。特に大統領の側近がハリー・ホプキンスやリベラル一色で固められていることに悪感情を隠さなかった。

ルーズベルト大統領は一九三九年にＦＢＩの権限を拡大し、刑事犯罪だけでなく治安関係事項もその管轄に組み入れ、対情報活動の権限も与えた。さらにイギリスへの武器貸与計画を推進するため、これに反対する個人や団体の調査をフーバーに依頼している。ＦＢＩはルーズベルト大統領のもとで一貫して発展し権限を拡大してきたのである。

しかも、フーバーはルーズベルトを嫌い続けたという。こうしたフーバーの面従腹背的姿勢は、当然スティーヴンスンにも察知されたことであろう。

フーバーはＦＢＩをイギリスのＳＩＳ（秘密情報機関）のような国際的機関に拡大することを希望していたが、その役割はドノヴァンにさらわれそうであった。さらにＦＢＩが国務省と争っていた南米諸国における対スパイ活動の権限についても、ネルソン・ロックフェラーがルーズベルト大統領を説得して、スティーヴンスンが運営するＢＳＣの南米情報組織に設備と資金を導入し、ナチの同調者やスパイを排除する「南米問題調整者事務所」を開設したため、出番がなくなってしまった。

ロックフェラーにとっては、ＦＢＩと国務省の外国における対スパイ活動についての権限争いに巻き込まれるよりも、現に働いているイギリスの情報網に資金を投じ、実質的成果を上げる方が得策だと思わざるを得なかった。特に大統領が依然として中立・不介入の姿勢を変えていない段階では、大統領を保護するためにも必要だと見たのである。おかげでＦＢＩの外国における対スパイ活動の足掛かりは失われてしまった。

当初、ＢＳＣと大統領とを結ぶ唯一の独占的経路であったフーバーの秘密の役割は、こうしてＢＳＣ活動の本格化とともに限定されたものとなり、フーバーに取ってはむしろスティーヴンスンに利用されていると感じ始める。フーバーの望むＦＢＩをイギリスのＳＩＳのような国際的機関に拡大するという考え方は、アメリカ議会では支持されず、ＦＢＩは国務省に隠れて南米にＦＢＩ事務所を維持する有り様であった。

スティーヴンスンがフーバーとの関係を維持しながらドノヴァンに大統領の秘密情報補佐官的役割を期待し始めるとフーバーの不満は募り、ＦＢＩはＢＳＣの活動を非合法性の名のもとに抑えようとさえした。こうしたフーバーの不満に対して、スティーヴンスンはＦＢＩに業績を上げさせることに配慮した。そしてその切札となったのが、バーミューダの情報基地である。

ＦＢＩはＢＳＣに頼り国内からの情報を入手

バーミューダ島では、ＢＳＣがナチ占領下のヨーロッパと西半球との郵便・電信・無線を開封、盗聴、傍受するための秘密の活動が行われていた。

ルーズベルト大統領はフーバーに命じて、アメリカの海外通信がこの島でＢＳＣのふるいにかけられるようにした。ＢＳＣはＦＢＩと協力してプリンセス・ホテルの地下に大施設を作り、そこでは一二〇〇人のイギリスの専門家が働いていた。ここでの調査からＦＢＩはアメリカ国内の枢軸側スパイに関する貴重な情報を得ていたのである。

このバーミューダを中心として、トリニダード、ジャマイカに置かれていたイギリス帝国郵便電信検閲局が傍受し、開封検討した通信資料の提供によって、ＦＢＩは一九四〇年と四一年に数件のスパイ事件の訴追に成功している。アメリカには郵便検閲制度がなかったのである。フーバーはバーミューダの情報活動についてよく知っており、そこがスティーヴンスンにとってＦＢＩとの協力が破れた場合、後退して活動を継続する拠点となることを理解していた。ＦＢＩがＢＳＣのバーミューダ情報に依存するところ大である限り、ＢＳＣとの関係を失うことはＦＢＩにとって不利益となる。この利害の一致が両者の協力を続けさせたのである。

一九三〇年代までバーミューダは、空と海の輸送の燃料補給基地であった。開戦後の一九三九年から四〇年にかけて、秘かに情報基地が作られ、プリンセス・ホテルを本部として、いくつかのホテルの地下に施設が置かれた。専門家チームがドイツのスパイから送られた手紙を秘かに開封し、再び痕跡を残さずに元に戻したり、秘密インクを現像したりする施設である。

大西洋横断航空路の拠点だったバーミューダでは、パン・アメリカンの旅客飛行艇ボーイング三一四型機が中立国で枢軸側スパイの温床だったリスボンに向かう途中での給油が行われていた。その間、貨物と旅客は用心深くふるいにかけられた。旅客はヨット・クラブで接待されたが、〝トラッパー〟（開封者）が郵便物を調べる間を持たせるため、飛行艇が遅れる言い訳が次々に出された。外交行嚢は大使館便の不可侵に関する国際協定の下にあるが、熟練した専門家によって封印が解かれ内容が調べられた。

スティーヴンスンはＦＢＩに情報を与えて、さらに多くの外交行嚢がバーミューダを通過するように工作さえしたのである。

クリッパー旅客飛行艇の一回の停泊中に、二〇〇万通の手紙が検査され、そのうち一万五〇〇〇通が痕跡を残さずに開封された。ただしこれはアメリカから欧州向けの郵便だけで、ドイツ領土からの通信はあまりなかった。

バーミューダはまた、南米の情報網を操作するイギリス情報機関の前哨基地でもあった。現地の情報員の低圧の送信機では直接ロンドンとは交信できないので、その中継基地となったのである。さらにここには、南北アメリカ、大西洋で交信するドイツの暗号通信を解読する〝小型〟プレッチリーが秘かに設置されていた。これは特に大西洋におけるUボートの暗号を傍受し、解読し、対Uボート戦に勝利する原動力となる。

フーバーはバーミューダ情報によるFBIのメリットの前に、BSCとの友好を持続せざるを得なかったのである。(一九八二・一二・一掲載)

13　FBI長官二重スパイを信用せず

二重スパイ〝XX（ダブルクロス）委員会〟

独ソ開戦と英米のソ連支援は、第二次大戦の性格を規定する歴史の結節点となった。チャーチルとルーズベルトは、一九四一年八月九日から一二日、ニューファンドランド沖のイギリス戦艦プリンス・オブ・ウェルズで会談し、一四日に「大西洋憲章」を発表した。この会談は両巨頭の第一回会談であり、個人的親交を深めるとともに、連名でスターリンに電報を送り、最大限度の軍需品を送ることを確約して、スターリンの単独講和阻止に努めた。

すでにルーズベルトは、ドノヴァンを東欧に派遣して、ヒトラーの対ソ攻撃を遅延させるというチャーチルとの共同の謀略に深くコミットしていたが、独ソ開戦は、それをさらに発展させ、かねてから〝イントレピッド〟等が説いていた〝攻勢的諜報活動〟を全面的に受け入れる契機となった。七月一一日にはそれまで秘密だったドノヴァンの地位を公式なものとし、「国家の安全保障に関する一切の情報と資料を収集分析する」大統領の情報調整官であることを明らかにした。アメリカの情報機構は、真珠湾の半年前に、ようやく形を整え始めていたのである。

しかし、それにしても、独ソ開戦に見るナチスの欺瞞工作は、英米首脳に衝撃を与えずにはおかなかった。外国の工作を極度に警戒し、理論武装し、逆に世界革命の陰謀を進めようというスターリンさえも罠にかけたヒトラーの巧妙な謀略偽情報による陽動作戦の効果は、あらためて敵の恐ろしさを実感させるものであった。特にルーズベルトにとって、当時依然として中立国だったアメリカが、いかにそれに対応するかを考えさせるものであった。中立国だったアメリカ国内では、当然のことながら枢軸国の大使館が自由に活動し、ナチスの宣伝が、なおまかり通っていたのであり、ハワイや西海岸の日系人はルーズベルトにとって潜在的スパイ源と見られる目障りな存在であった。

もちろん、フーバーのＦＢＩが、非合法のスパイに対しては対情報活動を進め、逮捕を続けていたが、そうした単純なスパイ狩りではあまり効果がないことも分かりかけていた。消極的にスパイを捕まえて監獄に送るだけではなく、積極的にスパイを逆用して、偽情報を送りかえし、敵国・潜在敵国の首脳部の判断を狂わせる〝攻勢的諜報活動〟が必要だったのである。

イギリスでは、すでに一九四一（昭和一六）年一月二日にＭＩ５の下部機関として〝ＸＸ（ダブルクロス）委員会〟が発足していた。その目的は、ナチスのスパイを逮捕してイギリスのために働くよう洗脳し、二重スパイとして偽情報を報告させることであった。またこの二重スパイに対するナチスの指令を通じて、その意図を読み取ったのである。フェンロー事件で欧州本土内の全組織が潰滅していたイギリスに取って〝ＸＸ委員会〟は〝ウルトラ〟とともに貴重な情報源工作となっていた。

チャーチルが二重スパイの組織化を強化

もちろんこうした工作は、外務省、陸海空軍省、国内治安機関、警察等々多くの官庁の縄張りにぶつかり、運用が極めて困難なものであったが、チャーチルの強力な指導で、かつて情報機関の歴史になかった二重スパイの本格的組織化という革命的戦術が実行され始めていたのである。

一九四〇年九月一九日、ドイツ国防軍情報部の工作員ウルフ・シュミット（〝ハンス・ハンセン〟）が南イングランドに落下傘降下したが、直ちにＭＩ５に逮捕された。彼はキャンプ０２０で尋問を受け、イギリス側に協力を誓い、ハンブルグの本部と無線で交信し続け、戦争が終わるまで、ドイツ側にとって最も信頼できる優秀な工作員と信じ込まれていた。〝ＸＸ委員会〟の成果の一つである。

イギリスは、こうした情報工作のノウハウをアメリカに伝え、ルーズベルトも、こうした対情報活動が攻勢的武器となることを知っていた。しかし、ＦＢＩのフーバー長官は、二重スパイの利用には頑固な抵抗を示した。彼はあまりにも自己顕示欲が強く、捕らえたスパイを利用することよりも、それを自分の手柄にすることに関心があった。ＦＢＩをイギリスのＳＩＳのような情報機関化しようとして挫折し、ドノヴァンが大統領の情報担当補佐官となった理由の一つには、彼自身の問題があったと見られている。

一九四一年六月、〝トライシクル〟（三輪車）と呼ばれるイギリスＸＸ委員会の優秀な二重スパイ、ドウシュコ・ポポフが、日本海軍がイタリアのタラント湾でイギリス海軍航空隊が成功した雷撃戦術で真珠湾攻撃も考え始めているという貴重な情報を、ＦＢＩに伝えたとき、フーバーは彼が二重スパイだということだけで、それを無視している。

ポポフはユーゴスラビア人で、ドイツ情報部に雇われていたが、秘かにイギリス側に通謀し、巧妙なニセ情報をドイツ側に流し続けていた。彼は一九七四年になってようやく箝口令を解かれ『スパイ／逆スパイ』（邦訳『ナチスの懐深く』早川文庫）を書いたが、そのなかで「特に真珠湾攻撃に関して彼らがやったことと私がＪ・エドガー・フーバーと会った諸般の事情を明らかにしたかった」と忿懣をぶちまけている。

ポポフの資料はフーバーの手許まで提出されたが、フーバーは〝トライシクル〟という暗号名がそもそも気に入らなかった。一度に二人の女を相手にする不道徳な二重スパイのプレイボーイだと決め付け、ポポフがベルリンからの指令でハワイに行くことを禁じてしまった。困り果てたポポフは〝イントレピッド〟に頼んだが、ＦＢＩは頑として応じない。ＸＸ委員会のユーイン・モンタギューがロンドンから飛んできて、〝トライシクル〟に情報を与え、ドイツ情報部のボスたちを満足させるよう説いたが無駄であった。

ＸＸ委員会のメンバーだったサー・ジョン・マスターマンは後に「〝トライシクル〟の持っていたドイツの質問状は、真珠湾に関する質問が専門的で詳細なのを別にすると、多少とも一般的で統計的だったのは注目に価する。それで質問状は、アメリカが戦争状態に入る場合、真珠湾が真っ先に攻撃されること。この攻撃の計画が四一年の夏には相当進んでいることを示唆していたというのが、確かに公正な推論である。明らかに評価を下し質問状から結論を引き出すのは、われわれよりもアメリカ人の責任だった」と述べている。

フーバーのＦＢＩは、依然平時の警察官の伝統に従ってスパイを逮捕すればよいという大きな間違いを犯していたのである。

真珠湾の半年後の一九四二（昭和一七）年六月、ヒトラーの命令でアメリカ本土のアルミニウム工場、鉄道等を破壊する目的で潜水艦から上陸した八人のドイツ工作員の隊長ゲオルグ・ダッシュが、上陸直後ＦＢＩに特赦を条件に自首してきたとき、ＦＢＩの手柄にするため自首を隠し、特赦の約束を無視して秘密軍事裁判にかけ、大半を処刑したのもフーバーであった。（一九八三・四・一掲載）

14　アメリカの攻撃的情報基地「キャンプX」

キャンプXから007が生まれた

ＢＳＣ（イギリス安全保障調整局）にとって、プレッチリーの〝ウルトラ〟とバミューダの情報基地は、ドイツの秘密を探知するための武器であった。そして探知した秘密に基づいて敵にパンチを与える〝攻勢的情報活動〟の訓練基地として〝キャンプＸ〟が一九四一（昭和一六）年一二月に設置された。

キャンプＸは、ニューヨークの北西約三〇〇マイル、オンタリア湖の北岸カナダ領のトロントとキングストンを結ぶハイウェーの近くにあった。ここでは情報工作員が訓練され、ゲリラ戦法がテストされ、ハリウッド式の建築物のセットがナチの隠れ家に似せて建てられていた。映画でおなじみの〝００７〟も、このキャンプＸから生まれたのである。

スティーヴンスンはハリウッドのジョン・フォード監督を雇って、カナダで宣伝映画を作らせた。アレグザンダーとゾルタンのコルダー兄弟はフォードに協力してキャンプＸの建設に協力した。コルダー兄弟は演習用にドイツのいろいろな場所をセットで再現し、スパイたちがヨーロッパの目的地に習熟できるようなフイルムの断片を求めてフイルム保管庫をあさった。ハリウッドの一流メーキャップアーチストたちも、変装を指導した。

トロント西方三〇マイルのここが選ばれたのはＦＢＩの捜査官やドノヴァンの部下たちが簡単に行けるカナダ領だということであった。しかし、許可のない訪問者が訪れるには、極めて困難であった。南は四〇マイルの湖水、北は密生した潅木地帯で遮断され、東と西からの接近路は、イギリスのコマンド隊員によって厳重に守られていた。

この土地は一九四〇年以来スティーヴンスンの金で少しずつ購入され、後にある王室の会社に譲渡された。スティーヴンスンとドノヴァンは、ここに理想的な訓練センターを作り、特にドノヴァンはやがて自分の部下たちをここに送り込み、そのノウハウを会得させるのである。

キャンプＸのなかの〝ステーションＭ〟は文書偽造の工場だが、無線中継所ということになっていた。東方一〇〇マイルにあるノーマン・ロジャーズ飛行場は、イギリス海軍のパイロットを訓練していたが、そこにキャンプＸの秘密格納庫があった。湖水では一人用潜水艇や水中破壊装置がテストされた。世界各地のイギリス情報活動基地を結ぶ送信機〝ハイドラ〟は地下に埋められていた。

イギリスがフランスから敗退したとき、欧州大陸には、イギリスの正規の情報機関は存在しなくなっていた。フェンロー事件で潰滅した在来の組織に代わって、新しい情報システムが作られねばならなかったが、その一つの中心が、ニューヨークのＢＳＣであり、バーミューダ基地でありキャンプＸだったのである。

ＢＳＣは多くの情報要員を求めていた。ヨーロッパをよく知っているアメリカ市民の協力が必要だったが、アメリカの法律に違反しないでやらねばならなかった。アメリカ政府はイギリス側が情報要員をアメリカ市民や在米外国人等から引き抜くことに公式に反対しており、国務省、法務省、移民局の許可なしに応募者がアメリカを離れることは理論上不可能であった。にもかかわらず情報工作員の何人かは、アメリカで募集されキャンプXに送られた。アメリカ政府機関が許可しないような異例の場合には、ドノヴァンを通じてルーズベルト大統領に介入が要請された。しかし、そのようなことが行われたことは、決して認められなかったし、その本当の目的について記録されたこともなかった。

それはＣＩＡに受け継がれた

ステーションＭには、金庫破り、偽造専門家、銀行強盗などのプロが、社会のあらゆる階層から集められた。イギリスの検閲機関が資料と情報を提供し、偽造されたナチス占領地の通貨や証明書類を作ることを助けた。ＢＳＣの旅行者検閲部は、工作員に必要な特別の物品を調達した。

アメリカ国内で欧州からの旅行者が、工作員に必要な衣装を着ているようなことがあると、尾行され、途中で盗難に会ったりする。その埋め合わせはすぐなされるので被害者は驚くが、失われた衣装はキャンプXに送られ、やがてフランスにパラシュート降下する工作員の衣装となっていることもあった。

情報工作員には、第二次大戦がイデオロギーの戦いであり、政治テロとの闘争であることを理解する因襲にとらわれない男女が必要であった。彼らの使命を全うするチャンスは統計的に計算され、多くの応募者に知らされていた。

応募者が行動に入る前に失格する率は三パーセント。捕虜にされるのが三パーセント。捕虜になると三人に一人の男女がゲシュタポの尋問を受ける、といわれていた。しかし、実際にはさらに悪かった。ベルギーの比較的平穏な地域に向かって出発した二五〇人の情報工作員のうち一〇五人が捕らえられた。そのうちで生き残ったものは四〇人にすぎなかったという。特に〝ピアニスト〟と呼ばれた無線通信手の余命は、ほとんどの地域で、六カ月といわれていた。

ゲリラ戦の専門家は、空手チョップから首の部分に針をすべり込ませて即死させる〝必殺仕置人〟的手法まで、素手で音を立てない殺人法を教えた。落下傘降下、武器と弾薬の扱い方、製造法、そしてロッククライミングの技術も訓練した。

また直接、人を襲撃するコツが伝授され、人体の攻撃に弱い部分が教えられ、女性は自分の体には男性より隠し場所が多いことを知らされ、膣筋肉の訓練によってかなり多くのものを持ち運びできることを体得した。

青酸カリのL錠剤を口の中に入れて行動することにも慣れさせられた。錠剤を呑み込んでもカプセルの皮は溶解せず、体内を通過する。ただ歯で噛み砕けば、即死することができるという危険極まりないものだ。

妨害用装置の開発と研究も進められていた。爆発物で作られたパンのかたまり。シアン化物を噴き出す万年筆。火に投げ込むと爆発するマキのような形をした爆薬。放火用煙草。動物の糞の形をした地雷。爆発性プラスチック等々……。

情報活動の使命のため、特別な知識を持った人材が求められていた。ウイリアム・ディーキンはチャーチルの執筆上の助手であり、オックスフォード大学で近代史の指導教官をしていた人物だが、ニューヨークのBSCに入り、さらにパルチザンを指揮している。地下軍隊の特殊な知能を必要とする任務に必要だったからだという。

著名な劇作家ノエル・カワードは、フランス崩壊当時情報活動に参加していたが、ニューヨークに行き〝イントレピッド〟と協力した。出発前チャーチルは、あなたは知られすぎていて適任ではないと反対したが、彼は、自分はスペイン語に流暢だからドイツが活発に工作しているラテン・アメリカ全域で活動できると強調して大西洋を渡ったのである。

ノエル・カワードは南米や中米のナイト・クラブで興行しながら旅行し、見聞していたことはすべてスティーヴンスンに報告した。彼は有力者たちとの歓談ではスパイを茶化していたが、その情報はジグソーパズルの一片として貴重なものが少なくなかった。一九七三年に死亡する少し前に、自分のスパイ活動について初めて告白し、皆が自分を愚か者だと思っていたと言っている。有名人で情報に無関心な彼を情報員だと思うものはなく、油断して本音を洩らしたのである。

キャンプXは、一九四四（昭和一九）年五月に閉鎖されるが、その時までに五〇〇人以上の情報要員を訓練し五二のコースを実施した。これには、主としてカナダから選ばれた要員、アメリカ軍人、FBI、OSS、OWIの代表が参加した。そしてドノヴァンのOSSに、その初期の教官、教科書、装備とノウハウのすべてを供給した。

戦後、OSSの伝統を受けついで設立されたCIAには〝農場〟と呼ばれる秘密訓練基地がヴァージニア州キャンプ・ピアリーにあるが、それはまさにキャンプXの発想を発展させたものであった。（一九八三・五・一掲載）

15　〝勝利計画〟を漏洩して、ヒトラーを「対米宣戦」に引き込む

強力な対英援助反対論者を逆用

一九四一（昭和一六）年一二月四日、すでに一一月二六日の「ハル・ノート」によって日米開戦は不可避となった。日本海軍機動部隊は択捉島の単冠湾を発し、一路真珠湾を目指しているさなか、ワシントンでは、タイムズ・ヘラルド紙のスクープが、アメリカ陸軍の極秘計画を暴露していた。「ルーズベルトの戦争計画！　一千万人の動員目標、半数は海外の戦場へ、一九四三年七月一日までに大陸侵攻、ナチ撃滅のために」

当時、アメリカ陸軍参謀本部員であったアルバート・C・ウェデマイヤー少佐（後に中国戦線米軍総司令官兼蔣介石参謀長、中将）は、この計画の作成者であり、秘密保持の責任者であったが、後に「回想録」で「ワシントンに爆弾が投下されたとしても、私はこれほどまでに驚きも困惑もしなかったであろう。……このことはアメリカが欧州戦争に介入しようと計画しており、その時期は目前に迫っていることと、またルーズベルト大統領が唱えていた欧州戦争不介入の約束は、単なる選挙演説にすぎなかったことを証明する打ち消し難い証拠となった」と述懐している。

ウェデマイヤー少佐はFBIの徹底的な訊問と調査を受けるが、嫌疑のないことが明らかとなった。もちろん、彼は釈然としなかった。

そのはずである。この暴露はBSC（イギリス安全保障調

整局）の〝イントレピッド〟が、アメリカ軍内の同志を使って意図的に漏洩したものだということが、戦後もはるか後になってようやく明らかにされたからである。

当時、アメリカ国内の親独分子、孤立主義者、中立主義者に対し、〝イントレピッド〟（ウイリアム・スティーヴンスン）は、FBIと協力しながら、これをルーズベルト政権の〝敵〟として秘密の戦いを続けていた。

ルーズベルト大統領もフーバー長官に命じて、ウイリアム・ローズ・デイヴィス（石油業者）や、ジョン・L・ルイス（CIO議長）等の活動を秘かに妨害・抑制させようとしていた。

特に上院議員バートン・K・ホイーラーは〝アメリカ第一主義者〟で、対英援助について〝衰えた大英帝国のために異国の戦場で四人に一人のアメリカ青年を殺すようなもの〟だと公言して憚らず、大統領に敵対していた。

BSCは、ワシントンのドイツ大使館から本国に送られる通信を傍受して、ホイーラーが「ABC1」（ドイツを先に撃破する計画）を含むアメリカの秘密の軍事緊急計画を知っているものと見なし、彼のアメリカ国内での影響力を薄めるための工作を実行した。例えば、ホイーラー上院議員はアメリカの議員特権である「郵便物無料送達」制度を濫用して、一一七万通にのぼる枢軸側の〝宣伝〟文書を、アメリカの納税者の負担で郵送しているといった暴露と非難が行われた。

ホイーラー側は、イギリス情報機関がドノヴァンの新しい情報機関を操っているのに違いないと睨み、外国であるイギリスによるアメリカ国内の秘密活動を暴露し非難しようとさえ決意していた。

〝イントレピッド〟は、こうしたホイーラー議員の心理を逆用して、BSCの政治戦争部が、すでに敵（ドイツ側）の手許に達していると判っている資料から、いわゆる〝勝利の計画〟の偽物をでっち上げ、さらに若干の間違って判断されやすい情報を付け加えて、トリックにひっかけようとしたのである。〝イントレピッド〟は、その時機を狙っていた。

ヒトラー「対米宣戦」に踏み切る

すでに〝イントレピッド〟の工作は、日米会談にも向けられており（第1章10参照）、栗栖三郎大使に随行した書記官から得られた情報が、機密保持のため、大統領の息子のジェイムズ・ルーズベルト大佐を通じて大統領に報告されていた。

一一月二六日、歴史的な「ハル・ノート」が日本側に手交された直後、J・ルーズベルト大佐は〝イントレピッド〟に、大統領が日本との交渉が失敗に終わると見ていると伝えた。〝イントレピッド〟はチャーチル首相とロンドン本部宛に、一一月二七日「日本との交渉は打ち切りになる。軍は二週間内の行動開始を予期」という電報を打った。

これで日本とアメリカとの戦争は必至になった、とチャーチルは思う。しかし、アメリカはドイツとまでも直ちに戦うだろうか。日本との戦争がイギリスの期待するアメリカの対独宣戦に結びつくかどうかがチャーチルの心配の種であった。アメリカが日本とだけ太平洋で戦うのでは、イギリスが今まで何のために苦労してきたのか、全く分からなくなる。日米開戦は即米独開戦でなければならない。

ホイーラー上院議員をひっかけるトリック作戦が実行に移されたのは、このときであった。

一二月三日、アメリカ陸軍航空隊の一大尉が分厚い茶色の紙包みをかかえて、ホイーラー議員の部屋を訪ねた。大尉は「人命にかかわることで。議会は行政府の計画の真相を知る権利があります」といって包みを置いて去った。目を通せば、約三五〇頁にわたる文書で「最高機密」のスタンプが押してある。「勝利の計画」と呼ばれる陸軍省の報告であり、それはアメリカ政府の参戦のプログラムを示すものであった。ホイーラー議員は、全資料をシカゴ・トリビューンのワシントン特派員に渡し、すっぱ抜きを依頼した。

一二月四日、ワシントン・タイムズ・ヘラルド紙が一面にでかでかと報じ、ウェデマイヤー少佐を驚愕させたスクープは、こうして実行されたのである。同時に、その写しは、ドイツ大使館にも届けられていた。直ちに概要が無電でベルリンに送られ、ドイツの首脳部のもとに届いた。

ヒトラーはアメリカの最高機密を入手した情報活動の成果を賞讃すると同時に、これでルーズベルトの本当の意図が明らかになったと激怒した。ヒトラーは真珠湾攻撃の四日後の一二月一一日、国会を召集し「今日現在でアメリカ合衆国と交戦状態に入る」と宣告した。

これはまさにチャーチルの思うつぼであった。ルーズベルトは自らドイツに宣戦布告して国民の大多数から反対される危険を冒す必要がなくなった。ヒトラーはアメリカ議会が阻止したり遅延させたかもしれないことを、自分から一挙に実現させてしまったのである。ホイーラー議員はニセの戦争計画を暴露することによって、ヒトラーの怒りを爆発させて対米宣戦を果たさせたのである。

〝イントレピッド〟の狙いは、ヒトラーを挑発して宣戦布告させるために、計算された〝秘密計画〟をヒトラーに送り付ける手段として、孤立主義者ホイーラーのルートを使うことであった。また、英米の対独偽瞞計画の立案者たちは、大陸反攻の日を一九四三年七月一日に設定しているというイメージをドイツ側に与えることを狙っていた。このタイム・リミットのため、ヒトラーは大西洋に面する西方の壁に大部隊を釘付けされ、ソ連に対する全力集中を妨げられるという二正面作戦を余儀なくされたのである。（一九八三・六・一掲載）

16　ドノヴァン戦略情報局（ＯＳＳ）長官就任

大統領に直結する情報機関設立へ

アメリカは一九四一（昭和一六）年一二月一二日、枢軸諸国と開戦した。日本は〝卑劣〟にも真珠湾を攻撃し、ヒトラーも自分から対米宣戦を布告した。相手に挑戦されて余儀なくしたのだという形である。孤立主義者は声を潜め沈黙してしまった。

チャーチルにとって、アメリカを〝巻き込む〟という一年有余の念願の工作が成就したのである。その喜びは尽きなかった。これで勝てるという確信を持つことができた。彼は、一二月二二日から一月四日まで、大代表団を引き連れてワシントンに現れる。第二次大戦の大戦略に関する〝アルカディア〟会談のためである。

一九四二年一月一日には、連合国二六ヵ国宣言が行われ、大西洋憲章の原則の承認と対枢軸単独不講和が確認された。また、後にチャーチルが「大同盟」（グランド・アライアンス）と呼んだ英米両国間の数多くの協定が作られた。すでに合同参謀会議で合意していた「ドイツをまず撃破し、次いで日本に向かう（ＡＢＣ１）」（第１章９参照）という「ドイツ第一主義」が正式に承認され、米英同盟軍の「連合参謀本部」（ＣＯＳ）を設けることが合意されている。

この「大同盟」の発足に当たって、すでに一年半もの間、秘密裡に続いていた英米間の情報協力があらためて確認され、特にアメリカの情報面における対英依存が継続されることになった。アメリカの情報機関は暗号部門を除き依然として貧弱極まる状態であり、〝真珠湾奇襲〟を許すという最大の組織的欠陥を露呈していた。

ドノヴァンはイントレピッド＝Ｗ・スティーヴンスンの

協力を得て「戦略情報局」（ＯＳＳ）を設置することになるのだが、これは前年の四一年七月に設立した「情報調整局」（ＣＯＩ）を改組発展させたものである。

ドノヴァンは、すでに四一年三月、スティーヴンスンとともにバルカン諸国でヒトラーの対ソ攻撃を遅延させる秘密工作を行ったが、帰国後の四月二六日、ノックス海軍長官に、アメリカに統合情報組織を作る必要性についての覚書を送っている。

彼は、イギリスの情報機関と同種の組織をアメリカに作る際の基本条件として、①大統領の直接指揮、②秘密資金の使用、③既存の情報機関とは別に独自の海外情報の収集、④宣伝活動と破壊工作の機能、を上げていた。

ルーズベルト大統領は、このドノヴァンの覚書を読み、スティムソン陸軍長官、ノックス海軍長官、ジャクソン司法長官に対して、ドノヴァンと協力して戦略情報の調整に当たる部局の新設要求をまとめるよう求めた。

当時、イギリス海軍情報部長のジョン・ゴッドフリー海軍少将が、イアン・フレミング海軍少佐（後に「００７」ジェームズ・ボンドの創作者）を従えてワシントンを訪れていた。枢軸側の占領地域に当時まだ存在していたアメリカの外交公館を通じての情報収集を依頼するために、やって来ていたのである。

スティーヴンスンは、この二人を通じて、アメリカに組織的な情報機関を設置すること、ワシントンとロンドンの間で緊密な協力を実施すること、そのためにはドノヴァンが最適任であることを改めて強調させるとともに、大統領との会見を取り付け、直接進言させている。新しい情報機関は複数の指導者ではなく、大統領に直結するただ一人によって指導されるべきことを強調したのである。

六月一八日、大統領はドノヴァンを招き、「情報調整官」になり、情報の収集と分析の他、敵の後方での秘密活動についての責任を持って欲しいと求めた。六月二五日には「大統領の指揮と監督の下に」「戦略的情報調整官という地位」を新設し、ドノヴァンを正式にこの職務に任命。七月一一日に大統領指令として発表した。英米合作の総合情報機関構想が、ようやく緒についたのである。

アメリカ、初めて海外情報活動を始める

このころ、アメリカの最初の海外情報活動も始められていた。当時なお中立国だったアメリカの特殊な立場を利用して、枢軸国及びその占領地の在外公館を通じて現地での住民感情、士気、爆撃目標などの情報収集を行うことであ

り、これはイギリス側からの要請に基づくものであった。反独感情の強い仏領アフリカではロバート・マーフィー（戦後駐日大使）が在アルジェリア米領事となり、陸海軍から言葉が分かり土地勘を持った適格者一二名が選ばれ、副領事として同行した。彼らは北アフリカとフランスの秘密情報収集に当たった。

外交官の肩書を持つアメリカ人が直接情報収集を行ったのは、これが最初だとされている。そのなかには、元海兵隊大佐ウィリアム・A・エディもいたが、彼はドノヴァンの求めた軍人＝学者＝情報マンの理想的人材であった。エディはマーフィーとともに、OSSの最初の情報網を作り、それが後の北アフリカ上陸作戦の成功を導くのである。

一〇月一〇日には、ドノヴァンは大統領に、陸海軍情報部長から秘密情報活動の権限を譲り受けたことを報告することができた。これによってドノヴァンは、秘密情報収集と情報分析という二つの統合された情報機能について責任を持つことになり、イギリス側の指導に沿って、新しい海外工作要員の人材確保と訓練計画の作成も進められた。キャンプXによって将来OSSのリーダーとなる要員の養成も始められるのである。

真珠湾以後、ドノヴァンのCOI（情報調整部）は、急激な膨張を始めた。特にCOIの特別行動部門は、情報収集だけでなく、イギリスの特別工作部門（SOE）にならって敵の後方でゲリラ活動ができるよう組織されることが急務となった。そのためには軍の組織との一体化が必要であった。軍の優秀な人材を入れ、重要なシビリアンには兵役を免除させ、要員の輸送補給を最優先させるためにも、軍の要請に応えるべきだと考えたのである。

CIAの母体OSSは統合参謀本部指揮下に

四二年三月、ドノヴァンは大統領に、COIを准軍事組織にする必要があり、統合参謀本部（JCS）の下に置くべきだと進言した。大統領に直結する形から、大統領の軍事戦略を補佐する最高機関となったJCSの直轄下に自ら入ることを求めたのである。

六月一三日、大統領はドノヴァンの要請を入れて軍事命令を出し、COIをOSS（戦略情報局）と名称を変え、アメリカ統合参謀本部（JCS）の指揮下に入ることを命じた。

OSSの任務は、①アメリカ統合参謀本部の要求する戦略的情報の収集と分析、②アメリカ統合参謀本部の指示する特殊任務の企画と遂行、であり、ドノヴァンは陸軍少将の資格で〝将軍〟と呼ばれ、戦略情報局（OSS）長官となったのである。

OSSは、COIよりは准軍事的活動の面で、はるかに強力なものとなったが、基本構想であった「国家安全保障に関する情報の収集と分析」という任務はそのまま引き継がれ、戦後の一時的中断の後、CIA（中央情報局）へと発展して行くのである。（一九八三・七・一掲載）

17 〝蛮勇〟ドノヴァンの論理

事務手続き無視の人材引き抜き

OSS（戦略情報局）の創設に当たり、ドノヴァンは〝ワイルド・ビル〟のニックネームにふさわしい〝蛮勇〟を振るった。

もともとOSSによって権限が狭められたり、失うことになる陸海軍やFBI、国務省にとって、ドノヴァンの仕事ぶりは、自分たちの権限を侵す目障りなものであり、伝統的な官僚手法からいえば〝めちゃめちゃ〟なものであった。

特に要員の確保には、金と手段を選ばぬ強引さが発揮され、陸海軍、学界、経済界、法曹界から、めぼしい人材を引き抜いた。事務手続き上、後から当然問題になりそうなことでも、人材確保という結果さえ良ければ良しとする強引さが、顰蹙《ひんしゅく》を買ったのである。しかし、ドノヴァンの論理は、OSSに求められる情報収集の任務が失敗すれば、戦争には勝てない。勝つことこそ第一であり、帳簿や事務手続きは二の次ではないか、ということであった。

ドノヴァンには、部下を選ぶ才覚があった。彼は自分の片腕となる部下としてデイヴィッド・ブルースを在ヨーロッパのOSSの長とし、アレン・ウェルシュ・ダレスをスイスの出先機関の長とした。ブルースはロンドンでMI6のメンジース長官と協力関係を作り上げ、ダレスはアメリカ軍の北アフリカ上陸（トーチ作戦）の直前（一九四二年一一月）スイスに入った。

5セクションでOSSの中核を構成

また、ジョン・マグルーダ准将を情報担当の副長官とした。マグルーダ准将はヴァージニアの名家出身の職業軍人であり、陸軍で長い間情報部門を担当してきたプロである。彼はドノヴァンを助けて秘密情報と対情報（防護）と分析部門間の調和に全精力を傾注した。ドノヴァン長官が、専らOSSの准軍事的活動に専念するかたわら、マグルーダ副長官が、組織の維持と拡大を進めたのである。

マグルーダ副長官の配下には、調査・分析（R&A）部門、秘密情報（SI）部門、対情報活動（X2）部門、外国人部門、検閲・文書部門（C&D）の五つのセクションがあり、これがOSS活動の中核となっていた。

調査・分析部門（R&A）は、海外情報の分析のため、多くの才能ある若手学者を集めた。ジェームズ・フィニー・バクスター（ウィリアムズ大学総長）、ウィリアム・ランガー（ハーバード大学教授）が登用され、シャーマン・ケント（エール大学教授）等、多くの学者が参加した。ランガーはOSSの調査研究分析部長となり、戦後CIAの、国内情報評価部長となった。ケントは、戦後CIAの調査分析部長となり、『アメリカ世界政策のための戦略的情報』という有名な本を書いている。

秘密情報（SI）部門は、当初、イギリスのMI6からの情報に依存しながら、師匠を追いぬくべく経験を深めていた。ドノヴァンの事務所は、四一年一一月、ロンドンに開設されていたが、ここで働くCOI（後にOSS）のメンバーは、イギリス側からは〝初心者〟としての扱いしか受けていなかった。イギリス側は、チャーチル始め指導層の熱心な対米情報協力姿勢とウラハラに、複雑で繊細な情報の仕事にアメリカ人は不適ではないのかと考えていた。特にイギリス側の現場は〝ダブル・クロス〟システムと〝ウルトラ〟の秘密が、アメリカ側から漏れることを危惧してなかなかアメリカ側の積極的参加を認めなかったのである。OSSの秘密情報部門が独自に欧州で活動できるようになるのは一九四四（昭和一六）年以降であった。

軍部の抵抗を避けて統合参謀本部直轄に

対情報＝スパイ対策部門であるX2は、イギリスのMI5、MI6の協力を得てスパイ関係者のブラックリスト作りを進めた。当時のカード式ファイルが基礎となり、現在ではCIAのコンピューターを使った厖大な資料庫に発展しているといわれる。この部門は、ワシントンの弁護士ジェームズ・マフィが責任者であり、七〇〇人のスタッフを持つまでに拡大した。戦後CIAの対共産圏スパイ活動の権威となったジェームズ・アングルトンもここのメンバーであった。

外国人部門というのは、海外地域についてアメリカ国民や外国人からの情報を収集する任務を持っていた。情報提供者の秘密は厳守されていたので、自発的な協力が得られた。また、積極的に秘密活動に参加したいという委員が発掘されることもあった。この部門の責任者は外交官だったデウィット・プールである。戦後のCIAでは旅行者や科学者、実業家等から、彼らが普通の行動のなかで知った情報を入手する〝国内接触〟業務という形で残されている。

検閲・文書部門（C＆D）では、ラジオ放送の傍受や郵便検閲から、枢軸側の占領地の情報を入手すること。さらに情報活動に必要な〝偽造〟書類を作成することが任務であった。こうした任務は、秘密情報活動に不可欠であり、戦後のCIAでは、〝技術局〟として受けつがれており、最先端技術が利用されていた。

一方、ドノヴァン将軍は、OSSの准軍事的活動に専念していた。一九四一（昭和一六）年一二月、COIの秘密情報部門（SI）から、特別工作部門（SO）を分離し、イギリスのSOE（特別工作部門）に対応する組織として、連係行動をしやすくした。

SOは、破壊活動委員やゲリラ、レジスタンス要員の欧州への潜入のための訓練と実行を担当した。ドノヴァンが、このSOの活動を有効にするため、軍の支援が不可欠と考え、COIからOSSへの再編を求めたことは、すでに述べた通りである。（第1章16参照）

SO部隊は、通常三〜五人で編成され、夜間にパラシュート降下してレジスタンスと連絡を取り、本部や基地と秘密無線通信を行ったり、ゲリラに武器、弾薬を補給したりした。

ただし、ドノヴァンのOSSの秘密活動は、マッカーサー元帥指揮下の南西太平洋地域とニミッツ元帥指揮下の中部太平洋地域では行われなかった。マッカーサーのような個性の強い将軍は、自分の上に上級司令部の情報機関が存在することに、強い抵抗を示したからである。ドノヴァンが大統領直属であることを自ら譲り、統合参謀本部直轄となったのは、そうした軍部の抵抗が、肝心のアメリカ情報活動全体のマイナスとなることを憂慮したからであり、軍部の一組織となることによって、軍全体の協力を得やすくしようとしたことによるものである。

他方、中国、インドシナ、タイ、インド等、東北・東南アジアにおけるOSSの活躍は、目をみはるものがあるが、それらは後日のこととなる。（一九八三・八・一掲載）

18　英仏関係は同盟から敵対関係へ

金塊を担保とするチャーチルの離れ業

一九四〇（昭和一五）年六月のフランスの崩壊は、英仏関係に決定的なしこりを残していた。イギリスはフランスが、なお北アフリカで戦争を続けるべきだと考え、戦えると信じていた。しかしフランスは、イギリスが西部戦線で十分援助してくれなかったことが敗北の原因だと考え、いずれイギリスもナチスに蹂躙される運命だと見ていた。イギリス海軍は四〇年七月三日、フランス海軍がその艦艇をドイツに引き渡すことを危惧して、オラン港に停泊中のフランス艦隊を攻撃。これは撃滅した。翌四日ヴィシーのペタン政権は対英断交し、英仏関係は昨日の同盟から敵対関係へと急激に悪化したのである。

開戦とともに〝イントレピッド〟のＢＳＣ（イギリス安全保障調整局）は、激烈な戦いを、より一層激しくして行く。

当面の課題は、アメリカ国内のヴィシー系フランス人の対独情報協力を阻止し、さらに彼らを通じてフランス領内に入り込むことであった。

チャーチルは、ロンドンに逃れたドゴール将軍の〝自由フランス運動〟に精神的財政的支援を与え、ドゴールも自分こそフランス正当政府の代表だとして、ナチに屈服したヴィシー政権に対抗したのである。

四〇年から四一年にかけて、ドゴールの〝自由フランス〟は、ナチス支配の及んでいない仏領植民地を解放し、イギリスの使用に提供した。さらにヴィシー政権の支配地区をも奪取し、これを統治し始めた。ドゴールについては、ルーズベルトとチャーチルの間では全般的諒解ができていたが、ルーズベルトは〝フランスの栄光〟を高唱する尊大なこの将軍を決して快く思わなかった。また単にイギリスの傀儡としか見ない人々も少なくなかった。アメリカのハル国務長官などは、ドゴールに個人的悪感情を持ち、それがアメリカの対仏態度を、より複雑化していた。

当時、アメリカは中立政策を取り、ヴィシー・フランス大使館が開設されており、独自の情報活動を行っていた。ナチスはヴィシーのこの出先きを利用し、アメリカ情報を収集するとともに、ヴィシー政権支配下の大西洋の仏領島嶼をＵボードの給油地に使用しようとした。また四一年一二月には、セント・ローレンス湾にある仏領のサン・ピェール、ミクロンの両島で、米英両国を結ぶ海底電線のケーブルから盗聴しようとしていた。さらにこれらの島から、カナダ領ハリファックスに集結する、イギリス向けの大輸送船団の情報を送信する計画も進めていた。

BSCの〝イントレピッド〟の部下たちは、サン・ピエールとミクロン島の住民の大部分が反ナチでドゴールの自由フランス支持者だと報告していたが、太平洋で日本の真珠湾攻撃が行われた一〇日後に、自由フランス軍が突如両島に上陸し、クリスマス前夜に全島を占領、解放した。

この直接行動は、カナダとアメリカ国務省の期待する仏領の現状維持政策を真っ向から否定するものであり、外交的な騒ぎになった。ハル国務長官は、BSCがアメリカの外交関係に影響しかねないこうした工作を秘かに推進したことを知り、激怒した。カナダの首相マッケンジー・キングも、カナダのフランス系住民と他の住民との政治的危機をもたらしかねない危険な工作をBSCが進めたことを知り、非難した。しかし、ルーズベルト大統領はそれを抑えた。〝イントレピッド〟から報告を受けており、すでに内密に是認していたからである。

ルーズベルトは、ヴィシー・フランスとの関係がナチス・ヨーロッパへの通路となることを理解しており、断交されているイギリスに代わり、ヴィシー・フランスを承認し続けるとともにチャーチルの意図を理解してドゴールをも支援するという複雑な政策を継続したのである。

これに対しチャーチルは、ルーズベルトの気嫌を損じないように注意しながら崩壊したフランスの大西洋上の島々を、ヴィシー政権の支配から、イギリスが後援し影響力を持つ〝自由フランス〟に取り戻させ、ナチスのUボートの利用を妨げるという政策を推進した。

イントレピッドの金塊奪取計画

マルティニーク島に隠されている五〇〇〇万オンスのフランスの金塊を奪うという〝イントレピッド〟の計画は、こうした開戦前夜から直後の段階にかける英米仏三国関係の一エピソードである。カリブ海の北東の外延にある仏領マルティニーク島は、一八世紀以来英仏間の争奪の的であり、大西洋の戦略的要衝である。フランス本国の崩壊後、ジョルジュ・ロベール提督が、ヴィシー政府の名のもとに統治し、そこにはフランスの小艦艇と空母ベアルン、航空機一二〇機が駐留していた。セント・ルーシア海峡を泳いでこの島から脱出してきたドゴール派のフランス人は、フランス巡洋艇エミール・ベルタンが大量の金塊を運び込み、首都フォール・ド・フランス近郊の旧要塞の地下砲弾貯蔵庫に下ろしたという情報を伝えた。

〝イントレピッド〟は、この島から金塊を奪取する計画を立てた。島をドイツ側に利用させず、ナチスが南米から戦略物資を買い付けるのに金が使われないようにするため、自由フランスによる反乱を支援しようとしたのである。元フランス陸軍情報部のジャック・ヴォーザンジュは、マルティニーク島出身でBSCのメンバーだが、彼が帰島して反ヴィシーの反乱を起こすことになった。彼は海軍の司令官たちに説いて、艦隊に金を積み込んでカナダのハリファクスに逃亡することを勧めたが、イギリスの明日をも知れぬ苦境とオラン事件のしこりが決定的障害となり、四一年の中ごろには、この計画は挫折してしまった。

BSCの専門家の一人であるルイス・フランク大佐が試算して見ると、マルティニーク島の金は、帳簿価格三〇億ドルで実際には約一〇〇倍の購買力を持つと算定された。フランク大佐は地金と仲買取引の世界的専門家でニューヨークからナチスの利益になりそうなあらゆる金融取引を監視していたのである。

チャーチルはBSCに、金を奪取できなくても、それに代わり得る名案はないかと要求した。これに対してフランク大佐は、マルティニークの金を保護預りにしてアメリカ製兵器購入の借金の担保にしてはどうかという代案を提示した。まず仏領小アンチル諸島の知事を無力化する。次にマルティニーク島からの出入りを一切阻止する。そうなれば現実に金塊は、イギリスの管理下にあるのと同じことになる。つまりイギリス側がマルティニークをいつでも取れる実力を誇示する。アメリカ国務省はヴィシー政権との外交を維持し、サン・ピエール、ミクロン島の自由フランスによる乗っ取り騒ぎの再燃を惧れて、実力行使には反対する。そこでイギリス側は、マルティニークの金の入手に代わり得る借款を求める。つまり、マルティニークの〝金〟を担保にしてアメリカから資金を引き出そうという計画である。言葉をかえれば〝他人の褌で相撲〟を取る工作を実行したのである。（一九八三・九・一掲載）

19　イントレピッドの心理戦争

占星術師の予言はBSC情報に依っていた

〝マルティニーク作戦〟は、BSCの情報と謀略を絵に描いたようなものであった。

　この作戦の背景には〝イントレピッド〟（Ｗ・スティーヴンスン）が発見し育てた暗号名〝シンシア〟という第二次大戦における重要な女性協力者がいた。

　彼女は一九三五（昭和一〇）年ごろから情報活動の世界に入り、〝エニグマ〟暗号機奪取に活躍した。その後、南米チリのサンチャゴでジャーナリストとして働いていたが、〝イントレピッド〟に呼び戻されて、イタリア海軍の暗号、ヴィシー政府の暗号のキーを奪取する工作に従事した。彼女はヴィシー大使館のシャルル・ブルースという海軍大尉の広報官に接近し、身をもって暗号書を取ることに成功したのである。

　マルティニーク島に五〇〇〇万オンスの金があるということは、そのブルース大尉によって確認された。またマルティニークがドイツ情報機関の中継所として利用されており、ナチスの大管区指導者エルンスト・ヴィルヘルム・ボーレの指導するナチス党外国組織部（ＡＯ）の工作員の基地となっていることも明らかにしていた。

　この作戦にはチャーチルによって採用され、イギリス情報部が育て上げた占星術師ルイス・デ・ヴォールが登場する。彼はノストラダムスの研究家でユダヤ系ハンガリー人であった。新聞のニュース記事や「星は予言する」といったコラム欄に登場して知名度を高めていたが、その予言のネタもとはＢＳＣの情報であった。

　正確な見通しや事実を十分に与えられていた彼が〝星占い〟だとして流す予言は、よく当たったので、多くの人々が彼の予言を超自然的能力と信ずるようになった。彼は「ハンガリーの占星術師」という触れ込みで全米の各都市を巡回していたが、〝イントレピッド〟によってコントロールされていた。

　〝占星術師〟のヴォールは、彼が特約している新聞の寄稿欄に一つの予言を書くように頼まれて、「ある貧しい赤道の島に勤務している著名なヴィシー協力者が、近く〝日射病〟にかかり気が狂う」と書いた。その一週間後マルティニーク島から脱出した一人のフランス海軍の古参士官が、マイアミで新聞記者に総督であるロベール提督は気が狂った、と語った。当時、ロベール総督は日射病でやられていたので、ヴォールの予言は的中したことになり、その信望は高まった。

　一方ＢＳＣは心理戦争として〝うわさ〟をふりまいた。〝マルティニークは自由フランス軍に解放される〟〝ドゴール将軍が乗っ取るそうだ〟……こうした噂話は、島民に敏感に受け取られ、ヴィシー・フランスの守備隊の士気を低下させた。また、アメリカ国民には、マルティニークの〝解放〟が当然のことのように条件づけられたのである。

マルティニークのヴィシー系総督は、そうした心理的圧力によって、従前のようなあからさまな親独政策を、そのまま続けて行くことができなくなった。

イギリス、マルティニーク島周辺を完全封鎖

しかも、マルティニーク島の周辺は、イギリス海軍によって完全に封鎖されており、周辺のイギリス領の島々からは、BSCが不断に監視を続けた。マルティニークの旧要塞の地下弾薬庫に眠る五〇〇〇万オンス（約一四〇〇トン）の金塊は、イギリスの眼を盗んで持ち出すことも、使うこともできなくなった。つまり、金は島ぐるみイギリスに保管されているのと同様の状態におかれることになった。

さらに〝イントレピッド〟は、ルーズベルト大統領に働き掛けて、アメリカ海軍のジョン・W・グリーンスレイド提督を、マルティニーク島に派遣し、ロベール総督に面会させた。アメリカ政府としては、ヴィシー・フランスと自由フランスの紛争に介入するようなことは夢にも考えていないが、マルティニーク島に現存するフランス空母や艦艇、それに一二〇機の軍用機がどうなるかについては、多大の関心をもって見守らざるを得ない、と圧力を加えたのである。

ホワイトハウスに帰還したグリーンスレイド提督は、ルーズベルト大統領に、イングランド銀行が〝破産〟してもイギリスは何とか借金が払えるだろうと報告した。〝マルティニークの金〟は事実上、イギリスの対米債務の抵当物件と見なされたのである。

しかし、フランスの領土と所有物を取引に使おうとする英米両国のこうした考え方に、〝誇り高き〟自由フランスのドゴール将軍が黙っているわけがない。

ドゴールの怒りと自由フランス国民委員会

もともとドゴールは、アメリカがペタン元帥のヴィシー政権を承認して、自由フランスを厄介視していることに我慢がならなかった。またイギリスが、自由フランスに精神的・財政的支援を与えていることは認めても、アメリカ側に遠慮して、その正統性を十分に評価してくれないことに不満であった。

四一年八月のルーズベルト大統領とチャーチル首相による大西洋会談当時、カイロにいたドゴール将軍は、自分の

知らないところでフランスの運命が決定されるのではないかと疑い、イギリスがフランス領土を取引に使おうとしていると非難し、自由フランスの軍隊をイギリスの指揮下から引き揚げると脅かした。これにはルーズベルトも、チャーチルも大いに怒り、以来大戦が終結するまで〝ドゴール嫌い〟が尾をひくことになる。

こうしたなかで〝イントレピッド〟は、BSCがかねてから調査していたヴィシー・フランスの駐米大使館が、ナチスの〝隠れ蓑〟となって行っている対米工作の全容を暴露することをチャーチルに進言した。大西洋憲章のためにルーズベルトと会談中のチャーチルは、その資料を大統領に見せることを示唆した。ルーズベルトは資料を受け取って〝イントレピッド〟に賛意を示し、公表することによってアメリカ国民に危険を分からせることができるだろうと述べた。

ルーズベルト大統領が帰国した一週間後九月四日のニューヨーク・ヘラルド・トリビューン紙は、ヴィシー・フランスの秘密工作についてのBSCの報告をスクープした。これはアメリカの四五の新聞を始め、BSCが助成しているユダヤ系の海外ニューズ通信社を通じて全世界に配信され、大宣伝キャンペーンを展開し、ナチ・ドイツと結託したワシントンのヴィシー大統領の陰謀を非難したのである。アメリカ国民の憤激は、全国的に高まった。

ドゴール将軍は、ヴィシー政府への非難が高まるなかで、九月二二日、「自由フランス国民委員会」を正式に組織した。そしてルーズベルト大統領は、一一月一一日、自由フランスが統轄する地域に武器貸与法が適用されると公表した。大統領はドゴールへの怒りを抑え、その力と機能を利用しようとするチャーチルと同一歩調を取ったのである。サン・ピエール、ミクロン両島に自由フランス軍が上陸したのは、それから約一ヵ月後、真珠湾攻撃の一〇日後であった。（一九八三・一〇・一掲載）

20　魅惑的なスパイ〝シンシア〟

マタ・ハリよりすごい奔放な外交官夫人

大戦当初のヴィシー・フランスへの侵透で忘れてはならないのは、暗号名〝シンシア〟（CYNTHIA）と呼ばれた女性情報員の存在である。

彼女は第一次大戦当時ドイツのためのスパイとして伝説

的存在だった〝マタ・ハリ〟に比べられるが、マタ・ハリが失敗したスパイであったのに対し、まさに成功し、勝利した最も魅惑的なスパイであった。シンシアは、アメリカのミネアポリスで一九一〇年に生まれた。本名は、エイミー・エリザベス・ソープである。父は海兵隊少佐であり、家ではベティと呼ばれていた。

ウイリアム・スティーヴンスン（〝イントレピッド〟）が彼女に深い関心を持ったのは、一九三七（昭和一二）年の冬であり、彼女はイギリス外交官アーサー・バックと結婚してワルシャワに来ていた。すでに一九三五年ごろからイギリス情報機関は、外交界で自由奔放に恋愛遍歴を続ける彼女に注目し、情報提供者として利用していた。スペイン内戦が勃発すると、彼女は親フランコの秘密活動に従事した。

ポーランドでの彼女は、外務省の高官といくつもの関係を結んだ。パーティで彼女と会った多くの役人や軍人は、その魅力を噂し始めた。彼女は極上の食事とワインが好きで、高度な知的会話を交わした後でないとベッドに誘えないが、そこではそれだけのものをお返ししてくれる、ということだった。

当時、イギリス情報機関は、ハイドリヒがナチの保安機関用に改造した〝エニグマ〟暗号機の詳細を求めていた。ポーランドの暗号班では、三人の数学者イエルジ・ロジッキー、ヘンリク・ジカルスキー、マリアン・レエフスキーが、ポーランド外相ヨゼフ・ベックが興味を持っていた新型〝エニグマ〟に取り組んでおり、ベック外相の副官が、ベティの恋人の一人であった。彼女は彼を口説いて、外相のオフィスにある書類を持ち出しては写しを取って返した。そのなかに〝エニグマ〟の秘密追求のカギとなる情報が含まれていたが、もちろん、彼女は、それが〝ウルトラ〟の成功にどれだけ寄与したかは全然知らなかった。彼女は生涯ブレッチリーにある広大な〝ウルトラ〟施設のことを何も知らないで死んでいる。

ベック外相の副官は、彼女をプラハやベルリンへの秘密の任務にも同伴したが、彼女はポーランドの暗号班が〝エニグマ〟のいくつかのキーを握っていることを知った。彼女の入手した資料は、後に「ユロサス」と呼ばれ〝ウルトラ〟システムの一部となつたコンピューターのために大きな貢献をした。

W・スティーヴンスンは、ベティをさらに重要な情報員として育てるため、〝エニグマ〟奪取のため、デニストン中佐がワルシャワに飛ぶころ（第1章2参照）には、ポーランドから安全な場所に移した。彼女がイギリスの秘密を親ナチの外交官に洩らしたのでロンドンに送還されたという まことしやかな噂がささやかれていた。

イギリスがドイツに宣戦すると、ベティは南米のチリで、〝イントレピッド〟の指揮下にジャーナリストとして活動を始めた。彼は彼女をアメリカに呼び戻し、イタリアやフランスの外交官に働き掛けるという計画を持っており、アメリカではエリザベス・ソープの旧姓で仕事をし、夫の外交官とは別れることになっていた。

ヴィシー海軍の暗号書奪取に成功

一九四〇（昭和一五）年、ニューヨークに呼ばれた彼女は、始めて〝シンシア〟の暗号名を与えられる。BSCは彼女にイタリアの海軍暗号体系を入手する任務を与えた。BSCはワシントンのジョージタウン地区に二階建の家を借りて、シンシアの拠点とした。ここに最初に誘い込まれた男は、ワシントンのイタリア大使館付海軍武官アルベルト・ラーイス提督であった。

ラーイスはじきにシンシアの言いなりになり、彼女のために経歴も生活も賭けようとした。彼はムッソリーニとヒトラーの提携を喜んでおらず、シンシアがアメリカの情報機関に友人がいると仄めかすと、比較的簡単にイタリア海軍の語句暗号と文字暗号書を二重暗号化表とともに彼女に渡すことを納得した。この文書は写真に撮られてロンドンに急送され、四一年三月二八日、イギリス海軍がマタパン岬でイタリア艦隊を攻撃して東地中海を制圧する契機となった。

BSCは、さらにシンシアをワシントンのヴィシー・フランス大使館の暗号入手に最適だと判断した。〝イントレピッド〟は四一年五月、自らワシントンのシンシアの家を訪れ、初めて彼女と会った。彼はBSCが必要としているのは、ヴィシー艦隊の動向と南北アメリカで活動するナチの資金源と見られるフランスの秘密資金であることを伝え、くれぐれもヴィシーの秘密警察に気を付けるよう注意した。

シンシアは、まず婦人記者を装って大使館に出入りし始める。大使との会見を待つ間、広報担当官のシャルル・ブルース海軍大尉とお喋りをしたが、彼はすっかりシンシアに魅せられてしまった。ブルースは、フランス海軍の戦闘機乗りであり、戦争の初期には、英仏秘密情報委員会のメンバーであった。軍人としてヴィシーに忠誠を誓っていたが、ドイツ人が大嫌いでイギリス空軍の何人かと親しかったことが分かっていた。シンシアは、彼に標的を定め、全力を集中した。

身体を許した後、四一年七月には、シンシアは自分がアメリカの情報員であることを打ち明け、彼がヴィシー政権に反抗し、自由フランスのために働くよう説得した。彼女は間もなく大使館に出入りする電報の原文の写しとブルースを通過する毎日の報告を入手するようになった。

マルティニーク島の金塊に関する情報はそのなかの一つであった。しかし、四二年三月には、チャーチル自身の要請で、BSCにフランス海軍の暗号を入手せよという強い要求が来た。シンシアはひるまずに、この難問に立ち向かった。ブルースに切り出すと、彼はあきれ果てて怒り出し、その不可能を説いたが、彼女はやめなかった。

シンシアは暗号係の主任に近づこうとしたが、これは失敗した。挫けずに彼女は戦術を転換する。ブルースとともに大使館に入り込み、OSS（戦略情報局）の〝錠前屋〟を暗号室に引き入れて金庫を開け、暗号書を写真撮影するという方法を取ったのである。シンシアとブルースは夜遅く大使館に入って一夜をともにするという〝習慣〟を繰り返し、守衛に疑われないため、裸で抱き合って安心させるという策略さえ取った。彼らは、四二年六月の一夜、ついに金庫の組み合わせキーの解錠に成功。さらに暗号書を持ち出して撮影し、全く痕跡を残さず元の金庫に戻すことができた。

このヴィシー海軍暗号の奪取は、北アフリカの連合軍の上陸作戦に役立ったが、同時に、それが〝ウルトラ〟の秘密を守るために役立ったことを知る人は少ない。BSCは、ヴィシー大使館が押し込みにやられたというニュースを故意に流し、プレッチリーの秘密をカバーしたのである。（一九八三・一一・一掲載）

21　赤軍情報部の創始者ベルジン

トロツキー、赤軍参謀本部に情報部門設置

スターリンの軍部に対する大粛清の嵐が吹きまくるさなか、ソ連の情報活動はどうなっていたのか――当然のことながら崩壊の危機に瀕していたのである。

しかし、そのことを知るためには、革命以来のソ連情報機関の実情を瞥見しておく必要がある。

一九一七（大正六）年一〇月革命によって権力を掌握したレーニンは、手に入れた権力を守り抜き、反革命と戦う

ため、一二月三〇日「全ロシア非常委員会」（チェーカー）をジェルジンスキーのもとに発足させた。チェーカーは悪名高かったツアーの「秘密警察」（アフラナ）の伝統を受けつぎ、後に「ＫＧＢ」（カーゲーベー）という〝怪物〟にいたる基礎となるものである。

レーニンはチェーカーを積極的に支援し、令状なしの逮捕、即決裁判、死刑執行の権限まで与え、逮捕者を強制収容所に監禁することも許した。一九二〇年まで続く内戦中には、しばしば住民や他党派から人質を取り、この「赤色テロ」で五〇万人を殺している。チェーカーの〝人質〟政策は、後にナチスによって模倣され、ゲシュタポの常套手段となった。

チェーカーは主として国内治安のため反革命と闘うことを任務としたが、反革命は国内だけでなく国外から工作されることが少なくない。そのため亡命ロシア人が多かったフランス、イタリア、ドイツ、イギリス等西欧諸国で、亡命ロシア人組織を監視し無力化するための対情報工作を始めた。これがチェーカーの対外情報活動の始まりである。

一九二〇年四月、ポーランド軍はウクライナに侵入、五月にはキエフを占領した。レーニンは赤軍に反撃を命じ、八月にはワルシャワに迫った。ポーランド民衆は革命に立ち上がるという情報を信じていたのである。しかし、ポーランド人は頑強に抵抗し、赤軍を分断して大敗させた。この大敗北の教訓から、トロツキー軍事人民委員は、外国軍事情報収集のため、赤軍参謀本部に情報部門を設置することを提唱した。チェーカーに軍事情報まで任せておくわけにはいかないと見たからである。

これに対しジェルジンスキーは、一九二〇年の一二月に、自分の優秀な部下だった〝チェキスト〟のヤン・カルロビッチ・ベルジンをこの赤軍情報部門に送り込み、赤軍の軍事情報収集活動も、事実上自分自身の統制下に置くことに成功する。

クレムリン衛兵司令官として目覚ましい功績

ベルジンは、本名をピーター・クユージスといい、ラトビアの貧農の子であった。一八九〇年に生まれ、努力して師範学校に進んだが、一四歳で社会民主党に入党、一五歳の時レットランドの労働者部隊に加わり、コサックと戦った。捕らえられ死刑を宣告されたが、年少のため処刑を免れ、シベリアに追放される。一九一七年革命が勃発すると、彼はボルシェヴィキに積極的に参加し、ペトログラード組織の一員となった。

一九一八年の秋、ベルジンはクレムリンの衛兵を指揮していた。レーニンを始めとする革命政権の幹部の安全に責任を負っていた。

当時、内戦下のロシアには、イギリス・アメリカ・フランス・日本の連合軍が、北はアルハンゲルスク、南はバクー、極東ではウラジオストックに侵入し、ウクライナでは自衛軍と赤衛軍が戦うという激しい内戦が続いていた。

こうしたなかで、イギリス情報部は、ボルシェヴィキの首脳部を一挙に暗殺し、反革命クーデターを実現する計画を立て、ブリュース・ロックハート等を外交官として送り込んだ。ロックハートは反ボルシェヴィキの極左派と連絡を取り、イギリス情報部員のレイリーとヒルは、クレムリンの衛兵指揮官だったベルジンに働き掛けた。

ベルジンは買収されると見せかけてロックハートに近づき、自分は一連隊を指揮しているが、兵士たちは新政府に不満を持っている。民衆の幻滅は頂点に達している。事態を混乱させているボルシェヴィキの要人を逮捕し、除去することが必要だと持ちかけた。

初めロックハートはベルジンの計画を相手にしなかったが、だんだん引き込まれて行く。ベルジンは資金として一千万ルーブルが必要だといい、その一部の支払いを求めた。ロックハートが金を支払うと、ベルジンは反革命クーデター計画を具体的に提案した。

九月六日、モスクワの劇場で開催が予定されている中央委員会の特別会議の際、ベルジンは配下のクレムリン衛兵によって出入口を封鎖し、レーニンをはじめ中央委員を逮捕、処刑し、これをモスクワでの反革命策動の合図にするという計画であった。彼らはレーニンの後継者のことまで検討したという。

ところが実行の日、すべては予定通り進行し、反乱グループは劇場を襲撃したが、赤衛軍の一連隊が逆に彼らを包囲し、分断した。ロックハートは他の情報部員とともに逮捕され、国外追放された。ベルジンは予めチェーカーにすべてを報告し、レーニン等の安全を守ったのである。そして、これが彼のチェキストとしての最初の成功となった。

コミンテルン、各国に共産党創立

ベルジンは一九一九（大正八）年三月から五月までソヴィエト・レットランドで内務人民委員代理を務め、同年六月から八月まで、ペトログラードの歩兵師団の共産党政治部を指導し、次いで第一五軍のチェーカーの特別事件の指導者となった。

ジェルジンスキーは、この若く優秀なチェキストのベルジンを赤軍参謀本部に派遣し、情報部長（第四部長）の直属とした。ベルジンは全力をあげてソ連の軍事情報機関の組織化を進め、一九二四年には、第四部長となって赤軍情報部を指導することとなった。このベルジンによって組織された赤軍参謀本部情報総局が後にＧＲＵとなる。ベルジンは赤軍情報部の創始者でありその初代長官として一五年間も勤め、ソ連軍事情報工作の基礎を確立したのである。

一方、一九一九年レーニンによって創設されたコミンテルンは、世界革命を推進するための情報・宣伝・工作機関として、世界各地で共産革命運動を煽動助長したり、各国で情報収集に当たるエージェントをスカウトし、シンパを組織化した。日本では一九二二（大正一一）年七月、コミンテルン日本支部として日本共産党が創立されている。

イギリスではすでに一九二〇年夏に共産党が創設され、オックスフォードやケンブリッジ大学内で、党員や同情者を集める努力を続けた。さらに「英ソ親善協会」（ＡＲＣＯＳ＝アルコス）といった貿易のための団体を拠点に直接スパイ工作が行われた。しかし工作があまりにも未熟でナイーブだったため、たちまちＭＩ５に探知され、一九二七年五月に摘発された。〝アルコス事件〟である。当時のボールドウイン英首相は「アルコスはソ連機関の指令でイギリス帝国、南北アメリカにおける軍事情報の収集と破壊工作を実施した」と述べ、対ソ国交を断絶するにいたった。ベルジンにとって情報工作をもっと深く静かに、さらに専門的に行うことの必要性を痛感させられた貴重な体験となったのである。（一九八四・三・一掲載）

22　ベルジンに信頼されたゾルゲが来日

部下の人間性に重要な価値を見出す

一九二四（大正一三）年一月レーニンの死後、スターリンはトロツキーと激烈な後継争いを続ける。このときジェルジンスキーはスターリンを支持し、その公安情報機関をスターリンの権力確立のために使った。チェーカーは一九二二年二月にゲーペーウー（ＧＰＵ、国家政治保安部）に改組され、二三年一一月にはオーゲーペーウー（ＯＧＰＵ、国家政治保安本部）となった。

ジェルジンスキーがＯＧＰＵ長官のまま、一九二六年に死亡した後、スターリンはＯＧＰＵと赤軍情報部（ＧＲＵ）

をライバルとして競争させたので、赤軍情報部は一九二〇年代から三〇年代にかけて、秘密活動の技術を洗練させていった。ベルジンは多数のスパイを外国へ送り込み、またスカウトした。そのうちの一人にリヒァルト・ゾルゲがあり、また、レオポルド・トレッペルがいた。彼らはベルジンと深い友情で結ばれながら、第二次大戦におけるソ連情報活動の中核となる。

さらに、イギリスのオックスフォードやケンブリッジ大学からは、第二次大戦後、米英両国に重大な打撃を与えることになるキム・フィルビー、ガイ・バージュス、ドナルド・マックリーン、アンソニー・プラントなどが協力者として取り込まれている。

ベルジンの赤軍参謀本部第四部（情報部）の本拠は、モスクワの赤の広場からほど近いズナメンシスカイヤ街一九番にあり、その壁の色から〝チョコレート色の家〟と呼ばれていた。ここは非合法活動による対外政治・軍事情報収集と秘密活動の中心となり、外国での工作ではOGPUよりはるかに熟達した力量を示し始めた。ベルジンは、情報が人から人へ伝えられることを理解しており、部下の人間性に最も重要な価値を見出していた。

ゾルゲはすぐれた知識人であり、経済学の著作を持つ博士でもあった。一九一八から一九年、ドイツ共産党で活動。二四年以降モスクワのコミンテルン本部で働きながら、ジャーナリストとして活動した。二八年に初めてベルジンに見出され、二九年以降、赤軍情報部で働くことになる。当時ベルジンは三八歳の大将であったが、三三歳のゾルゲと親密な友人となった。

上海で尾崎秀実と運命の出会い

当時、コミンテルンによって指導されていた中国革命は、二七年四月、上海での蒋介石の反共クーデターによって崩壊しつつあり、第四部は中国共産党支配地区とも、連絡が取れない状況となった。

スターリンは、この中共崩壊の危機に対し紅軍を拡大強化し、中国を武力解放する目標のもとに活動を強化せよと指令し、信頼するグルジア出身のベッソ・ロミナーゼを中国に派遣した。また赤軍情報総局（GRU）のヤン・ベルジン総局長は、中国委員会委員長のウォロシロフ国防相に秘密報告で、中国におけるソ連の最優先事項は紅軍の創設であると述べ、ソ連国内で大規模な中共軍事支援体制を作った。GRUは中国の主要都市すべてに工作員を配置し、武器・資金・医薬品を援助し、また重要情報を提供して、中共の危機を救うため全力をあげた。

同年八月七日、ロミナーゼが議長となった中共中央緊急会議で、毛沢東は武力対応に賛成を表明。このとき「政権は銃口から生まれる」と述べている。

一九二九（昭和四）年一月、モスクワでベルジンＧＲＵ総局長は、スターリンの腹心で中国担当のパヴェル・ミフと会談し、ソ連赤軍が、朱徳・毛沢東に具体的に軍事援助する方法について相談している。これは「朱毛紅軍」に対しモスクワが特別の軍事援助を検討した最初だといわれている。

また、同年四月には、情報活動の嫌疑で満州全域のソ連領事館が閉鎖され、南京とモスクワの外交関係が断絶した。三一年には満州事変が勃発し、日本は対ソ前進基地として満州国を建設しようとしていた。ユダヤ系のソ連人「アレックス」や「ジョンスン」（ゾルゲの変名）は、こうした極東地区の政治・軍事情報網の再建を任務としていた。

一九三一年、ゾルゲは中国に派遣される。この極東派遣に直接責任を持つ第四部部員は本名をボロヴィッチ大佐といい、第四部の極東課にいた。

ゾルゲは、この中国派遣任務に三年間をかけた。それによって極東問題を専門とする名声ある記者となり、また中国農業問題の権威者ともなった。中国の農業事情は、中国共産主義を研究するため不可欠の対象であり、それがゾルゲの公然活動の任務の一つでもあった。またゾルゲは、この上海で、大阪朝日新聞の特派員として二八年以来派遣されていた尾崎秀実と、左翼系アメリカ女性のアグネス・スメドレーを通じて知り合うことができた。

一九三二年の末、ゾルゲは上海から呼び戻される。ベルジン将軍は彼に、情報工作員として日本に行くことを求めたのである。しかも党員歴を持つ本名のままドイツの新聞記者として行くことを勧めた。これは極めて危険な冒険だったが、適確なカムフラージュでもあった。

ゾルゲに指令された主要な七項目

一九三三（昭和八）年五月、ゾルゲはモスクワを出発、ベルリンに向かう。彼は「フランクフルター・ツァイトゥンク」その他、新聞・雑誌の編集部と接触して寄稿家となることに成功した。またナチスのゲオポリティークの理論家カール・ハウスホーファーを訪れ、駐日独大使、駐米日本大使宛の紹介状を入手した。

七月三〇日、ゾルゲはモスクワの本部に、ドイツを去り、アメリカ・カナダ経由で日本に向かうことを通報した。ゾルゲへの指令は、次の七つに要約されていた。

①日本は満州国境でソ連を攻撃するか。②ソ連に対し配備されうる陸軍兵力、航空兵力は。③ヒトラーが権力を握った後、日独間にはどういう関係が作り出されるか。④日本政府の対中国政策は。⑤日本の対英・米政策は。⑥日本の対外政策の方向づけに対して日本の軍部はどういう役割を演ずるか。⑦日本の重工業と全経済が、どの範囲でどの程度の速度で軍需に転換され得るか。

九月六日、ゾルゲは横浜に上陸した。彼は列車で東京に向かい、数日後、ドイツ大使館に出頭して、持参した各種の紹介状を提示した。なかでもワシントンの日本大使から外務省情報部長宛の紹介状は、大使館員に強い印象を与え、何の疑いもなく迎え入れられることとなった。

ゾルゲは麻布永坂町三〇番地に一軒家を借りた。自分の動静がすべての外国人居住者と同様、日本の外事警察の視察の対象であることを知っていた彼は、それに対処する二つの方法を取った。

一つは、日本研究に没頭することである。彼は毎日のようにドイツ大使館やドイツ東アジア協会の図書室で読書し、資料を求めて古本屋を歩きまわった。彼の家は本と資料と地図と索引カード箱でいっぱいになった。歴史・文化・政治・経済の研究に熱中するとともに、日本各地の旅行を続けた。

第二は、こうした彼の日本研究によって知り得た日本の知識を、ドイツ大使館との協力に役立てることであった。彼がドイツ大使館で有用な、かけがえのない人材であることが分かれば分かるほど、日本側に疑われることが少なくなり、またナチスの監視組織からも睨まれなくなることを知っていたのである。

間もなくゾルゲは、ドイツ国防軍のオイゲン・オット陸軍中佐と出会うことになる。ゾルゲはオットと連絡を取るために、ベルリンで「テークリッヘ・ルントシャウ紙」の論説委員ツェラー博士から親友であるオット中佐への紹介状を入手していた。当時オットはドイツ参謀本部の連絡将校として、名古屋の第三砲兵連隊に配属され、日本研究を進めていたが、語学知識の不足から、良い協力者を求めていた。オットにとって、〝偶然〟出会ったゾルゲの深い日本知識と情報は、天の恵みに見えた。二人は密接な個人的友人となる。ゾルゲはオットの日本レポートを助けて、ドイツ参謀本部の評価を高くするとともに、オットを通じてドイツの関心と意図を知ることができた。一九三四年四月、オットは陸軍大佐に昇進し、駐日独大使館付陸軍武官に任命された。これは彼の日本陸軍情報部の組織と構造、対ソ情報活動についての特別報告が評価された異例のものであったという。(一九八四・四・一掲載)

23　二・二六事件分析で高い評価のゾルゲ、尾崎そして近衛内閣

「ラムゼイ(ゾルゲ)機関」の陣容着々整う

ゾルゲの日本における活動が本格化するのは、一九三六(昭和一一)年の「二・二六事件」以降である。彼は一九三三年に来日するや、まずドイツ大使館との関係を作り上げ、後に駐日ドイツ大使となるオット大佐の信頼を勝ち取る。ドイツ大使館にとってなくてはならない人材であり、情報源となることによって、その情報活動の基盤を固めたのである。

同時に、日本人組織員の獲得を図る。かつて上海で、アメリカの左翼ジャーナリスト、アグネス・スメドレーの紹介で、ジョンソンの偽名で知り合っていた朝日新聞記者尾崎秀実と接触を図り、昭和九年の五月、奈良公園の猿沢池畔で再会する。尾崎は〝ジョンソン〟に協力することを「快諾」した。

当時、モスクワの赤軍情報部は、日本における情報網設置のため布石を着々と打っている。後に「ラムゼイ」(ゾルゲの暗号名)機関の一員となるブランコ・ド・ヴーケリッチは、コミンテルンの国際連絡部(OMS)の指示で、昭和八年二月に来日している。またアメリカ共産党日本人部に入党していた洋画家の宮城与徳も昭和七年暮れに日本への帰国を命ぜられ、八年に帰国した。

一九三五年(昭和一〇)年五月、モスクワはゾルゲに一時帰還を命じた。彼は六月末にアメリカに渡り、偽造旅券を使ってフランスに入り、オーストリア、チェコ、ポーランド経由で、七月にモスクワに着いた。

赤軍参謀本部第四部(情報部)では、この年の四月、ベルジン将軍に代わってセミヨン・ペトロヴィッチ・ウリッキー将軍が部長になっていた。ベルジンは極東軍総司令官ブリュッヘル元帥の副司令官として赴任していた。「ラムゼイ」機関の活躍をシベリアから見守っていたのである。ウリッキー将軍はゾルゲと同年であり、前任のベルジン将軍とは数年来密接に協力してきたので気心は通じていた。

ゾルゲはウリッキー将軍に直接報告し日本で情報活動を組織化することが可能であると断言した。彼は尾崎秀実を

「ラムゼイ」機関の正式メンバーとすることを求め、許される。また優秀な無線技師であるマックス・クラウゼンの日本派遣を認めさせた。さらに東京のドイツ大使館との関係を強化するために入手した情報を独自の判断で提供する自由を認めさせた。ゾルゲの判断で適宜工作して情報を引き出す許可を得たのである。

ウリッキー将軍は最後の指令をゾルゲとクラウゼンに与え、二人は別々に日本へ向かった。八月のことである。ゾルゲはヨーロッパ、アメリカ経由でソ連入国の足跡を消しながら日本に戻るのであるが、その途次ブリュッセルでベルジン将軍のもう一人の弟子、後に「赤いオーケストラ」を組織したレオポルド・トレッペルと会ったと見られる形跡がある。

トレッペルが戦後に書いた回想録（第1章24参照）のなかで、共通のリーダー、ベルジン将軍について語り会った時期について、一九三八（昭和一三）年だとしており、実際のゾルゲの足跡とは食い違っている。戦中戦後の苛酷な試練を経た記憶の誤りとも見られるが、第二次大戦でソ連を守るために東西で戦った二人の〝偉大なスパイ〟の邂逅が、もしあったとするならば、劇的な想像をさらに刺激されるものがある。

一九三五（昭和一〇）年九月末に日本に戻ったゾルゲは、一一月末に来日するクラウゼンを待ち受け、その無線送信機を働かせることに心を配る。名実ともに、「ラムゼイ」機関を発足させるのである。そして「ラムゼイ」機関が最初に取り上げたのが、翌年二月二六日の事件であった。

二・二六事件に対するゾルゲの鋭い分析と洞察は、駐日独大使館での彼の名声を確立する。ゾルゲは事件に関する尾崎や宮城の情報を大使館のオット大佐やディルクセン大使に提供して、大使館側の公文書や見解を引き出し、彼の評価を加えてモスクワに送った。

近衛内閣嘱託と朝飯会のメンバーになる

ゾルゲの大使館との関係強化は、その情報活動のための偽装と基盤を強め、両者が相補いながら五年半にわたる「ラムゼイ」工作を存続させたのである。

一方、ソ連ではスターリンの指令によるNKVD（エヌカーヴェーデー、内務人民委員部）による〝恐怖〟時代が続いていた。NKVD長官は、ヤゴダからエジョフに代わったが、「第一七回党大会（一九三四年）で選ばれた党中央委員会の委員と候補一三九名のうち九八名、即ち七〇パーセントが逮捕され、銃殺された」と後年フルシチョフが秘密報告で述べているように、スターリンの偏執狂的猜疑心は想像を絶していた。それは軍部や情報機関に対しても例外ではなかった。こうしたなかで極東赤軍の副司令官としてモスクワを離れ、ハバロフスクにいたベルジン将軍は、三六年七月、スペインで勃発した内乱に際し、共和国政府がソ連に要請した軍事顧問団長として、スペインに派遣されることになる。

この年の八月末、ゾルゲは外国人新聞記者の大会に出席するという名目で北京に行き、内蒙古を訪ねる。その際、天安門のなかで前もって無線で打ち合わせたソ連の伝書使に資料を手渡した。伝書使はゾルゲの旧友〝アレックス〟ボロヴィッチであり、恐らくスターリンの〝粛清〟の実態、〝恐怖〟政治のなかで、今後の機関の運営をどうするかが協議されたものと見られる。このボロヴィッチも、翌年一二月には、処刑されるのである。

一九三七（昭和一二）年は、日本にとって運命的な盧溝橋事件の年であり、日中戦争の果てしない泥沼に踏み込んだ年であった。

ゾルゲは日中事変が長期化することを明確に予言して、大使館内での評価を高めた。少将になっていたオットや海軍武官のディルクセンは局地的に解決されると楽観していた。

こうしたゾルゲの意見は、明らかに尾崎の影響を受けていたと見られる。前年の七月、ヨセミテの太平洋問題調査会大会に出席した尾崎秀実は、西園寺公一と知り合い、四月には朝日新聞論説委員の佐々弘雄の紹介で「昭和研究会」に参加して風見章と親しい関係になった。これらの人々は同年六月に発足する近衛文麿の実質的ブレーンであり、特に風見章は内閣書記官長となっている。

北支事変は七月下旬には完全な戦争状態となり、八月には上海に波及し支那事変となった。尾崎は中国問題に対する論客として「東亜共同体論」を展開、言論界に影響を与えていた。風見章は、こうした尾崎を内閣のブレーンとすることを思いたち、内閣嘱託となることを求める。これは、翌昭和一三年七月に実現し、朝日新聞を退社した尾崎は内閣嘱託となる。首相官邸地階の一室にデスクを置き、秘書官室や書記官室に出入り自由となり、朝飯会のメンバーとなったのである。

こうしてゾルゲが尾崎を通じて、日本政府の中枢に着々と迫っているとき、モスクワではハイドリヒの謀略（第1章40参照）をきっかけとする赤軍の大粛清の嵐が吹き荒れていたのである。（一九八四・五・一掲載）

24　〝血の粛清〟を覚悟したベルジン情報部長の〝遺言〟

スペイン戦争／オーウェルの「讃歌」と絶望

一九八二（昭和五七）年の一月一九日、イスラエルに住む七七歳のレオポルド・トレッペルが死去した。彼は死の七年前の一九七五年に回想録を書き（『グラン・ジュウー〈赤いオーケストラ〉シエフの回想録』邦訳『ヒトラーが恐れた男』堀内一郎訳、一九七八年、三笠書房）、そのなかでスターリンの赤軍情報部に対する血の粛清が、いかにその情報機能を阻害したかを痛憤を込めて告発している。

トレッペルは一九三七（昭和一二）年の秋、モスクワでスペインから戻って再び赤軍情報部長となったベルジン将軍に再会する。当時スペインでは、第二次大戦の序曲となる〝実験戦争〟が戦われていた。一九三六年二月、総選挙による人民戦線派の勝利に対し、七月スペイン領モロッコで始まった国民戦線派の反乱は、瞬く間に全土に波及し、世界の注目を集めた。フランス、メキシコは人民戦線を、ドイツ・イタリアは国民戦線を支援し、イギリス・アメリカは中立不干渉政策を取った。

ソ連は同年一〇月、共和国政府援助を声明。一〇月二九日には早くもソ連製戦車が、一一月一一日には飛行機が送られた。またコミンテルンは〝反ファシズム人民戦線〟に各国の共産党員を主とする国際義勇兵を組織的に送り込み、国際旅団を編成し、首都防衛のため、市民を武装し訓練した。

ベルジン将軍を団長とする軍事顧問団は、ソ連製の武器で、この人民軍を訓練し、フランコ将軍の国民戦線軍による首都マドリード攻略を阻止し、ハラム、グワダラハラの戦闘にも参加した。

コミンテルンのキャンペーンに同調した各国の自由主義的な知識人のなかには、スペイン内戦を自由と専制の戦いと誤解し、共産党とともに反ファシズム闘争に参加するものも少なくなかった。この年の一二月、イギリス独立労働党（労働党の極左分派）の紹介状を手にした当時三三歳のジョージ・オーウェルは、カタロニアのバルセロナに入り、無政府主義的労働者を中心とするＰＯＵＭ（統一マルキスト労働党）市民軍に参加している。

また、当時パリにあったコミンテルンの西欧情宣局の局長ウィリー・ミュンツェンバーグと一緒に働いていた新聞記者のアーサー・ケストラーは、内乱勃発後、赤軍情報部のワルター・クリビツキーの指令を受け、ドイツの国民戦線支援の直接の証拠を入手するため、セビリアのフランコ軍本部まで、スリルに満ちた旅行をしている。

さらに、このフランコ将軍の本部には、若き日のキム・フィルビーが、これまたクリビツキーの指示で「ザ・タイムズ」の記者として、記事を書きながら、フランコ軍の状況をモスクワに報告していた。

後に〝ジンシア〟として〝イントレピッド〟を助けたエイミー・エリザベス・ソープが、イギリス情報部のために秘密活動に従事し始めるのも、内戦の勃発したスペインであった。

ベルジンの軍事顧問団は、マドリードを一進一退の長期戦で守り抜き、年を越したが、膠着した戦線の背後では、エジョフが送り込んだＮＫＶＤ外国部の代表アレクサンダー・オルロフが、トロツキスト排除を名目に、人民戦線派の労働者、社会党員、アナーキストなどの粛清を進めた。ＮＫＶＤ代表のオルロフは、ソ連派の共産党員で共和国人民委員のほとんどを独占するよう指導し、反対派に対しては、反革命・分裂主義者・トロツキストのレッテルを貼り、誘拐・テロなどによる苛借ない抹殺を行ったのである。

一九三七（昭和一二）年九月、カタロニアでは、挑発に耐えかねたアナーキストが人民戦線内部で反乱を起こしたが、ＮＫＶＤは武力で鎮圧し、多くの労働者を銃殺した。オーウェルの所属したＰＯＵＭ市民軍もまた弾圧を受け、彼は追われるようにスペインを脱出する。オーウェルにとって耐え難かったのは、スターリン主義を代弁するＮＫＶＤによって、スペイン人民の自由が抑圧され、ソ連の国益のために、ソ連の援助の代償として意のままに動かされ、人民戦線政府やコミンテルンの名のもとに、ソ連本国の粛清工作をそのまま再現したことであった。

このオーウェルの失望の体験が『カタロニア賛歌』（一九三八年）となり、第二次大戦後にスターリン体制下のソ連に見る〝逆ユートピア〟の悪夢を『一九八四年』に描いたのである。

「戦争開始まで組織を眠らせておけ」

ベルジン将軍は、せっかく育て上げた人民軍の兵士や共和国派の民衆が、ＮＫＶＤによって大量処刑されて行くことに疑問を感じ、スターリンに抗議せざるを得なかった。もちろん、そうした行為が自らを破滅させる〝飛んで火に入る〟行動であることも自覚していた。

三七年六月に彼は帰国を命ぜられる。帰国したベルジンには、スペインの功績により、レーニン勲章と赤旗勲章が授与され、ウリッキー将軍に代わって再び赤軍情報部長を命ぜられた。時あたかも、ハイドリヒの謀略による〃トハチェフスキー事件〃のさなかであり、その火の手は、やがて赤軍情報部をも焼き尽くそうとする直前であった。

なぜこの時期に、ベルジンが赤軍情報部長に返り咲いたのか――理由はよく分からない。ただ彼が、スターリンにとって、なおかけがえのない人材だったことは間違いなかろう。

トレッペルは、別人のように憔悴したベルジンに驚く。ベルジンは、トハチェフスキー元帥がハイドリヒの謀略で殺され、同僚の優秀な将軍や彼が育成した幹部が、スターリンの猜疑心から罪なくして消されて行くことに我慢がならなかった。また、そうした粛清の波が自分に近づいていることにも気付かぬわけがなかった。残された時間を何とか活かすために彼はトレッペルに語った。

「トハチェフスキーは正しい。戦争は必ず起こり、われわれの領土に及ぶだろう。君には、西ヨーロッパにわれわれの活動の基地を作ってもらいたい。われわれはすでにドイツ国内に優秀なグループを持っているが、党幹部から敵を刺激するとして活動を止められている。情報員と安定したつながりを保つことだ。君には彼らとの連絡網を作って欲しい。

戦争が勃発するまでに約二年間の猶予がある。戦争が始まるまで君の組織を眠らせておくのだ。他の企てに首を突っ込んではいけない。情報をわれわれに送るときに、党の中央幹部会に歓迎されようと思うな。彼らを喜ばすことに気を配ってはだめだ……」

スターリンの恐怖政治の支配するモスクワで、ベルジンの言葉は、すでに自ら〃敗北〃していることを知りながら、なお情報専門家としての信念に殉じようとするものの〃気概〃を示していた。トレッペルは、それを〃遺言〃として聞いた。

トレッペルは、翌三八年三月、ベルジンと打ち合わせた計画を実行するためモスクワを去るが、その時、すでにベルジンの姿はなかった。ウリッキー将軍は、三七年一一月一日の夜逮捕され、間もなく銃殺されていた。

ベルジン将軍は、三八年一二月まで生かされた後に銃殺されたと、彼はベルギーで伝え聞いた。（一九八四・六・一掲載）

25　トレッペルの対ドイツ諜報網

「赤いオーケストラ」は三グループで構成

「赤いオーケストラ」（ローテ・カペレ Rote Kapelle）とドイツ側から呼ばれたソ連の情報組織は、単一の総合された組織ではなく、ほぼ三つのグループに大別されている。

第一は、ベルギー、オランダ、フランスで主に活躍したもので、レオポルド・トレッペルによって指揮されていた。

第二は、ドイツ内部にあったベルリン・グループであり、ハロ・シュルツ・ボイゼンとアルヴィト・ハルナックによって指導された。

第三は、スイスで活動していたグループでサンドール・ラドーが指導者であった。

この他、ポーランド、チェコスロバキア、ルーマニア、ブルガリア、スカンディナビア諸国にも組織があった。

なかでもトレッペルはベルジン将軍によって送り込まれた中心的人物であり、赤軍情報部から将官待遇を受けていた大物であり、第一と第二グループを総括していた。

トレッペルはその『回想録』のなかで、〝赤いオーケストラ〟の活躍について語っている。

一九四〇（昭和一五）年から四三年にかけて〝赤いオーケストラ〟の〝ピアニスト〟（無線送信士）は約一五〇〇通の電報を本部に送信した。それらの電報を大別すると、第一は、ドイツの産業・生産力等に関する情報である。

軍需産業・第一次生産物・輸送・新型兵器等がこの範疇に入る。この分野で〝赤いオーケストラ〟はいくつかの功績を上げた。

ドイツの新型戦車T６タイガーの極秘プランは、ちょうどソ連の工業界がＫＶ戦車を準備しているときにモスクワに送られ、ＫＶ戦車はあらゆる点でタイガー戦車のエンジンを上回る高性能エンジンを装備して、ドイツ参謀部に苦い驚きを与えた。

一九四一年秋、モスクワ本部は、電報№・37を受信した。「メッサーシュミットＭＥ一一〇機の日産は九機から一〇機。東部戦線における一日平均の損失は四〇機に上っている。」あとは簡単な引き算である。

第二の種類の電報は、戦術・戦略情報であった。師団長、使用可能な装備、攻撃計画等である。例えば、一九四一年一二月一〇日付の電報№・42「第一線、第二線の空軍は二万一五〇〇機を有し、内六二五八機は輸送中。九〇〇〇機が現在東部戦線に投入されている。」

一一月一四日、情報源シュザンヌ「ドイツ軍参謀本部は、冬の間、ロストフ――イジウム――クルスク――オレル――ブリヤノスク――ノヴゴロド――レニングラードの前線を固定することを提案した。」次いで数日後。「ヒトラーはこの提案を退け、モスクワに六度目の攻撃を加えること。この戦線に予備の全戦力を用いることの命令を発した。」

一九四二年末「イタリアでは、さまざまな軍管区で党の命令が徹底しなくなっている。ムッソリーニ体制の転覆の可能性もなきにしもあらず。ドイツ軍はその事態を予測して、ミュンヘンとインスブルック間に兵力を集結させている」。

第三には、定期的に送られる情報の予測的総合判断と分析である。例えば、トレッペルは「ドイツ国防軍の首脳グループは、東部戦線での電撃戦は失敗し、ドイツの軍事的勝利はおぼつかないと見なしている。ヒトラーをイギリスとの分離講和に押しやる傾向がある。ドイツ軍事司令部の将兵たちは、戦争をなお三カ月続け、妥協によって終えようと考えている」といった見通しを送っている。

商社「シメックス」と「シメスコ」

こうして送られた情報を、モスクワの本部は、まず暗号解読局に廻し、次いで軍事と政治の専門家によって分類され真偽を確かめられる。他のいろいろな情報源のものと付き合わされて、別の人間の手で真実性が確認されるのである。

トレッペルは一九四〇（昭和一五）年五月、ナチの電撃戦開始の直後に、ベルギー当局に逮捕されかかるが、アントワープ出身の商人ジャン・ジルベールに変身してフランスに逃れる。彼がパリに着いたのは、ドイツ軍のパリ占領の一〇日後であった。トレッペルは〝赤いオーケストラ〟の中心をパリに置くことを決定した。

一九四〇年の夏、トレッペルはパリ・グループの結成に全力を上げる。パレスチナで知り会った旧知のヒレル・カッツが助けてくれることになった。

彼らは四一年の一月、カムフラージュのための商社「シメックス」をパリに、「シメスコ」をブリュッセルに設立した。「シメックス」の代表取締役には、カッツの軍隊仲間のアルフレッド・コルバンが任命される。コルバンはシベルニにある所有地をトレッペルの無線機の設置場所に提供してくれた。

「シメックス」の事務所は、シャンゼリゼにあり、その前には、ドイツ軍の建設資材を調達するトート機関があった。「シメックス」は闇取引で、トート機関の必要とする資材の調達に応ずることができたので、たちまち密接な関係を持つことができた。

ジルベール氏ことトレッペルは「シメックス」の正式な役員ではなかったが、スポンサーであることをドイツ人は承知していた。

ブリュッセルでは、ケントこと赤軍将校ヴィンセント・シェーラが「シメスコ」を指揮した。彼はドイツ国内で活動していたベルリン・グループとの連絡を担当していた。トレッペルの旧友のユダヤ人レオ・グロスフォーゲルが、パリとブリュッセルの二つの会社を監督した。

パリとブリュッセルの二つの商社は、当初組織の偽装と資金調達のために作られたものだったが、トレッペルは、それがドイツの公的機関に浸透するのに有効であることを知った。トート機関との商取引から「シメックス」と「シメスコ」の社員と協力者は、出入自由の通行証を入手することができた。

ドイツ軍将校たちとの取引も急増し、彼らと会合しながら、さまざまな情報が収集された。ドイツ軍の兵士がよく訪れるパリのキャバレーの踊り子のなかにも、また観光案内所にも、トレッペルはメンバーを配置して、アルコールで口の軽くなったドイツ兵たちから、師団の状態、損害、補給、士気など、多くの情報を集めていた。

一方、ヴィシーでは、マルセイユの「シメックス」支店長ジュール・ジャスパールが、複雑なヴィシー政権の機密を探っていた。ヴィシー政府はドイツとの休戦協定で、占領と軍の駐留費を負担することになっていたが、その毎月の経費を知ることができるようになった。そこからフランス国内のドイツ軍の実数の変化が手に取るように分かった。

また、トレッペルは定期的に会っていたフランス共産党の代表者ミッシェルの紹介で、レジスタンスとの連絡を持ち、特に鉄道機関士の組織から、フランス国内のドイツ軍の移動を知ることができた。さらに基幹工場の移民労働者から、生産に関する貴重な情報を得たと述べている。（一九八五・二・一掲載）

26　ドイツの対ソ戦争準備を確認

ドイツ国防軍情報部のパリ本部に盗聴機

一九四〇（昭和一五）年秋に、トレッペルは、ドイツの三個師団が大西洋岸から撤退し、ポーランドに送られたと報告した。これは部隊を輸送した列車の機関士の組織と、ポーランドの組織からの報告で確認されている。

こうしたドイツの対ソ戦争準備の最初の兆候は、レオ・グロスフォーゲルと親交のあったトット機関の技師からももたらされた。彼はドイツの軍事建設工事に従事していたので、各地を転々と移動しており、ドイツ軍が対ソ戦争準備を進めていることを知った。四一年春の旅行の際、目撃したことを話したのである。

フランス共産党のミッシェルがトレッペルに紹介した白系ロシア人ヴァシーリ・ド・マクシモヴィッチ男爵も貴重な情報をもたらした。マクシモヴィッチ男爵は独仏開戦後、疑わしい外国人として監禁されていたが、ドイツの勝利の後乗り込んできたフランス占領地行政の最高顧問ハンス・クブリアン博士によって釈放された。徹底的な反共主義者と誤解され利用価値があると見られたためだが、彼は、より激烈な反ナチ主義者であった。彼はクブリアン博士の紹介で、ドイツ国防軍の参謀部が置かれていたパリのマジェスティック・ホテルに出入りし、貴重な観察を続けるとともに、博士の女秘書と恋仲になり、彼女を通じて多くの機密書類を入手した。このマクシモヴィッチ男爵との接触から、ドイツ工業労働力関係の第一級の情報が入手された。

さらにトレッペルは、専門技術者を使って国防軍情報部のパリの本部があるリュテチア・ホテルの電話回線に盗聴機を仕掛けた。これによってパリにおけるこの対情報グループとベルリン本部の会話を聞くことができ、組織の安全を図ることができた。

ベルギーで「シメスコ」の支店長ケントことヴィクトール・スコロフが、ドイツ上級将校や実業家と手広く付き合って情報を得ていた。ケントの恋人マルガレーテ・バルツアの家は、ナチ将校たちのサロンになっていた。

ベルギー・グループには、イジドール・スプリンガーというベルギー軍の将校で、トレッペルとは旧知の共産党員が加わった。彼はスペインの国際旅団にも参加している。彼は、同じく共産党員でスペイン戦争に従軍したドリーことジャック・グルンジックを紹介した。グルンジックは一九四〇年末からサボタージュ・グループを組織して、ベルギーの武器工場について情報を提供した。

ボブことヘルマン・イッブットスキは、トレッペルと同じポーランド生まれのユダヤ人で三九年から活動に参加していた。彼は連絡員を集めるオルガナイザーとして活躍した。リリイことサラ・ゴールドベルクをオペレーター（無線通信士）要員として連れてきたのもボブであった。

トレッペルはオランダに、アントン・ヴィンテリンク以下一二名の要員から成る三つの送信基地を設置した。ベルギー・グループの収集した情報は、直ちにモスクワ本部へ打電された。

ゲーリング研究所の重要ポストに潜入

ベルリン・グループのシュルツェ＝ボイゼン（暗号名ハロ）が、ソ連の情報機関と本格的に接触するようになったのは、一九四一（昭和一六）年になってからである。彼はドイツ海軍のテルピッツ大将の甥の息子であったが、一九三三年以降政治評論活動を続けていた。彼は友人のユダヤ人ヘンリ・エルランガーがSSに虐殺されるのを目撃したことを契機に反ナチズムに踏み切り、ナチスに対するレジスタンスを秘かに開始した。

ハロ・シュルツェ＝ボイゼンのグループには、作家のグンター・ヴァイセンボルン、エルヴィラ・パウル博士、ジゼル・フォン・ベルニッツ、ヴァルター・クシェンマイスター、クルト・シュマーヒャー、エリザベト・シュマーヒャー夫妻がいた。

一九三六年、ハロ・シュルツェ＝ボイゼンはフィリップ・フォ・オイルンブルク殿下の孫娘リベルタス・ハース＝ハイエと結婚した。ヘルマン・ゲーリング元帥はオイルンブルク殿下の家族の友人だったため、ハロに目をかけ、空軍省のゲーリング研究所に彼を入れた。大戦が勃発したときには、ハロは空軍省の重要なポストにいた。

一九三九年、ハロ・シュルツェ＝ボイゼンのグループはアルヴィト・ハルナックのグループと合流した。

ハルナックは大学教授が代々出た家系の出身で、哲学博士号等を持った熟考型の人物だった。アメリカで経済学を学び、そこで文学の教授だったミルドレッド・フイッシュと結婚した。ドイツに帰国した彼は経済省に入省する。

一九三六年にベルジン将軍の赤軍情報部が接触したとき、ハルナックは経済省の高官であったが、スターリンがドイツ国内での情報活動を禁じていたため、温存されていた。

ハロ・シュルツェ＝ボイゼンとハルナックのグループには、その後、著名な劇作家アダム・ククホフ博士と夫人のグレタ、プロシャの大臣だった社会主義者のグリメ博士、ドイツ共産党員で機関紙『ローテ・ファーネ』の記者ヨハン・ジーク、青年共産党主義者同盟の活動家のハンス・コッピ、ハインリッヒ・シェル、ハンス・ラウテンシュレーガー、イナン・エンダーが加わった。

ハロ・シュルツェ＝ボイゼンは空軍省の地位を利用して、大量の情報を収集した。彼を助けたメンバーには、エルヴィン・ゲルツ（予備空軍将校）、メッサーシュミット工場のヨハン・グラウベン、空軍暗号解読機関で働いていた古参ナチ党員のホルスト・ハイルマン、落下傘部隊の指揮者ヘルベルト・ゴリノヴ等がいた。アルヴィト・ハルナックの方は、武器の製造を含む工業生産品についての極秘の計画に接近するとともに、送信の責任も分担した。

ヒトラーの奇襲情報を無視したスターリン

一九四一（昭和一六）年初頭、ハロ・シュルツェ＝ボイゼンは、すでに進められていた〝バルバロッサ計画〟のなかのレニングラード、キエフ、ヴイボルグに対する集中爆撃と参加兵力についての正確な情報をモスクワに送った。

これに続いて、トレッペルやゾルゲによって行われたドイツの対ソ攻撃に関する多くの情報が、いかにスターリンによって無視され、ヒトラーの奇襲を許したかについては、後述する（第2章13参照）。

一九四一年六月二一日、トレッペルは、マクシモヴィッチと、シュルツェ＝ボイゼンからドイツの対ソ侵攻は明日との確認を取り、急拠、レオ・グロスフォーゲルとともにヴィシーに急行し、禁を破ってヴィシー駐在のソ連武官ススロバロフにこのことを急報した。まだ、赤軍に警戒体制を取らせる時間があったからである。しかし、ススロバロフは一応電報を打たせはしたが、君たちの情報は完全に間違っていると逆に説教する始末であった。トレッペルの情報を伝えた情報部長のゴリコフ将軍に、スターリンは「オットー（トレッペルの暗号名）のような古参の情報部員までがイギリスの流言に騙されているとは驚いた」といって頭から信じようとはしなかった。（一九八五・三・一掲載）

27　ドイツ情報機関の威信をかけた闘い

ナチスの頂上会議の速記者にソ連スパイが

一九四一（昭和一六）年秋、赤軍は危機的状況にあった。開戦後五ヵ月で、ドイツ軍は一二〇〇キロの地点まで国境深く侵攻していた。

キエフの陥落は、ドイツにウクライナの小麦生産地帯への入口を与えるものであり、南方では、マンシュタイン元帥が黒海の沿岸地方を占領した。北では、レニングラードが危機に瀕し、中央ではスモレンスクの陥落が、モスクワへの道を開こうとしていた。

ドイツ参謀本部は、東プロシアのラステンブルクにある司令部に将軍たちを召集し、モスクワの攻撃と占領計画を決定した。

ヒトラーはモスクワ正面攻撃の信奉者だったが、参謀たちは迂回・包囲作戦を主張し、結局ヒトラーがこの迂回・包囲の方針に押し切られた。

このソ連の運命を決定するナチスの頂上会議に、実は「赤いオーケストラ」のメンバーが同席していた、と、トレッペルは回想している。ヒトラーと将軍たちとの会話をノートしていた速記者が、シュルツェ＝ボイゼン・グループの一員だったのである。

赤軍参謀本部は、このモスクワ攻撃の細部に至るまでを知り尽くした上で、反撃を準備することができた。同時に、日本陸軍の北進はないと保証したゾルゲ・グループの情報も（第2章14参照）、極めて重要な価値があった。極東から西方に送られた無傷のソ連師団が、モスクワでの反撃に決定的役割を演ずることができたからである。

一方東プロシヤのクランツ無線傍受基地では、独ソ開戦直後から「ＰＴＸ」のコール・サインを用いた秘密通信が、東部戦線の背後との間で飛び交っていることを発見した。無線の専門家は「ＰＴＸ」の正体を知るために連絡を取り合い、モスクワへの秘密送信局がベルリンで発信していることを突き止めた。

ドイツ防諜部は、新型の無線標定機を開発し、全力を上げて、この「オーケストラ」の「ピアニスト」（無線送信士）と「ジューク・ボックス」（通信機）の発見に努めた。

しかし、このベルリン・グループの送信技術は、主任技師のハンス・コッピが技量未熟だったため、とてもプロの水準には及ばなかった。モスクワ本部の指令を誤解して、波長を変えて発信したりしたため、しばしば本部との送受信が途絶した。

焦慮したモスクワ本部は、ドイツ領内に熟達した通信士をパラシュート降下させることを決め、四一年一〇月一〇日、ブリュッセルの「ケント」に指令を送り、「直ちにベルリンの指定の三つの住所へ行き、通信途絶の原因を究明せよ。もし再び中断することがあれば、貴下が送信の任務に着くこと」を命じた。この指令はドイツ側に傍受されており、後に解読されて不用意にも書き込まれていたベルリンの三つの住所が、ベルリン・グループを壊滅させることになる。

「ケント」は応急処置のためにベルリンに出発し、通信再開を手配した後、プラーグまで出掛けて、一一月初旬にブリュッセルへ戻った。

「コーカサス作戦延期」の無電届かず

しかし、このころ、ドイツの無線防諜局は、ベルリンからの発信源の追跡を始め、このためベルリンの「ジューク・ボックス」は沈黙を余儀なくされる。そのため、ケントはモスクワの指令に従い、シュルツェ＝ボイゼン・グループの集めた情報を、すべてブリュッセル経由で送信することになり、ブリュッセルからの送信量は急増することになった。

もともとブリュッセルでは、トレッペルによってフランスで収集された情報、従前からオランダ、ベルギーで集めた情報をモスクワへ中継していたが、さらにドイツ国内からの情報も中継することになって、送信の責任者であるミカエル・マカロフ（偽名カルロス・アラモ）は多忙を極めた。

しかも、モスクワ本部は、軽率にも、毎夜半から朝の五時まで、連続五時間も送信することを求めるという無線探知技術を無視した指令を行っている。それは、ドイツ側の注目を集めざるを得なかった。すでに傍受された電報は何百通にも達していたのである。

ドイツ無線傍受局は、このベルギーからの「ＰＴＸ」発信量の増大をキャッチし、ブリュッセルに送信機があると判断して、一一月三〇日、数台の至近距離用方向探知車、最新式電波探知機と専門家グループを派遣した。ドイツ対情報組織の威信が問われていた。無線保安部長のフリッツ・ティール将軍、国防軍情報部長のカナリス提督、ハイドリヒＳＤ長官直属のシェーレンベルク、ゲシュタポ長官ハインリヒ・ミューラーが協力してこの「赤いオーケストラ」

を摘発することになっていた。情報機関のすべてと秘密警察がソ連スパイとの闘いに入ったのである。

ドイツ防諜当局の無線探知の包囲網が刻々と絞られているなかで、ブリュセッルの「オーケストラ」は、モスクワにとって希望の声であった。

一一月一二日に発信された通信は、ドイツ参謀本部に潜入していた速記者からシュルツェ＝ボイゼン（暗号名ハロ）に伝えられた情報であるが、モスクワ攻略と同時に一一月から並行して進められる予定だったコーカサス作戦が、四二年春に延期されることを伝え、「コーカサス攻撃の部隊の展開は、コロバヤロド――アヒチルカ――クラスノグラード。司令部はカルホフに置く。詳細は次報」と予告していた。

しかし、この貴重なコーカサス作戦の詳報は、引き続きブリュッセルから送信することはできなかった。一ヵ月後の一二月一二日の夜半送信機が置かれていた秘密の送信局がドイツ対情報機関に急襲されたからである。

無線探知班のフォルトナー大佐の指揮する一隊は、アトレバトズ街一〇一番地にあったカルロス・アラモの家を襲い、抵抗した一人の男と二人の女性を逮捕し、送信機と書類偽造の仕事場を発見した。

負傷して逮捕された男は、ダヴィッド・カミュである。若いころパレスチナで生活したユダヤ人でスペイン戦争にも加わり、フランス共産党の技術部で働いていたが、トレッペルによって「ピアニスト」の訓練のため、ブリュッセルに送られた。彼はマイクロフィルムの専門家であり、書類偽造にもすぐれた勇敢な人物だった。彼は苛酷な拷問と訊問に対し何も喋らずに死んだ。

二人の女性は、ソフィー・ボズナンスカとリタ・アルヌルトであり、若く美人だった。ソフィー・ボズナンスカはパレスチナでトレッペルと知り合った、勇気と知性の持ち主であり、フランスで不足していた「ピアニスト」に訓練するため送られていた。リタ・アルヌルトは反ナチ主義者で、この家を借りる世話をしたが、「オーケストラ」の活動についてはほとんど知らされていなかった。

ドイツ側は引き続き罠を張って、待ち受けていた。（一九八五・四・一掲載）

28　裏切ったスパイと自殺したスパイ

トレッペルの提案をモスクワ本部容れず

ドイツ対情報部隊の仕掛けた罠に最初にかかったのは、家賃を受け取りに来たこの家の持ち主で、そのまま帰された。二番目の来訪者は、カルロス・アラモで無精髭を生やして、食料用の兎を入れた籠を下げていた。

ドイツ軍憲兵が飛びかかり、身分証明書を調べた。ウルグアイのパスポートを出したが、ポケットからは何通かの暗号文が発見されて手錠をかけられた。彼はおかみさんに兎を売りに来たのだと懸命に言い張った。

アラモは一九四一（昭和一六）年一二月一一日にブリュッセルに到着したトレッペルと会うために、待ち合わせに帰ってきたのである。

トレッペルは正午に戸口の呼び鈴を押した。ドアが開けられ、憲兵が彼を家のなかに引き入れた。ガラス戸越しに捕らえられたアラモが見えた。動揺を抑えてトレッペルは、ゆっくりとトット機関発行の特別証明書を提示した。憲兵は態度を変えたが、上司が来るまでここで待つように求めた。彼は声を荒らげてすぐに責任者に電話を掛けるよう求めた。困り切った憲兵が防諜部に電話すると、「バカもん、すぐに釈放してやれ！」というリーペ大尉の怒声が聞こえて、ようやく薄氷を踏む思いで解放された。

トレッペルは事態の重大さに慄然とした。これ以上犠牲者を増やさないために、素早く行動しなければならない。

彼は、まず待ち合わせを約束していたスプリンガーと連絡して事情を説明し、早くベルギーを離れるように伝えた。また、ケントに会って状況を話し、パリに行くよう命じた。

トレッペルはリールから列車で急拠パリに帰り、特別グループを編成して、ベルギーとフランスで事件を処理し、ドイツ側の追跡に備えることを決めた。特にケントを比較的安全なマルセイユに送って保護することは極めて重要であった。ベルギー・グループの残余のメンバーを解散すべきだと、モスクワ本部に提案した。

しかし、モスクワの情報部長は、トレッペルの提案を容れず、エフレーモフ（ボルド）という情報活動に未経験の赤軍中尉の指揮下にケントのベルギー・グループの残余者と、ヴェンツェルのグループを置けと命令してきた。トレッペルはやむなくエフレーモフにすべての情報員を引き渡したが、再び無線を使用しようとする本部の処置を全面的に批判した報告書を送って危険を重ねて警告した。

こうした危険の迫る状況のなかでも、トレッペルは一九四二年四月、エフレーモフに会いにブリュッセルに行き、ドイツ国内からの情報を受け取り、五月には、コーカサス攻撃を目標としたドイツの夏期攻撃——〝青号〟作戦の詳報を、マイクロフィルムに収め、伝書使に託してモスクワへ送っている。

ドイツ参謀本部に潜り込んだシュルツェ・ボイゼン・グループの速記者は、前年の一一月にコーカサス作戦の延期とそれが四二年春になることを報告していたが、それらの具体的計画——バクーと油田を狙ってのコーカサス地方の占領と、攻撃の主要目的であるスターリングラードの占領に関する貴重な資料がマイクロフィルムに収められていたのである。

極めて困難な状況に立っていたソ連側は、六月一〇日から二日間モスクワで戦略会議を開き、ティモシェンコ元帥指導のもとに、六月一二日には、スターリングラード防衛のため参謀部を設置し、反撃のための罠を仕掛けた。当時、赤軍が持っている唯一の強みは、まさに〝赤いオーケストラ〟のネット・ワークであった。そこから入手した情報——特に戦車や航空機の数量まで明らかにしたドイツ側の作戦計画に関する事前情報は何ものにも替え難いものであった。

用心深いトレッペル

赤軍は、ドイツ軍との正面衝突で部隊を損耗することを避け、ドイツ第六軍がスターリングラードに向かって進撃すると撤退を始めた。長く延びたドイツ軍の左側面のはるか後方に撤収し、再集結した。赤軍は二度とドイツ軍に包囲され、撃滅されることを避け、巧みにドイツ軍を引き込むことに努めた。

ドイツ軍の進撃は、撤収する赤軍に追い着いて撃破するほど速くはなかった。赤軍が戦うときは、やがて二度目の冬が迫り、ドイツ軍の兵站補給線が伸び切った時と決められていたのである。第二次大戦の運命を決したスターリングラードの凄惨な攻防が開始されようとしていた。

しかも、このソ連にとって、最も重要な時期に、〝赤いオーケストラ〟の組織的崩壊が始まっていた。

未熟なエフレーモフは、六月以前に逮捕された。彼は三日後に自由になったが、それはゲシュタポの罠であった。

数日のうちに、グループの三人が逮捕され、拷問された。九人のメンバーと二台の送信機は、辛くもゲシュタポの追跡を逃れたが、再び使用することは、極めて危険となった。

エフレーモフはゲシュタポの心理的尋問で拷問もされずに、よく喋った。彼のため家族も含めて三〇人以上が逮捕された。それはベルギー・グループの実際の数の二倍以上であった。

さらにエフレーモフは、トレッペルの組織の偽装のための商社「シメスコ」と「シメックス」について最初にドイツ側に洩らした裏切者となった。彼自身はその役割についてほとんど知らなかったが、そのときからドイツ側は、この二つの商社を監視し始めた。

トレッペルは事態の急変をモスクワ本部に知らせたが、モスクワの返事は意外であった。「オットー（トレッペルの暗号名）、君は完全に間違っている。エフレーモフは自分の書類のことでベルギー警察に逮捕されたが、何事もなかった。しかもエフレーモフはわれわれに貴重な情報を今なお送り続けている。それは第一級の情報である」

本部はエフレーモフが裏切り、ゲシュタポに操作されていることを信じようとしないのである。それぱかりか九月の初めに、本部はトレッペルがエフレーモフに会うために、再びブリュッセルに行くように求めた。もし彼がのこのこ出掛ければ、文字通り、〝赤いオーケストラ〟は〝グラン・シェフ〟を失って崩壊するところだった。

用心深いトレッペルが、前もって会合場所に張り込ませたメンバーによると、そのカフェには、ゲシュタポがうようよしており、近くには、黒い輸送車が待機していたという。

ブリュッセルのアトレバトス街で逮捕された四人のうち、三人は口を割らなかった。ダヴィッド・カミュとミカエル・マカロフ（偽名カルロス・アラモ）とソフィー・ポズナンスカである。一九四二年八月の初めに、マカロフとカミュは、ブリーンドンク監獄に移され、拷問による厳しい尋問に曝されたが、何も喋らなかった。マカロフはモロトフ外相と親戚関係にあると誤解されて、運よく生きながらえたが、ソフィーは殺される前に獄中で自殺した。口を割ったのはリタ・アルヌルトで、話せば命を助けるという取引に応じたにもかかわらず、役目が終わると無惨にも斬首刑に処せられた。（一九八五・五・一掲載）

29　逮捕された赤いオーケストラの中枢部

ドイツ暗号解読班がキーワード本を探し出す

リタ・アルヌルトの洩らした情報のなかで、ドイツ側にとって唯一の価値ある情報は、〝赤いオーケストラ〟の暗号を解読するキーワードとなる本の名前を喋ったことである。これによってベルリン・グループは潰滅することになる。

ドイツの暗号解読班は、暖炉のなかで焼け焦げた書類から、暗号化された文章の一部を判読した。暗号のキーワードとその出典となる本が分かれば、解読は可能となる。解読班のチーフであるウィルヘルム・ヴァウク教授は、言語学者と数学者から成る解読班を指揮して、六週間かけて、ようやく「プロトコール」という一語を解読した。しかし、キーワードとなる書物は依然不明であった。

このころ、フォン・ヴェデル中尉は、リタ・アルヌルトを再訊問し、マカロフがどんな本を読んでいたか——その題名を思い出させた。

五冊の本の題名はようやく分かったが、そのうち四冊の本にキーワードはなかった。五冊目は、『ヴォルマン教授の奇跡』というパリで発行された本で、非売品だったため、なかなか見付け出すことができなかった。パリ中を探しまわった末に、四二年五月、ヴェデル中尉が、ついに探し当てた。

ヴァウク博士の解読班は、このキーワードを使って、四一年六月以来ドイツ側が傍受した一二〇通の伝聞を解読する作業を始めた。最初は遅々としていたが、やがて一日に二～三通を解読できるようになり、約三分の一を解読した四二年六月になって、彼らの努力は報われることになった。

解読班は、モスクワ本部が四一年一〇月一日付でブリュッセルの「ケント」に送った指令（第1章27参照）の解読に成功したのである。この電報は、モスクワの赤軍情報部長が、ベルリン・グループの三人の重要人物「ハロ」「ウォルフ」「バウアー」の住所を示して、交信が途絶した理由を調べ、再開させるよう「ケント」に指令したものであった。

「ハロ」はシュルツェ＝ボイゼン、「ウォルフ」はアダム・ククオフ、「バウアー」はアルヴィト・ハルナックの暗号名であることが分かった。

ヴァウク博士の解読班には、ホルスト・ハイルマンというベルリン・グループの一員が潜入していたが、不幸にも彼は、八月末になるまで、グループにとって致命的な、この電文が解読されていることを知らなかった。

急を知ったハイルマンは、直ちにシュルツェ＝ボイゼンに電話したが、彼は留守であった。ハイルマンは帰り次第、事務所に電話するよう伝言した。

八月三〇日の早朝、シュルツェ＝ボイゼンは、ハイルマンの事務所に電話した。しかし運悪く、受話器を取ったのは、ヴァウク博士であり、「シュルツェ＝ボイゼンだが……」という声に愕然として、直ちにゲシュタポに連絡した。シュルツェ＝ボイゼンは、その日の午後に、事務所を出ようとするところを逮捕された。

ベルリン・グループの一五〇人が壊滅する

ハルナックとその妻が逮捕さたのは、九月三日、海辺で休暇をすごしているときであった。八月三〇日から一ヵ月もたたないうちに、一八名のベルリン・グループが逮捕され、さらに一九四三年初めまでに一五〇名が投獄された。

そのうち死刑が宣告されたのは六四名であり、最初の処刑は、四二年一二月二二日に行われた。

シュルツェ＝ボイゼンとハルナック、それに妻たちなど、八名の男と三名の女が殺された。女たちは斬首され、男たちはピアノ線で時間をかけて絞首された。

こうして一九四二年夏の終わりには、ドイツの対情報機関は、ブリュッセル、アムステルダムに次いで、ベルリンを一掃した。

ドイツ二二個師団赤軍の逆包囲網のなかに

しかし、この成功も、ドイツの首脳部を満足させはしなかった。こうした組織を背後から操る最高指揮者が、まだ逮捕されていないからである。ゲシュタポと防諜部は、是非とも、この〝グラン・シェフ〟を捕らえよとの至上命令を受けた。ヒトラーはヒムラーに、この事件について、毎日報告するよう求めた。

四二年一〇月、ナチスの「〝赤いオーケストラ〟特別捜査隊」は、トレッペルを追跡するため、パリに集結した。その総隊長はベルギー・グループをアトレバトス街で狩り出すのに成功したカール・ギーリングが任命された。フランス・グループに対する急追が始まった。

ギーリングは、ベルリン・グループとベルギーでの逮捕者を拷問して、フランス・グループについての多くの情報を得た。エフレーモフの裏切りを知らされたライヒマンは屈服し、ギーリングに協力した。

　シメックスの〝ジルベール〟氏ことトレッペルを罠にかける計画が進められた。しかし、トレッペルは巧みに逃れ、捜査は進まない。当時、ベルギー・グループの逮捕から脱出し、ヴィシー・フランスの非占領地だったマルセイユに隠れていたケントは、「赤いオーケストラ」の偽装である「シメックス」の秘密を最もよく知る一人であり、トレッペルは組織と彼の安全を図るため、アルジェかスイスに避難するよう勧めた。しかし、ケントは、本国に送られて処罰されることを恐れて同意しない。

　一方、ギーリングは、マルセイユにケントがマルガレーテとともに潜伏していることを知り、部下を派遣した。折から、米英連合軍は北アフリカに上陸し（一九四二年一一月八日）、これに対しドイツ側は、ヴィシー政権治下の非占領地帯を占領したが、一一月一二日にはケント夫妻を捕らえた。

　彼らは直ちにベルリンに送られ、ゲシュタポ本部で訊問され、屈服した。当時地下の監房には、シュルツェ＝ボイゼンとハルナックがいたが、ケントは彼らと接触したことを認めた。また「シメックス」におけるアルフレッド・コルバンの重要性を自白した。

　ケントの逮捕を知るとトレッペルは、コルバンに、すぐスイスへ避難することを求めた。しかし、コルバンは赤軍将校のケントが裏切ることはないといい、避難を拒否した。一一月一九日、特別捜索隊は「シメックス」を捜索し、コルバン始め主要責任者を逮捕した。ドイツ側は「赤いオーケストラ」の中枢に侵入し始めたのである。

　しかも、この一一月一九日こそ、「赤いオーケストラ」の情報によって、ドイツ側の意図を知り、スターリングラードにドイツ第六軍を誘い込んだティモシェンコ元帥指揮下の赤軍が一斉に大反撃に転じた日であった。

　すでに八月末、ドイツ軍は廃墟と化した市内に突入したが、全市を要塞化した赤軍は頑強な抵抗を続け、九月末になっても屈服しなかった。ようやく一一月に入って市街を占領したドイツ二二個師団を、赤軍が逆包囲し、この一九日を期して大反攻を開始したのである。翌四三年二月二日、パウルス元帥以下九万のドイツ軍が降伏することになる、まさに独ソ戦争の命運を分かつ日であった。（一九八五・六・一掲載）

30　「独ソ和平に協力せよ」とトレッペルに選択を迫るゲシュタポ

「赤いオーケストラ」の命運尽きんとす

スターリングラードで、赤軍が大反撃に転じつつあるとき、「赤いオーケストラ」の命運は、まさに尽きようとしていた。

ブリュッセル、アムステルダム、ベルリン、マルセイユと続いたドイツ側の追及は、今やパリに迫り、一九四二年一一月一九日には「シメックス」（「赤いオーケストラ」の組織偽装の商社）が手入れされ、アルフレッド・コルバン以下主要幹部が逮捕された。

その直後、トレッペル（「赤いオーケストラ」の中心リーダー）は、レオ・グロスフォーゲル、ヒレル・カッツと協議し、対応措置を取った。一つには、逮捕を免れた五〇人ほどのフランス・グループの安全を確保するため、地下活動をしているフランス共産党と連絡を取り、一時組織を解散することであった。もう一つにはモスクワ本部に、崩壊に瀕しつつある組織の現実を急報することであった。

一一月二〇日、トレッペルはモスクワの赤軍情報部長に至急電を送る。しかし、驚くべきことに本部は、トレッペルの警告を信じようとしなかった。それまでも逮捕を知らせる電報に対して本部は「思い違いだ。送信は続いており、内容は素晴らしい」という返電をして来た。事実、逮捕され裏切ったエフレーモフの送信局から送信が続いていることを、傍受によってトレッペルは知っていた。

ドイツ側が「赤いオーケストラ」の逮捕をモスクワに知られないようにし、寝返ったピアニストに送信を続けさせていることは、明白であった。しかも送られている情報は、かなり正確らしい。

トレッペルは、ドイツ側の意図の背後にある大きな策略を見抜こうとした。しかし、まだよく分からない。彼はどんな状況になっても、敵の意図を知り、作戦を失敗させることが、自らの義務であると思う。もし自分が逮捕されても、敵のなかにより深く潜り込むために、敵側と〝見せかけ〟の協力が生まれれば、それを実行しようと決意した。

彼は「ジャン・ジルベール」（トレッペルの偽名）が死亡したという偽装を作り、地下に潜行しようとするが、その直前の一一月二四日、歯の治療に出掛けた診療所で、待ち受けていた特別捜査隊のギーリングと、防諜部のリーペ大尉に逮捕される。

すでに逮捕されていたコルバン夫人を訊問して「ジルベール」が歯科の治療に通っていたことを知って、罠を仕掛けたのである。この〝グラン・シェフ〟の逮捕は、直ちにヒトラーとヒムラーに報告された。

独房のトレッペルは、不安のなかで考える。もしモスクワの本部が、寝返ったピアニストによる情報を信頼しているとしたら、その〝グラン・シェフ〟である自分の逮捕を知れば、そのゲームを中止させるであろう。だからドイツ側は、あくまでも自分の逮捕をモスクワに隠そうとするだろう。

これこそが囚人である自分がドイツ側と取引できる唯一の切札ではないか。もし自分が〝協力〟を拒否すれば、闇から闇に葬られるだけだ。そしてモスクワは彼らのコントロールの下で作為された情報を与え続けられることになる……

ドイツ側の思惑は、「赤いオーケストラ」を対ソ謀略に利用する「グラン・ジュー」作戦の遂行であった。


逮捕されたトレッペルのゲシュタポへの要求

ギーリングは、ドイツの目的はソ連との講和に到達することだと、丁重に話しかけてきた。独ソ両軍の死闘は、チャーチルやルーズベルトを喜ばせているだけだ。われわれは、現在接触が不可能なソ連政府との話し合いのルートとして「赤いオーケストラ」を使いたいのだ。そのため転向したピアニストによって、あえて第一級の情報を流してモスクワの信頼を取り付けようとしている。エフレーモフも、ケントも、協力している。

これを数ヵ月間続け、ソ連側が疑念を抱かなくなったら、モスクワ宛に、ドイツ側がソ連との単独講和を求めているという重要情報が届けられる。第二戦線の展開に熱心でない英米両国に対し、ドイツ軍の猛攻に耐えているソ連は、深刻な不信を抱えており、独ソだけを死闘させ、その相互消滅を図っているのではないかという疑念は拡大している。こうした同盟側の心理的間隙を衝いて、ソ連と英米の連合を切断し、独ソ平和への道を開くのだ。これに協力するか、消えて行くかはあなた自身の選択である……。

これは大きな威嚇であり、脅迫であった。もちろん、こうした謀略が、一現地責任者によるものとは考えられない。ヒムラーや、ミュラー、さらにヒトラーの承認のもとでの謀略的発想と見られた。まずスターリンの英米に対する猜疑心を掻き立て、次いで敵意を生じさせ、反目させる。

単独講和によって連合国間の亀裂を生じさせることが狙いであった。

しかし、トレッペルにとって、ナチス・ドイツとの戦争は不可避なものであり、それゆえにこそベルジン将軍によって送り込まれた「赤いオーケストラ」の使命を忘れることはできなかった。またユダヤ人である彼にとって、ユダヤ人の絶滅を図るゲシュタポとの妥協は論外だった。トレッペルは、この危機をゲシュタポとの〝知的ゲーム〟によって突破しようとした。

彼はゲシュタポの発想の弱点を巧妙に衝く。〝グラン・ジュー〟計画は、モスクワの本部が「赤いオーケストラ」の健在を確信しているという前提に基づいている。もしモスクワが「オーケストラ」の潰滅を知りながら、あえて知らん顔でゲームを続けているとしたらどうなるのか……。もし、私にも知らされていないソ連の対情報グループがあれば、私の長期にわたる所在不明は、本部の疑念を掻き立てるだろう。

独ソ相戦うべからずという考え方には同感だが、すでにモスクワが知りながら続けているかもしれないゲームに囚人の自分が加わるのは、こっけいなことになる。もし本気で単独和平を望むなら、私が囚われている状態では、本部を納得させることはできないだろう。

ドイツ側は、その計画が成功するかどうかは、トレッペルだけが知っているフランス共産党を通ずる特別の連絡ルートで、モスクワに「赤いオーケストラ」の健在を伝えることができるかどうかにかかっていることを知っていた。これはケントが喋ったものと見られた。トレッペルは、モスクワはそれほど馬鹿ではない、もしフランス共産党と自分の連絡が長く途切れれば、本部の疑惑は深まり、作戦自体が失敗するだろうと揺さぶりをかける。彼は、自分が囚人としてではなく、パートナーとして加わることを求めた。

しかし、ゲシュタポにとって、事実上釈放し、自由に行動させようという要求に等しいトレッペルの言い分を承諾することはできなかった。「赤いオーケストラ」の首領は、厳重かつ極秘裡に拘束されねばならなかった。ヒムラーは言った。油断するな、奴の手足を縛り、穴蔵に放り込んでおけ。（一九八五・七・一掲載）

31　ゲシュタポとの「知的ゲーム」

ソ連との単独和平とヒトラーの狙い

〝グラン・シェフ〟トレッペルの逮捕に対し、ヒトラーはヒムラーに満足の意を表明した。ヒムラーは当時しばしばヒトラーと私的な会談を行っていたが一九四二（昭和一六）年一二月、そうした会談の結果に基づいて、ゲシュタポ長官ハインリヒ・ミューラー宛の文書のなかでモスクワとの〝無線のゲーム〟（フンクシュピール）を続けるため、国防軍総司令部と外務大臣の同意する秘密情報資料の伝達をヒトラーが許可したと書いている。

これは恐らく「赤いオーケストラ」の転向者を使って〝無線ゲーム〟を実施するための材料とするためと見られた。連合国側の分裂を促進するため、特にモスクワに対しては、英米に対する疑惑を吹き込み、英米がドイツと単独和平するのではないかという強迫観念に取りつかれたスターリンを取り込む〝グラン・ジュー〟作戦、が始められたのである。

ソ連側に「赤いオーケストラ」を通じて、英米に関する極秘情報を送ることによって、モスクワの信頼を勝ち取るとともに、単独和平へのきっかけをつかもうとしたのである。その推進者は、ゲシュタポ長官のミューラーであり、ミューラーはヒトラーの秘書官マルチン・ボルマンの支持を受けていた。

ボルマンについては、戦後西ドイツの国家情報機関の創始者となったラインハルト・ゲーレン（当時、東方外国軍課長）が『回想録』のなかで「モスクワの最も地位の高い情報提供者兼顧問だった……彼は一九四五年五月にソ連側に身を投じ、ソ連に連れ去られた」と書いている（『情報・工作』一九七三年、読売新聞社）。一九四三年初頭以来ヒトラーの秘書官となって権勢を揮い、ナチ党組織の指導に当たっていた。

彼はヒトラーの信頼厚い唯一の側近の地位を利用して、ゲーリングをヒトラーから遠ざけ、ローゼンベルクを排し、ハイドリヒさえボルマンに妬まれてヒトラーの不興を買い失意のうちに暗殺された。ヒトラーの後を継ごうとするボルマンの野心の前に、ヒトラーの地位も安泰ではなかったという。ヒムラーは何とかボルマンに渡りを付けようとした。ゲッペルスはボルマンを怖れていたという。

国防軍情報部長カナリス提督は、ボルマンの〝親ボルシェヴィキ〟的性格を嫌っていたが、当時国防軍総司令部（OKW）東方外国軍課長のゲーレン少将に、ボルマンの野心と裏切りについて語ったという。カナリスとゲーレンは全く別個に、ボルマンとその部下たちが、無監督下の無線機を操作し、それを使って暗号による情報をモスクワに送っていることを突き止めていた。

ボルマンとミューラーの不思議な行動

カナリスは調査を要求したが、この件はヒトラーが一切の干渉を禁止している承認済みのことだという回答が返ってきたという。軍情報部などの容喙を許さない〝無線ゲーム〟の黒幕がボルマンだったことが確認されている。

ヴァルター・シェーレンベルク（彼は敗戦直前イギリスに投降し、回想録を残した）も、ボルマン、ミューラーがソ連軍に通じていたと書いている。特にミューラーは、一九四三年の末期「赤いオーケストラ」との関係を利用して、赤軍情報組織とのつながりを持ったが、四五年、ドイツの崩壊直前、ベルリンの〝キツネの巣〟と呼ばれた地下壕から、部下のシュルツ中尉に、ソ連軍との無線連絡を続けさせていたという。一方、ボルマンは、ヒトラー最後の日の凄惨な総統官邸の地下壕のなかで、一人平静を保ち続け、最後の瞬間に姿を消したという。

主導権を奪回したトレッペル

こうしたソ連との和平を志向するボルマン、ミューラー一派に対して、カナリスと軍情報部の一部メンバーは、英米との和平を求め、ゲシュタポやSD（SS公安情報部）からは「黒いオーケストラ」と呼称されていた。

「赤いオーケストラ」が、赤軍情報部によって作られた情報組織であったことに対して、ヒトラーを排除してナチ体制を打倒し、英米連合軍との和平によってドイツを破滅から救おうとしながら、逆に英米側からは本気で相手にされず、情報ルートとして利用された行為自体に対する比喩的な表現である。

「黒いオーケストラ」は、あくまでもドイツ国防軍内部から出てきた反ヒトラーの動きであり、反ナチ抵抗運動として、ヒトラー政権の成立当初から存在していた。

しかし、開戦後は、その反ヒトラー・クーデター、ナチ体制打倒による和平実現の意図が、英米側からは信用されることなく、逆用され、ヒトラーと将軍たちとの離反を図り、ドイツの内部情報を知るための手段として利用されるという悲劇となった。「黒いオーケストラ」側の主観的意図が、交渉によって戦争を終わらせることにあったにもかかわらず、英米側は、和平については、全く考えておらず、「無条件降伏」を促進するための道具とされてしまったのである。

パリのソーセー街のゲシュタポ特別捜査隊本部に監禁されていたトレッペルは、「赤いオーケストラ」を利用しようとする隊長カール・ギーリングによって〝グラン・ジュー〟作戦への協力を求められ、知的ゲームを続けることにした。彼は看守のヴィリー・ベックの目を盗んで、モスクワ本部あての報告を書き、もし本部が〝グラン・ジュー〟の継続を有利と判断したら、二月二三日の赤軍記念日と自分の誕生日に祝電を送って欲しい、必要なければ、一、二カ月打電を続けて様子を見るようにと求めた。

また同時に、状況の深刻さを説明する個人的な手紙をフランス共産党経由でコミンテルン議長のディミトロフ宛に書いた。ディミトロフがそれをモスクワの赤軍情報部長に送るよう求めたのである。

トレッペルは秘密の手紙を寝台の脚の空洞のパイプのなかに隠しておいた。

ギーリングは、トレッペルの逮捕をモスクワに知られないようにするため、トレッペルの連絡者マダム・ジュリエットとの直接連絡を認めざるを得なくなった。ギーリングはベルリンの承諾を得てトレッペルが自分は無事だと書いた手紙を、ジュリエットに渡すことにした。これならジュリエットも安心してモスクワに連絡すると考えたのである。

当日、トレッペルはジュリエットを抱擁しゲシュタポ製の手紙とともに、自分の報告を秘かに手渡し、両方とも本部に送ったら、すぐ姿を隠すように囁いた。

一九四三年二月二三日、ギーリングは上機嫌でトレッペルに告げた。ケントの受信機がモスクワ本部からの二通の電報を受信した。その一通は「赤軍と君の誕生日を祝し、赤軍勲章を授与するよう上申した」他の一通は「君が安全のために連絡を中断する必要を認める。直接連絡を取るように」というものであった。モスクワは〝グラン・ジュー〟作戦を知りながら、それに乗ったふりをしたのである。トレッペルは〝グラン・ジュー〟の主導権を奪回したと、喜びを隠さなかった。（一九八五・八・一掲載）

32　ボルマン、〝グラン・ジュー作戦〟でスターリンとの〝和解〟を追求

トレッペルの偽装協力を見抜けず

〝グラン・ジュー〟作戦を進めたドイツ側の誤りは、連合国間の対立を過大評価しすぎたことであった。確かにスターリンの要求する第二戦線は、まだ実現していなかった。しかし、「赤いオーケストラ」が全力を上げて送った情報によって決定的敗北となったスターリングラード以後、戦勢日に不利なドイツとの単独講和を考えるほど、英米ソは甘くなかったのである。

また、〝囚人〟であるトレッペルを過小評価し、その計算された偽装協力を見抜けなかったことが、失敗の決定的要因であった。しかも、トレッペルはその後、ゲシュタポの厳重な監視を逃れて、突如姿を消してしまうことになる。〝グラン・ジュー〟が軌道に乗り、モスクワ本部が、ケントの受信機に通信を送るようになってから、トレッペルは、パリのループブレイ街ヌイイにあるゲシュタポの特別囚人用ホテルに移された。

ここには一九四三年三月、ケントとマルガレーテも送られてきた。ケントは、ギーリングが、モスクワ本部に送る電文の暗号化に従事した。それらの電文は、トレッペルの名前で発信されていたが、実際は特別捜査陣の専門家がやっていた。

ギーリングはトレッペルに、モスクワから受け取ったメッセージや、その返事について助言を求めた。ドイツは、〝電波ゲーム〟を続ける以上、モスクワ本部からの要求に従って軍事情報を送り続けなければならないことを理解していた。彼らは「赤いオーケストラ」が最も活発に働いているときでも、入手に苦労するような情報をモスクワへ流すようにしていた。このため、むしろドイツ側の〝グラン・ジュー〟作戦は、モスクワがドイツ側の情報を引き出すパイプの役割さえ果たすことになった。

モスクワからの情報要求に対し、それを送るかどうかは、ゲシュタポ長官のミュラー、さらに総統秘書官のマルチン・ボルマンの同意が必要であった。次に西部戦線については、パリの軍情報部（アブヴェール）支部の指示を得て、国防軍総司令部に要求が伝えられた。そのたびにフォン・ルントシュテット元帥が自ら許可を出した。しかもゲシュタポは〝グラン・ジュー〟作戦の最終目的も内容も、総司令部と

軍情報部らは極力秘密にしており、情報提供を要求される国防軍側は、その実態に触れることはできなかった。

与えられる情報の範囲は、当初西部戦線のものに限られていた。しかし、モスクワは、ドイツ軍にとって機密性の高い高度の情報を、遠慮なく求めてきた。

四三年三月九日、モスクワ本部は、パリとリヨンに駐留する師団名と兵器の種類も求めてきた。こうした質問の回答は極めて難しかった。偽情報を送るのは非常に危険であった。モスクワ側は情報の入手よりも、入手した情報の検証に重点をおいていたので、ギーリングは正確な回答を送らざるを得なかった。それは〝グラン・ジュー〟作戦の支払うべき代償となった。

忽然と消えたトレッペル

五月三〇日、モスクワはドイツ軍の毒ガス使用の意図を確認するよう求めてきた。これには国防軍総司令部は動揺した。回答は全く不可能との意見がベルリンに送られた。しかし、ギーリングは、トレッペルの逮捕以前に「赤いオーケストラ」が毒ガスについての調査報告をモスクワに行っていたことを傍受解読した電文で知っていた。ミューラーのゲシュタポは、部分的にせよ回答すべきだという意見で、国防軍総司令部と対立することになる。六月二五日、軍総司令部は、これ以上の情報交換の必要はない。モスクワが〝グラン・ジュー〟を見破っていることは確実だという強硬意見を提出した。これは軍情報部長のカナリス提督の意見であった。彼は、ミューラー、ボルマン一派の計画を本当にソ連と取引するものだとして敵視していた。

結局、ギーリングの特別捜査隊側の主張が通り、軍はそれまで通り、モスクワから送られた質問に正確に回答するようにとの公式命令が届いた。七月九日である。しかし、このころ、ギーリングの健康は悪化していた。喉頭ガンが進行していたのである。

ギーリングに代わって〝グラン・ジュー〟を遂行する特別捜査隊の隊長となったのは、パンヴィッツであった。彼はかつてハイドリッヒの部下であり、暗殺されたハイドリッヒの報復のため〝プラハの死刑執行人〟となった人物である。特に犯人たちが逃げ込んだサン・シャルル・ボロメ教会をSS部隊が襲撃した際には、自ら指揮を取っている。

パンヴィッツは新たな指令を持ってパリに着任した。ベルリンの首脳部は〝グラン・ジュー〟を第二段階へ進めようとしていた。モスクワの信頼をつなぎとめるため、大きな情報的投資を行ってきた第一段階から、より突っ込んだ第二段階に入ろうとしたのである。すでにスターリングラード以後、東部戦線では、クルスク突出部を巡る大戦車戦が〝城砦〟（ツイタデル）作戦として始まろうとしており、七月一〇日には、アメリカ軍がシシリア島に上陸していた。

このころから、総統側近のマルチン・ボルマンは自ら〝グラン・ジュー〟の中枢に積極的に参画するようになった。モスクワに流す情報を用意する専門グループを作り、自ら電文を起案したりした。ヒトラーはその真の意図を知らなかったが、スターリンとの〝和解〟を真剣に追求し始めたのである。

これに対し、ヒムラー、シェーレンベルク、カナリス等は反対であり、西側との分離講和に希望を託していた。いずれにしても軍事的勝利が絶望であることがはっきりし始めていた。

ボルマンの積極介入以後〝グラン・ジュー〟に対する軍と外交部による反対は抑えられた。これ以後〝グラン・ジュー〟は別名〝熊〟作戦と呼ばれるようになる。

パンヴィッツはトレッペルをパリのホテルから、個人の私邸に移した。監視はいるが、はるかに自由になった。パンヴィッツは、モスクワとの直接接触を計画していた。しかもモスクワに使者を送る計画は危険すぎるとしてヒムラーに反対され、逆にモスクワからパリに代表を送らせる計画を立て、トレッペルの協力を求めた。計画は進み、会合はエドモン＝ロジエ三番街のヒレル・カッツのアパートで行われることになり、トレッペルが一〇日間、そこでモスクワからの使者を待つことになった。彼は毎日通っていた。

そのころ、九月の初め、共産党のリヨンの無線送信局が手入れされてモスクワへ送られた「赤いオーケストラ」関係文書が押収されたことを、トレッペルは知った。彼は一月に秘かにジュリエットを通じてモスクワに送った報告が、解読され、暴露されることを恐れた。今は逃げる以外に手はない。四三年九月一三日、彼は日課のソーセー街の本部行きの途中、ローム街の薬局から忽然として姿を消した。（一九八五・九・一掲載）

33　重なる敗北、SS内部に芽生えたヒトラーへの強い疑念

SSの実力者たちの反応、五つのグループ

トレッペルがパリでゲシュタポの監視を逃れ、忽然と姿

を消した一九四三年秋、戦局はドイツにとって急速に悪化しつつあった。

特に東部戦線での敗北は、ヒトラーの戦争指導に対する幻滅から、親衛隊（SS）内部にさえ自らの忠誠の対象をどこに置くかの深刻な問題を生じさせていた。ナチスの体制を擁護するために、祖国と民族を破滅させていいのかという疑念である。

SSの実力者たちの反応は、さまざまであった。ハインツ・ヘーネは『SSの歴史』（森亮一訳・フジ出版社）のなかで、五つのグループに分かれていたと述べている。

①SS国家公安本部（RSHA）第V局刑事警察の局長アルトゥール・ネーベ（SS中将）を中心とする小グループは、七月二〇日事件の犯人も含むドイツ抵抗運動グループと接触を持っていた。

②実質的に国防軍の管轄下にあった武装SS（四四年の兵員数五六万）の高級将校グループは、ヒトラー暗殺には反対であったが、国防軍と協力してヒトラーから統帥権を奪い、連合国と休戦に持ち込もうと考えていた。

③SS国家公安本部第Ⅲ局SD外務局長ヴァルター・シェーレンベルク（SS少将）を中心とし、ヒムラーを巻き込んで連合国と平和協定を結び、場合によってはヒトラーを連合国に引き渡す計画も辞さないグループ。

④ゲシュタポ本部防諜部長ヴェルナー・ベスト博士（SS准将）やSS国家公安本部第Ⅳ局SD内務局長オットー・オレンドルフ（SS少将）などに代表されるSS将校の大グループ。戦時下では過激な行動をひかえ、戦後の改革に期待しようとしていた。

⑤ハイドリッヒ国家公安本部長の後任者エルンスト・カルテンブルンナー、同第Ⅵ局国家秘密警察（ゲシュタポ）局長ハインリヒ・ミュラー（SS中将）等の体制擁護派。彼らの教条は、体制批判者の徹底排除であり、忠実に実行した。

他方、ドイツ国民の対ナチス感情の起伏も激しかった。ドイツ人の気分は、一般的に、日々の経済上の困難から沈滞し軍事・外交の成功によって高揚するという起伏を繰返したが、ナチスが内政上、国民の憂慮を除くことよりも、他の領域での成功でそれをそらそうとしたため、状況の変化に大きく支配された。

ナチス支配体制下では、反対者の監視、抵抗運動の抑圧の必要から、国民の対政府感情は、ゲシュタポ等によって綿密に調査されていた。戦後公開されたそれらの記録によって、ナチス体制下の一般国民の状態が明らかとなっている。

一九三七年五月のナチスの報告では、物資不足への不満が大きくなり、その責任がナチス政府にあるとの声が高まっているとされていた。しかし、三八年三月のオーストリア併合の成功によって国民は歓喜し、九月のチェコ危機によって生じた戦争への不安が、ミュンヘン会談の成功で、ドイツ国民の士気を高めたとされている。

三九年九月の第二次大戦の勃発は、国民の憂慮を深めた。しかし、四〇年六月、西部戦線での大勝に、ドイツ国民は、かつてなかった団結を示し、頂点に達した。この時以降、国民の気分は再び沈滞に向かう。いつ終わるとも見通しのたたない戦争への不安は高まり、加えて食糧不足、ドイツ国内諸都市への連合国の空襲の激化、被災者の増加から、戦勝への悲観的観測が流布されて行く。

一九四二年秋から冬にかけてのスターリングラードの敗北以降は、戦勝への望みは失われ、宿命論と悲観論が支配的となって行く。ゲッペルス宣伝相はスターリングラード敗北を機に、国民に総力戦を訴え、勝利か敗北かの二者択一を迫った。

こうしたドイツ国民の悲観論と敗北への諦念が、ナチス体制内部にも反映し、体制擁護のために戦うべき親衛隊内部にも、先に見た深刻な疑念を生じさせたのである。

ドイツ国民の抵抗運動、四つの流れ

ドイツ国民の多数派は、ナチスに順応していただけであったという。ナチスを信じて全面協力したものは少数派であり、抵抗運動家も少数派であった。しかし、この抵抗運動家も一九四三年一月以降、スターリングラードでの敗北を契機に、ドイツ国内に戦局の前途に対する絶望感がただよい始めるとともに積極的行動に突き進むのである。そこには、ナチスに順応し、協力していた保守派市民のなかからの呼応者も見られた。

ドイツ国民の抵抗運動について、中井晶夫（上智大教授）は、①ドイツ共産党の反ファシズム闘争、②キリスト者の反対運動、③保守派市民による反対闘争、④プロイセン貴族のモルトケ伯を中心とするクライザウ・サークルの抵抗運動に大別している（『ヒトラー時代の抵抗運動』毎日選書）。

ドイツ共産党がナチスにとって、最も激烈な敵対者であったことはいうまでもない。ナチズムは共産党とコミンテルンに対する闘争のうちに権力を獲得したのである。

しかし、一九三九年三月、独ソ不可侵条約の締結は、ドイツ共産党の抵抗運動を萎縮させ、在外指導部による指令も絶え、ドイツ国内の共産党の基礎組織である「細胞」は孤立化した。独ソ開戦以後、モスクワで訓練された党員がドイツへ送り込まれ、活動を再開しようとしたが、厳しい弾圧のなかで多くが捕らえられ、生き続けたグループは極めて少なかった。

トレッペルの「赤いオーケストラ」のドイツ支部であったシュルツェ＝ボイゼン、ハルナックの組織は、いわゆる共産党の抵抗運動とは言えないが、彼らは反ヒトラー非合法抵抗運動の成功のためには、ソ連との協力が必要だと信じていた。彼らは、モスクワとの無線連絡の他、パンフレットの発行や労働者の組織など、抵抗運動を組織しており、そうした指令違反の行動が、その壊滅を早めたと批判されている。

一九四三年九月一三日、トレッペルが監視のヴィリィ・ベルクをまいて逃走した直後、パンヴィッツは極秘に捜索隊を編成して追跡を始めた。

トレッペルはフランス共産党のミッシェルを通じてレジスタンスと連絡した。またモスクワに脱走を知らせるとともに、〝グラン・ジュー〟の継続を提言した。ドイツ側の意図を知りながら行う〝無線ゲーム〟はソ連側に有利だからである。

パンヴィッツはトレッペルがゲシュタポに逮捕されていたことを暴露することで、モスクワの信頼を失墜させようとした。またレジスタンスには、彼が警察のスパイだと逆宣伝した。これに対しトレッペルは、アレックス・レゾヴォフを中心とする小グループを編成して、パンヴィッツの特別捜索隊を監視するとともに、四度もパンヴィッツに手紙を書き、自分はソ連側の対情報グループに連れ去られたのだと訴え〝グラン・ジュー〟の続行こそ、自分の意思だと伝えている。

〝グラン・ジュー〟並びに、その継続である〝熊〟作戦は、四四年七月二〇日、総統暗殺未遂事件で、ヒトラーが禁止を命ずるまで、続けられたのである。（一九八五・一〇・一掲載）

34　「黒いオーケストラ」の悲劇——反ヒトラー運動はなぜ失敗したか

四二件もあったヒトラー暗殺計画

「赤いオーケストラ」の逮捕者を、対ソ謀略の道具として利用しようという計画は、ドイツ側の情報機関の複雑な関係と意図に裏付けられていた。

　もともとヒトラー政権の成立当初から、ドイツ国防軍の内部にはナチスによるドイツ支配に抵抗する勢力が根強く潜在しており、ヒトラーに対する暗殺・クーデター計画がしばしば企てられながら、失敗を重ねていた。ヴィル・ベルトルによる「四二件のアドルフ・ヒトラー暗殺計画」（小川真一訳『ヒトラーを狙った男たち』講談社）があったという。それらをいかに抑圧し、未然に防止するかは、ヒトラーの政権維持にとって最大の課題であった。

　ヒトラーは国防軍に対する武装力としてSS（親衛隊）の正規軍化を図り、国防軍情報部に対しては、SSの対情報組織としてSD（SS保安部）と競合させた。当初、軍情報部長のヴィルヘルム・カナリスとSS保安部長のハイドリッヒとは、個人的に協力していたが、SDが海外情報に行動範囲を拡大するとともに、対立が表面化した。

　しかも、カナリスは、ヒトラーによって一九三四年以来、軍情報部長に任ぜられ、情報機関再建のため、強大な権限と資金を与えられながら、三七年ヒトラーの戦争決意が明確となるや、秘かに反対し、それを阻止しようとするグループの有力なメンバーとなった。陸軍参謀総長ルードヴィッヒ・ベック将軍、国防相ヴェルナー・フォン・ブロンベルク元帥、陸軍総司令長ヴェルナー・フォン・フリッチュ大将、いずれもそのグループであった。

　ヒトラーは自分に反対する将軍たちを、次々に謀略を持って追い落とした。まずブロンベルク元帥の再婚について、スキャンダルをでっち上げて辞任に追い込み、フリッチュ大将をホモ行為という濡れ衣で罷免した。ベック参謀総長、一九三八年チェコスロバキアに対するヒトラーの侵攻政策に反対して、自ら参謀総長を辞任したが、後任のフランツ・ハルダー大将は、チェコとの開戦を契機にヒトラーを追い落とすクーデター計画を作成していた。抵抗グループは、チェコにおいてヒトラーを成功させたら事態は最悪になると見た。それまでヒトラーはライン・ランド、オーストリアで、軍事対決となることなく、成果を上げたことで国民的支持を受けてきた。チェコにおいては英仏が介入し、ヒトラーの政策が結局戦争に通ずることがドイツ国民に目に見えて分かることが、ヒトラーの威信を低下させ、追放を正当と納得させることとなると信じた。

　抵抗グループは、パリやロンドンに密使を送り、ドイツの実情を訴えた。かつてライプチヒ市長だったカール・ゲルデラーも、ゲシュタポに狙われながら、何回も英仏に出掛け、英仏情報機関を通じて〝陳情〟した。彼は、もしもヒトラーがチェコに侵入した場合、英米連合国は対独参戦するという保証を求めた。しかし、英仏ともに、そうした声に耳を傾けはしたが、それを信ずることなく、無視してしまった。チェンバレン英首相も、ダラディエ仏首相も、まだヒトラーと調停できる余地があると信じていたのである。

ミュンヘンにおけるイギリスの対独宥和政策は、ドイツ抵抗グループの反ヒトラー・クーデターの絶好の機会を失わせてしまった。ミュンヘン協定以降、ヒトラーの圧倒的威信の高まりのなかで、ドイツ国内での抵抗運動は終わったかに見えた。反ナチ抵抗グループは、ヒトラーの失脚によって国民世論が変化するのを待つ以外なかった。

カナリスを高く評価したアレン・ダレス

こうしたなかで、カナリスの率いる国防軍情報部は、反ヒトラーの立場から、抵抗グループを支援して、まず英・仏連合国との開戦阻止に全力を上げ、開戦後は、連合国側との和平工作を秘かに進めたのである。また、同次長オスター大佐（後に少将）は、カナリスの理解と指示により、何回もヒトラーの秘密を連合国側に漏らした。

カナリス提督は、開戦当初、この戦争でドイツは惨憺たる敗北を蒙るだろうと予測し、戦争を長びかせるようなことをしてはならないと、幹部に訓示した。イギリス外務省では、彼を〝K〟と呼び、和平派だとしていた。しかし〝イントレピッド〟＝ウイリアム・スティーヴンスンにとって、カナリスは正面の敵であった。カナリスの情報員たちが、反ナチ抵抗派の偽装として、英米の有力者をたぶらかそうとした事例を忘れなかった〝イントレピッド〟にとって、カナリスの反ナチ和平工作を、まともに信ずる気にはなれなかったようである。

ただドイツ国防軍内部の反ヒトラー・グループを通じて、ドイツの実情をとらえ、できれば、ヒトラー排除の謀略に発展させるため利用できればと思っていたようである。

これに対し、カナリスの反ヒトラー・和平工作と直接接触して情報工作を続けたＯＳＳのアレン・ダレスは、戦後カナリスについて「現代の歴史において最も勇敢な人物であり、紳士で愛国者」であったと、高い評価を与えている。

一九六二年一二月、アメリカ下院情報委員会は、過去三五年間未公開であった議会公聴会の証言録を発表したが、そのなかには、四七年六月下院行政府支出委員会（現政府活動委員会）がアメリカの各情報機関を統合するＣＩＡ（中央情報局）の創設に関連して、アレン・ダレスに証言を求めた記録が含まれていた。そのなかで、ダレスはCIAの前身OSS（戦略情報局）の大戦中の活動に触れ、次のように述べている。

一、ドイツ国防軍情報部長だったカナリス提督、同次長オスター将軍らとは、直接の接触があった。

二、国防軍情報部（アヴウェール）のうち、一〇%は、ヒトラーの戦術・対ソ措置に反対して反ナチになっていた。

三、この結果、アメリカはアヴウェール組織内に浸透が可能となったが、カナリス、オスターを始め五人が、反逆者として処刑されることになった。

こうした国防情報部内部の傾向に対してSS保安部（SD）やゲシュタポは、それを「黒いオーケストラ」（シュヴァルツ・カペル）と呼称して、その摘発と排除に努めた。しかし、SDやゲシュタポは軍情報部の活動に関しては介入できなかったため、その徹底的排除は、四四年七月事件を待たねばならなかった。SDやゲシュタポは「赤いオーケストラ」がソ連の情報組織であったことに対して、英米連合国との和平を志向し、やがてその情報接触ルートとして逆用されている行為を、「黒」と比喩的に呼んだのである。

「黒いオーケストラ」の悲劇は、その主観的意図が英米との交渉による和平を志向しながら、英米側からは、ついに本気で相手にされず、あくまでもドイツ内部の対立・抗争を知る手段として、情報・謀略的に利用されたことである。もしも英米が、早期にヒトラー打倒を決心していたら、五五〇〇万もの大戦の犠牲は、必要なかったのである。（一九八五・一一・一掲載）

35　中立国スイスにおけるソ連情報組織「ルーシィ」の謎

モスクワへの「郵便ボックス」の役割

トレッペルが、ドイツ、ベルギー、オランダ、フランスで活躍し、ドイツ側との激烈な知恵の戦いの後に崩壊していったのと時を同じくして、スイスで同様の活動を続けたサンドール・アレックス・ラドーの情報組織を「赤いオーケストラ」の一部に含めることについては、ジル・ペロオのように異論を唱える向きもある（『赤いオーケストラ』潮出版社）。ドイツの支配権が及ぶ本国や占領地で活躍したトレッペルの組織と、スイスという中立国での活動とは、機能的に別のものと見るべきだという考え方である。

スイス当局は、ラドー・グループを「赤いオーケストラ」

の一派とは認めず、「三つの赤」（トロワ・ルージュ）という暗号名で呼んでいた。三台の送信機が使われていたからだという。

ラドー・グループは中立国スイスの情報を得ることを目的としてはおらず、モスクワに情報を送るための通信基地として、スイスの中立的立場を利用していた。スイスは、モスクワへの「郵便ボックス」の役割を果たしたのである。しかし、スイスは一九三五年、スイスまたは他のいかなる国に対する情報機関も、これをスイス領内に設置するものは処罰するとの法令を出しており、三六年八月には、厳正な中立維持の方針を宣言した。

ドイツ側から見れば、トレッペルの「赤いオーケストラ」を壊滅させた電波標定機と探知機が、ローザンヌから発信している一台の送信機と、ジュネーブから発信している二台の送信機を確認し、傍受・録音したが、それは実態的には「赤いオーケストラ」同様の最高機密事項の流出を示していた。

しかも、スイス国境は、ドイツ対情報組織の侵入を許さない。ドイツ側の取り得る対抗措置は、スイス・グループに潜入し、そのドイツにおける「情報派」を発見し、内部から組織を切り崩す以外になかった。スイスでの虚々実々の闘いが続いたのである。

ソ連のスイス情報網のリーダーは、ラドー（暗号名ドーラ）であった。彼は一九三六年以来この任務に着き、そのためスターリンの〝大粛清〟を逃れることができた。

メンバーは五〇人ほどだったといわれている。組織は、ジュネーブ、ルツェルン、ローザンヌ、バーゼルの四つの支部からできていた。

ラドー以外の主要メンバーには、アレクサンダー・フート（暗号名ジム）、エドモンド・アメル（同エドワード）と妻オルガ（同モード）、シュニーバー（同ティラー）、ラーヘル・デーベンドルファ（同シシイ）、オットー・ペンター（同パクボ）、ルドルフ・レスラー（同ルーシィ）等がいた。

ラドーはハンガリー生まれの地理学者で、国際問題を専門とするゲオプレスという通信社を経営し、六カ国語が喋れた。彼は組織のナンバー2であるフートが嫌いで、モスクワにフートを辞めさせるよう勧告したが、拒否されている。

フートは送信のベテランであり、イギリス人であった。イギリス空軍の整備兵だったが、スペイン内乱に国際義勇軍の一員として参加。その際赤軍情報部に認められ、フランス経由でスイスに入り、ラドーの組織に加わった。彼はローザンヌに住み無線通信業務を担当していた。

フートがモスクワへ最初に送信したのは、一九四一年三月であり、活動の最盛期は、四一年六月から四三年一〇月までの期間で、合計約六〇〇通を通信本部と交信した。

アメルは、ジュネーブでラジオ店を経営しており、短波無線機の組み立てを引き受けていた。最終的に三台が製作された。

レスラーは、ドイツの反ナチ出版業者で、スイスに亡命し、ルツェルンで「ヴィタ・ノヴァ」(新生)という反ファシズム出版社を設立、社長として活動していた。

名スパイ「ルーシィ」

一方、スイス参謀本部の情報部長ロジェ・マッソン中佐(後に准将)は、一九三九年の第二次大戦勃発にいたる数カ月間、スイスが戦争に巻き込まれることを懸念して、外国、特にイギリス、フランスの情報機関と接触して情報の入手に努めた。彼の部下に、ウァイベル少佐がおり、参謀本部の対独情報セクションを担当していた。

ウァイベル少佐は、一九三四年以来のスタッフであるザフェル・シュニーバーを通じて、ポーランド生まれのラーヘル・デーベンドルファ(暗号名シシイ)とルドルフ・レスラーという人物を紹介される。三九年秋のことと見られている。レスラーの提供したドイツ情報は、極めて優秀であり、レスラーはドイツ国内に高度の情報提供筋を持っていることが知られるようになった。

レスラー情報のいくつかは、ラドーに渡され、モスクワへ送られた。初めは信憑性を疑っていたモスクワも、やがてその内容に強い印象を受け、持続的な情報サービスの提供を受けることになった。「ルーシィ」というコード・ネームが与えられ、ゾルゲ、トレッペルに劣らぬ名スパイとしての名声を高めることになる。

もちろん、当初は「ルーシィ」が果たして信頼できる本物の情報筋であるかどうか、疑いがもたれた。モスクワ本部は彼が何者であるのか。どこから情報を入手しているのか知りたがった。

ラドーには、「ルーシィ」情報の出所を探るよう指示が出た。当初レスラーは、「ヴェルテル」という情報源を示していたが、やがてはそれは仮空のものと分かった。しかし、レスラーは、それ以上の追及には回答を拒否し、出所が分からなければ情報はいらないのか。やめにするのか、このまま続けるか、どちらでもいいという態度を取った。

「ルーシィ」の情報源については、ついにはっきりしないまま、モスクワ本部は、その詳細・正確・迅速な情報に飛び付かざるを得なかった。「ルーシィ」個人には、一七〇〇米ドルという月給が支払われていた。これはゾルゲが、そのグループ全体の経費として支給されていたのが一〇〇〇米ドルであり、それさえも節約を求められていたことに比べ、極めて高額であった。（第5章11参照）

ソ連は、トレッペル逮捕によって「赤いオーケストラ」が壊滅した以後、特に一九四三年の春から夏にかけて、東部戦線最大の激闘となったクルスク大戦車戦の情報のほとんどを、「ルーシィ」情報を伝えてくるスイスの「三つの赤」の無線網に依存せざるを得なかったのである。

戦後「ルーシィ」の情報源については、本人のレスラーを含めて、さまざまな調査が行われたが、謎は解けなかった。

しかし、一九七〇年代に入って、イギリスが「ウルトラ」の秘密を解禁し始めてから、ようやく、それがイギリス情報機関の工作によるものであることが、知らされるようになった。（一九八五・一二・一掲載）

36　各国情報機関が入り乱れるスイス

最大の情報戦場は最大の〝情報市場〟

ラドー・グループの活躍したスイスは、大戦中、各国情報機関の入り乱れて闘う最大の情報戦場であった。

スイスは国民の八割がドイツ語を喋り、多くの親ナチ分子を擁しており、さらに対独譲歩主義者や調整論者がいた。

ピレ・ゴラーツ大統領も、ドイツの勝利を信じており、ドイツに敵対するのではなく対独調整を主張して、反独政治家と対立していた。

こうしたなかで、一九三九年八月、大戦勃発に備えてスイス陸軍総司令官に選ばれたアンリ・ギザン将軍（フランス系）は、スイスの中立を守るためには戦う覚悟が必要だとの信念に基づき、秘かにアルプス山中に無数の小堡塁を構築し独伊の侵入に備えた。また身体健全な男子が一九歳になると、年間一二〇日間の軍事訓練を受けさせ、その後一六年間（三六歳まで）一期三週間の検閲一〇回に参加することを義務づけた。

人口の少ないスイスでは、大規模な常備軍は持てないので、非常勤兵員制を取り、市民兵は各自小銃を持って帰宅し、有事の動員に備える体制を作り上げた。もちろん、そうした市民軍の中核には、高度の軍事教育を受けた将校と下士官団がおり、パートタイムの兵員を指揮し、訓練したのである。

それと同時に、ギザン将軍は、スイスの軍情報部（ＮＳＩ）を拡大し、連合国側との秘かな連携を強化した。スイス軍情報部長は、ロジエ・マソン中佐（後に准将）であった。その権限は警察・守備隊・税関・情報活動全般にわたり、直接、間接に三〇万の部下を掌握していた。

スイスは小国だったが、他の諸国よりも、能力があり、信頼できる情報が必要だった。特にギザン将軍にとっては、独伊の侵略に備えるとともに、国内のファシズム支持者、譲歩主義者や調整主義者を説得するためにも、正確迅速な情報が絶対に必要であった。それは枢軸諸国の対スイス政策にとどまらず、他の欧州諸国のスイスに対する真の意図をとらえ、調整主義者に対抗しなければならなかったからである。

スイス軍情報部は、スイスがたとえドイツに占領された諸国に取り囲まれた孤島になっても、列強の情報活動の拠点として残るに違いないと見ていたが、事実、各国の情報機関は秘かにスイスに集まり、〝情報市場〟——需要に応じて情報を交換し、取引する場所として、スイスを重視した。戦争中、交戦国間で直接交渉ができたのは、ポルトガル、スウェーデン等の中立国であったが、なかでも、スイスに置かれた各国の情報組織は、虚々実々の取引を展開した。

スイスの〝情報市場〟は、リュセルヌにあった。そこには、スイス軍情報部があり、Ｈａ事務局があった。

Ｈａ事務局というのは、ハンス・ハウザマンという金持ちのスイス人光学機器業者によって私的に設立された情報組織であったが、軍情報部と密接に連絡しその手足となって活動した。ルドルフ・レスラー（ルーシィ）はＨａ事務局の情報提供者でもあった。

スイス軍情報部とＨａの事務局との連絡には、ベルンハルト・マイエル・フォン・バルデック（ルィーズ）が当たった。彼は応召により軍情報部に勤務したスイス人で、Ｈａの事務局との連絡員に指名されていた。

アレン・ダラスが乗り込む

フランスの情報機関は、ドイツに降伏して以来、ヴィシー派、ドゴール派、地下潜行派に分裂を余儀なくされたが、その一部はスイスに移り、地下潜行派と連絡を取りながら、自由フランスのために活動した。

スイスに移った重要人物は、「ロング」（本名ジョルジュ・ブラン）と「ソルター」（レオン・スース）であった。ロングはドイツ外務省の高官エルネスト・レムラー（暗号名アグネス）とのコネクションから、政治・外交・経済に関する貴重な情報を得た。また、ソルターは、スイスの情報市場で大活躍し、イギリス・自由フランス・スイスのペンター・グループ（「パクボ」グループ）を通じて、スイスやソ連・アメリカにも情報を提供した。

オットー・ペンター（パクボ）は、スイス人の左翼ジャーナリストで、パクボ機関を主宰した。パクボ機関は、スイス軍情報部、警察とも関係を持ちながら、ラドーのスイス・グループに情報を流した。

軍情報部とHａの事務局との連絡に当たっていたバルデック（ルイーズ）は、ペンターを通じて、フランスとの情報交換を行うよう命令されていた。

自由フランスは、「ソルター」を通じてイギリス情報部と連絡し、情報交換を行った。「ソルター」と結ぶ「パクボ・グループ」もイギリスとの情報交流を行い、一つは、バルデック（ルイーズ）を経て、スイス軍情報部へ、一つは、ラドー（ドーラ）を通じてモスクワの赤軍情報部に達するルートが作られていた。

スイス軍情報部とイギリス情報部との連絡には、Hａ事務局のアウグスト・リントが当たり、レスラー（ルーシィ）情報をイギリス側に伝えた。イギリス側は、「ルーシィ情報」によって、ドイツ側から入手されたものと、イギリス情報部が「Z機関」（後述）を通じて流した「ウルトラ」情報とを判別し、チェックしていた。

スイスにおけるイギリス情報組織は、本拠をベルンに、支部を他の都市に置いていた。ベルンのSIS支部長は「ファニィ」ことヴァンデン・ヒューヴェル伯で、SISの副長ダンジィ大佐の親友であった。支部次長はアンドリュウ・キングであった。

SISの事務所は、イギリス公使館とは完全に別個になっており、ドイツ占領地で破壊活動を続けたSOE（特殊作戦執行部）は、常にそれを利用することができた。

スイスにおけるSOE代表は、ジャック・マッカフェリーであった。空軍情報班長は、フレディ・ウエストで、彼は副領事の肩書を持っていた。第一次大戦の空軍エースで、片脚を失っていた。陸軍情報班長はヘンリー・カートライト大佐で、公使館付武官であった。同班次長はハーバート・M・フライヤーで、ヒューヴェル支部長の親友であった。フライヤーはスイス側との連絡に当たり、絶えずリュセルヌとの間を往復していた。

チューリッヒには、エリック・グラント・ケーブルが、チューリッヒには「シシイ」と連絡を受け持ったヴィクター・ファーレルがいた。

一九四二年、ドイツの南仏占領直前にアメリカOSSの代表アレン・ダレスがスイスに到着した。彼はベルン旧市街ヘレンガッセ街二三番地の本部に入り、イギリス情報部に連絡を取り、ジュネーブの工作員マックス・シェーブを通じて、Ha事務局、フランス情報部に連絡した。また、ドイツ領事館のハンス・ギゼヴィウス（元ゲシュタポ将校）とも接触を始めた。（一九八六・一一・一掲載）

37　イギリス〝Z〟機関と「赤いオーケストラ」の接触

〝Z〟機関長ダンジィ大佐に見込まれた男

一九四一年四月、イギリスはエニグマ暗号解読による〝ウルトラ〟情報によって〝バルバロッサ〟作戦の全容を知り、ヒトラーのソ連侵攻が六月に迫っていることを察知した。チャーチルは、このことを情報源を秘匿してスターリンに伝えるよう外務省に命じた。しかし、スターリンはイギリスの独ソ離間の謀略だと信じ込んで全く相手にしなかった。スターリンのもとには日本のゾルゲ機関からもトレッペルの「赤いオーケストラ」からも同様の情報が届いていたが、顧みられなかったのである。このためドイツ軍の侵攻は完全な奇襲となり、赤軍は壊滅的な打撃を受けた。

チャーチルは、このスターリンの度し難い反応に困惑しながらも、ソ連の急速な壊滅によって再びイギリス正面にドイツの重圧が加わることを回避するため、引き続き〝ウルトラ〟による東部戦線の情報を何らかの形で疑い深いスターリンに伝えることを、SISの長官スチュアート・メンジスに命じた。メンジス長官は副長官で〝悪名〟高いクロード・ダンジィ大佐に〝Z〟機関の本拠であるスイスでの情報漏洩を演出させることになった。

〝Z機関〟については、すでに「フェンロー事件」（第1章3参照）に関連して述べたが、これは全欧各地に拠点を持っていたSIS（MI6）に併設されたダンジィの個人的情報ネットワークであった。SISが非公式に資金を供与して、在外公館を中心とする正規の情報組織が機能を発揮できなくなったときに備えようとするものであった。

一八七六年生まれのダンジィは三〇年代の当時、五〇歳代であった。彼は第一次大戦にはフランスで特殊任務に就いた。戦後はアメリカでイギリス風カントリークラブを経営したことがあり、多くの知己を得た。なかでも著名な映画監督兼プロデューサーのアレクサンダー・コルダーとの交友は、彼の情報活動に大きく役立った。チャーチルともコルダーを通じて知り合うことができた。コルダーはまたW・スティーヴンスン（「イントレピッド」）の旧友でもあった。コルダーは自由に世界中を旅行する口実には事欠かなかったし、誰にも疑われなかった。一九四二年ナイトに叙せられたが、イギリス映画の国際的地位を高めたこととともに、イギリス情報部への貢献が評価されたとも言われている。

ダンジィのヨーロッパ本部はスイスのチューリヒにあった。ここには、ダンジィの片腕となったフレデリック・ヴァンデン・ヒューヴェルがいた。彼も第一次大戦当時の情報工作員であった。

ダンジィはひどいインテリ嫌いであり、その理由は、第一次大戦中特殊任務についていてインテリ軍人たちの実績に対する失望感からきたものだという。イギリス情報機関が伝統としてきた貴族主義、オックスフォード、ケンブリッジ出身者のインテリたちに、嫌悪感を持っていた。これがダンジィに対する評判を落としていた。しかし、ダンジィに言わせると貴族でインテリで、しかも素人は情報活動に全く不適であり、激烈な情報戦に耐え得るか疑問であった。ダンジィは〝機関〟に主として情報活動経験のある予備の軍人を選び、さらに若い兵士から適任者を集めた。

一九三六年、イギリス空軍マンストン基地の三一歳の整備兵アラン・フートが、〝Z〟機関に引きぬかれたのは、このころであった。

国際共産主義組織に潜り込んだフート

アレキサンダー・アラン・フートは一九三五年イギリス空軍に入り、三六年秋に除隊して〝Z〟機関の一員となった。ダンジィの創った〝Z〟機関の当初の敵は国際共産主義であった。スペイン内乱は〝Z〟機関にとって、国際共産主義組織の内部に浸透する絶好の機会となったのである。アラン・フートはスペインの国際旅団イギリス大隊に入隊した。彼はそこで赤軍将校マックスに注目され、赤軍情報部員としてスカウトされることになった。

一九三九年九月、負傷してイギリスに帰されたフートは党員ではなかったがバーミンガムの共産党大会に出席。イギリスとスペイン間の赤十字の定期トラック便の運転手となった。それはイギリス共産党ロンドン本部とスペインの共産党系イギリス大隊との連絡を兼ねるものであった。その後イギリス共産党はソ連情報機関の依頼で、フートをジュネーブで〝ソニア〟（秘匿名、本名ルース・クチンスキー、スイスにおけるソ連スパイの連絡責任者）と面接させ、ソニアから指令を受けて、ミュンヘンに行くことになる。ドイツ語を習い多くの知人を作れという指令であった。ソ連情報機関の評定には合格したのである。

フートはロンドンに帰り〝Z〟機関に報告した後、ミュンヘンに行き、三ヵ月後ソニアに報告のため、スイスに戻った。ソニアはそこでフートの雇い主がGRU（赤軍情報部）であることを明らかにした。月給一五〇ドルに必要経費付情報工作員として受け入れたのである。コード・ネームは「ジム」で、ソニアと連絡の取れぬときのモスクワの緊急接触の方法を教えられた。彼は再びミュンヘンに帰り、情報活動を続けた。

一九三九年四月、スペイン内乱以来の友人と称するレン・ブリュアがフートを訪ねた。ブリュアはZ機関工作員であり、二人は協力して、GRUのスパイとしてドイツの情勢を探った。

当時、フートとブリュアはヒトラー暗殺の可能性を調べるため、ヒトラーが常連となっているミュンヘンのレストラン「オステリア・バヴァリア」によく出掛けた。たまたまヒトラーが二、三人の護衛を連れて現れることがあったが、警戒は全く緩やかで、もし暗殺しようとすれば、爆薬を仕掛けることでリスクなしで可能だとモスクワに報告した。しかし、本部からは何の指令もなかった。すでにソ連政府は政策を変更し、独ソ協定に向かっていたのである。同年八月、独ソ不可侵条約の締結は、多年共産主義者として対独情報活動を行ってきたソニアには深刻なショックを与えた。

フートは戦争必至の情勢のなかで、スイスに移る。彼はイギリスに帰ってナチと戦うべきか、ソ連のために見せかけの働きを続けるかで悩むが、ダンジィはスイスにとどまることを指示する。フートは独ソ同盟で信念を動揺させたソニアに代わり、スイスのソ連情報網を引き継ぐ絶好の機会だと判断し、ソニアを激励しつつ、彼女からソ連のスパイ技術を学んで行く。

一九三九年一二月、モスクワはフートがソニアの仕事を引き継ぐよう指令してきた。またソニアが、ジュネーブに本拠を持つラドーと連絡し、現状を報告するよう求めた。ラドーは多くの情報が集まっているが、モスクワへの送達の方法がないので、自分の送信局を持ちたい。ただ当分の間は、ソニアの無線を通じて本部と連絡したいと申し入れ、モスクワはそれを承認した。

一九四〇年一月から、ラドーとゾルゲにアメリカの組織は協力することになる。すでにフートはゾルゲにアメリカの無線機を使って送受信するようになっていた。四〇年三月、モスクワ本部は、ラドーとの交信用の無線機設置の指導、特別符号、交信表等を持った重要連絡者を派遣する。コード・ネームは「ケント」であると連絡してきた。トレッペルの「赤いオーケストラ」とスイス組織との接触が始まったのである。（一九八六・一二・一掲載）

38　ユダヤ人絶滅の総責任者ハイドリヒ暗殺

独ソ開戦とユダヤ人迫害の最終段階

ナチズムの本質は、反ボルシェヴィズムと反ユダヤ主義に集約されよう。ヒトラーは『わが闘争』のなかで「来るべき戦争はドイツを全滅させずにヨーロッパのユダヤ人を全滅させるであろう」と予言したが、ソ連共産主義と戦いながら、文字通りユダヤ人絶滅を組織的に実行したのである。

ナチスの反ユダヤ政権は、次のような発展段階に区分されている（ワルター・ホーファー『ナチス・ドキュメント』論争社）。

一九三三〜三五年、緊急令や全権授与法に基づく擬似合法性を根拠とした時期。

一九三五〜三八年、ニュールンベルク党大会の際に召集されたドイツ国会が可決した「ドイツ国公民法」等多くの反ユダヤ立法に基づく命令と指令で行われた時期。

一九三八年一一月九〜一〇日、ポーランド系ユダヤ人によるパリ駐在ドイツ大使館員暗殺を契機に、全ドイツにわたりユダヤ人の商店・住宅・学校・教会堂が破壊・放火され、ユダヤ人が暴行を受け殺害される暴動が起こった（〝水晶の夜〟）。これはゲッペルス宣伝相がSS部隊を煽動して実行したものであるが、これを契機にドイツ国内のユダヤ人問題は第三段階に入る。当時なお残っていた経済界・金融界からユダヤ人排除が一挙に行われ、ユダヤ人には一一億五千万ライヒマルクの弁償金の支払いが課せられた。ユダヤ人は公的な社会生活から完全に締め出されたのである。

こうした暴挙に対し、アメリカは厳重な抗議を行い、駐独大使を召還し、米独外交関係は断絶の寸前にまで悪化した。

一九三九年九月のポーランド侵略に続き、征服したポーランドにユダヤ人を集団移住させ、各地にゲットーと強制収容所が作られた。オランダ、ベルギー、フランスが制圧されると、そのユダヤ人も全財産を没収されて追い立てられた。ハンガリー、ルーマニア、ブルガリア等東欧のユダヤ人の運命も同じであった。

一九四一年六月の独ソ開戦を契機に、ユダヤ人迫害の最終的段階が始まる。七月三一日、ゲーリング国家元帥はユダヤ問題のいわゆる最終的解決の準備に関し、国家公安本部（ＲＳＨＡ）長官ハイドリリヒ宛に委任令を発し「最終的解決の遂行のため組織的、実際的、物質的な準備処置に関する全体的計画」の提示を求めた。これを受けてハイドリヒは、翌四二年一月二〇日、ベルリンのグローセル・ヴァンゼーで関係機関の協議会を開催。最終的解決の基準を示した

まず全ユダヤ人を東方へ強制移住させ、労働能力あるユダヤ人は労役につかせて自然淘汰に任せるとともに、残存するものには、ＳＤ特別行動隊によって〝適切な処置〟を取ることを決めた。以来四五年に至るガス室と銃撃による集団殺人が繰り返されることになる。殺害されたユダヤ人の数の確定は極めて困難であるが、最低四一九万人から最高四五八万人に上るといわれている。

ハイドリヒ暗殺計画を検討

イギリスがユダヤ人絶滅の最終的企図を具体的に知ったのは、四一年七月末のゲーリングのハイドリヒに対する命令を〝ウルトラ〟がキャッチしたことからだと見られている。ロンドン本部はナチのユダヤ人迫害責任者への報復とともに、ヨーロッパにおける反ナチ・レジスタンスの具体化として、ナチ指導者へのテロ計画の立案をＢＳＣに指令した。テロに対するテロをもってする秘密戦争は、ユダヤ人の覆滅計画を契機に本格化するのである。

Ｗ・スティーヴンスンは、八月初め専門家を集め、ハイドリヒ暗殺の計画を検討し始めた。しかし、彼は思い悩んだ。ハイドリヒの暗殺がたとえ成功しても、それはヒトラーの残忍な仕返しを招くだけではないのか。そんな危険を冒しても、なおテロをもって闘うべきなのか。

現地チェコの抵抗組織からの反対も強かった。ただ、暗殺は少なくともユダヤ人迫害に憤激しているアメリカのユダヤ系市民に、ナチといえども完全ではないという希望を与えることになるのではないか。当時、アメリカはまだ参戦前であった。ＢＳＣはアメリカ国民に対し、ナチスのテロも決して不敗ではないことの実感を与えるためにも、ユダヤ人迫害の直接責任者であり、かつ情報戦争の恐るべき敵でもあるハイドリヒの抹殺を不可欠と見たようである。

ＢＳＣは例によって占星術師ルイス・ド・ウォールによる心理作戦を開始する。(第1章19参照)ウォールはヒトラーが占星術を信じていることを知ったチャーチルがイギリス情報部に雇い入れたノストラダムスの研究家である。ニューヨークに到着した彼は、ヒトラーの星占いは惑星ネプチューンが死の家にあることを示していると語る。ＢＳＣはウォールの予言の信用を高める演出を繰り返し、九月には、全米科学的占星術師連盟の年次大会をクリーブランドで開催させ、ヒトラーの星が沈みつつあると宣伝した。

一方、ヒトラーは四一年九月、ハイドリヒをＲＳＨＡ長官兼任のままボヘミヤ・モラビア保護領総督代理に任命し、チェコの抵抗運動に対する容赦ない処断を命じた。当時、総督はフォン・ノイラート男爵であり、保護領政府の首相は、チェコ人のアロイス・エリアス将軍であったが、両者の協力関係は円滑であった。

しかし、チェコの抵抗運動側では、エリアスの対独協力によって反ナチ・レジスタンスが燃え上がらないことを憂慮していた。他方ハイドリヒのＢＤ（ＳＳの公安情報部）はエリアスこそロンドンのチェコ亡命政府の協力者として追放を求めたが、常にノイラート総督によって抑えられていた。

ハイドリヒがノイラートに代わり全権を握ったころ、亡命チェコ政府の首脳部は、暗号名〝ユダ〟と呼ばれた対独協力者エリアス首相の抹殺を決めた。すでにハイドリヒ暗殺の具体的研究に入っていたキャンプＸは、要員の訓練を進める一方、偽造センターのステーションＭで、〝ユダ〟宛の三通の手紙を秘かに作り上げた。手紙はカナダからチリに運ばれ、間隔をおいてプラハの〝ユダ〟宛に投函された。ＢＳＣがデッチ上げた〝アンナ〟という情婦からのニセ手紙である。

サンチャゴから送られた手紙を調べていたナチの検閲官は、エリアス首相がナチズムの敵と秘密に通信しているに違いないと睨んだ。そこには意味不明の暗号のような言葉や数字が書き込まれている。ゲシュタポの尋問にエリアスは答えられなかった。

かねてから彼に通敵の疑いありと見ていたハイドリヒのSDは、これを絶好の証拠と見なした。ハイドリヒが着任するや、直ちにエリアス首相は告発され、逮捕された。一〇月一日、人民裁判所は対敵幇助罪で死刑の判決を下した。

ハイドリヒはまんまとひっかかった。チェコ民衆の反ナチ感情は燃え上がった。

ヒトラーはエリアス首相がチェコ人の抵抗を抑える人質として価値があると判断し、処刑は一九四二年五月まで延期した。（一九八三・一二・一掲載）

39　暗殺の復讐でチェコ人千三百人を射殺

五月二七日の行動をつかんだ工作員

ハイドリヒを暗殺する最後の決定が下されたのは、一九四一年一二月〝真珠湾〟の直後であった。ロンドンでは、ベネシュのチェコ亡命政権がハイドリヒを「ナチ政権の中心として、また大量殺人機構の考案者として」死刑にすることに同意した。ロンドンの統合情報委員会はこの亡命政府の同意に基づき暗殺要員を飛行機から降下させることにした。

かつてチェコの情報機関は中欧でも優秀な組織であったが、当時、その一部のメンバーが「スリー・キングス」と呼ばれて残存し、「スパルタ」Ⅰ、Ⅱという無線通信手によってロンドンと交信していた。また、その有力な情報源は〝フランタ〟と呼ばれる人物であった。彼は古いナチ党員であり、プラハに派遣されていたドイツ国防軍情報部に勤務するパウル・チュンメルである。

四一年の始めから、ハイドリヒのSDは、チェコの地下組織の一掃に乗り出した。まず無線探知で「スリー・キングス」の統制下にあった全国抵抗中央委員会（ＵＶＯＤ）を摘発。四月二二日には「スリー・キングス」の一人であるチェコ陸軍のバラバン中佐を捕らえ、五月一〇日には同じくマシン中佐を銃撃戦の末に捕らえた。その際ロンドンと交信中だった「スパルタⅠ」も捕らえられた。第三の「スリー・キングス」であるクラック・モラベク大尉は辛うじて脱出し、「スパルタⅡ」の通信所から〝フランタ〟に危機が迫っていることを警告した。

この警告に対しロンドンは、チェコの地下抵抗運動を強化し〝フランタ〟の救出を図ろうとする。ＳＯＥ（特殊作戦執行部）は要員をパラシュートで送り込み、補給物資を投下した。さらに、抵抗運動に精神的支柱を与えるため、七月一九日、イギリス政府がロンドンのチェコスロヴァキア亡命政府を正式に承認した。

このころから、ソ連もニキータ・フルシチョフの指導の下にチェコに工作員を送って共産主義者を中心とする地下組織を発足させ、赤軍参謀本部第四局（ＧＲＵ）の情報網を組織している。

ニューヨークのＢＳＣがロンドンの指示でハイドリヒの暗殺を検討し始めたのは、この時期で。〝イントレピッド〟の謀略にひっかかったハイドリヒは、エリアス首相を殺すことで一層抵抗運動を激化することになる。

四一年一二月、ハイドリヒ暗殺のための要員が〝アンソロポイド（類人猿）〟という暗号名を与えられ、チェコにパラシュート降下した。イギリス陸軍に籍を置くチェコ人の兵士たちである。

ハイドリヒはチェコの地下運動に弾圧を加え、死刑に次ぐ死刑をもって〝プラハの屠殺者〟と呼ばれるにいたった。四二年一月には、一日の間に二三人の労働者が銃殺された。二月にはついに協力者〝プランタ〟をイギリスに脱出させるため、〝アンソロポイド〟作戦の延期が指令された。

しかし、三月には〝プランタ〟救出の指揮を取るべきモラベク大尉が銃撃戦の末、殺され、チェコの全国抵抗委員会（ＵＶＯＤ）は壊滅してしまった。

〝アンソロポイド〟の要員、ヨゼッ・ガブチックとヤン・クビシュは、一二月にリディスという村の近くに降下したが、直ちに地下に潜行し、攻撃の機会を待って六ヵ月間潜伏を続けた。途中作戦変更で〝プランタ〟救出を図ったが、〝プランタ〟の逮捕で任務は不可能となった。しかし、彼らは忍耐強くハイドリヒの動きを追い続ける。四月には破壊活動が激化したボヘミヤで二五人が絞首刑になり、モラビアでは六人が銃殺される。五月五日、イギリス空軍のランカスター爆撃機がピルゼンのスコダ兵器庫を空襲している間に、特殊装備の一団が降下し、〝アンソロポイド〟作戦に加わる。ＢＢＣ放送はハイドリヒに激しい攻撃を集中した。ハイドリヒ邸に庭師として潜入したチェコ人要員がちょっとしたきっかけから五月二七日のハイドリヒの行動について正確な情報を入手した。ハイドリヒはこの日プラハからベルリンに出掛けるのである。

二七日の午前九時三〇分、プラハ郊外のホレソーヴィスのヘアピン・カーブの路上でハイドリヒは〝アンソロポイド〟の襲撃を受ける。彼のベンツがヘアピンでスピードを落とすと、レインコートを着た男がシュテン型短機関銃で彼を狙って引き金を引いた。ガブチックだ。しかし故障で弾丸が出ない。もう一人の男が手榴弾を取り出して、ブレーキをかけて傾きながら通過するベンツに投げ付けた。ヤン・クビシュだ。

ハイドリヒと彼の護衛の運転手クライン曹長が立ち上がってガブチックめがけて拳銃を発射する。その瞬間、手榴弾が爆発した。ハイドリヒは一見何の傷も負っていない様子で車から飛び出したが、数歩歩いて崩れるように倒れた。

当初ハイドリヒの負傷は、それほど重いとは考えられなかった。しかし、クビシュの手榴弾で吹き飛んだ座席の皮革とスプリングの破片が、肋骨と胃を貫きクッションの繊維は脾臓にまで食い込んでいた。

八日後の六月四日にハイドリヒは壊疽を起こして苦しみながら死んだ。爆発物の破片とともに体内に入ったバクテリアによる内臓機能の破壊が原因であった。

民衆の憎悪とテロへの賛否

〝アンソロポイド〟作戦は成功し、イギリスとチェコ亡命政府の目的は達成された。

しかし、ボヘミヤ・モラビアには恐怖政治が復活した。ナチの復讐はすさまじかった。プラハでは一万人以上のチェコ人が逮捕され、少なくとも一三〇〇人が射殺された。

〝アンソロポイド〟工作員をかくまったと見られたプラハ近郊のリディツェの村は爆薬と火で破壊し尽くされ、一六歳から七〇歳の男子村民は射殺された。女と子供たちは連れ去られ、再び生きて帰った者はほとんどなかった。

〝アンソロポイド〟の七名の工作員が隠れたプラハ旧市内のギリシャ正教の聖ツィリル・ア・メトジェイ教会は、工作員のメンバーだったカレル・チュルダ曹長の裏切りによって、六月一八日の早朝、SS一個大隊の急襲を受ける。教会の円屋根の下のバルコニーで見張っていたクビシュ、オーパルカ、シュヴァルツの三人が短機関銃、拳銃、手榴弾で反撃し、二時間以上も戦い、聖堂内に隠れていた四人、ガブチック、ヴァルチック、ブブリーク、フルビィーも、SSの降伏勧告を退けて反撃を続け、注水されて水びたしになった穴蔵のなかで、最後の一弾を互いに撃ち合って自決した。

戦後、イギリス労働党議員ロナルド・T・パジェットは、抑圧者に対する民衆の憎悪を掻き立てるためにテロを行うというSOE（特殊作戦執行部）の考え方に疑問を呈している。それは「占領者への憎しみを深め、抵抗運動参加者を増大させるため、迫害者の報復を挑発する意図をもっていた。われわれがチェコにハイドリヒ暗殺隊を送り込んだ意義もそこにある。SSの報復措置の直接的結果として大掛かりなチェコの抵抗運動が生まれた」と。しかし、もともとテロが存在したからこそ、テロへのテロも存在せざるを得なかった事実を忘れてはなるまい。（一九八四・一・一掲載）

40　「大粛清」を捏造させたハイドリヒのスターリン工作

レーム粛清で得たヒトラーの信任

ハイドリヒの暗殺は、英独謀略戦におけるイギリスの重要な勝利を意味するものであった。彼はナチ首脳部のなかでも、最も恐るべき人物だったからである。

ヒトラーはハイドリヒの棺の前で「彼は真に鉄の心を持った人物だった」と讃え、ヒムラーはSSの指導者を集めて、特に外国での秘密情報作戦の分野で最善を尽くすことを求め、この分野では「まだイギリスの秘密情報機関の業績には及ばない」と慨嘆した。

ハイドリヒは元海軍士官であり、後に国防軍情報部長となるカナリス提督の部下であったが、恋愛沙汰の末決闘したため、退官させられ、ナチ党に入った。ユダヤ人の血を一部もっていることを押し隠し、ナチ党内でヒムラーの腹臣として昇進を重ねた。彼が頭角を表したのは、一九三四年六月三〇日、SA（突撃隊）のエルンスト・レーム一派の粛清に当たっての活躍ぶりであった。

彼はレームのSAと国防軍の紛争を根本的に解決するため、レーム一派の完全な抹殺を計画し、これをヒムラーに納得させた。そして噂やニセ情報、偽造文書をバラまいて国防軍将校にレームの陰謀を信じ込ませ、ヒムラーのSS（親衛隊）によって血の粛清を実行させたのである。

SSはSAの支配から解放され、党内での勢力を確保し、党本部はSD（SS公安情報部）が唯一の政治情報部門であると認めた。またヒトラーは、同年七月二〇日、レーム事件処理の功績によってSSを党内の独立組織と認め、武装兵力の保有を許可した。

一九三六年六月、SS国家長官ヒムラーはドイツ警察長官を兼ね、配下の公安警察の長官にハイドリヒを兼ねて任命した。ハイドリヒは、これでゲシュタポを握り、同時にSDを通じて党幹部や重要人物の詳細な個人ファイルを集め、これをちらつかせては公私にわたる取引をすることで勢力を拡大していった。また、国防軍情報部長カナリスとの個人的関係で、対外情報についても介入し、行動範囲を拡大していった。ハイドリヒの対外情報工作が最大の成功を収めたのは、一九三七年のトハチェフスキー事件をでっち上げたスターリンに対する大謀略である。

ミハイル・トハチェフスキー元帥は、帝政時代の職業軍人であり、赤衛軍に加わって目ざましい活躍をし「赤いナポレオン」とよばれた将官で、その人気はスターリンを凌ぐものがあった。ベルサイユ体制のワイマール・ドイツは、一九二二年四月、ソ連と「ラパロ条約」を結び、二七年から三三年にかけてドイツ参謀本部は赤軍との間で上級将校の交流を行い、ヴォルガ河畔のカザンに作られた両国共同の訓練学校で、ベルサイユ条約で禁止された武器、戦車等の実験や技術開発を進めていた。当時、トハチェフスキー将軍も軍人として、しばしばドイツを訪れ、国防軍の演習にも招かれ、ヒンデンブルグ元帥と握手したこともあり、ドイツに親近感をもっていた。またソ連内部でスターリンの独裁が明白になるにつれて、党の支配によって赤軍の威信が低下することに危惧を感じていた。

三六年の暮れ、ハイドリヒのＳＤはスターリンを武力で追放しようとするグループがあるという情報をパリの亡命ロシア人から得た。首謀者はソビエト連邦国防委員会副委員長トハチェフスキー元帥であり、ドイツ参謀本部の支援を歓迎するというのである。

カナリスの国防軍情報部は、この情報を一笑に付した。しかし、ハイドリヒはこれが正しいとすれば、軍情報部の領域に干渉できる絶好の機会だと考える。正しいとするための裏付け情報が偽造できればいいのだ。本物らしく見せかけたいくつかの偽造文書を秘かにスターリンに渡せば、スターリンの手で赤軍の中枢部を潰滅できるのではないか……。

トハチェフスキー元帥の粛清で赤軍は弱体化

当時、ソ連はフランスとの交渉を開始し、ドイツを東西から政治的に挟撃しようとしていた。ヒトラーは二正面作戦を回避するために、ソ連を抑止することを必要としていた。秘密会議でハイドリヒは提言した。スターリンの食いつく餌をその手元に投げ込むこと。スターリンの頭をそれに集中させるような事件を作り上げるのだと指摘した。ヒトラーはこれに強い印象を受け、承認する。ＳＤは軍情報部の領域に介入する絶好の機会を得たのである。

ハイドリヒは、ベルリンのデルブルック街で偽造文書の工房を持つナウヨクスを呼び寄せた。彼は〝グリウィッェ事件〟〝フェンロー事件〟に参加することになるベテラン工作員である。ハイドリヒの事務室に入ると、そこにはSD東管区のヘルマン・ベーレンツ大佐も同席していた。ロシア情報の専門家であり、トハチェフスキー・リポートについて調査したのは彼であった。ハイドリヒは二人が協力して、赤軍将官がドイツ国防軍情報部の幾人かと共謀して、政権奪取を企てているという証拠書類を偽造することを命じた。書類は一五頁ばかりの手紙および覚書から成り、その大部分は赤軍とドイツ国防軍総司令部（ＯＫＷ）の関係についての情報員のメモ。ドイツ参謀将校同士の電話の盗聴記録。それに加えてトハチェフスキー元帥の署名入りの手紙であった。書類全体には、カナリス提督の軍情報部のスタンプが押され、カナリスからヒトラーへの個人的覚書が添えられた形のものであった。

偽造文書は四日間で見事に仕上げられた。ハイドリヒはヒトラーの許可を得て、ベーレンツ大佐をプラハへ送った。彼はチェコのベネシュ大統領に接近して、証拠の文書が存在することをソ連首脳に伝えるよう工作した。ソ連は敏感に反応し、特使がハイドリヒとの取引のためベルリンにやってきた。モスクワは文書の買い取りに三〇〇万ルーブルを支払ったが、その金はナウヨクスの偽造文書にも劣らぬ精巧な偽造紙幣だったという。

三七年五月一一日、トハチェフスキー元帥は国防委副委員長を解任され、ヴォルガ軍管区司令官に左遷された。六月一一日のタス通信は元帥他七名の赤軍将官が特別法廷で死刑を宣告され、直ちに執行されたと報じた。これをきっかけに赤軍の大粛清が始まり、一年間に全赤軍将校の半数にあたる約三万五千人が処分された。将官は九〇％、大佐は八〇％が殺されるか追放された。五人の元帥のうち三人、一五人の総司令官のうち一三人、八五人の軍司令官のうち五七人、一九五人の師団長のうち一一〇人、四〇六人の旅団長のうち一一〇人が犠牲になり、赤軍の統帥能力は半減することになった。

このハイドリヒの工作について、彼は逆にスターリンに利用されただけだという批判もある。しかし少なくとも、彼の謀略がスターリンの思惑と疑念を助長し、赤軍の弱体化に成功した事実を否定することはできない。一九五六年二月のフルシチョフ秘密報告は、独ソ開戦当初の敗北をスターリンの「猜疑心と中傷的な告発」による軍幹部の粛清の結果だと述べている。（一九八四・二・一掲載）

第2章　ゾルゲ・尾崎の密謀

1　スイスでさぐるドイツの反ナチ地下運動もダレスの情報工作

「最も貴重なドイツ情報源の一人」

ＯＳＳ（アメリカ戦略情報局）のアレン・ダレスは、一九四二（昭和一七）年秋スイス・フランス国境がドイツ軍に閉鎖される直前、ベルンに到着し、ヘレンガッセ街二三番地に本部を開設した（第1章36参照）。

スイスでの最初の協力者は、メアリー・バンクロフトというアメリカ女性であった。ウォールストリート・ジャーナル誌の編集長の娘でフリーの新聞記者であり、民主党員であった。また心理学者ユングの影響を受けていた。彼女がＨ・Ｂ・ギゼヴィウスとの接触を受け持つことになる。

ダレスが戦後に回想したところによると、彼が当初ワシントンから与えられていた任務の一つは、ドイツの反ナチ地下運動について情報を集め、対応を考えることだったという。スイスのギザン将軍、ロジェ・マソン軍情報部長および全情報機関が、秘かにダレスに協力することを了承していた。

ダレスは、旧知のゲロ・フォン・シュルツ・ゲーベルニッツの紹介でチューリッヒのドイツ総領事館に副領事として出向していたハンス・ベルント・ギゼヴィウスを協力者とし、ドイツ国内の情勢の把握に努めた。

ギゼヴィウスは刑事警察に勤務するＳＳ将校であったが、反ヒトラー派であり、カナリスの軍情報部から副領事としてスイスに派遣されていた。彼はダレスの依頼を受け、ペック大将、カナリス提督、オスター軍情報部次長などと連絡を取り、その同意のもとに一九四三（昭和一八）年一月から接触を始めていた。彼はＳＳ国家公安本部（ＲＳＨＡ）第Ｖ局（刑事警察）局長となるアルトゥール・ネーベの古い友人であり、秘かに反ヒトラー運動を進めていたペックやオスターにネーベを紹介した人物であった（第1章33参照）。

ネーベは一九四一（昭和一六）年、ハイドリヒが編成したＳＳ特別行動隊に卒先参加し、初代隊長となったが、その任務がユダヤ人抹殺の実行部隊であることを教えてもらえなかった。彼は東部戦線で現実にユダヤ人絶滅に従事させられ、ノイローゼに悩んだ。やがてドイツを破滅から救うにはヒトラーを抹殺する以外にないと考え始め、反ヒトラー・グループとの接触を深めていったのである。

ギゼヴィウスは、こうした反ヒトラー・グループとの関係で入手されるドイツの国内事情をダレスに流し続けた。ベルンハルト博士と称してダレス機関と接触した彼は、ドイツの抵抗組織に関する一四〇〇頁もの文書を提供した。戦争が終わったら英訳して出版したいというのが彼の希望であったが、戦後西ドイツで『苛酷な終末に至るまで』（一九六四年）という本にまとめられ、ベストセラーとなった。

ギゼヴィウスによるドイツの国内事情は、ダレスにとって「俄かに信じ難い」ほどのものであった。ダレスはドイツ国内の抵抗派に同情し彼らを勇気づけるためにアメリカが何らかの措置を取るべきだと上申したが、却下された。ワシントンではドイツ抵抗派の動きは米ソ同盟離間のためのSSの策謀ではないかと疑っており、ドイツの反ヒトラー運動には何一つ支援する意思はなかった。

すでに一九四三（昭和一八）年一月、カサブランカにおけるルーズベルト・チャーチル会談では、対枢軸国無条件降伏が宣言されており、チャーチルもルーズベルトに同調していた。

ダレスは、ギゼヴィウスとの接触の際に起こったエピソードについて、のちに『諜報の技術』（一九六三年）の中で触れている。ダレスはギゼヴィウスの名前は出さず「最も重要なドイツ情報源であった男の一人」とだけ書いているが、ある夕、ダレスはベルンの自宅で彼と夕食をとっていた。ダレスの料理人の女性は、二人がドイツ語で話していることに気付き、そっと彼の帽子を調べ、H・B・Gというイニシャルを写し取った。彼女は翌日、ナチス側の連絡員に、ドイツ人らしい男がダレスを訪問したと報告し、その頭文字を知らせた。二～三日して、ギゼヴィウスは、ベルンのドイツ公使館で、すでに女料理人から報告を受けていた上級館員二人に呼ばれ、ダレスとの接触を非難された。

危機一髪を切り抜けた毅然たる態度

しかし、彼は少しも動ぜず、ダレスと食事したのは事実であるが、ダレスは自分の主要な情報源の一つだ。この関係は、カナリス提督とドイツ政府の最高幹部しか知らないことだ。もし、このことを、あなた方が他に洩らすようなことがあったら、直ちに外交の仕事から追い出すようにしてしまう、と厳しく反論した。二人の上級館員は丁重に詫びを入れ、この件については秘密が守られたという。

これは危機一髪の事件であった。これによってダレスは、自分の女料理人がドイツ側の協力者であることを知り、ギゼヴィウスは、帽子のイニシャルについても油断ができないことを知った。そして何よりも彼が勇気を持って、毅然たる態度を取ったことが、逆にその信用を確立することになった、と、ダレスは回想している。ドイツ側の協力者だった女料理人については「いろいろ動いたため、最後にはスイスの牢に入れられてしまった」と書いている。

ギゼヴィウスは、ダレスに貴重な情報を、次々にもたらしたが、やがてドイツ国内で画策されているヒトラー暗殺計画に、自ら参加することを願うようになった。彼はダレスを説得し、ダレスが彼を通じて地下運動に援助するよう求め始めた。これはカナリスやオスターの希望であったのかもしれない。

しかし、ダレスにとって、ワシントンやロンドンの意図に逆らうことはできず、会うたびに彼に説いた。そんなことをすれば、あなたは注目され、身を危険にさらすことになる。それよりも、今やっているように、われわれに必要な情報を引き続き流すことの方が、ずっと価値がある。

ギゼヴィウスには、いまもしナチス打倒に直接参加していれば、新しい政権における彼の地位はずっとよくなるだろうという功利的な思惑がなかったとはいえない。彼は、一九四四(昭和一九)年七月の始め、スイスから姿を消した。彼は友人ネーベとともに、七月二〇日の未遂に終わったヒトラー暗殺事件に加わったのである。当日、ネーベの刑事警察の一隊は、シュタウフェンベルク大佐の呼び掛けで出動した警備大隊を助勢して、官庁街の包囲に参加している。

ギゼヴィウスは国内軍司令部で、クーデター成立後最初に発表する声明を書いていたが、事破れると見るや、地下に潜行した。

事件後、ゲシュタポの厳しい追及の手が、ベルリン市の警視総監ヘルドルフ伯にも伸び、ネーベの共謀が発覚すると、ネーベは遺書を書いて自殺と見せかけ、頭髪を染めて逃れた。しかし、女性に裏切られて一一月に逮捕され、翌年一月絞首刑となった。

一方、ギゼヴィウスがアジトに潜んでいることを知ったダレスは、直ちに、彼がすでに無事スイスに入国し、姿を消したという噂を流し、偽装工作を行った。ゲシュタポがスイスで必死に彼を追っているとき、ダレスは、彼の写真を付けたゲシュタポの身分証明書とメダルを秘かにアジトに送り届け、これによってギゼヴィウスは、堂々と特別任務と称してスイスに帰ることができた。一九四五(昭和二〇)年一月のことである。彼はダレスによって救われたのである。(一九八六・七・一掲載)

2　活用するダレス、妨害するフィルビー 単独和平を求める反ヒトラー派

反ヒトラー情報文書「ザ・ブレイカーズ」

スイスのイギリス情報部ＳＩＳは、Ｈ・Ｂ・ギゼヴィウスを、ＳＳの欺瞞工作員だとして、始めから接触しようとはしていなかった。フェンロー事件の記憶は、まだ生々しかった。

しかし、ダレスは、ゲシュタポの監視を逃れて連絡する方法を確立した後、ワシントンに連絡を取り、ドイツ国内の反体制派の情報について「ザ・ブレイカーズ」という暗号名を付け、特別に配布が行われるように調整した。一九四三（昭和一八）年三月から一九四四（昭和一九）年五月までの間、合計約一四五通の電報が送られた

そのなかには多数の手紙とギゼヴィウスの書いた原稿が含まれている。もしワシントンが、本気でこれらの情報を見ていれば、ドイツの反ヒトラー運動については、イギリス側が得ていたと同程度のことを知っていたことになったといわれる。

ただし、戦後になって、ダレスの報告は、一通も統合参謀本部、あるいは米英連合参謀本部の記録に残っていなかった。ルーズベルトとチャーチルの秘密の通信にも、ドイツ反ナチ派の切実な呼び掛けは、全く考慮されていないことが分かった。ダレスはそれが反ヒトラー勢力と西側連合国の合意を阻止するためソ連の工作員が、ワシントンでダレス電報の配布を妨害したのではないかと疑ったが、確たる証拠は見出せず、結局、ワシントンの恐るべき無関心だったとされてしまった。

しかし、イギリス側では、これとは反対にドイツ抵抗運動の情報を阻止することによって、反ヒトラー・グループと英米側との妥協を妨害しようという工作が行われていたことが、戦後二〇年もたってから、ようやく分かってきた。それは、ハロルド・キム・フィルビーの存在である。

フィルビーは一九三五（昭和一〇）年に赤軍情報部との接触を持ち、スペイン戦争では「ザ・タイムズ」の記者としてフランコ軍の動静をモスクワに報告していたが（第1章24参照）、四三年当時には、ＭＩ６第五課のイベリア班長であった。ソ連工作員としてのフィルビーの任務は、ドイツの反体制派と英米側の妥協が進むことをできる限り阻止することであり、知ることのできた英米の秘密をソ連に通

報することであった。

戦後の一九六三（昭和三八）年、フィルビーがベイルートから姿を消し、一九六七（昭和四二）年になってソ連政府が保護していると発表した当時、彼の手記としてモスクワで刊行された『わが沈黙の戦い』（邦訳、『プロフェッショナル・スパイ』笠原佳雄訳、一九六九年、徳間書店）には、スイスでの「ベルン・レポート」を巡るダレスとイギリス側の対立に、フィルビーが介入していたことが書かれている。

一九四三（昭和一八）年八月二三日、スイスのイギリス大使館を一人のドイツ人が訪れた。SISのスイス支部長ヴァンデン・ヒューヴェル伯が会うと、この男はドイツ外務省の役人で、外務省の機密文書をスーツケースに詰め込んで持参したことが分かった。話を聞いたヒューヴェル伯は、男を直ちに追い払い、相手にしなかった。ドイツ側の罠かもしれないし、信用できないと思ったのである。しかし、男はあきらめず、今度は、アメリカ大使館に話を持ち込んだ。大使館の担当者は、男にダレスの事務所を教えた。

その日の夕暮れ、その男フィリッツ・コルプはダレスに面会し、自分は国防軍のために重要な外交上の任務を遂行しているカール・リッター大使の特別補佐官であり、職務上あらゆる外交上の通信文・電報に目を通し、大使に絶えず報告することになっているといい、もしダレスが望むならば、アメリカ政府に対し、重要な通信連絡のなかから定期的に情報を提供すると申し出た。その際、コルプは持参した一八六通の外交文書を提供した。

ワシントンの無関心とイギリスの黙殺

ダレスは文書を検討するための時間を求め、接触方法について打ち合わせて別れたが、文書が本物であることに何の疑念も抱かなかった。ダレスは興奮しながら、ドノヴァン宛に概要を打電した。文書はコピーされて、直ちにワシントンに送られ、ロンドンのSISにも、コピーが廻された。イギリスは疑ったために完全にアメリカに抜かれた。ダレスの〝人柄〟による大手柄だったのである。

SISに廻された文書は、まず〝Z機関〟長であるダンジィ大佐のもとに届けられた。ヒューヴェル伯の親友であり、それを出し抜いたOSS（アメリカ戦略情報局）を不快に思っていたダンジィは、早速ケチを付けようと思った。文書が偽物だと決め付けたら、ダレスは大打撃を受けるだろうと考えた。

ダンジィはこの件を、フィルビーの上司であるカウギルMI6第五課長に相談した。カウギルも同意見だったが、アメリカに出張するため、フィルビーに後を託した。フィルビーは微妙な立場に立たされた。もし上司の考えに逆らった結論を出せば、昇進にひびくし……。彼は、文書が本物か偽物かを調べるためにGCCS（政府暗号解読部門）のデニストン中佐に連絡し、文書のなかから駐日ドイツ大使館武官から総統大本営に宛てた一二通をサンプルとして渡し、検討を依頼した。

二日たってデニストンは興奮して電話してきた。一二通のうち三通は、プレッチリーで傍受解読したものと完全に一致し、他はドイツ外交暗号解読に大いに役立つということであった。ダレスの入手した文書は、本物と断定せざるを得ないことになった。

恐らくダンジィは怒り狂うだろう。フィルビーはダンジィの怒りを利用しながら、OSSの手柄にならないように処理することを考える。彼は文書の重要性を故意に薄め、OSSとの関係を伏せて、軍と外務省の担当に回覧した。そして、ダンジィを訪ね、文書が本物であると述べた。ダンジィは怒りを爆発させ、こんなことでOSSを調子づかせたら、とんでもないことになると説教した。

フィルビーはとぼけて「OSSがどうして手を出したことになるのですか」と反問した。別にOSSの資料として回覧したのではなく、誰も、ヒューヴィル伯の誤判断でダレスに抜かれた資料とは思っていないのではないか、と言外に問うたのである。ダンジィはフィルビーを睨んでいたが「勝手にしなさい。君はわしが思っていたほどバカではないようだ」と言ったという。

その後、フィリッツ・コルプは、何回となく文書を詰めたスーツケースを、ダレスのもとに運んだ。「ベルン・リポート」といわれるようになったこれらの文書は、二〇数カ国のドイツ外交代表部からの秘密報告の宝庫であった。しかし、その影響力は、ワシントンの無関心とイギリス側の黙殺によって、ほとんど見られなかった。

文書の内容は、すでに「ウルトラ」や「マジック」で傍受解読されたものと、ほぼ重複していたが、その重要性は、そうした内容もさることながら、ドイツの抵抗運動が、単独和平をさぐり求め、戦争による破滅を終わらせるため、国を裏切ることも辞さないという最終的段階に到達しつつあることを実証していた点にあった。（一九八六・八・一掲載）

3　失敗したヒトラー抹殺計画

シェーレンベルク、ヒムラーの秘密工作

ヴァルター・シェーレンベルクについては、すでに「フェンロー事件」の主謀者であり、SD長官ハイドリヒの片腕であることを紹介した。（第1章3参照）彼は一九四一（昭和一六）年六月、SD外務局の次長となり、やがて局長（SS少将）となるが、その敏活な情報感覚と抜け目なさから、戦局の将来に疑念を抱くようになってゆく。彼は、反ナチ抵抗運動の動きを注意深く見守り、一九四一年秋からは、抵抗運動のメンバーを通じて、連合国との和平交渉の可能性を模索し始めた。

シェーレンベルクの計画は、ドイツの破滅が到来したときに、自分自身が〝解放者〟の側に立つことができるよう、綿密に計画されたものであった。彼は、反ナチ・グループと国外協力者の対話を盗聴した。すでに一九四一年夏ベルリンを訪れたアメリカの銀行家ストールフォースは、王制復古派のフォン・ハッセルに、ルーズベルトが「ヒトラーをまず片付けない限りドイツに協力しない」といったことを伝えたが、こうした協議の内容は、すべて記録されていた。

一九四二（昭和一七）年八月、シェーレンベルクは、南ウクライナの野戦本部にいたヒムラーを訪ね、戦争終結の方策を考えるべき時期に来たことを提案した。南部ロシア戦線においても、北アフリカにおいても、戦局はドイツに不利になりつつあった。

シェーレンベルクは、ソ連と米英との関係が、第二戦線を巡って緊張しつつあることを利用し、米英側との和平工作を秘密裡に開始すること。その前提として、西側から「戦争の首謀者」とされている、独ソ不可侵条約の締結者リッベントロップ外相を更迭する必要があることを強調した。

ヒムラーはこのシェーレンベルク構想を受け入れ、西側との単独和平を推進しようとした。そしてその際必要ならば、ヒトラーの排除も辞さないことを考えた。ヒムラーは自分こそがヒトラーに代わり、世界に平和をもたらす使命を持つと錯覚したのである。

シェーレンベルクは西側との単独和平の窓口として、反ナチ運動、特に王制復古派を利用することを考え、元ライプチッヒ市長ゲルデラーのグループのメンバーで、ベルリ

ンで検事をしているカール・ラングベーン博士と接近した。博士は娘が学校でヒムラーの娘と仲が良かったという縁で、SSと結ばれていた。また、リッペントロップの引き下しのためには、外務次官マルチン・ルターを矢面に立たせ、ラングベーン博士を連合国との連絡に当たらせた。さらに、当時スペインに在住していたマクス＝エゴン・ホーエンローエ・ランゲルブルク皇太子と知り合い、秘密連絡員とした。

一九世紀のホーエンローエ家は、ドイツ首相、ローマ・カトリックの枢機卿、オーストリア・ハンガリー軍の元帥、プロイセンとバーデンの将軍たちを輩出した名家である。その皇太子は、ズデーデン地方の莫大な不動産を守るためナチスを支持し、ゲーリングとも旧知であった。

皇太子は和平工作を提言した。しかしヒトラーは、その和平への建白を一蹴し、敗北主義だと拒否した。ゲーリングはヒトラーに逆らう勇気がなかった。皇太子は独自に西側との交渉を進め、ヴァチカンはその活動に好意を示していた。

シェーレンベルクは、ドイツが西側と独自に講和を結ぶ用意があり、ソ連をヨーロッパから駆逐するため、東方での戦争を続けるとの意向を、リスボンでアメリカのエージェントに伝えた。アメリカ側は、彼にベルン駐在のアメリカ政府代表アレン・W・ダレスの名前を告げて、スイスでの交渉を奨めた。四二年一二月のことである。

アメリカとの秘密交渉にイギリスの異議

シェーレンベルクは直ちに密使をベルンに派遣して交渉を始めたが、その直後の、一九四三（昭和一八）年二月にマルチン・ルターの反リッペントロップ陰謀が発覚し、ルターが逮捕された。リッペントロップ排除は実現できないまま、スイスでの対米交渉を進めねばならなくなった。

すでに一九四三年一月一五日、ホーエンローエ皇太子（暗号名パウル）とSD将校（暗号名バゥアー）は、ベルンでダレスとの交渉を始めていた。ダレスは、ヒトラーが存在する限りドイツは破滅すると断言し、ヒトラー排除を強く主張した。ダレスはシェーレンベルクの使者との交渉を続けるため、マドリッドのアメリカ大使館に、いつでもホーエンローエ皇太子と連絡が取れるよう手配していた。

しかし、シェーレンベルクによると、SDとアメリカとの秘密交渉に異議を唱えたのは、イギリスであったという。「フェンロー事件」で苦汁をなめた思い出も生々しいイギリスにとって、その当事者であるシェーレンベルクとの交渉など、眉つばと思ったのであろう。

しかし、シェーレンベルクの工作員たちは、イギリスの妨害にも屈せず努力を続け、ヒトラー排除後の体制変革の柱としてヒムラーを立てることを打診した。ヒムラー自身も一九四三年五月から六月にかけて、スウェーデンの銀行家ヤーコブ・ヴァレンベルクとの接触を認め、SS主導下での和平に意欲を示した。

その夏、シェーレンベルクはラングベーンをストックホルムに派遣し、米英ソの工作員と接触させた。すでにラングベーンは、ベルンでダレスの協力者とも会っていた。

ヒムラーはヒトラー排除について思い悩んでいた。自らヒトラー抹殺に手を下すことは到底できなかった。彼は腹心のカール・ヴォルフの勧める反ナチ抵抗運動派による暗殺を考えた。抵抗運動派を秘かに支援して、自ら手を汚さないで排除することを考えたのである。ラングベーンが中立国にいる抵抗運動グループとの接触を続けた。

八月二六日には、元プロイセンの大蔵大臣で抵抗運動のメンバーであるヨハネス・ポピッツが、ラングベーンに伴われてヒムラーと会談した。翌八月二七日、ラングベーンはヒムラー側近のヴォルフと打ち合わせ、スイスに向かった。スイスでラングベーンは、ダレス機関のゲロ・フォン・ゲヴェルニッツに会い、ヒムラーのスタッフのSS高級将校がヒトラー排除の行動を開始すると告げた。

しかし、このシェーレンベルクとヒムラーによる秘密工作は、ゲシュタポに暴露され、中絶する。九月の初め、ゲシュタポの傍受機関が、ダレスから発した無電を解読し、ラングベーンの秘密交渉を突き止めたのである。しかも、ゲシュタポ長官のミューラーは、それをヒムラーに報告せず、直接、ヒトラー側近のマルチン・ボルマンに知らせた。

ヒトラーの激怒を怖れたヒムラーは、ラングベーンを逮捕して強制収容所に送り、抵抗運動グループとの一切の関係を断ち切ってしまった。さらに、翌四四年七月二〇日のヒトラー暗殺未遂事件に際しては、一転して抵抗運動派に対する残忍な大弾圧を指揮し、ヒトラーへの忠誠を誇示したのである。（一九八六・九・一掲載）

4　国防軍情報部とゲシュタポの戦い

軍情報部を叩け

ドイツ国防軍情報部は、SD（SS保安情報部）にとって眼の上のコブであった。始めはカナリスと、かつてその部下の海軍士官であったハイドリヒとの個人的関係で両者は表面的には協力を続けていたが、カナリスやオスターの反ナチ和平工作が続く中でSDはその反逆の証拠を探知し始め、互いに虚々実々の心理戦を続けた。

一九四二（昭和一七）年秋、ゲシュタポのミューラー局長は、プラハの関税検査官から、アメリカドルを不法所持して国境を越えようとした男を捕らえたという報告に接した。男はダヴィッドといい、カナリスの国防軍情報部の手先となって、チェコ保護領のユダヤ人との金銭取引に関係していたことが分かった。

金の出所は、軍情報部のミュンヘン事務所で、イクラート大尉と友人の輸出商ヴィルヘルム・シュミットフーバーが関係していることが分かった。ゲシュタポが厳しく追及すると、シュミットフーバーは、この件には、軍情報部長のハンス・オスター少将の部下で判事の肩書を持つハンス・フォン・ドホナニー博士が関係していると自供した。ドホナニー博士は、ユダヤ人に資料と資金を提供し、情報員としてスイスに送り込む計画を進めていたのである。

シュミットフーバーは、さらに自分は軍情報部ミュンヘン事務所のヨゼフ・ミュラー中尉とともに、ヴァチカンに働き掛け、連合国との和平工作を進めているという容易ならざる自供をした。

ゲシュタポのミューラー局長にとって、このミュンヘンの外為法違反事件は、かねて眼の上のコブだった軍情報部にSDが致命的な一撃を加える絶好のチャンスであった。また、これぞ「黒いオーケストラ」の本体につながる尻尾だと見たのである。

すでにSDは、軍情報部内部の反体制活動を裏付ける多くの秘密資料を抑えていた。

カナリスの参謀長でもあるオスター少将は、君主主義者であり、政治情報組織を作って、反ヒトラー・グループに資料を提供していた。法律家フォン・ドホナニー博士は、かつて一九三八（昭和一三）年、陸軍総司令官フリッチェ大将が男色だとして罷免された事件の際、それがゲシュタポの陰謀であることを暴露して、無罪を勝ち取ったが、以来ゲシュタポにマークされていた、ドホナニー博士は、ルードヴィヒ・ベック元帥（元陸軍参謀総長）、カール・ゲルデラー（元ライプツィヒ市長）の率いる反ヒトラー・グループとも深い付き合いがあった。

ヨゼフ・ミュラー中尉は、カトリック信者で、ヴァチカンのベルギー公使に、西部戦線での侵攻の日を洩らした疑いでかねてから目を付けられていた。

　ゲシュタポには、軍情報部内の犯罪に立ち入る権限はなかったので、ミューラー局長は、この一件を、さりげなく国防軍の調査に委ねた。ドイツ軍事法廷は、「赤いオーケストラ」のベルリン・グループを調査したマンフレート・レーダー博士を予審判事に任命した。

　一九四三（昭和一八）年四月五日、レーダー予審判事とオブザーバーのゾンデルエガー監察官は、カナリスを訪ね、ドホナニーの逮捕状と捜査令状を示して、ドホナニーの部屋を捜索した。すでに数日前から、ゲシュタポの計画は、刑事警察のアルトウール・ネーベ局長によって伝えられていたのに、オスターやドホナニーは虚を衝かれて狼狽した。

　レーダーは次々に証拠書類を押収した。そのなかには、スイスのユダヤ人情報組織のファイルや、軍情報部と牧師ディートリヒ・ボンヘッファーがローマとストックホルムで進めている和平工作のノートが含まれていた。

　立ち会ったオスターは、ドホナニーの机の上から一冊のファイルを取り上げようとしたが、目ざとく発見され、引き渡しを命ぜられた。それはボンヘッファー工作を合法的に見せかける文書であった。

　この一件で、軍情報部の独立性は完全に失われた。オスター次長は罷免され、国防軍を追放された。ドホナニー博士、ヨゼフ・ミュラー中尉、ボンヘッファー牧師は逮捕されてしまった。

　さらに一九四四（昭和一九）年一月、ゲシュタポのミュラー長官は、軍情報部を骨抜きにするため、国際法担当官のフォン・モルトケ伯を逮捕した。加えて、スイス、スウェーデン、トルコの軍情報部協力者の寝返りが起こった。

打ち切られたスターリンの平和打診

ヒトラーは激怒して、同年二月、ヒムラーに命じて、軍情報部とＳＤの統合を実施させた。ドイツ国防軍は情報組織を持たぬ軍隊となり、情報活動はＳＳの独占するところとなったのである。

　しかし、軍情報部の摘発と追及に功績のあったゲシュタポのミューラー局長は、この新しい統合情報組織の担当とはならず、彼のライバルだったＳＤ局長ヴァルター・シェーレンベルクが、ヒムラーに一任された。

　一九四四年春、シェーレンベルクは、国防軍情報部を解体し、国家公安本部（ＲＳＨＡ）の統括する統一的情報機関の創設に着手した。彼は解体に当たり、カナリスの古参幕僚を温存し、ＲＳＨＡに移管し、敗北した軍情報部の感情を損なわないよう努めた。

すでに解任され軟禁されていたカナリスまでが、シェーレンベルクと話し合った後、ベルリンへの帰還を許され、国防軍総司令部の戦時通商担当の特別スタッフとなった。

なぜカナリス一派がシェーレンベルクによって寛大に扱われたのか。シェーレンベルクもまた、カナリスと同じく、ヒトラーによる破滅的な戦争から逃れるため、自分自身のための秘密ルートを、中立国や連合国に求めようとしていたからである。軍情報部の戦況分析もSDの敵国情報も、一致してドイツの敗北を必至としていた。

すでにスターリングラードの勝利の後、スターリンはヒトラーに平和を打診していた。「赤いオーケストラ」の逮捕者を温存して対ソ謀略のための〝電波競技〟に利用しようという発想は、こうしたスターリンの工作に対する対応策としての意味もあった。ドイツの外務省では、和平工作が秘かにささやかれ始めていた。当時カナリスはリッペントロップ外相を説得して、ヒトラーに伝えさせた。しかしヒトラーは激怒して覚書を破り捨ててしまった。ヒトラーの必勝の信念にもかかわらず、戦況は回復の望みが日々失われつつあった。

リッペントロップの部下ペーター・クライストはスウェーデン駐在ソ連大使のマダム・コロンタイ女史を通じて個人的に対ソ和平を求めていた。彼の媒介者は、エドガール・クラウスというユダヤ人であり、一九四三（昭和一八）年六月、クルスクの大戦車戦の直前「ソ連は英米の利益のために必要以上は一日はおろか一分たりとも戦い続けるつもりはない」と報告していた。クライストはこの機会をつかんで対ソ和平を図るため、ベルリンに帰還したが、SDに捕らえられ、ついに機会を逸した。クルスクの勝利で強気となったソ連は、二度と真面目な交渉を続けようとはしなかったのである。（一九八六・一〇・一掲載）

5　「無条件降伏」の緩和を熱望したが……失敗したヒトラー打倒計画

ヒトラーを殺すか、裁判にかけるか

ドイツの反体制運動――「黒いオーケストラ」の期待は、米英連合国、特にイギリスがカイロ宣言で明示している「無条件降伏要求」を緩和してくれるのではないか、ということであった。

事実、一九四四（昭和一九）年の春、連合国の軍人と政治家との間では「無条件降伏」原則を巡る深刻な論争が続いていた。アメリカの統合参謀本部は、三月二五日、ルーズベルト大統領宛てに、フランス本土上陸作戦「オーバーロード」の実施以前に、それを有利にするため無条件降伏方式を修正した声明を行うべきだとする覚書きを送った。アイゼンハワー将軍もこの原則修正に同意していた。

しかし、四月一日、ルーズベルト大統領は書簡を持ってその覚書きを拒否し、不退転の決意をもってドイツに徹底的な敗北を与えることを求めた。この大統領のかたくなな姿勢によって、欧州進攻作戦は非常に大きな損害を不可避としたのである。

連合軍総司令官アイゼンハワーと総参謀長ベデル・スミスは「無条件降伏」の原則の修正は許されないとしても、敵が名誉ある降伏をしやすい道を残しておくことは必要と考えた。ドイツ側が「無条件降伏」要求をドイツ絶滅の要求と誤解しないように、宣伝によって「無条件降伏」の意味を明確にした方がいいと判断した。ベデル・スミスは、ノルマンディー海岸に橋頭堡を確保した後、連合軍総司令官が西部戦線のドイツ軍総司令官に、軍人らしい条件を提示した上で降伏を呼び掛けるべきだと勧告した。これによってドイツ軍を動揺させ、その危機に乗ずることができると見たのである。総司令部の政治戦争遂行部はアイゼンハワーの声明を用意し、アイクの「炉辺談話」ということでドイツ側に放送することになった。

一方、五月中旬、フランスのフォレ・ド・マルリーの森にある山荘では、B軍集団司令官ロンメル元帥と、西部戦線でヒトラー打倒の陰謀に参加している将軍たちとの秘密会議が開かれていた。ロンメルの新任の参謀長ハンス・シュパイデル中将が手配したものである。

会議には、在仏独軍政司令官カール＝ハインリヒ・フォン・シュトゥルプナーゲル中将、在ベルギー独軍政司令官アレクサンダー・フォン・ファルケンハウゼン大将、第二装甲師団長男爵ハインリヒ・フォン・ルェトヴィッツ中将、第一一六装甲師団長伯爵ゲルハルト・フォン・シュヴェリン中将が出席した。

会議では、連合軍との休戦に達するためにとるべき、次の措置について話し合われた。①西方全占領地からのドイツ軍の撤退②陸軍によるヒトラーの逮捕と民間裁判所での審判③全政治犯に対する民間司法官による再審④東部戦線は縮小し戦闘を継続する⑤連合軍の上陸（Dデイ）以前の遅くとも六月半ばまでにナチ政権を打倒する⑥ベック大将を首班とする臨時政府の樹立。

ただこの措置のうち、ロンメルと他のメンバーとの間で意見が対立したのは、ヒトラーの暗殺についてであった。ロンメルはヒトラーを暗殺すれば、彼を殉教者にしてしまうから、逮捕して裁判すべきだと強調した。

「無条件降伏」修正を、ルーズベルト許さず

五月二八日、フロイデンシュタットのシュパイデル参謀長の宿舎で開かれた会合には、ロンメルは出席しなかったが、なおヒトラー暗殺について意見が分かれ、決着していなかった。この会合では、西部戦線における行動とベルリンのシュタウフェンベルク大佐、東部戦線のトレスコウ少将との行動を調整することが話し合われた。

この結果、スモレンスク（東部戦線中央軍団司令部所在地）――ベルリン（国内軍司令部）――パリ（在仏独軍政司令部）を結ぶ連絡手段が確保され、〝ヴァルキューレ〟（クーデター計画の暗号名）計画が修正され、再検討された。ベルリン、パリ、ミュンヘン、ハンブルク、ドレスデン、フランクフルトを制圧する兵力として、信頼できる戦車部隊、騎兵部隊が選ばれた。SSやSDの高官を監視するため、ベルリン警視総監ヴォルフ＝ハインリヒ・フォン・ヘルドルフ伯爵指揮下の警官や刑事までが密かに動員された。

この計画は「Dデイ」以前に実施されなければならなかった。上陸後では、自分たちの立場が弱くなることを知っていたからである。

しかし、ロンドンでは、アイクの「炉辺談話」草案を巡って、政治と軍事の対立が起こりかけていた。ルーズベルトは「無条件降伏」要求を事実上修正しようとする草案を黙殺した。大統領はそれ以上アイクに何も注意しなかったが、チャーチルは強い怒りを表明し、五月三一日に非難する手紙を送った。アイクがワシントンとロンドンから明確な権限を与えられることもなく、勝手に敵に対する呼び掛けの文書の起草を許したこと自体が、重大な権限の逸脱である。連合軍総司令官は米英両国政府の政策を実行すればよいので、その「無条件降伏」要求方針に影響を与えたり、それを変更したりする権限は無い、と決め付けたのである。

カナリスはつぶやいた「ドイツは終わりだ」

アイクは、軍事的合理性を追究し、味方の損害を局限することを思うあまり、連合国間の政治の領域に足を踏み入れたことを悟らざるを得なかった。ドイツ反体制勢力の切実な願望は無視されたのである。その結果、「Dデイ」は、力と力の激突する「史上最大の作戦」とならざるを得なく

なった。

連合国側は、ドイツ側の内情を実によく知っていた。それは「ウルトラ」によるものが多かったが、スイス、マドリード、リスボン、ストックホルム等における「黒いオーケストラ」との接触による情報も貴重であった。彼らは必死になって米英首脳部との接触を求めていたのである。

中でも二月に軍情報部長を解任され、戦争経済部の顧問になっていたカナリスは、連合軍のフランス上陸以前にヒトラー排除のクーデターを成功させ、西部戦線での休戦を実現する計画について、イギリス情報部長のメンジースと連絡を取るべく、パリで最後の努力を続けていた。五月三〇日、カナリスはパリのＭＩ６支部を通じてメンジースに手紙を送った。メンジースの立場は、スイスのダレスと同じであった。和解の提案など受け入れられなかった。無条件降伏あるのみであった。

メンジースは手紙を書き、パリ支部長のアルヌール大佐を通じて、六月三日に手渡させた。一読したカナリスは、嘆息とともにつぶやいた。「ドイツは終わりだ。」

すでにＤデイ（六月五日）に向けて、賽は投げられていたのである。

そしてＤデイはまた、「史上最大」の「謀略」作戦でもあった。（一九八六・一一・一掲載）

6　スイス組織から〝ウルトラ情報〟を入手スターリン圧倒的な勝利

クルスク大戦車戦で赤軍の大勝利

スイス組織が、スターリンにとって直接的に役立ったことは「赤いオーケストラ」の壊滅のため入手不能となったスターリングラード戦以後のドイツ軍情報を次々に送り、一九四三年春から夏にかけて東部戦線最大の焦点となったクルスク大戦車戦における赤軍勝利の要因となったことである。

スターリングラード以後、ソ連は勝利への自信を回復した。それはスイス組織による〝ウルトラ〟情報の間接的入手によるところが少なくなく、これによってラドー、フート等によるいわゆる〝ルーシィ〟情報の評価は高まった。スターリンは次の軍事作戦であるハリコフ奪回にも、スイス組織の情報的支援を期待した。しかし、ハリコフ作戦では〝ルーシィ情報〟は役に立たなかった。

それは皮肉にも、ヒトラーがスターリングラードの打撃から、一時戦闘の指揮権をフォン・マンシュタイン元帥に全面的に任せたことによるものだった。マンシュタインは司令官の自由裁量権を活用して戦術的退却を行い、機を見て反撃し、補給線の限界を越えて前進した赤軍を寸断して撃退し、一九四三（昭和一八）年三月末までに、ハリコフ、ベルゴロドを奪還した。マンシュタインは、それまでのように一々詳しい作戦計画や報告を総統本営に送る必要がなく、その作戦意図をイギリス側に察知されなかったことが、作戦成功の重要な要因であった。

〝エニグマ暗号〟を使わなければ、プレッチリイでも傍受・解読が不可能であり、スイスの〝ルーシィ〟に情報が流れることもない。その結果スターリンの本営は、それまでのような第一級情報によって判断することができず、大損害を受けて敗北した。約四週間に五二個師団以上を喪失したのである。

ヒトラーはハリコフ奪回の成功後、指揮権を回復し、ハリコフ北方のソ連軍に対する春季攻勢準備を始めた。このクルスク突出部の戦いは、東部戦線の天王山であり、史上最大の戦車戦となった。幅八〇キロ、奥行二五キロの地域に、戦車六三〇〇両、二〇〇万の兵力が投入され、ここでドイツ機甲兵力は再起不能の大打撃を受け、二度と独ソ戦の軍事的主導権を回復することができなかった。

四月初め、ラシュテンブルクの総統大本営で、春季攻勢を検討する会議が召集され、四月一五日、作戦命令第六号（〝ツイタデル〟〈城砦〉作戦）が起案された。東部戦線に拳骨のように突出しているクルスクのソ連戦線に対し、ベルゴロド地区とオリョール南方地区の双方から各一個軍集団で急速に進出し、包囲・殲滅することを目指したものである。ただし開始日時は未定であった。使用兵力量、特に戦車の数について、将軍たちとヒトラーの意見が違っていたためである。

マンシュタインはソ連側の準備が整わない五月初めに攻撃を開始することを求めたが、ヒトラーは新型〝パンテル〟重戦車をもっと大量に投入できるようになる六月以降を考えており、結局遅延して七月五日に開始されたが、それまでにソ連側は十分な準備を整えていた。

ハリコフでの敗北後赤軍を建て直したジューコフ元帥はスターリンとともに、〝ルーシィ〟によって今度こそはドイツの情報を迅速に入手し、正確な分析を加えていた。ジューコフは、ドイツ側の意図を四月初めに知っていたと回想録に書いている。これはヒトラーが作戦第六号に署名する二週間も前のことであった。

ジューコフは雪溶けの間に、ドイツ軍戦線を綿密に偵察し、〝ルーシィ〟情報と照合して検討した。その結果ジューコフは、ソ連側から攻勢に出るのではなく、防禦を固めて敵を損耗させ、戦車を撃破し、その後で新鋭の予備軍を投入して、一挙に敵主力を殲滅する作戦を取るべきだ、とスターリンに上申した。

四月十二日、クルスクの戦いについての主要な決定がスターリンとの会議で行われたが、それは自主的防禦戦闘を行うというもので、ヒトラーが「ツイタデル」の作戦命令を下す三日前であった。ソ連側の決定は、その後再検討され、五月末に最終決定されたが、その時までにスイス情報網によって、ドイツ側の意図が細部まで分かっていた。

ヒトラーの欺瞞作戦成功せず

ヒトラーは作戦開始までソ連側を欺くための欺瞞作戦を考え、「パンテル（豹）」作戦と呼んでいたが、その欺瞞工作の動きも、詳細にとらえられ、モスクワに送られていた。

ドイツ側は「赤いオーケストラ」の摘発以後、捕獲した無線機と転向したメンバーを使って〝無線ゲーム〟（フンクシュピール）を始めていたが、スイスの〝三つの赤〟（トロワ・ルージュ）による作戦計画の漏洩に、業を煮やした。寝返ったケントの協力で、ラドーの通信は解読されたが、フートやシッシィの暗号が解けない。このため、どの程度のことをソ連側が知っているかがつかめず、焦慮したのである。

もし暗号が解読できないなら、直接当の情報工作員をスイスから拉致したらどうかという強硬手段が検討された。

ケントは、アラン・フートがスイス組織の資金工作の責任者であり、モスクワ本部はまだケントが今まで通り情報任務を続けていると思っているはずだから、本部にフランスの組織が資金難で動けなくなっていると報告すれば、スイスから工作資金を受け取るように指示してくるだろう、これをフートとの接続の糸口にしてはどうかという一計を案じた。

ドイツ側がそれを認めて、ケントがモスクワに送信すると、本部はスイスに伝書使（クーリエ）を出し、フートに連絡して、金をフランス組織に渡すよう指示してきた。

フートは指示通り、合言葉で相手を確認し、使いと称する男に金を渡した。男は引き換えに、オレンジ色の包装紙に包んだ本を渡し、その中の三つの通信文を、今夜モスクワに打電して欲しいと要求した。

そのことは、本部からの指令にもなかったことなので、フートはすぐ怪しいものだと思った。男は、モスクワ宛通信の打電後、もう一度、フランス国境近くで会いたいといってきたので、さらに疑惑を深めた。

フートは、一週間以内は多忙でとても会う時間が無いと答え、尾行されないように廻り道をして帰り、すぐモスクワに報告した。本部からは、再び会わないように、また渡された通信文を暗号解読に利用されないよう注意して打電せよと指示してきた。

二週間後に本部は、この伝書使がドイツの工作だと知らせてきた。フートは危うく誘拐されるところだったのである。ドイツ側はフランス国境近くの別荘におびき寄せて、力づくで拉致しようとしたのである。幸いフートの警戒心で、この計画は失敗した。しかしドイツ側は、なおスイス組織の破壊を求め、スイスの軍情報機関への圧力を強めようとする。（一九八六・三・一掲載）

7　イギリス・スイス両情報部の親密な関係　スイスに圧力をかけるSS保安部長

〝国防軍総司令部内に反逆者がいる〟

アラン・フートの拉致を果たせなかったドイツ側は、スイス情報機関に働き掛けて、スイスのソ連情報ネットワークへの圧力を強めようとした。

一九四三（昭和一八）年三月、SS保安部長シェーレンベルクが、スイス参謀本部のロジェ・マソン情報部長と会見するため極秘裡に二回スイスを訪問した。第一回は三月三日で、ベルン近郊のホテル・ベーレンで会合し、スイス陸軍総司令官のギザン将軍も出席した。

シェーレンベルクは、もし連合国がスイスに侵入した場合、スイスがあくまでも武力で中立を守るかどうか、見極めようとした。ヒトラーは連合軍のイタリアを北上する侵攻に対し、スイスを占領し、アルプスを防壁とする防衛を、再び考えていたのである。イタリアは、枢軸から離脱する兆候を示していた。

二回目の会談は、三月一二日、チューリッヒのオテル・ボール・オー・ラックで行われた。議題は、スイスにおけるソ連情報網についてであった。

シェーレンベルクは、ソ連情報組織を特に取り締まろうとしないマソン大佐の態度に不満を表明した。しかし、スイスの利益を著しく害しているわけでもないラドーの組織を、取り締まる理由は少なかった。むしろ「ルーシィ」情報はマソンの情報員マイエル・フォン・バルデック（ルイーズ）を通じて軍情報部にも伝えられており、スイスはドイツの内情を知る利益を得ていたのである。さらに、スイス情報部とイギリス情報部の関係は、極めて密接であった。偶然か故意か、会見に使われたホテルは、Z機関がよく使っていたホテルであったという。

シェーレンベルクは、このチューリッヒ訪問で、イギリスとの和平の可能性について打診するため、イギリス情報部を通じてメッセージを送っていた。また、当時国防軍内部で進んでいたヒトラー暗殺の計画を知っていたふしがあったという。

彼は、スイス経由で流されている情報が、ドイツ国防軍総司令部にいる反逆者から送られているものと思い、帰国後、ワナを仕掛けた。国防軍総司令部の特定のメンバーに、ヒトラーがスイス占領を準備中であるという偽情報を流したのである。

三月一八日、スイス軍情報部は、ヒトラーが再びスイス占領の準備を進めているという「ルーシィ」情報を入手して、愕然とした。マソン大佐は連絡員を通じて、シェーレンベルクに真偽を問い合わせた。

シェーレンベルクは早速の反応に驚きながら、計画はされていたがスイスの中立維持の決意を自分が伝えて断念させた、という返事を送った。彼はスイス占領の偽情報がこんなに早くスイス側に入手されるのは、国防軍総司令部内部に反逆者がいるからだと判断した。

三月二四日、ヒムラー内相は、ゲシュタポ長官のミューラーに指示して、四月四日、軍情報部の本部を捜索しドホナニー博士を逮捕し、次長のオスター少将を追放した。

シェーレンベルクは、これで情報源を除去できたと思ったが、しかし「ルーシィ」情報は依然として流れ続けていた。

危うし！　モスクワへの「ウルトラ」情報源

結局、スイス経由でソ連へ流れている情報源を突き止めることができないまま、ドイツの対情報部隊は、スイス組織につながるメンバーを逮捕することに全力を上げた。

四月に入って、フランス在住のソ連工作員の何人かが捕らえられた。その中には、「シシィ」ことR・デーベンドルファーの連絡員「モーリス」がいた。「シシィ」はスイスＳＩＬＯ本部のタイピストであり、ソ連情報網のスイス責任者であるラドー（「ドラ」）の情報員であるとともに、イギリスにも連絡を持つ二重スパイで、「ルーシィ」からの情報をラドーに流していたが、捕らえられた「モーリス」

は彼女のジュネーブのアパートを訪ねたこともあり、よく知っていた。

四月二三日には、ドイツ対情報部隊の無線班が「シシィ」宛にモスクワ本部が打電してきた新しい暗号に関する指令の全文を傍受し解読することに成功した。その数日後には、レマン湖のフランス領側の岸に、ドイツの無線方向探知車が現れ、ジュネーブとローザンヌにある三ヵ所の発信所の探知を始めた。

当時、スイスからモスクワへ情報を打電していた三つの発信所は「ジム」(アラン・フート)、「エドワード」(エドモン・アメル)と「モード」(オルガ・アメル、夫婦でラジオ商をやっていたスイスの左翼系労組幹部)、「ロージィ」(マルグリート・ポリ、スイス女性)によって、それぞれ受け持たれていたが、そのうち、フロッサン通りの別荘にあったアメル夫妻の送信機の位置は、たちまち探知されてしまった。しかし、「ロージィ」と「ジム」の送信機は、市内のビルの中にあったので、なかなか探知されなかった。

ドイツ側の無線諜報は、モスクワとの送受信の約一〇%を傍受していたというが、その半分は未解読の「ジム」の暗号電報だったので、解読できた通信は全体の五%程度だったという。「ジム」は「ルーシィ」からの情報の大部分の送信を担当していたので、モスクワにとって「ジム」の役割は極めて貴重なものであった。

ラドー(「ドラ」)は、ドイツ側の捜査がどの程度まで進んでいるか知らなかったが、危険の兆候を感じて本部に通報した。しかし本部は、任務を続けるよう指示してきた。クルスク会戦の迫りつつあるときに、スイスの「ルージュ」情報は、モスクワにとって、なくてはならないものであった。

五月に入ると、「シシィ」の情報筋であったジュネーブ駐在ドイツ物資購入使節団の秘書の女性「ビル」が摘発された。彼女は「シシィ」の正体を知らなかったが、危険は迫りつつあった。モスクワ本部は、安全対策として「シシィ」に当分の間任務を中断するよう指令した。しかし、彼女は、そんなことは不可能だと拒絶した。

六月下旬になると「シシィ」の身辺には、さらに危険が迫ってきた。モスクワ本部は再三にわたり「ルーシィ」との連絡は誰かに委せて身を隠すよう指令したが、彼女は、どんな危険があろうとも「ルーシィ」は自分以外の人間との連絡を望んでいないと拒否した。「シシィ」は、モスクワ本部や「ドラ」から「ルーシィ」の情報源について照会されたとき、調査や照会したりしないという約束で情報をもらっているのだからと固く拒否した当人でもあった。

モスクワ本部は、「ジム」（フート）に対しても、任務を中断してローザンヌを離れるよう指示したが、「ジム」も「シシィ」と同じように実行不可能を理由に、指示を断っている。一度ここを離れると、外国人滞在許可の更新が困難になるというのであった。

「ジム」は、今やクルスク会戦に関する「ウルトラ」情報をモスクワに伝える唯一のオペレーターであり、イギリスにとっても、欠くことのできない工作員だったのである。（一九八六・四・一掲載）

8　クルスク会戦大勝利でソ連への「ウルトラ」情報は終わった

敵に筒抜けの「ツイタデル」作戦

スイスからの「ルーシィ」情報に基づいて、クルスク突出部に対するドイツの一九四三年夏期戦略攻勢「ツイタデル」（砦）作戦の全容を知ったソ連軍は自主的防御戦闘を行うことを決め、強力な縦深防御陣地を構築した。

前線一キロ平方に対戦車用地雷一〇〇〇個、対人地雷一一〇〇個を埋設し、一九四三年七月初めには、七六ミリ対戦車砲六〇〇〇門、多連装ロケット「カチューシャ」九二〇基を含む二万の火砲が配備された。

ドイツ側は、五〇個師団、計九〇万の兵員と二〇個師団の予備兵力、二七〇〇輛の戦車、約一万の火砲、空軍兵力の三分の二に当たる一八六〇機を東部戦線に集中し、うち一二〇〇機は、ハリコフ地区内十六カ所の空軍基地にあった。ソ連側は一〇〇万を上廻る兵員と三六〇〇輛の戦車を配置したが、空軍兵力は劣勢であった。

時を待つ緊張の時期が続いた。しかし、かつて一方の軍が相手の行動を、このように完全に予想して対峙したという事例は、戦史にも稀であった。また、防禦の側が、十分の量の兵員と装備を準備した例も少ないという。ソ連軍は、スイス情報網からの正確な情報と三ヵ月もの準備期間を持っていたのである。

「ルーシィ」から入手してモスクワ本部に送られた情報は、時間刻みに送信されるほど大量であり、「ジム」（フート）の仕事量は厖大であった。送信は夜中から明け方まで続き、時には服を着たまま仮眠することも多かった。後にフートはその功績に対し、モスクワから四個の勲章を授与されている。特に詳細な「ツイタデル」作戦計画と指令を送ったことは、重要な功績であった。

「ルーシィ」情報は広汎にわたり、ソ連側に役立つと見られるあらゆる事項をカバーしていた。当時、ドイツ側の最高機密兵器としてクルスク戦に参加することになっていた「パンテル」戦車についての情報も、いち早く、モスクワに送られていた。

ヒトラーは数週間も決断に迷っていたが、七月一日、東プロイセンの総統大本営に将軍たちを集め、「ツイタデル」作戦を四日以内に開始すると述べ、命令は直ちに各方面に下達された。その翌日の七月二日、スターリンは前線司令部に特使として、ニキータ・S・フルシチョフとヴァトゥティン将軍を送り、ドイツ軍の攻撃開始日を含む作戦計画の細目について、各級指揮官に口頭で伝達させた。フルシチョフは、攻撃が七月三日から五日の間に始まるから油断しないように告げた。

七月五日午前三時三〇分、ドイツ軍はクルスク突出部に対する南北からの挟撃作戦を開始した。史上最大の戦車戦が展開された。

しかし、八日間の激烈な戦いの後、ドイツの装甲師団は致命的な大打撃を受け、ついに敗退せざるを得なくなった。八月初めには、攻撃開始地点まで後退し逆にソ連軍に追撃されることになった。

「中立堅持」スイスがドイツに見せた〝好意〟

このクルスクの戦いと時を同じくして、連合軍はシシリー上陸を行い、やがてムッソリーニの解任と逮捕が続いた。九月三日には、連合軍が南伊に上陸し、イタリアのエマニエル国王は停戦協定に署名した。イタリアは枢軸陣営から脱落し、第二次大戦最大の転機が訪れつつあった。

ソ連軍のクルスクでの勝利の結果、ドイツは東部戦線の兵士を西方に転用することができなくなり、さらに、イタリア戦線の破綻にも備えなければならなくなった。イギリスへのドイツの侵攻は、全く不可能となった。

イギリスは「ウルトラ」と在スイス情報組織を巧みに使って、東部戦線でソ連を助け、情勢を転換するという目的を十分に達したのである。チャーチルは、もはや「ウルトラ」に関する機密漏洩の危険を冒してまで、スイスの組織を通じてスターリンに情報を与える必要は無いと考えた。ダンジィによって〝演出〟されていたソ連への「ウルトラ」情報の規則的流出を、クルスク会戦をもって打ち切りとしたのである。ロンドンでは、ダンジィが功により、K・C・M・G（セントミカエル・セントジョージ勲爵士）の位を授けられ、クロード・ダンジィ郷となった。

クルスク以後、スイスのソ連情報組織は、流入する情報の急減に驚かざるを得なかった。同時に、スイス国内情勢の厳しい変化に当面せざるを得ないことになった。

イタリア情勢の急転は、スイスにとって再びドイツのスイス侵攻の可能性をクローズアップさせることになった。イタリアからの連合軍の北上を、アルプス山脈で防ぐため、ドイツがスイスを占領する可能性を現実のものとして実感せざるを得なくなったのである。

ギザン総司令官は、スイス軍に警戒体制を取らせ、南部国境の防衛に注意を集中した。またスイス政府は、スイスの中立を明示し、ドイツの行動を抑制することが必要だと考えた。

ドイツは北イタリアを支配下におき、アルプス越えの補給路を確保する必要があった。ジュネーブのドイツ領事館は、スイス警察に対し、明らかにソ連のスパイがスイス国内で活動している証拠があると抗議し、その取り締まりを強く求めていた。

ドイツの無線通信情報部は、まだスイスのソ連機関の発信源を正確に突き止めることができず焦立っていたが、一方、スイスの無線通信探知班は、ドイツ軍の移動に関する通信を追跡するうちに、偶然、ソ連情報網の発する電波をキャッチしていた。

九月一一日から一二日にかけての深夜までジュネーブのアメル夫妻の電波をとらえた。翌晩には同じく「ロージィ」の発信をとらえ、九月二七日には、ついにローザンヌの「ジム」（フート）の送信を捕捉した。これらは、いずれも非合法な通信であり、スイスの共産主義者が、モスクワと交信しているものと判断された。

しかし、スイス軍情報部は、あえてこれに関心を示さなかった。このため、事件は軍情報部とライバルの連邦警察「ブーポ」（BUPO）に通告され、警察が取り扱うことになった。

十月一三日夜、アメル夫妻のフロリッサン街の別荘を警官隊が急襲し、現場を抑え、夫妻を連行した。次いで、「ロージィ」のアパートが手入れされた。彼女は逃げた後であったが、警察は恋人のペーテルスのアパートでベッドの中の二人を捕らえた。ペーテルスはドイツの工作員であり、数日で釈放された。この夜、警察は、英仏間の連絡員だった軍情報部のメイアー大佐まで逮捕したといわれるが、これはギザン将軍の命令で、三日後に釈放されたという。

スイス政府は、これによって中立堅持の決意をドイツに示したのである。一一月二〇日にはフートが、翌四四年五月一九日には、ついに「ルーシィ」（レスラー）も逮捕されることになる。（一九八六・五・一掲載）

9　ソ連のスイス情報組織の崩壊

本部の信用失ったみじめな責任者

ジュネーブ市内の二ヵ所の通信所が、スイス警察によって摘発されたことは、ラドー（ソ連スイス情報組織の責任者）にとって深刻な衝撃であった。彼は直ちに、まだ捕らえられていないフート（ジム）と連絡を取り、身を隠すことになった。

フートはモスクワに状況を打電したが、本部はすべての組織的活動は停止しても、毎日の通信連絡は予定通り続けるように命じてきた。今やフートただ一人がモスクワと連絡を取ることが可能であった。フートは、まだモスクワが重視している「ルーシィ」情報だけは送り続けようと決心した。

ラドーはフートに、直接ペンター（パクボ）と接触することを認めたものの、まだ「シシィ」との直接連絡は許さなかった。フートにすべて握られることがいやだったのである。しかし、これでフートは実質的に、地下に潜行したラドーに代わり、「ルーシィ」を含む組織全体を掌握することができるようになった。

一九四三（昭和一八）年十月二六日、ラドーはフートを通じてモスクワに、今後の活動を安全に続けるために、外交特権が認められているイギリス情報部と連携して、入手情報をＳＩＳの無線局からロンドンに送りモスクワに転送してもらうようにしてはどうかと提案し、許可を求めた。しかしモスクワはにべもなく拒否した。一一月二日、本部は、イギリスの背後に隠れて行動するとの提案は絶対に容認できない。そうしたイギリス側との接渉は重大な規律違反である。そんなことをしたら、組織は全く独立性を失うからだめだと拒絶し、フートに対し、ラドーに代わり組織を接収するよう命じた。ラドーは本部の信用を失い、みじめな潜行を続けることになる。

スイス側の無線探知班は、一一月五日になって、ようやくフートの無線機の位置を突き止めることに成功し、以後、傍受を続けていた。フートの暗号はまだ解読されていなかった。

ところが一一月八日、フートの無線機は、突如すでに解読されていたラドーの暗号で送信を始めた。ラドーは自分の暗号で組んだ通信文をフートに託してモスクワ宛に打ったのである。ラドーはイギリス公使館との協力について釈明し、フート逮捕の危険があること。自分と妻を手遅れにならない前に、適当な連合国人に紹介して欲しいと懇願していた。

スイス警察は、この通信を十一月十八日になって解読し、オペレーターの逃亡が予想されるとして、二〇日深夜踏み込んでフートを逮捕した。これで、スイス組織とモスクワ本部との連絡は、完全に切断された。

共産主義者のスパイとして拘置所の独房に入れられたフートは、完全黙秘を通した。彼はソ連やドイツの警察でなかったことを感謝しながら、長期の拘留を快適なものとするため、スコッチウィスキーや缶詰、煙草を持ち込み、近くのホテルから料理を差し入れさせた。優雅な囚人であった。

スイス警察は、自白すれば即時釈放すると再三勧めたが、彼はそうなっては困ると思っていた。簡単に釈放されたら、秘密を洩らし裏切ったと見てモスクワ本部は二度と信用しなくなるだろう。地下に潜行したラドーより長く拘留に耐えることが本部の信用を得る途だと信じていたのである。彼は拘置所にできるだけ長くとどまろうと決意していた。

彼にとって、この拘置所暮らしは、スイスに来て四年目にして、初めて心底からの安堵感を持ち得た時期でもあった。もうドイツのスパイに生命を狙われる心配もない。モスクワに彼の秘密の任務を覚えられることもなさそうだと感じていた。

一方、クルスクの戦いに勝利した赤軍は、急追を続け、至る所でドイツ軍を一掃しつつあった。

一九四四（昭和一九）年一月には、レニングラードの包囲が解かれ、四月にはルーマニアに入り、さらに西方に猛進撃が続いていた。

「国際連合国中の一国」の工作員を認める

そういう中で、四月一九日に、ついに「シシィ」が、逮捕された。「シシィ」の家の捜索で、警察は一〇〇〇枚の未発信の暗号通信文を押収し、解読した。また、すでに暗号名の分かっていた「テイラー」（クリスチャン・シュナイダー、ＩＬＯに潜入していたソ連の工作員）と「ルーシィ」（ルドルフ・レスラー）の身許を裏付ける証拠物件を押収した。

五月に入って警察は、「ルーシィ」と「テイラー」を逮捕した。さらに「ルイーズ」（フォン・バルデック、応召でスイス軍情報部に入り、Ｈａ事務局との連絡員をしていた）までも逮捕してしまった。

これには軍情報部（ＮＳＩ）のマソン准将が激怒し、強く釈放を申し入れたので、「ルイーズ」は九日目に釈放された。Ｈａ事務局のハンス・ハウザマン（Ｈａ事務局の創立者）も「ルーシィ」逮捕に抗議したが、彼は三ヵ月以上も拘置された。

「ルイーズ」ことバルデックは、スイス軍人であったので五月三一日には早くも軍法会議にかけられた。ＮＳＩの資料を外国に洩らしたとの疑いであった。しかし、彼は事実関係では争わず、自分の行為はＮＳＩの一員としての公務であり、スイス国内に存在する情報交換市場での業務を遂行したにすぎないと申し立てた。判士の疑問に彼は次のように答えた。

例えば、ラドーの組織がドイツ装甲師団の動静に関する情報を探知したとしよう。この情報はスイスにとっても極めて重要なので、他の多くの情報と交換しても、これを入手する必要がある。もしその装甲師団がスイス国境に接近していたとすれば、防衛対策を講ずる暇もなく突破される恐れがある。しかし、ユーゴやソ連にいるならスイス侵入には数日を要する。一週間の余裕があれば十分対応できる。だからこの情報の交換は、スイスにとって死活的利益になる。それゆえ交換は、窃盗罪にも反逆罪にも該当しない。

判士は被告の主張を認め、告訴を棄却し、被告への八〇〇フランの損害賠償の支払いを命じた。

六月四日、アメリカ軍のクラーク将軍はローマに入り、六月六日、史上最大の作戦「オーバーロード」で、米英仏連合軍はノルマンディーに上陸した。欧州戦局は大転回しつつあった。

九月の始め、スイス陸軍法務局の大尉がフートを再審問のために訪れた。拘置以来すでに一〇ヵ月がたっていた。なおも黙秘を続けようとするフートに、大尉は、なにもソ連のことに触れなくてもいい、情報活動を認めればすぐ釈放すると重ねて約束した。フートは、自分が「国際連合国中の一国」の情報工作員であったとの口述書に署名し、九月八日に保釈された。スイス当局は、未決囚のスパイの取り扱いに苦慮し、スイスからの出国を含みとして保釈したのである。

「シシィ」もフートと時を同じくして保釈されている。「レスラー」や組織の他のメンバーも保釈され、裁判は、戦後

に持ち越されることになるが、これは後の話である。(一九八六・六・一掲載)

10　かくしてバルバロッサ作戦は遅延された

ナチス・ドイツの戦略的失敗

第二次大戦におけるナチス・ドイツの最大の戦略的失敗は、ヒトラーの対ソ攻撃による独ソ開戦であるといわれる。チャーチルは独ソ開戦を、第二次大戦における「第四の転換点」と呼んでいる。

第一は「フランスの敗北」第二は「イギリスの戦い」第三は「アメリカ武器貸与法の成立」第五は「真珠湾攻撃」だとされている。

イギリス本土空襲でイギリスを追い詰めながら、ついに制空権を確保できず、東方に反転してソ連に侵攻したヒトラーの決断は、イギリスに本土防衛の軍備を立て直す貴重な時間を与え、ドイツ敗北の最初の兆候となったのである。

しかし、このドイツの東方への反転計画をチャーチル、ルーズベルトは、いったいいつの時点で知ったのだろうか。ボルシェヴィズムを最終の敵とするヒトラーのイデオロギー上の考え方は『わが闘争』によって明確であり、独ソ戦がやがて不可避だとは一般に考えられていたが、独ソ不可侵条約下で、その時期がいつになるかを予測することは、極めて困難であった。ただし、ルーズベルト、チャーチルは少なくとも一九四〇(昭和一五)年十一月の時点で、F・ヴィーデマンの暴露によってヒトラーがソ連侵攻の第一歩としてバルカン諸国にどう侵入するかを知っていた。しかし、それも具体的なタイムテーブルを示してはいなかった。

十二月の中旬に入り、十二月十八日に発せられたヒトラーの〝バルバロッサ〟計画に関する指令の全文が〝ウルトラ〟によって入手された段階で、チャーチルがまずそれを知った。ヒトラーの「戦争遂行指令第二一号、作戦『バルバロッサ』」は、作戦準備を一九四一(昭和一六)年五月十五日までに完成すること。展開命令は作戦開始八週間前に発令されることが明示されていた。また南部地区においては、ソ連軍事産業の中心地(約六〇%が集中)ドネツ盆地の早期占領が特に重視すべき目標となっていた。

この情報は直ちにルーズベルトに伝えられた。当時、三選を果たしたルーズベルトは、アメリカ船タスカルーサ号に乗ってカリブ海の陽光を浴びていた。選挙戦の疲れを癒すためという名目だったが新しい年の大政戦略を練ることが狙いだったようである。大統領は秘かに〝ビッグ・ビル〟ドノヴァンと〝リトル・ビル〟W・スティーヴンスンを呼び寄せていた。彼らはバーミューダに飛び、そこで二週間行方不明になったのである。

ルーズベルトはチャーチルが水上機で送ってきた十二月十九日付の手紙を検討した。チャーチルは北海からシンガポールにいたる戦略問題を指摘し、同時にイギリスの財政状態が危機に瀕していることを訴えた。ルーズベルトの武器貸与法成立（一九四一年三月）への決意はここで固められたのであろう。また〝ウルトラ〟によって入手された〝バルバロッサ〟計画の全文が提示され、それにどう対処するかが検討された。

すでにベオグラードのイギリス情報機関はユーゴスラビアでの反ナチ抵抗運動によるドイツ軍の出血の可能性を報告していたが、ユーゴでヒトラーの対ソ作戦の時間表を狂わせることができるかどうかが問題であった。

ルーズベルトは、ここでビル・ドノヴァンをチャーチルのもとに送り、チャーチルの自由に行動させることを承認した。バルカンにおける英米両国の最初の合同情報工作が決定されたのである。

チトーの反乱を成功させたドノヴァン

ドノヴァンとスティーヴンスンはロンドンに向かった。チャーチルはドノヴァンに説いた。ソ連がヒトラーの奇襲から回復する時間を稼ぐことが必要だ。そのためにはバルカン諸国をヒトラーに反抗させ、まず開戦の時間表を遅らせることだ。かつてナポレオンを敗北させたと同じロシアの雪の中にナチスの電撃戦を立往生させてやろう。ギリシャで、ユーゴで反ナチ暴動を組織しようではないか。

ドノヴァンはイギリス軍の施設を利用して、地中海の東端に姿を現した。そして東欧の指導者と話し合い、影響力を与えることができる中立国アメリカの権威ある人物として東欧に入ったのである。まず、ギリシャとアルバニアの戦線を視察した。当時ヒトラーは、アルバニア、ギリシャにおけるイタリア軍の敗北にいらだち、ギリシャを占領して〝バルバロッサ〟計画の右翼を安定させようとしていた。しかし、ギリシャに出るにはハンガリー、ルーマニア、ブルガリア、ユーゴスラビアが介在していた。ハンガリー、ルーマニアはすでにナチスの威圧下におかれ、ブルガリアも圧力を受けて、まさに屈しようとしていた。

ドノヴァンはブルガリアのソフィアに入りボリス国王と会談する。彼は国王に、ギリシャ防衛のイギリス軍を攻撃するドイツ軍の領内通過を再考するよう求め、もしアメリカが参戦したら、そのブルガリア政策は、いまあなたの決断によって左右されるだろうと心理的圧力を加えた。また国王のアルコールのもてなしに泥酔したふりをして、携行した機密文書をドイツの情報員に奪わせた。それはドイツ側に見せるために偽造した〝軍事介入に関する覚書〟であり、ヒトラーが出るならバルカンに軍事介入するというアメリカの提案と、ブルガリアの反ナチ抵抗を支持するイギリスの軍事計画草案とから成っていた。もちろん、ブルガリアの指導者に親独政策を思いとどまらせることはできなかったが、少なくともその政策が賢明かどうか、ある程度の疑惑を植え付けることには成功した。チャーチルは当初二四時間遅らせられれば成功と見ていたが、実際にドイツ軍の自由通過要求を認める段になると、ブルガリア側のためらいが八日間の遅延を確実にした。

ベオグラードに入ったドノヴァンは、パウル摂政がヒトラーに招かれた後、日独伊三国同盟に参加する準備を進めていることを知った。今度はルーズベルト大統領が、ドイツ側が傍受していることを知りつつ、故意に商業電信を使って、ドノヴァン宛に「おとなしく屈服する国にはアメリカは、ナチスに抵抗する国のように同情する態度で臨まないだろう」と打電した。パウル摂政は、ドイツへの軍事援助もドイツ軍の自国領通過も認めない条件でなら三国同盟に調印すると回答して、ヒトラーを怒らせた。

当時ユーゴにはナチスに抵抗し得る集団としては、チトーの共産主義者しかなかった。ドノヴァンは仲介者を通じてチトーと接触し、ナチスへの抵抗には支持を与えること。もし摂政がナチスに屈服するなら反乱を起こせと示唆した。またイギリス情報機関がかねて工作していた空軍総司令官ドウサン・シモヴィッチ将軍にも会って軍部クーデターを示唆して帰国した。

三月二十五日、ユーゴは三国同盟に参加したが、その直後ベオグラードでクーデターが発生。シモヴィッチ空軍司令官が新首相に就任。四月五日にはソ連と不可侵条約を結んだ。

ヒトラーは激怒してユーゴの懲罰を指令し、四月六日圧倒的なドイツ軍がユーゴ国境を越えた。〝バルバロッサ〟作戦の四週間延期は決定的となったのである。（一九八三・一・一掲載）

11　英の謀略と信じ込むスターリンの大失敗

チャーチル親書を信じないスターリン

ヒトラーの対ソ侵攻の企図と計画を一九四〇（昭和一五）年十二月の段階でいち早く察知・確認した英米両首脳は、ドノヴァン、スティーヴンスンによってドイツ側のスケジュールを狂わせるための工作をバルカン諸国で進める一方、このヒトラーの計画をいかにスターリンに伝えるかに腐心した。

ヒトラーの奇襲が成功してスターリンが早期に敗北することは、英米共同のナチス打倒の戦略からも不利であり、ソ連の抵抗を準備させるためにも、情報を伝えることが必要であった。しかし、その真の情報源を明らかにすることはもちろんできない。

すでに一九四一（昭和一六）年一月、アメリカ国務長官C・ハルは、駐ベルリン商務官S・ウッズが連絡してきた「ドイツ軍は春までに対ソ戦準備を整える計画だ」という情報を国務次官S・ウェルズを通じて、三月一日に駐米ソ連大使C・ウマンスキーに伝えた。また三月十九日には、駐米ギリシャ公使C・デイマントポロスがドイツ軍のソ連攻撃は間違いないと判断するというスウェーデン政府の覚書をソ連大使に伝達した。四月三日には、チャーチルが自らスターリン宛に親書を書いた。「私は信頼すべき情報員から、ドイツはユーゴを網の中に入れようとした三月二十日以後、ルーマニアの五個装甲師団のうち三個師団をポーランド南部に移動させ始めたという報告を得た。この移動はセルビアの革命の発生が知らされると中止された。閣下はこれらの事実の重要性を容易に理解されるでありましょう。」

しかし、こうした親書も、スターリンを納得させることができなかったばかりか、その不信・猜疑を掻き立てることとなった。スターリンはヒトラーが対英戦の中途で東方へ反転することなどあり得ないと信じており、悪名高いイギリス情報機関の独ソ離間の謀略だと頭から思い込んでいたからである。イギリスはドイツの脅威を強調してわれわれを脅かし、一方ではドイツに向かって赤軍の奇襲をほのめかしているに違いない。

ベルリン訪問の帰途モスクワで四月十三日に日ソ中立条約を結んだ松岡外相の日本使節団の存在も、スターリンにとってドイツのソ連攻撃の噂は無視してよいとの証拠であった。もしヒトラーがソ連攻撃を考えているとしたら。日本がこのような条約を結ぶことを認めるはずがないと思ったのである。

四月以降、イギリスやその他の国々では、ドイツ軍の六月侵攻説が取り沙汰されていた。チャーチルが指摘したようにドイツ軍の移動がポーランドで行われていたのも事実だった。しかしドイツ側は、これを巧みにカムフラージュし、イギリス空軍の長距離爆撃機の行動圏外のポーランド東部に演習地を作ったからだと発表していた。また、ヒトラーの欺瞞計画の最大の狙いは、スターリンにドイツの攻撃がある場合、まず最後通告が発せられたと信じ込ませることであり、それが完全に奏功していた。

情報を活かすも殺すもトップの資質

ソ連の情報機関も何ヵ月も前から、ドイツの攻撃を予告していた。しかしスターリンは自分の情報部員を信用せず、自らの先入見を裏付ける情報しか受け入れず、それに反する情報を伝えたものを処罰するという愚さを犯していた。国境を越えてドイツ軍の侵攻準備の情報を伝えようとした一工作員は銃殺される始末であった。赤軍第四部の専従工作員だったゾルゲが、六月一四日に東京からドイツ軍の侵入は六月二二日に始まるとの警報を発していたが、それに対する唯一の反応は「貴下の情報の信頼性は疑問である」という電報であった。

六月一二日、イギリス外務省は駐英ソ連大使イワン・マイスキーを招き、イーデン外相とイギリス統合情報委員会議長のヴィクター・カヴェンディッシュ・ベンティングが、重ねてヒトラーの対ソ侵攻作戦の発動が近いことを確実な情報として伝え、作戦開始予定日は六月二二日であると断言した。しかし、スターリンの意向を知っているソ連大使は、その恐い独裁者の意に背くような報告はできなかった。

スターリンは戦争は恐らく一九四二年まで始まらないだろうと自分に言い聞かせていた。六月一四日には戦争の噂を否定するタス通信のコミュニケの発表を命じた。「これらの噂は、すべてソ連とドイツに敵意を持ち、戦争の発展に関心を持つ勢力による下手なプロパガンダ以外の何ものでもない。」

こうした断乎たる否定によって、赤軍の第一線陣地には、一種の緊張緩和が生じた。ヒトラーの奇襲は、この虚を衝いて成功したのである。

チャーチルは、スターリンがどうしてもイギリスの情報を信用しないという報告を受けると、その度し難い態度にあきれながら、なお情報源を明かさずに納得させる努力を続けるよう命じた。イギリス駐ソ大使スタフォード・クリップスはモスクワで六月二十一日の午後までかかってドイツの侵入は明日だと説得したのである。

六月二十二日（日曜）未明の〝バルバロッサ〟計画の発動は、その半年後の〝真珠湾〟攻撃とともに〝奇襲〟成功の事例となったが、〝奇襲〟と〝情報〟の関係で見ると、著しい対照をなしている。ヒトラーの対ソ侵攻については、スターリンは十分に事前の情報が与えられながら、彼自身がそれを全く信じないことによって、知らず知らずのうちにヒトラーの協力者となっていた。真珠湾攻撃については、ルーズベルトは事前に十分な情報を持ち、よく知りながら、あえてそれを部下に知らせないことによって逆に日本側を真珠湾に誘い入れ、奇襲を成功させ、自らの政治目的を達成したのである。情報を活かすも殺すも、全く最高司令官の資質によることを、これほどよく示した対照的な事例は無い。スターリンはヒトラーの欺瞞計画にまんまと乗せられていたのであり、チャーチルはついにスターリンを納得させることができなかった。

チャーチルは、このスターリンの頑固な猜疑心に困惑しながらも、ソ連軍の急速な壊滅によって、再びイギリス正面にドイツの重圧が加わることを回避するため、引き続き〝ウルトラ〟による東部戦線の情報を、何らかの形でスターリンに伝えることを、ＳＩＳの長官スチュアート・ミンギスに命じた。そしてミンギス長官は〝悪名〟高いクロード・ダンジィ大佐に〝Ｚ〟機関の本拠であるスイスでの情報漏洩を演出させるのである。

ダンジィは、アレクサンダー・アラン・フットをスイスのソ連情報機関に潜入させ、反ナチの亡命ドイツ人出版業者ルドルフ・レスラー（暗号名ルーシィ）を通じて〝ウルトラ〟情報の一部を、本人はその由来もルートも知らないままにソ連側に流し続けさせる。これが後に〝クルスクの会戦〟でソ連側を助け、〝ルーシィ〟は一躍名スパイの虚名を得ることとなるのである。（一九八三・二・一掲載）

12　〝敵の敵は味方〟スターリンと結ぶチャーチル「反ナチ統一戦線」を宣言

「私は悪魔に好意的発言をする」

一九四一（昭和一六）年六月二〇日、ヒトラーの対ソ侵攻の二日前の金曜日、チャーチルは独ソ開戦とともに全世界に放送する演説に手を入れていた。その日、ヒトラーはイギリスの包囲が強化されると宣言しており、クレタ島の戦いで発揮された空挺部隊の空からの侵攻は恐るべきものがあった。まさに大西洋の戦いではイギリス側の沈没船舶は記録的な量を数えていた。そうした中でチャーチルは「ナチ国家との闘いを続けるすべての人、すべての国はわれわれの援助を与えられる」という〝反ナチ統一戦線〟宣言を準備していたのである。

ルーズベルトも、チャーチルとのかねての打ち合わせ通り、独ソ開戦に同一歩調を取った。六月二十三日には対ソ援助を声明。大統領顧問ハリー・ホプキンスのモスクワ訪問直後の八月二日には、米ソ経済援助協定に調印した。

チャーチルは共産主義について「粗野で極めて乱暴な不愉快極まるシステムである」と見なしていたが、当面の敵ナチスの敵となった以上〝敵の敵は味方〟だとし、なによりもスターリンが簡単にヒトラーに屈服し、和を乞うことにならないよう支援することを、かねてから決めていたのである。彼は、かつて第一次大戦当時、帝政ロシアの崩壊が、東部戦線のドイツ軍を遠くアラビアにまで転用する余裕を与え、イギリスの生命線を脅かしたことを、決して忘れていなかった。特に独ソ開戦当初、ドイツ軍は三〜六週間でウクライナとモスクワを占領してイギリス本土攻撃を再開すると判断されており、どのような対価を払おうとも、ソ連に抵抗を続けさせねばならなかった。「もしヒトラーが地獄に向かって進攻したならば、私は下院で悪魔について少なくとも好意的な発言をするであろう」（個人秘書ジョン・コルビルへの談話という心境だったのである）。

イギリス本国はもとより、北アフリカでも、極東でも、イギリス軍は多くの武器を必要としていたが、七月十二日に結ばれた英ソ相互援助条約に基づき、その貴重な武器が赤軍強化のために送られた。イギリス本土の港からは、ソ連支援のための兵器、装備を満載した大船団が、ソ連に向け出航し始めた。

こうした独ソ開戦と英米のソ連支援は、第二次大戦の性格を変えることとなった。ナチズムという全体主義と自由主義との戦いという性格が、ナチズムに対し同じ全体主義のソ連と自由主義の英米が統一戦線を組んで戦うという性格に一変したのである。

もともと一九一七（大正六）年のボルシェヴイキ革命に最も強く反対し、連合軍による干渉を主張したチャーチルが、今やイギリスの宰相として、ヒトラーを叩くためにスターリンと手を組んだのである。ソ連は、二五年前のチャーチルの主張を決して忘れてはいなかった。また三〇年代後期、チェンバレン首相を始めイギリス高官の中には、ナチスの発展を東方に向け、独ソを激突させるべきだと考えるものもあったが、スターリンは逆にヒトラーと不可侵条約を結び、ナチスの勢力を英仏にぶつけた。その上ポーランドを分割し、フィンランドに侵入し、英仏との緊張を高めていた。

英仏はフィンランド救援の遠征軍派遣を準備したり、中東からソ連のバクー油田を空襲し、対独石油供給源を破壊する計画さえ立てていたが、西部戦線の崩壊で消えてしまったという経緯もある。

イギリス情報機関内部に食い入る

チャーチルの〝反ナチ統一戦線〟宣言は、こうした中でソ連救援を主張したものであり、崩壊の危機に瀕したスターリンにとっても無視し得ないものであった。チャーチルは一九四一（昭和一六）年一〇月までに約四五〇機の航空機、その他大量の軍用品をソ連に送っている。

さらにチャーチルは、ソ連の秘密情報機関との間の協力に関する協定さえ結んだのである。

もともとイギリスの情報機関とソ連のそれは、互いに多年にわたる仇敵であった。イギリスのMI6は専らソ連を対象としており、ドイツは最優先の目標ではなかった。当時、野にあったチャーチルがヒトラーの脅威を説き続けていたが、明確には自覚されておらず、こうしたイギリスの情報機関内部にあった対独認識不足が、開戦当初の〝フェンロー事件〟の失敗を招いたのである。

チャーチルはMI6のヨーロッパにおける組織の潰滅に対して、SOE（特別作戦執行部）を創設して、全く新しい情報工作を展開したのであるが、さらにかつての仇敵のソ連情報機関とも協定を結ぶのである。

イーデン外相とカドガン次官がその交渉に当たった。日本が真珠湾を攻撃した一九四一年一二月七日、彼らは巡洋艦ケントでスカパフロー軍港を出港。一二月一二日ムルマンスクに到着した。奇しくもマレー沖海戦でイギリス東洋艦隊の主力が壊滅した日であった。そしてドイツ軍がモスクワの西郊に侵入した日にモスクワに入ったスターリンはクレムリンでの第一回会談で、われわれは単なる同情の言葉を望まない。戦争間の協力と戦後の再建に関する協定を望むと述べ、初めて英米連合軍による大陸反攻の必要性を説いている。一二月一六日、カドガンはソ連秘密警察の長官ラウレンティ・ベリアと会談する。

ベリアはドイツ占領下の欧州各国の抵抗運動への武器供給に関するイギリスの計画について質問した。カドガンがSOEとその目標について説明すると、ベリアも東欧各国で工作させるため同様な組織を作りつつあるといった。カドガンがそれらが互いに衝突しないようにしようと希望すると、ベリアも同意した。

十二月二十日、MI6及びSOEと、ソ連国家保安部（NKVD、KGBの前身）との間の協定が結ばれた。ソ連側でこの協定について知っているのはスターリンとベリアとモロトフだけであった。

協定は、両国がドイツに関する秘密の情報を交換することを定め、ナチス占領下の欧州でヒトラーに反抗するものには誰にでも武器と資金を提供することを定めていた。チャーチルは〝ウルトラ〟で得た情報でも必要ならそれと分からない形でソ連側に流し、共産主義者でも、例えばチトーのように武器と資金を供給して助けることをスターリンに約束したのである。

しかし、こうした〝悪魔〟の協定は、イギリスにとって必ずしも有利なものではなかった。

抜け目の無いスターリンは、対独抵抗運動では共産主義者だけを支援して他を平気で見殺しにしたし、イギリス側からの情報供給を契機に、イギリス側情報機関内部への浸透を図ったりした。当時すでにイギリス情報機関の中枢に浸透していた共産主義者にとって、この協定は自らを〝二重愛国者〟として鼓舞する心理的効果を持ったのである。

第二次大戦後発覚したイギリス情報機関内部の数多くの裏切りは、ドイツを倒すために一時ソ連と結んだことの手痛い結果でもあった。少なくともイギリス情報機関員にとって、当時ドイツ情報をソ連に流すことに抵抗はなくなっていたからである。（一九八三・三・一掲載）

13　独ソ開戦を信じないスターリンの誤判断

「攻撃は六月二〇日に始まる」と打電

一九三九（昭和一四）年八月、独ソ不可侵条約が結ばれ、九月に欧州で大戦が勃発すると、上海の国際租界や香港のイギリス植民地に旅行することは危険となってきた。

モスクワの本部は、かつてのベルジンがゾルゲに厳命したソ連の外交団との接触禁止の指令を自ら破り、日本にいるソ連の大使館の機関代表と連絡を付けるよう命じた。

一九四〇（昭和一五）年一月、クラウゼンはモスクワからの指令に基づき、帝国劇場で東京在住の連絡者から活動資金を受け取った。日本の外事警察は、その男がソ連大使館の領事ヴトケヴィッチであることを後に確認している。

同じような連絡が他の劇場でも行われ、クラウゼンは七〇本以上のフィルムを渡し、資金を受け取っている。彼が病気で行けないときは、ゾルゲ自身が出掛けることもあった。やがてクラウゼンは、ヴトケヴィッチから、「セルゲ」と名乗る新しい連絡者を紹介される。「セルゲ」は、ソ連大使館二等書記官で領事のヴィトール・セルゲヴィッチ・ザイチェフであり、赤軍情報部のメンバーであった。欧州戦争の勃発で、日本の対ソ政策について新しい情報を必要とした赤軍情報部は、直接「ラムゼイ」機関との接触をしばしば行ったのである。

一九四一（昭和一六）年八月六日、クラウゼンの事務所で行われた「セルゲ」との会合には、ゾルゲも出席し、すでに開始されていた独ソ戦争について議論したといわれている。

ゾルゲにとって、独ソ開戦に際してヒトラーの奇襲が成功したことは、何としても解し難いことであった。

すでに一九四一年の初めから、ドイツ軍の東方への移動については、ドイツ大使館に来た伝書使たちがしばしば語っており、東部国境の緊張が次第に激化していることについて、ゾルゲは敏感に反応し、その兆候を残らずとらえようと努力した。

ゾルゲは陸軍武官クレッチマー大佐から、ドイツが大規模な戦争準備を完了し、戦争か平和かはヒトラーの意思一つにかかっていることを聞き出していた。ゾルゲは尾崎とこのことを討議し、三月には、ヒトラーの無警告対ソ攻撃の可能性を強調していた。

五月に入ると、ドイツ陸軍省の特使リッター・フォン・ニーダーマイヤー大佐が東京に来た。彼は独ソ戦争がすでに既定の事実になっていることを語った。さらに続いて、ゾルゲの旧友ショル大佐が、バンコック駐在の陸軍武官として赴任する途次「独ソ戦争に関して取るべき必要な措置」についてのオットー駐日大使宛の極秘指令を持ってきた。

ゾルゲはショル大佐から、政撃が六月二〇日に始まること。二～三日の遅延はあり得るが、すでに一七〇～一九〇個師団が東部国境に集結し、最後通告も宣戦布告も行われないことを聞き出した。料亭での懇談の席上であったという。

ゾルゲは、これらの貴重な情報を、クラウゼンに打電させ、その重大性についてモスクワ中央部の注意を喚起した。ドイツの対ソ攻撃を警告したゾルゲの事前の情報は、「ラムゼイ」グループの最も劇的な成果の一つをなすものであった。

しかし、もともとスターリンが独ソ不可侵条約を結んだのは、ヒトラーが西方に向かい、英仏と戦うことを助けるためであった。ファシズムと自由主義を戦わせておき、互いに疲れきったところで、赤軍がおもむろに腰を上げ、ヨーロッパの収穫を刈り取ればいいという戦略であった。スターリンにとって一九四一年春は、まだ収穫の秋ではなく、英独ともに衰えてはいないし、ヒトラーはイギリスを屈服させる前に、東部戦線で攻撃を始めるような危険を冒すはずがないと信じ込んでいたのである。

スターリンは「情報源イギリス」で偽物と判断

クラウゼンの家では、本部からの反応を知ろうとして、ゾルゲたちは息をこらしていた。ゾルゲにとって自分が生命を賭して送っている警告が、相手に届いているのに何の反応も無いことほど神経をすり減らすものはなかった。クラウゼンが後に語ったところによると、ゾルゲは突然立ち上がって激怒した。両手で頭を抱えて大股に部屋を横切り叫んだ。「もうたくさんだ！　なぜ連中は私を信じないのだ？」クラウゼンが受信したモスクワからの返事には、「われわれは君の情報の真実性を疑うものである」とあった。

当時〝赤いオーケストラ〟のトレッペルからも、ヴィシーのソ連武官スロバロフ将軍を通じて、予測される攻撃プランと決行予定日が報告されていた。

しかし、ゾルゲやトレッペルが送った電報の欄外には、当時の赤軍情報部長によって〈二重スパイ〉とか〈情報源イギリス〉と書き込まれていたという。

スターリンは、戦争が切迫していると述べているすべての報告は、情報源イギリスか、ドイツからきた偽物と判断すべきだという恐るべき誤判断を下していた。この独裁者の誤判断は、誰からも正されるどころか、スターリンの幕僚たちは、阿諛追従《あゆついしょう》し、何ら為すところなく、ヒトラーの奇襲を許したのである。

ゴリコフ元帥は、戦後一三年もたって、ソ連の歴史雑誌の中で、当時送られた情報の正しさを公式に確認したが、ゴリコフは「ラムゼイ」や「赤いオーケストラ」が生命を賭けて送った情報に、無残なレッテルを貼った当の赤軍情報部長を、一九四〇（昭和一五）年六月から一九四一（昭和一六）年七月まで勤めていたのである。

ゾルゲ自身は、逮捕後、取調官に、「モスクワ中央部は深甚の感謝を表す無線通信を送ってきた。これは全く例の無いことであった」（第四一回検事訊問調書）と供述している。ゾルゲにとって、その決定的に重要な歴史的通信が無視されるどころか〝信憑性が無い〟とされた屈辱を語ることは、どうしてもその自尊心が許さなかったのであろう。

あるいは、最大の失敗に気付いた中央が、なおゾルゲの情報に依存せざるを得ないため、慌てて感謝を表明したのかもしれない。ただし、その通信文は残っておらず、真偽は歴史の闇の中に埋没している。

「セルゲ」ことザイチェフ書記官は、ゾルゲ・グループが逮捕されると秘かに日本を離れた。しかし、大戦中の四三年には、キャンベラのソ連大使館の二等書記官として現れている。

戦後の一九四七（昭和二二）年には、ワシントンのソ連大使館の新聞担当官となり、外交上の信任を受けていた。当時、東京ではGHQによって押収されたゾルゲ関係資料の分析が進められているさなかで、四七年一二月には「ゾルゲ・スパイ・リング―極東における国際諜報のケース・スタディ」という報告書がワシントンに送られている。しかし、ワシントンにいるザイチェフ新聞担当官が、実は東京でゾルゲと連絡していた当人であるとは、まだ知られていなかったようだ。（一九八四・一〇・一掲載）

14　ゾルゲ、逮捕前の打電――「日本は北進せず南進してアメリカと戦う」

「関特演」の真意にゾルゲ、尾崎の危惧

ヒトラーの奇襲は、スターリンを窮地に立たせた。ソ連の運命は、日本の政策と密接に結びつくことになる。ゾルゲ・グループだけが、日本の対応をモスクワに知らせることのできる位置にあった。

独ソ開戦の翌六月二三日、ゾルゲはオットー駐日大使が全館員に、日本の対ソ参戦を促進するため全力を尽くすよう指令したことを打電した。六月二七日、モスクワ本部は第四部極東課長名でゾルゲに「独ソ戦争について日本政府がいかなる決定を行ったかを知らせよ、また国境方面への軍隊の移動についても知らせ」と打電してきた。

当時日本では、独ソ戦の分析を巡って意見が対立していた。日本陸軍はソ連が急速に敗北しスターリン政権の崩壊に至ると見ており、他方、満鉄のソ連研究専門家は、ソ連

の抵抗力がそれほど低いとは見ていなかった。尾崎秀実は、朝飯会で近衛側近の大部分が、ソ連の崩壊を期待していながら、近衛自身は、支那事変で手一杯で、その上日米交渉の前途も不明な現在、対ソ行動を欲っしていないことを知り、日本は行動しないという確信を持っていた。

七月二日、御前会議が開かれ、日本は支那事変の完遂に努力しつつ、南方あるいは北方で起こり得べき事態に対処するため、いずれの方面にも兵力を派遣できるような準備を整えることが決められた。また、独ソ双方に対して中立を維持することが決定された。尾崎はこの決定を、朝日新聞の田中慎次郎から聞き出し、西園寺公一の意見も打診した後、ゾルゲに報告した。

一方、オットー駐日大使は、松岡外相から御前会議決定の説明を受けたが、日本の真の意図は、南方の地位を保持しつつ、北方で動員を行ってシベリアを攻撃することにあると解していた。ゾルゲはオットーの理解と尾崎の報告とも比較して、尾崎の方が正しいと考えた。事実、松岡は間もなく退けられ、七月一八日、第三次近衛内閣が外相を更迭して成立した。また、尾崎は七月末までに南部仏印に進駐する決定が行われたことを確認して、ゾルゲに伝えている。

ゾルゲはそれらをモスクワ本部に打電し、七月二日御前会議についての尾崎の報告は信頼性が高いと付け加えた。しかし、日本の最終意図は、なお不明であり動員計画の正確な分析にかかっていた。

参謀本部と関東軍は「関東軍特種演習」（略称「関特演」）を行い、満州に急速に陸軍兵力を集中しつつあった。それは二ヶ月間に兵員を三五万から八五万に倍増するもので、独ソ戦が日本に有利に進展するなら参戦することを想定していた。ゾルゲと尾崎、さらにモスクワ本部は、関特演が演習から対ソ戦に発展するのではないかという危惧に苦しめられていた。動員の最終段階は八月十五日までに完了する予定だったが、動員された師団がどこへ行くのか——北か南か。尾崎は全力を尽くして事態を見極めていた。

対ソ攻撃論者の松岡外相を更迭した第三次近衛内閣の主な目的は、南部仏印進駐（七月二四日）とそれに対して行われたアメリカの対日資産凍結宣言（七月二六日）で危機に瀕した日米関係の打開にあった。対ソ戦への早期介入ではないことが、次第に明らかとなった。八月二〇～二三日、軍首脳会議が東京で開かれ、対ソ戦について討議したが、尾崎はそれをゾルゲに伝える。ゾルゲは直ちにモスクワに打電した——「会議はソ連に対して本年中は宣戦しないという決定を行った。繰り返す、本年中は宣戦しないという決定を行った……」

モスクワ防衛を成功させたゾルゲ情報

尾崎が入手した情報では、陸軍は①関東軍兵力が赤軍の三倍になった場合。②シベリア軍団に内部崩壊の顕著な兆しが生じた場合には対ソ攻撃することになっているが、すでに満州に派遣された兵力は前線から撤収されていることが分かっていた。ゾルゲは尾崎を満州に旅行させて、それを確認させる。

九月一五日に満州から帰った尾崎は、満鉄が動員開始の最初の週には、対ソ攻撃準備としてシベリヤ鉄道接収要員三〇〇〇人の提供を命令されていたが、その後、その数が一五〇〇人に減らされ、現在はわずか五〇人を要求されているにすぎないこと。これは対ソ攻撃がしばらく停止された決定的証拠だという情報を入手してきた。

九月の後半、尾崎は西園寺公一に接触して日米交渉の前途を話し合った。尾崎は悲観論をぶつける。西園寺は近衛を中心に八月末に行われた会合で、自分が取りまとめを命ぜられていた近衛・ルーズベルト会談を含む日米交渉計画の草案を尾崎に見せて、必ずしも悲観すべきでないと指摘する。西園寺はこのことのために後に起訴されて、一年六ヶ月（執行猶予二年）の判決を受けることになる。

尾崎は、その草案の要点を記憶してゾルゲに伝えた。尾崎は日米会談の失敗を確信しており、陸海軍が近衛に九月六日御前会議で決められた期限を守るよう強い圧力を加えているのを知っていた。

十月の第一週に、ゾルゲと尾崎は、日米会談に対する最終的要請と評価を整理して、次のような電報を打った。

「もし今月一五日ないし一六日までに、アメリカから満足すべき回答がなければ、日本政府は総辞職が徹底した再編が行われるであろう。いずれにしても、今月か来月に対米戦争が始まるであろう……ソ連については……もしドイツにソ連政府を打倒し、それをモスクワから追い出せないことが明らかになれば、日本は翌年春まで時を稼ぐべきだと感じている。いずれにしても対米問題と南進の問題が、北方問題よりはるかに重要である。」

日本は北進せず南進してアメリカと戦うであろう、というゾルゲ・グループの決定的情報が送られたのである。十月四日のことである。

すでにソ連最高司令部は、独ソ開戦の直前の五月二六日、トランスバイカル地方から第一六軍を西方に移動していたが、この十月から一一月にかけて、さらに一一の狙撃師団計二五万の兵力を、モスクワ周辺に戦略予備軍として送り込むことができた。これが、モスクワ防衛にスターリンが勝った最大の要因となる。東京でのゾルゲの使命は、成功裡に完了しつつあった。

しかも、それはまさに終わりの始まりでもあった。日本の特高警察は、二年前から日本共産党の〝偽装〟転向者伊藤律を通じて、アメリカ共産党日本人部の部員で、帰国して宮城に情報を提供していた北林トモを突き止めていた。九月二八日、彼女は逮捕され、一〇月一一日まず宮城が、次いで一五日に尾崎が、一八日に、ゾルゲ、クラウゼン、ヴーケリッチが逮捕され、グループは壊滅した。（一九八四・一一・一掲載）

15　ゾルゲグループと尾崎グループの逮捕者

業績の大きさに比べて小グループ

ゾルゲ事件の関係者として、一九四二（昭和一七）年六月八日までの八ヵ月間に逮捕されたのは、三五人の男女であった。その中には、ゾルゲ、尾崎、クラウゼン、宮城、ヴーケリッチが含まれており、さらに後に不起訴となった一八人が入っている。

ゾルゲ・グループは、その業績の大きさに比べ、実質的にはわずか一一人の下部組織しか持たない小グループであった。一一人中七名は宮城与徳の下部組織であり、四名は尾崎のそれであった。

グループ逮捕の端緒となった宮城のロス時代の知人北林トモ。同じくロス時代に宮城の助手をしていた秋山耕治──彼は日本語を英訳するための協力者で、ゾルゲとは面識がなく、ゾルゲが秘密保持上の不安を示すと、宮城はあの男は信頼できると保証していた。北林は懲役五年、秋山は七年であった。

かつて日本共産党の北海道地区委員で転向していた久津見房子は、一九三六（昭和一一）年初めから宮城の協力者になった。久津見が紹介した元党員山名正実も農業事情の情報源として協力した。彼は南樺太や満州に旅行しており、その費用を宮城は負担していた。久津見は懲役八年、山名は一二年であった。

山名が一九三九（昭和一四）年一一月に、元党員で北海道網走の富裕な地主の息子の田口右源太を紹介した。彼は

「ロープ材料商」として各地を旅行したが、独ソ開戦後は月二回以上も宮城と会っていた。ゾルゲとは会っていないが、ゾルゲは北海道から来た男が非常に詳しい情報を提供してくれたと供述している。田口は一三年の懲役となった。

小代好信は昭和一四年春に宮城に会った。陸軍から除隊したばかりの伍長であり、満州・北支・朝鮮で勤務していた。明治大学の出身で、喜屋武という宮城の友人の紹介であった。共産党員ではなかったが、関心はあったという。小代伍長はゾルゲがモスクワから要求されていた「日本陸軍将校一人をグループに加えよ」という指令に応えうるとして採用した機関の正式メンバーであった。ゾルゲは直接小代に会って人物を確かめ、履歴書を赤軍第四部に送った。小代は登録され、暗号名は「ミキ」と呼ばれた。彼は一九四一（昭和一六）年七月に再召集されるまで、陸軍の配置と装備、編成、満州国の防衛状況、ノモンハン事件、新型火砲と戦車、秘密の操典類等、多くの貴重な情報を提供した。少額だったが月々協力費が支払われていた。彼は一七年四月に南支の所属部隊で憲兵に逮捕されたが、特高に引き渡されたのは一年後であった。彼は一五年の懲役で最も重かった。

宮城の七番目のメンバーは安田徳太郎であった。久津見が宮城をコミンテルンの機関員だと教えた。彼は医者として患者から聞いた話を廻したり、医薬品で便宜を図ったりしたが、たいしたことではなく、懲役二年執行猶余五年の判決を受けた。これは宮城グループでは最も軽いものであった。

尾崎グループは中国通ぞろい

尾崎の四人のグループとは、川合貞吉、水野成、川村好雄、船越寿雄であった。

川合は典型的な〝大陸浪人〟であり、上海時代から尾崎に忠実であった。一九三五（昭和一〇）年五月に尾崎は彼を宮城に紹介したが、翌年一月突如大陸におけるスパイ容疑で逮捕され、尾崎たちは胆を冷やした。満州に護送され、中国共産党との関係を徹底的に訊問されたが、一言も尾崎の名を口にしなかった。結局六月になって執行猶余で出された、以来一五年九月まで大陸にとどまった。帰国した川合の世話を尾崎は宮城に頼んだが、二人は上手く行かず、何もしないうちに一九四一（昭和一六）年一〇月二二日に逮捕された。判決は懲役一〇年であった。

水野成は、一九二九（昭和四）年上海の東亜同文書院に入り、上海にいた尾崎と会い、また尾崎をゾルゲに案内したコミンテルの機関員鬼頭銀一からゾルゲに紹介され、ゾルゲの上海グループの一員となった。その後、反戦活動で同文書院を追われ帰国した。尾崎は彼を高く評価しており、自分の後継者と見なしていた。水野は一時尾崎の私的秘書となり、政治・経済の一般的問題についてモスクワに送る報告の背景説明を作成するよう頼まれたりした。尾崎は水野の報告書を宮城に廻し、宮城が秋山に英訳させて、それをゾルゲに渡していた。水野は日本ではゾルゲに一度しか会わなかった。一九四一（昭和一六）年一一月一七日に逮捕され、懲役一三年の判決を受けたが、一九四五（昭和二〇）年三月獄死した。

川村好雄は満州日日新聞の記者で上海特派員をしていた。水野とは東亜同文書院の同級生であり、同じように反戦運動で追放され、満州で新聞記者になった。昭和八年川合が彼を北京でスメドレーに紹介し、中共のための秘密活動に参加させた。やがて彼は上海で、尾崎の部下になったが、ゾルゲもそれを知っていた。ただ川村は、一七年三月三一日に上海で逮捕され、東京へ護送されて間もなく死んだので、その活動の詳しいことは、ほとんど分かっていない。

船越寿雄は、一九二五（大正一四）年早稲田大学を中退して中国に渡り、日本の地方紙の記者になった。上海で尾崎を知り、親しい友人となった。彼は、尾崎と川合によってゾルゲの上海グループに引き入れられ、有力な日本人部員となった。彼はゾルゲが日本に移ってからも、ゾルゲの後継者「パウル」とスメドレーと終始接触していた。彼は中国の国内政治の研究からマルクス主義にひかれ、研究から実践活動に参加した。川合が満州で執行猶余になったとき、自分の支那問題研究所（天津）に就職させたり、日本に帰るとき、旅費を与えたのも彼であった。また、尾崎とは連絡を保ち、時々会っていた。昭和一三年から一六年にかけては、漢口特務機関に潜入し、その一員として、中国人政治指導者の顧問となっていた。彼は一七年一月、北支で逮捕され、懲役一〇年となり、一九四五（昭和二〇）年二月に獄死した。

犬養健と西園寺公一は、一九四二（昭和一七）年四月に逮捕された。

犬養は軍機保護法違反の罪を問われたが、大審院まで上告した後、無罪となった。西園寺は「他人に対する情報の漏泄」に関する国防保安法違反で一年六カ月の懲役執行猶余二年となった。

その他、不起訴になったもの、拘留されないで取り調べを受けたもの、あるいは司法当局から証人として訊問を受けたものには、近衛公を始め、その側近の大部分、朝日新聞の有力者、昭和研究会の会員、東京・上海・満州国の満鉄関係者多数が含まれていた。

一九四二（昭和一七）年六月、上海の日本当局は、中国共産党に情報を提供していた容疑者約一〇〇名を逮捕し、二〇名ばかりが起訴された。その中には、戦後日本共産党の参議院議員となった中西功もいた。彼は東亜同文書院で水野や川村と同級であり、天津にあった船越の研究所の所員であった。もちろん、彼はゾルゲ・グループではなく、中国共産党のために活動していたのである。（一九八四・一二・一掲載）

16　〝国外追放〟の夢も空し――祖国ソ連はゾルゲを見棄てた！

ヌーラン事件の前例をゾルゲは期待した

一九四四（昭和一九）年一一月七日、第二七回ロシア革命記念日の朝、リヒァルト・ゾルゲと尾崎秀実は、巣鴨刑務所で絞首刑を執行された。逮捕後、すでに三年の歳月がたっていた。

ゾルゲ、尾崎等の取り調べが本格化したのは、一九四二（昭和一七）年に入ってからであった。すでに大東亜戦争は開始されており、緒戦の大勝に国民が歓呼しているさなかであった。

逮捕直後の興奮が落ちつくと、ゾルゲは取調官に、ソ連大使館に連絡を付けるよう求めた。歴史の進路を変えた〝ラムゼイ〟グループの功績に対して、モスクワ本部は決して見殺しにすることはないと信じていたのである。ソ連大使館が外交ルートを通じて引き取ってくれることに望みを託したのであろう。ゾルゲはそうした前例を知っていた。

一九三一（昭和六）年六月、上海在住のコミンテルンのリーダー、イレール・ヌーランが捕らえられ、発見されたコミンテルン極東部とプロフィンテルン汎太平洋労働組合書記局の会計簿から、その日秘密活動の全貌が初めて明らかとなる事件が起こった。このヌーラン一派と深いつながりがあり、難を避けるため一時上海を離れたほどであった。

ヌーランと彼の妻は南京政府に引き渡され、十月、軍事法廷で死刑を宣告された。しかし翌年六月にはソ連へ向けて国外追放された。

ソ連側に捕らえられていた国府の機関員と交換されたと

いわれている。ヌーランはユダヤ系ポーランド人で、情報活動のベテランであった。

ベルジン将軍健在のモスクワが、これを見殺しにするようなことはなかったのである。

このヌーランの運命を、ゾルゲはよく知っていた。あれだけソ連のために働いた自分を祖国ソ連が見棄てるはずがない、独房のゾルゲの希望と幻想は最後まで彼に付きまとっていた。

ゾルゲの取調官は、ソ連大使館と接触するつもりはないと断った。しかしゾルゲは、将来必ずソ連との交渉のために自分の援助が必要になると、繰り返し説明し、希望を捨てなかった。ゾルゲは、旧友で自分を高く評価していた外務人民委員部副部長ソロモン・ロゾフスキーを始め、モスクワの上級者は、交換のために全力を尽くすだろうと楽観していた。ただし、すでに見たようにモスクワは、ゾルゲを裏切者ベルジン一派のトロツキストで、ドイツの〝二重スパイ〟だという疑いを捨てていなかったし、ゾルゲ救出のために何もしなかった。

日本側にとってゾルゲ事件は、対独関係に疑念をもたらし、対ソ関係をも危うくする厄介な問題であった。当時、米英両国と戦争を始めた日本にとって、ゾルゲ・尾崎の〝謀略〟を深く追及することは、〝聖戦〟が国際共産主義者によって挑発されたことを立証するというジレンマとならざるを得ない。また、日ソ中立条約は北方の静穏を約束する大事な保証であった。

ソ連にとっても、日本との中立維持は当面必要不可欠であった。ゾルゲを赤軍の情報工作員と認めることは、対日関係を危うくすることで、到底認められなかった。ソ連大使館の〝ラムゼイ〟機関担当者だった「セルゲ」ことザイチェフ二等書記官は、ゾルゲ逮捕直後に秘かに日本を去っていた。

しかし、日本・ソ連間に中立を維持しようとする日本・ソ連両国の方針は、戦局の推移とともに次第に変化して行く。当初、日本の対ソ参戦を最も警戒していたソ連も、対独戦局の好転とともに次第に余裕を持ち始め、逆に日本側がソ連の中立を太平洋の戦局から切実に必要とするようになって行く。対ソ静穏関係の持続は本土防衛の必要からも、痛切に求められたのである。

「ゾルゲという名前は知らない」と回答

ゾルゲはそうした場合に自分は役立つと広言していたし、ゾルゲをソ連に送り帰すことを対ソ取引の材料にしようという思惑が、日本側になかったとは言えないであろう。ただ、その具体的証拠は無いとされてきた。しかし、レオポルド・トレッペルは、その『回想録』の中で、ゾルゲを生かさなかったモスクワを告発している。

戦後、ようやくモスクワに帰還したトレッペルは、NKVDに拘禁され〝ベルジン派の反革命一味〟として一五年の禁固刑を宣告され、長い獄中生活を送ることになる。その獄中で彼は、ゾルゲの無線技師だったマクス・クラウゼンに会う。クラウゼンは終身刑だったがアメリカ軍に解放され、療養後ウラジオストックに送られてきた。トレッペルはクラウゼンから、ゾルゲが処刑されたことを聞く。また、東京裁判に証人となるため送られてきた関東軍の富永恭次中将（終戦時一三九師団長）と偶然同房となった。

「ゾルゲについて何か知っているか」とトレッペルが聞くと、富永は、当時陸軍次官だったからよく知っているという。では、なぜ殺したのかというと、富永は、われわれは再三東京のソ連大使館にゾルゲと日本人捕虜の交換を要求したが、そのたび「ゾルゲという名前は知らない」という回答に接したからだと答えたという。

トレッペルは、モスクワが将来足手まといとなる証人を残しておくよりも、処刑されるままにしておく方を選んだのだと獄中で始めて覚った。彼の『回想録』には怒りを込めて書かれている——「ゾルゲはベルジン将軍との親交の代価を払わされたのだ。ベルジンの粛清以来嫌疑をかけられていた彼は、モスクワにとって二重スパイでしかなかった。しかもトロツキスト！の」

一九五四（昭和二九）年五月、トレッペルはようやく釈放されてポーランドへ帰る。一九五三（昭和二八）年にスターリンが死去し、ベリヤも粛清されてから一年後のことであった。

それからさらに一〇年後、一九六四（昭和三九）年一一月五日、革命記念日の直前、突然、ゾルゲに最高ソ連邦英雄勲章が授与された。処刑後まさに二〇年がすぎようとしていた。最高会議幹部会は、ゾルゲに「ソ連邦英雄」の称号を与え、バクー市にはゾルゲの名を付けた街路ができた。〝リヒアルト・ゾルゲ〟号と命名されたタンカーも就航した。六五年春には、正面から見たゾルゲの肖像が朱色の背景に浮かび上がっている四カペイクの記念切手も発行されている。

こうした時期外れの名誉回復の背景には、独ソ開戦当時のスターリンの指導の誤りについてのソ連国内での批判的論争があり、さらに同じくこの年に名誉回復されたベルジン将軍や「アレックス」ことボロヴィッチへの再評価があった。

また、ゾルゲを英雄とすることによって、スパイ活動はソ連国民の愛国的義務であることを示そうとするキャンペーンの一環とする狙いとも見られた。それまでソ連国民にとって〝スパイ〟とは汚いことであり、資本主義諸国だけがやることで、社会主義国ソ連は決してし無いというのが公式の見解だったのである。（一九八五・一一・一掲載）

17　北アフリカ戦線の拡大と仲小路の焦慮

イタリアの参戦、チャーチルの好機

一九四〇（昭和一五）年秋から一六年春にかけて、ヨーロッパではチャーチルがヒトラーのイギリス本土上陸をいかに回避するかに死力を尽くしていた。

チャーチルにとってチャンスはイタリアの参戦とともにやってきた。当時、イタリア領リビア・エチオピア・エリトリア・ソマリランドに駐屯するイタリア軍地上部隊は北東アフリカ最大の兵力を擁していた。ムッソリーニ首相は七月東阿（アフリカ）の英領スーダン（四日）、ケニア（一五日）に進出させ、八月英領ソマリランド占領（一九日）九月には北阿伊軍司令官グラツィアーニ元帥に厳命して、リビアから国境を越えてエジプト領内に侵攻させた。さらに一〇月二八日には、バルカンでアルバニアからイタリア軍をギリシャに侵攻させたが、この尚早なバルカン侵攻が、ギリシャ軍に反撃され、逆にアルバニアに攻め込まれるという敗北を喫し、ヒトラーを激怒させチャーチルにチャンスを与えた。

すでにチャーチルはバトル・オブ・ブリテン（「英本土航空戦」）さなかの八月初めイギリス中東軍司令官ウェーベル元帥に北阿での反撃を命じていた。北阿・地中海を新たな戦場としてエジプトとマルタを死守し、イタリア植民地を奪回することでヒトラーの眼をイギリス本土から外らしバルカンに戦火を投じ、イギリス本土を凝視するヒトラーを側背から脅かそうとした。ヒトラーは北阿・地中海・ギリシャに気を奪われ、特にバルカンでは利害の錯綜する独ソ関係に必ず変化を招くに違いない。この戦いこそイギリスを救う唯一の途だと確信したのである。

しかしイギリス中東軍司令部は準備不足を理由になかなか応じない。作戦開始時期を巡って激しいやり取りが続い

たが、一二月九日ギリシャ戦線でイタリア軍が総崩れになったタイミングをとらえ、北阿におけるイギリス軍のリビアへの反撃「コンパス作戦」が開始された。インド・ニュージーランド・南阿（南アフリカ）部隊を含む三個師団九万のイギリス連邦軍は三個軍団総兵力二五万のイタリア軍を撃破、翌年二月までに全キレナイカ（リビア東部地方）を制圧。恐慌状態となったイタリア軍はトリポリタニア（同西部地方）に潰走した。捕虜一三万、火砲一三〇〇門、戦車四〇〇両が捕獲される大惨敗であった。

一方、東阿でのイギリス軍攻勢は翌四一年一月スーダンで始まり、二月には英領ソマリランドを回復、四月六日にはエチオピアの首都アジスアベバを攻略、ロンドン亡命中の皇帝ハイレセラシェが復位。五月には東阿の全イタリア軍が降伏した。この戦いでアフリカ人含むイタリア軍四二万が戦死するか捕虜になった。イギリス連邦軍の死傷者は三一〇〇人だったという。

アフリカでのイタリア軍大敗北はヒトラーにとって対ソ戦遂行の観点から放置できなかった。イギリス軍がリビアを席捲する前に北阿のイタリア軍を救援する総統訓令第二二号「ゾンネンブルーメの件」（一月一一日）の実施を急ぎ、エルヴィーン・ロンメル少将をドイツ・アフリカ軍団の指揮官に抜擢、中将に昇進させて北阿の作戦指導を命じた。二月一二日、ロンメルはトリポリ空港に到着した。ただしその兵力は一個軽師団プラス一個装甲連隊・砲兵隊その他という極めて弱体なものであった。

ロンメルの戦果とヒトラーの驚喜

このころチャーチルはヒトラーのバルカン作戦に備えるため中東軍司令官にギリシャへの兵力緊急移送を命じ三月七日五万余の連邦軍を送った。

北阿キレナイカには最小限の兵力が残されるだけとなった。このイギリス連邦軍の動静を察知したロンメルは、三月一九日戦況報告のためベルリンに飛び、ヒトラーに謁見してキレナイカ奪回の許可を求め、その際、北阿戦線の現状と展望を報告、エジプト進攻、スエズ占領構想を提言、装甲二個軍団の兵力派遣を要請した。しかし対ソ作戦を控えて兵力の余裕が無いと却下され、陸軍参謀総長からロンメルの使命はイタリア軍の崩壊を阻止する応急的なものだとクギを刺された。

しかし任地に戻ったロンメルは三月二四日たちまちエル・アゲイラを奪回、四月五日～六日にはベンガジ・ハルツエを占領し、トブルクを包囲してキレナイカからイギリス連邦軍を追い払うという戦果を上げ、総統大本営の注目を集めた。ヒトラーは対ソ作戦終了後の戦略構想として中近東進攻計画を考え始めていた。ロンメルの提言とその積極果敢な攻撃ぶりを見て、陸軍参謀本部に中近東占領計画におけるロンメル軍団の役割を再調整するよう命令した。

ロンメルの作戦計画はドブルク奪回後スエズ運河を抑え、ペルシァ湾のバスラに進出、さらにシリアを占領、コーカサス地方より南下するドイツ軍と合流するというものであった。ロンメル登場による「砂漠の戦争」が開始されようとしていた。

こうした北阿における情勢の転向は、日本の新聞ではほとんど報道されなかった。もともと日独伊の同盟は、地理的に離れているという制約をいかに克服して具体的に共同・提携するかの戦略を持ち、一体的に運用できるかどうかによって成否が決せられるものであった。したがって日本の南進は、もとより東南アジア資源地帯を確保して米国による「油断」を排除する意味があったが、それに加えてインド洋を経てスエズでの日独伊連結によって、イギリスのインドからの補給路を切断するという最大の戦略的狙いがあった。まずイギリスを脱落させることが必勝の戦争計画だったのである。この戦略の怖しさをよく知るチャーチルはヒトラーをスターリンに激突させるべく、ギリシャに派兵し、スエズを守り、さらに日本の南進をでき得る限り遅らせるため、ルーズベルト　アメリカ大統領と図ったのである。このころになっても、日本はまだ英米と戦うことさえ決断していなかった。（一九九九・五・一掲載）

18　尾崎・ゾルゲの謀略に負けた松岡外相の訪独露外交

西園寺公一を松岡の随行に押し込む

ヒトラーにナポレオンの運命を重ね合わせ、ナポレオンの最大の戦略的失敗ロシア遠征を繰り返そうとするチャーチルの謀略を要路に警告したことについては、すでに述べたが、しかし、その警告に対して外務省も参謀本部も、当初ほとんど関心を示さなかった。イギリス本土上陸作戦ができないまま反転してソ連に侵攻することは、まさにナポレオンの二の舞いであり、歴史はその無残な失敗を予見していたが、陸戦の専門家である参謀本部も外交の専門家である外務省も、その意味と歴史の教訓を考えようとはしなかった。

もちろん、このことを最も深く洞察し、積極的にヒトラーをしてスターリンに激突させようとしていたのは、すでに見たようにイギリスのチャーチル首相であり、アメリカのルーズベルト大統領であった。「ドイツ国防軍は対イギリス戦終結以前にソ連を迅速なる作戦により打倒する準備をなすべし」という「バルバロッサ」指令（一九四〇年一二月五日）を「ウルトラ」で確認して以来、チャーチルはルーズベルトと謀り、ユーゴスラビアでの反ナチス・クーデターを工作し、当初五月を予定していたヒトラーの作戦準備スケジュールをバルカン作戦での損耗によって一ヵ月遅らせることに成功。ナポレオンが一八一二（文化九）年ロシア戦役を始めるため六月二二日ネイマン河畔に進出、はるか対岸にロシア領を遠望したのと同じ日、六月二二日まで「バルバロッサ」作戦発動を遅延させたのである。

すでに一九四一（昭和一六）年一月中旬には、松岡外相のドイツ・イタリア訪問、モスクワでの日ソ会談計画が陸海軍と内閣に提示されており、それが実施される三～四月には直接ドイツで真偽を確認する最良の機会があったが、そうした発想も姿勢も全くなかった。

それよりも松岡外相訪欧は、いちはやく尾崎秀実・ゾルゲの知るところとなり、その諜報謀略の絶好の対象とされたのである。このころ、満鉄嘱託であり昭和塾の主任講師を兼ねていた尾崎秀実はゾルゲと謀り、牛場秘書官や西園寺公一と協議し、近衛首相と必ずしもよくない松岡外相の言動を知るため、西園寺公一を外務省顧問として外相に随行させることを計画、富田内閣書記官長から外相に要望した。故西園寺公の孫に当たる西園寺公一に国際経験を積ませるという名目で、松岡外相もこれを承諾した。

こうした尾崎は松岡一行の渡欧についての計画、途上の出来事、結果まですべての情報を入手する態勢を作り、いち早く外務省の対ソ交渉要綱案を入手して、ゾルゲを通じ赤軍第四部へ報告した。

三月一二日、松岡一行は盛大な見送りを受けて東京駅を出発、満州里を経由してモスクワに二三日に到着、松岡外相は二四日クレムリンでモロトフ外相と会談、途中でスターリンも加わった。松岡はスターリンに懸案の日ソ不可侵条約の促進を要望し、訪欧の帰途調印したいと申し出た。また同夜、日本大使館で駐ソ米国大使スタインハルトを招き、日米交渉の促進についてワシントンに伝達するよう要望するとともに、帰途返事を受け取ることを約束した。このやり取りは日本大使館に設置されたソ連の巧妙な盗聴装置でことごとくソ連側に聴取されていたが、日本側は全く気付いていなかった。

松岡の一挙手一投足がソ連に筒抜け

松岡一行は三月二六日夕刻ベルリン駅に到着、国賓として大歓迎を受け、得意絶頂の旅であった。しかし外相一行に求められていた一番肝心なこと、ヒトラーの東方反転、ナポレオンのようなイギリス本土上陸を延期してロシア遠征に向かう可能性があるのかどうかについての実情視察は全く不十分だった。それどころか会談でドイツ側がソ連との協議にあまり立ち入らないよう勧告しても、一行はその真意を理解することができなかった。

バルカン情勢がドイツ・ソ連対立により急迫していること、すでにヒトラーの指令でドイツ国防軍の大半が東欧国境方面に移動し始めていることなど、看取するすべもなかった。一行はドイツから帰途四月七日モスクワ到着の直前に、ソ連側からドイツ軍のユーゴー・ギリシャ作戦の開始を知らされて驚き、狼狽した。当然のことながら何も知らされてはいなかった。

松岡一行はモスクワでモロトフと日ソ不可侵条約交渉を続けたが、進展せず、交渉を打ち切って帰国すると通告した。モロトフはこれを引き留め、一一・一二日と再会談したが一向に進まず、もはや打ち切りかという段階でスターリンが現れ、北樺太の採掘権は棚上げにして不可侵条約ではなく中立条約ではどうかと提案した。中立条約は不可侵条約より拘束度は低いが、打ち切りよりもと考え、松岡外相が予定変更を政府に請訓、締結に至ったのである。一三日の調印式に立ち会ったスターリンは一行の出発を見送りに白ロシア駅にも現れ、松岡を抱擁してロシア式の挨拶を交わし、この前例の無いスターリンの言動に各国外交官が驚いた。松岡はソ連と不可侵条約を結んだ上で日米交渉を進め、交渉成立すれば日独呼応してソ連を挟撃する戦略を考えていたが、スターリンは日本ソ連間で交渉してきた不可侵条約より拘束力の弱い中立条約で当面を糊塗し、いずれは日本を撃つことを思いながら、松岡を抱擁したのである。松岡の考えはすでに出発前に、西園寺↓尾崎↓ゾルゲを通じてモスクワに伝えられていた。

それればかりかスタインハルト駐ソ米大使との二回の会談の内容、中立条約調印の前夜、モロトフ外相招待の芸術座での観劇の際、松岡外相は秘密裡にクリップス駐ソ英大使からチャーチル首相の親書を受け取っていたが、その内容も、日本大使館での会話から盗聴装置でソ連側の知るところとなっていた。日ソ中立条約は、まさに尾崎・ゾルゲを

中心とする情報と謀略の戦いでの「敗北」の上に結ばれたのである。（一九九九・二・一掲載）

19　昭和一六年四月―富岡作戦課長と海軍第一委員会の役割

「自存自衛」と「武力南進」の矛盾

一九四一（昭和一六）年四月一〇日、帝国海軍は出師準備第一着作業を終了して対アメリカ七割五分の戦備を完整した。しかもその直後の一七日に陸海省部間で採択された「対南方施策要綱」によって政策上の深刻な矛盾に逢着していた。出師準備作業は前年七月の「時局処理要綱」に基づき「好機」をとらえて「武力南進」するために発動されたのにそれが達成された直後に、たとえ「好機」があっても「自存自衛」以外に「武力南進」はしないということにしたからである。出師準備はいつになるか分からない受動防衛的「南進」のためにいつまでも待ち続けることは不可能であった。引き続き第二着作業を発動して全面的戦時編成に移行して開戦に備えるか、編成を縮小して以前の状態に復するか、いずれかでなければならなかった。

すでに英米の可分を前提として、素早く機会をとらえ香港・英領マレー半島・シンガポールを攻略し、蘭領インドシナの石油資源を確保するという陸軍の政略出兵的構想は、時期を失して清算されざるを得なくなっていた。日米交渉の開始に当たり、陸海軍論議の分かれるところとなっていた戦略論争に不可分の結論が出され、対アメリカ戦を覚悟しない限り南方実力行使は不可能との海軍側の主張が取り入れられていたのである。時とともに米英蘭が「一体不可分」となりつつある中で、外交交渉による日米関係打開に一縷の望みを託した日米交渉がワシントンで始められたが、その前途は極めて不透明なものであった。

前年秋、海軍大学校戦略教官から軍令部作戦課長に就任した富岡定俊大佐にとって、最大の悩みの種は六百万トンといわれる石油の備蓄が日々減り続け、供給のメドが全く立っていないことであった。日蘭会商で蘭領インドシナ側は戦略物資の査定を厳しくし、交渉は難航していた。米英の支援を頼んで対日経済封鎖の圧力を強めていたのである。外交手段で石油の入手を図ろうとした半年近い交渉は限界に達しつつあった。唯一の活路を日米交渉に期待するがもし交渉に失敗し、アメリカが全面禁輸に踏み切れば、日本は屈服するか、「自存自衛」のために対米英蘭武力行使に踏み切らざるを得ないところまで追い込まれていたのである。

富岡作戦課長はルーズベルト大統領が日本に石油がどこからどれだけ入っているのか、よく知っているのではないかと疑っていた。封鎖を続けながら交渉に応じ、時を稼ぎ、引き延ばしを続けていれば、日本の石油備蓄は枯渇し、ついに陸海軍は「自存自衛」のために戦うことさえできなくなる。辛抱にも限度があった。タイムリミットはいつなのか。いつ戦うか分からないのでは計画は立てられない。戦うのか戦わないのか、戦うならいつごろなのか決めて欲しいという作戦計画担当者としての切実な願いがあった。もちろん、戦うのか戦わないのかは政治が決断すべきものである。しかし、政府が決断できず、じりじりと引き延ばされ、最悪の状態になってから戦えといわれても作戦は立てられない。政治が決断できないとき、せめて計画担当者として用兵上の見地からスケジュールを立て、その限界を、政府に注文することは許されるのではと考えていた。

重要政策を決めた海軍第一委員会

富岡大佐のこうした考え方は、前年秋北部仏印進駐直後に海軍省部の政策推進事務機関として設置され、作戦課長として自らもその中心的メンバーとなる第一（政策）委員会の支持するところであった。委員には、軍務局第一課長・高田利種、第二課長・石川信吾、軍令部第一部長付・大野竹二の各大佐、幹事には神重徳、柴勝男、藤井茂、小野田捨次郎の各中佐が参加、海軍の重要政策を実質的に動かしていた。第一委員会の情勢分析は、いま日米英蘭関係がまさに「つばぜり合い」の状況にあり、速やかに和戦いずれかの決意を明定して対処すべき時期に立つとする認識であり、この和戦の鍵を握るものこそ「帝国海軍」であるとする強烈な自覚であった。

五月に入ると日米英蘭関係の緊迫は、日本周辺海域の緊張となって現れるようになった。米英の艦船が頻々と日本近海に出没するようになる。豊後水道にアメリカの駆逐隊が接近してきたり、潜水艦が潜航のまま大阪湾を一周して潜望鏡で写真撮影していることなどが分かった。また、有明湾に連合艦隊が入っているときにイギリスの駆逐艦がその間を検閲のように巡回したりした。

富岡作戦課長は焦慮していた。第一委員会はこうした挑発的威力偵察にどう対応するか知恵をしぼったが、苦肉の策として、富岡大佐が同期の大本営海軍報道部第一課長の平出英夫大佐に依頼して、五月二七日の第三六回海軍記念日にJOAKの特別番組で「海戦の精神」と題するラジオ講演を行い海軍の姿勢を、同盟通信社を通じて内外の報道機関に流すことにした。目に見えぬ外圧に対し国民の士気を鼓舞し、米英側に対しては勝手な真似は許さない、用意があるぞと警告する「プロパガンダ」であった。翌二八日の朝刊各紙、とりわけ「東京日日」は一面で大きく取り上げたが、「朝日」は翌二九日夕刊で後追いしていた。

平出大佐は中佐のころイタリア大使館武官としてローマに在勤していた。一九三七（昭和一二）年秋、ドイツを再訪した小島威彦と深尾重光が自動車旅行でバルカン、トルコ、ギリシャからイタリアへ入り、義兄小島秀雄海軍大佐の紹介でローマの海軍武官事務所を訪問、歓迎・意気投合するという因縁があった。一九四〇（昭和一五）年七月ローマから帰国、小島らの紹介でスメル社の研究会に加わり、仲小路彰とも相識っていた。また、一〇月から一一月にかけて開かれたスメラ学塾第二期講座の講師として、明朗かつ表現力豊かな話術で塾生たちを魅了していたが、講義の内容は公表されなかった。一二月からは報道部第一課長の現職に就任したのである。（一九九九・六・一掲載）

20　ヒトラーのソ連攻撃を巡るゾルゲ・尾崎の密議

駐日ドイツ大使の顧問格ゾルゲ

欧州戦争の帰趨を決することになると見た仲小路彰が、深刻な憂慮と警鐘を発していたヒトラーのソ連侵攻について、松岡外相はドイツ・イタリア訪問でヒトラーに会いながら真相に迫ることができず、貴重な日時を空費することとなった。外相帰国（四月二二日）に前後して、参謀本部には大島駐独大使・同駐在武官からドイツの対ソ戦争が近いとの情報があり、東欧駐在の武官からもドイツ軍部隊が続々とソ連国境に接する東プロイセンとポーランドに集結しつつあるとの報告があった。参謀本部では、五月一五日首脳会議を開き、独ソ関係の検討を行ったが、東方集結のドイツ大軍は対ソ外交を有利に進める政策によるもの、あるいは、対英本土攻撃の偽騙行動で、まさか対英戦のさなかに対ソ戦を行う二正面作戦の愚を犯すことはなかろうとの結論であった。

ヒトラーはすでに見たように極秘のうちに「バルバロッ

サ」計画を発令、着々と準備を進めたが、開戦後なるべく早い時期に同盟国日本の協力を求める必要があるとの考えで、オットー駐日独大使に説明のため、五月初旬、二人の特使をシベリア鉄道経由で東京に派遣した。対ソ情報将校のニーダーマイヤー大佐、かつて駐日武官だったがタイ駐在武官として赴任することになったショル中佐で、両名はオットー大使にドイツの対ソ戦争準備と作戦計画の大要について説明した。このころオットー大使の事実上の顧問格として機密情報に接していたゾルゲは、大使に同席して直接この機密情報を聴取したといわれ、ニーダーマイヤー大佐は席上ディレクセン前駐日大使からの紹介状をゾルゲに渡したという。

両名の説明によると、ドイツ国防軍は六月二〇日前後、若干日時のずれはあるが、約一七〇万〜一九〇万の機械化師団で攻撃を開始し、当初モスクワ、レニングラードを目標に進撃し、次いでウクライナ地方を奪取、ウクライナの農産物と一〇〇万〜二〇〇万の労働力を捕虜として獲得し、使役することが狙いだとした。

ゾルゲはこの情報を直ちにマックス・クラウゼンの無線機で緊急電として赤軍第四部に報告するとともに尾崎秀実を麻布区永坂町の自宅に呼び寄せ、対応策の検討を行った。独ソ開戦は帝国陸軍の伝統的な「北進」論を掻き立て、ドイツに呼応して北方ソ連問題の解決に向かわせる公算が高い。現に二人の特使はそうした方向に日本を誘導するようオットー大使に事前に説明するため派遣されたのである。ゾルゲ機関に与えられている任務はまさに、こうした日本の対ソ攻撃を未然に阻止することであった。

尾崎はゾルゲに対し、日本の南進を積極的に助長し米英蘭と激突させることを提言した。そのためには、自ら参加している近衛首相側近グループの「朝飯会」、「昭和塾」、あるいは言論活動を通じて影響力を行使し、南進論を煽り立てるという謀略方針とその実行を主張したのである。

北進か南進か——尾崎は南進を促進

赤軍第四部は、ゾルゲ・グループに対し、政治活動や組織的宣伝を原則として禁止していた。それによって諜報工作が暴露することを警戒していたからである。ゾルゲは尾崎の提言を赤軍第四部に説明し、自分や尾崎はそれを為し得ると説いて許可を求めた。回答は「不必要」だとするものだったが、「禁止する」とはしていなかった。ゾルゲは尾崎の謀略的行動を認めた。

松岡外相は帰国後一ヵ月もたった五月二八日、ようやくリッペントロップ独外相に「ドイツがこの際極力ソ連との武力衝突を避けられるよう希望する」とのメッセージを送った。リ外相は直ちに返電して、「独ソ戦は不可避である。すでに軍の配備は完了している。究極の目標は依然イギリスであるが、いまはソ連を叩けば英米も手を出せない」と対ソ戦の意図を明確に表明してきた。しかし外務省はこれを外交上のジェスチュアとして本気にせず、ヒトラーの対ソ戦争は考えられないとする先入観にとらわれ続けたばかりか、この重大なやり取りを陸海軍には全く通告していなかった。

大本営陸海軍部が、大島駐独大使から、ヒトラーのソ連攻撃が決定的であり、ドイツ首脳部は独力で二〜三カ月をもってソ連を打倒できると確信しているという電報を受け取ったのは、六月に入ってからだった。陸軍省部はそれを北方問題解決の「千載一遇」の好機到来と受けとめ、杉岡外相もそれまでの「シンガポール攻略」論から、北進論に転向した。

尾崎は六月上旬になって、ようやく政府・統帥部が独ソ戦あり得るとの判断で政策の検討に入ったことを探り出してゾルゲに報告する。すでに日米交渉はそれがいかなる結果に終わろうともソ連にとっては有利だと見られた。合意すれば日本・ドイツは疎遠となり、決裂すれば日本は南進せざるをえなくなる。南進すれば北進の余裕はなくなるからだと尾崎は見た。しかし、ゾルゲは慎重であった。日米関係が改善するとすれば、日本が中国からの漸進的撤退を了承した時で、日本・中国が和平交渉に成功すれば中国で軽減される戦力が北方へ向けられ、北進が可能となる。日米交渉の成行きから目を離すことはできないと強調した。

尾崎は六月末の「朝飯会」で力説する。独ソ戦が近いという情報があるが、もしそうならば日本に対する北方の脅威がなくなることだ。この機会に南部仏印、タイ、ビルマなどに進出して支那事変の解決を図るとともに南方資源を獲得して自給自足の態勢を確立すべきではないか。それは陸海軍省部の「南進論」を促進するものであった。こうした意見は「朝飯会」の提言として牛場秘書官を通じて近衛首相に、西園寺公一を通じて木戸内大臣ら宮廷筋に、さらに犬養健の線で陸軍省軍務局へ伝えられて行く。ゾルゲ・グループの最後となる諜報・謀略活動が始まろうとしていた。（一九九九・七・一掲載）

21 昭和一六年春、末次海軍大将は語った――「アメリカはすでに参戦している」

ルーズベルトの就任当初からの対日戦決意

一九四一（昭和一六）年の春、四月二八日から五月二五日までの約一ヵ月間、スメラ学塾は神田一つ橋の共立講堂で第四期講座を開講していた。第三期講座から三ヵ月後であり約半年後には大東亜戦争の開戦を控え、内外情勢の最も複雑に錯綜した時期であった。とりわけ、松岡外相の日ソ中立条約調印（四月一三日）直後から独ソ開戦（六月二二日）の直前の激動的な転換の時期に、塾生二千余人を集めて開催されている。

ただし、この期日については若干問題がある。一九四二（昭和一七）年九月一五日に世界創造社から発行された『第四期スメラ学塾講座』所載の「塾誌」によると「第四期は昭和十七年四月二十八日より五月二十五日まで……」とあり、開戦四ヵ月後に開かれたことになっているからである。

一九四二（昭和一七）年四月といえば、諸戦の大捷、シンガポール占領、南方要地の確保、第一段作戦の終了という劇的変化の時期であり、情勢は一変、一年前とは天地の隔たりがあった。明らかに実際の講義とそれが活字化されて印刷刊行されるまでに一年四ヵ月余も時間的遅れがあったために生じた錯覚による典型的な校正ミスと見られる。内容から見ても、開戦四ヵ月後の講義とは、全く考えられないからである。

第四期講座の冒頭、塾頭の末次信正海軍大将は「開講の辞」と「最後の鍵を握るもの」という講話を行っている。

かねてわれわれが述べてきた世界大戦がいよいよ文字通りに迫ってきた。私はアメリカがすでに参戦している。自ら武器を取って戦わないばかりであって、事実イギリス側に参戦していると云ってきたが、これが現実となってまさに現れようとする危機が日々迫りつつある。この大戦によって世界史が一大転換を遂げる。ここにこの大戦の本当の意義があると、来るべき大戦への覚悟を説いた。調印したばかりの松岡外相による日ソ中立条約については、バルカン情勢を巡る独ソ関係の悪化、ドイツ軍のいつでもソ連を叩けるという姿勢が、スターリンとして日本と手を握っておく必要性を切実にしたからだと説明。またこうした中で三国同盟はどのような働きをしているのかについて、日本の海軍がアメリカの大海軍をハワイに釘付けにしているところに何ものにも替え難い働きがあり、同時にイギリス海軍がイギリス本土周辺と地中海に引き付けられてインド洋ががら空きになっていることを指摘した。

次いで平出英夫海軍大佐（大本営海軍報道部第一課長）が「海より見たる世界情勢」という講義を行った。公表されなかった「第二期講座」での講話に続く二回目の登場であった。大佐はこの第四期講座終了直後の五月二八日、第三六回海軍記念日にＪＯＡＫの特別番組で「我に五百の艨艟、四千の海鷲あり」と内外に放送することになるが、この講義はその前段となる世界情勢の分析であった。特に地中海・北阿を巡ってドイツ・イタリアの回教徒工作がどのように進展するか、イラン・イラクとエジプトの戦局がイギリスの運命を決定すると指摘。さらにスエズ運河の失陥はイギリスのインドからの補給路「帝国通路」の破壊となる。戦火はすでにインドまで行ったと見てよいと断じて塾生・塾員たちを熱狂・興奮させた。

内務省の検閲でズタズタの記録

平出大佐に続いて陸軍の於田秋光中佐が「ソヴェート事情」を講義した。すでに第二期で、「独・蘇・波・芬四ヶ国事情」を講じて顔なじみであった。ソ連駐在補佐官から一九三九（昭和一四）年春ポーランド駐在に転じ、九月第二次欧州大戦勃発の中ワルソーに残留、一二月ソ芬戦争にフィンランド側観戦武官として参加、その後ポーランド占領事情を半年間観察して一九四〇（昭和一五）年半ばに帰国した。ソヴェート事情については、ＧＰＵとの暗闘に明け暮れるモスクワ駐在補佐官の体験から日ソ中立条約に際しての新聞報道がいかに間違っているかを指摘した。

「第四期講座」には次にスメラ学塾の主任研究部員である小島威彦の講話「開講に当たりて」が掲載されている。しかし、その肝心の講義記録には内務省の検閲による、すさまじいばかりの削除の跡が生々しく残されていた。まず冒頭から四頁がばっさり削られ、一一二頁から一三九頁までに一八行分、一四〇～一四二頁には点々と虫食い状の削除が見られる。三六頁の論稿の約七分の一が削られていたのである。

何が削除されているのか。原文は失われて不明だが、残された部分からあえて推測すれば、すでに仲小路彰が一九四〇（昭和一五）年当初より指摘し続け、小島威彦が第一回講座以来毎回その急務を説いてきたのは好機を捉えての「南方圏確保」の武力南進が第三期（一六年一～二月）以降ついに断念放棄されたこと。南進への条件が「米英蘭の対日禁輸」と「アメリカが連動して包囲体制を加重し、国防上忍び得ざるに至れる場合」に自己限定されたことへの小島威彦の怒りを込めた痛烈なプロテストの表白が削られたものと見られる。

内務省の検閲は、開戦前のスメラ学塾の言動、とりわけその実質的指導者と見ていた小島威彦の激越な講義に注目し、すでに開戦による国策の確定という昭和一七年の現実の中で、不要となった言論と見なして捨て去ったのであろう。またこの年の五月八日、小島自身警視庁特高部に逮捕されるというアクシデントに見舞われている。

小島威彦の痛憤を見聞し、仲小路彰の説く被圧迫民族解放と世界変革の志に触発されたスメラ学塾の若い塾生たちの中には、南進への先駆けとして献身を志すものがあった。久保芳雄を発起者とする林・河本らの青年有志は秘かに旧知の横山少佐、於田中佐ら陸軍省部の幹部に相談して、南方進出への先駆けとなることを希望していた。（一九九九・一一・一掲載）

22　「松岡は対米強硬論者ではない」――独ソ開戦前夜の松岡外相と陸海軍

南進論に沸くスメラ学塾々生

小島威彦の痛憤を聞き仲小路彰の説くアジア被圧迫民族の解放と世界変革への志に燃える「スメラ学塾」の青年たちの中には、南進への先駆けとなって献身することを志すものがあった。第四期講座のころから、久保芳雄が発起人となり、若林光也、河本英純らいずれも徴兵以前の若者が、塾の講師として旧知の横山彦真少佐、於田秋光中佐ら陸軍省部の幹部に秘かに交渉して、南方進出への先駆けとなることを乞うた。

「スメラ学塾」の青年有志の熱望に対し、陸軍省部では当初、タイ駐在日本大使館の運転要員などを具体的に検討し、しばらく待機しているように伝えたという。陸軍でもようやく一年前から、南方地域の情報収集、作戦計画研究などが進められていた時期でもあった。

すでに陸海軍は一九四〇（昭和一五）年九月の北部仏印進駐に続いて、好機を捕捉して南進を実行しようとする姿勢を強め、一九四一（昭和一六）年三～四月ごろには好機があろうと目算して準備を進めていた。しかし、一九四一（昭和一六）年に入ると「物的国力判断」の再検討で好機武力南進方針は一擲され、「対南方施策要綱」（四月一七日）によって、例え好機があっても、「自存自衛」以外に武力南進はしないと方針転換していた。

「スメラ学塾」第四期講座はまさにこの方針転換の直後に開催されたのである。（四月二八日～五月二五日）。若い塾員・塾生たちにとっては小島研究部員が説き続け、まさに好機到来と期待していたその矢先に到来した逆の方向に戸惑わざるを得なかった。ぐずぐずしているから南進さえ難しくなったという思いは、塾生たち共通の憤激でもあった。

第四期講座での小島威彦らの情勢分析で注目されるのは、日本が自ら世界史を決定する行動に進む時期を一九四二（昭和一七）年にあると見ていたことである。根拠はアメリカの軍備拡充計画の完成年度が一九四二年であり、もし日米戦が現在のような状況下に、「必然的運命を孕んで行くものとすれば、それは当然この一九四二年において勃発すると観なければならない」と予測していた。

小島は強調する。日本はこの間においてこそ、従来の経済英米依存主義的観念を放擲して一に自給経済圏の獲得に目覚め、南方進出への確固たる方針を樹てねばならない。一九四二年までに日本が南方圏を抑えなければ、結局わが国はアメリカの勢力圏内に編入されることになる。現在のように何ら為すことなければ、一九四二年、アメリカの軍備拡張が一応完成を見た暁、アメリカがいかなる態度をもって日本に向かってくるか、論ずるまでもない。この際、一九四二年危機の到来以前に、南方進出の具体化に全力をあげて邁進しなければならないと説いていた。

すでに一九四〇（昭和一五）年五月アメリカ陸軍参謀総長マーシャル大将は、本格的戦争計画案作成の目標となる陸上兵力の動員計画を次のように指示していた。一九四一年七月までに五〇万人。四二年一月までに一〇〇万人。四二年七月までに一五〇～二〇〇万人。実際には一九四五年に八〇〇万人を超える膨大な兵員を擁することになるアメリカ陸軍の倍増計画が本格的に始動するのは、四二年半ばと見積もられていたのである。

富岡海軍作戦課長が見た松岡

第四期講座最終日の五月二五日には当初末次信正塾頭の終講の辞が予定されていたが、大政翼賛会中央協力会議議長としての急用で欠席。講師として都合のつく限り出席の予定だった松岡外相も多忙で出られず、小島研究部員が一人熱弁を揮るった。

この第四期講座終了の直後、世界情勢は大きく転回する。かねて仲小路彰が予測していたヒトラーの東方反転が伝えられ始めたのである。

六月六日、参謀本部には、かねて塾の講座にも講師として出席し塾員たちに旧知の大島浩駐独大使から、独ソ開戦が決定的であり、ドイツ首脳部は二〜三ヵ月でソ連を打倒し得ると確信しているという電報が入った。この日すでに四月一七日に概定されていた「対南方施策要綱」が確定した。しかし、その一週間後の一二日には、南部仏印進駐を骨子とする「南方施策促進の件」が提言される。

これは交渉すでに半年にわたって決裂（六月一八日）した日蘭会商に見られるように米英蘭の対日経済封鎖圧力の強化と仏印当局の不協力に対し、南部仏印における航空基地・港湾使用について仏印側が応じない場合、武力を行使してでも実現するというもので、それでは対米開戦になるという松岡外相の強硬な反対を招いた。

松岡外相はかねてシンガポールの奇襲攻略を持論としており、五月八日、アメリカ欧州参戦の場合には当然ドイツ・イタリア側に立ちシンガポールを撃たねばならぬと上奏し、一二日の連絡会議でもシンガポール攻略を主張した。また陸海軍の作戦部長に申し入れて、作戦面の課題を聴きたいと招致した。その際、部長の代理として説明に赴いた土居明夫、富岡定俊両陸海軍作戦課長に対し、準備・成功の算等々について詳細に質問していたという。

その席での話について富岡作戦課長は、本来作戦課長の仕事ではなかったが、戦略配備と石油の問題だからということで説明した。外相は伝えられるような対米強硬論者ではなく、アメリカに対しては下手に出てはいけないという考えの持ち主だったと、戦後回想している。富岡課長は南部仏印進駐の必要性について、外務大臣閣下が日米交渉で開戦にはしないといわれるなら進駐の必要性は無い。ただ今はそう抑えておいて後から交渉がダメになったからやれといわれても準備が整わず戦機を失してしまう。成否があやふやな状態なら今のうちに進めることが作戦上是非必要なのだと強く説いたという。

松岡外相は独ソ開戦が決定的になるとドイツと呼応して対ソ攻撃すべしと方針転換し、北進論か南進論かで政府と統帥部を混迷させることになる。これが外相更迭のための近衛内閣総辞職と第三次内閣組閣へとつながるのであった。（一九九九・一二・一掲載）

23 真珠湾攻撃の百日前に、ルーズベルトは「日本本土爆撃」に署名

中国支援と中国からの日本爆撃

日本政府と統帥部が独ソ開戦という戦局の大転換の中で混迷を続け、ゾルゲ・尾崎諜報団を「北進」か「南進」かで悩ませているとき、アメリカ、とりわけルーズベルト大統領は何を考えていたのか。一九四一（昭和一六）年五月一〇日から七月一八日にかけての九七頁に及ぶ当時のアメリカ統合本部（JB＝統合参謀本部の前身）と大統領補佐官らによる中国支援計画遂行書および許可書がアメリカ国立公文書館に現存し、アメリカが極秘裡に爆撃機とパイロットを中国に送り、日本爆撃を計画し、大統領が秘かに署名して許可していたことが判明したと平成一一年、「産経新聞」（七月一五日朝刊）が一面トップで報道、衝撃を与えた。

この公文書は「JB355号」と呼ばれるもので、すでに一九五八（昭和三三）年から一九七一（昭和四六）年にかけて段階的に公開され、アリゾナ大学歴史学科のシャーラー教授によって発見されていたが、そのときは大統領のサインが見当たらず、作戦計画の一つと見過ごしていたが、その後再閲覧して大統領の署名を発見、重要性を確認したといういわく付きのものであった。

ルーズベルト大統領の署名のある申請書は、一九四一（昭和一六）年七月一八日付のパターソン暫定陸軍長官とノックス海軍長官連名で「ラクリン・カリー大統領特別補佐官の要請に基づきアメリカ統合本部は中国政府への航空機提供に関する勧告を作成した。この勧告を統合本部は承認しており、大統領による検討のため送付する」と大統領に承諾を求める文書であり、これに対し大統領は手書きで七月二三日の日付とともに「OK、FDR（大統領の署名）」と承諾のサインをしている。

「JB355号添付文書」では、航空機だけでなくアメリカ軍パイロットを義勇軍として採用する必要性を強調。三段階にわたる日本攻撃案が詳述されている。戦術目標としては中国雲南省からビルマに至るビルマ公路の防衛。戦略目標としては日本本土の工場地帯への爆撃で日本軍を分断し攻撃力を減退させ、戦争遂行能力を減ずるとしている。具体的にはこの作戦に三五〇機のカーチスP40戦闘機、一五〇機のロッキード・ハドソン爆撃機を使用するとし、注目の日本本土爆撃の第二段階は、二〇〇機の戦闘機

と一〇〇機の爆撃機で早ければ九月には実施できようとしていた。真珠湾攻撃の百日前である。

また、この計画の航空機は、すべてアメリカの予備役士官が操縦し、アメリカ人による整備が行われ、蔣介石に直属するアメリカ軍予備役士官であるシェンノート大尉の指揮下に置かれる、と明示されていた。

このアメリカ軍予備役大尉シェンノートこそアメリカ義勇空軍「フライング・タイガー」の創設者であり、「不屈」の戦闘機乗りであった。彼と中国との因縁をたどるには、一九三七（昭和一二）年春に遡る必要がある。当時アメリカ陸軍航空隊の四七歳の老戦闘機パイロットだったクレア・リー・シェンノート大尉は、アメリカ陸軍航空隊での前途に見切りを付けて退役し、蔣介石総統の要請で中国空軍の訓練に当たる軍事顧問としてサンフランシスコを出発、日本を経由して五月三一日上海に到着した。彼は蔣介石の外国人顧問の一人だったオーストラリア人ジャーナリストのW・H・ドナルドと意気投合し、蔣夫人宋美齢に紹介され、その知遇を得た。

アメリカを対日戦に巻き込む蔣介石

七月七日、盧溝橋事件を契機に日中戦争が始まると、シェンノートはほとんど連日、蔣夫妻と話し合うようになり、九月一日には中国空軍のすべての作戦と訓練の全権を委ねられていた。しかし、中国空軍は最悪の状況にあった。日本海軍の渡洋爆撃と空母艦載機の攻撃で上海、南京の制空権は奪われ、一一月、中国軍の上海戦線放棄のころには、シェンノートの使用可能機はわずか七機になったという。

蔣介石は南京を去り、重慶に首都を遷して徹底抗戦を決意したが、その重慶も二年に及ぶ連日の爆撃に曝されることとなる。蔣介石の戦略は伝統的な「以夷制夷」によってアメリカを対日戦争にいかに巻き込むかであった。

蔣介石は宋子文（美齢の兄）をアメリカに派遣し、援助獲得の交渉に乗り出した。宋子文は経済顧問のアーサー・ヤングとともにアメリカ側と秘密交渉し、戦闘機、爆撃機とそれに必要な装備品一式の一覧表を作り、蔣介石に請訓して、アメリカ側を説得するためにシェンノートの派遣を求めた。蔣介石はシェンノートにアメリカからの援助獲得に協力して欲しいと要請した。一九四〇（昭和一五）年一〇月一二日のことで、これがアメリカ・ボランティア・グループ、略称ＡＶＧ（アメリカ義勇空軍）結成の契機となり、アメリカ隠密航空部隊の先駆けとなる。かねてシェンノートが蔣夫妻に説いてきた費用・装備・人員はアメリカが負担し、中国空軍の識別マーク、晴天白日章を付けて日本と闘うという異例の航空隊である。

シェンノートは宋子文を助けるようにとの命令を受けて一〇月二一日に重慶を出発、アメリカに向かった。

蔣介石は一〇月一八日、アメリカ大使ネルソン・T・ジョンソンと会談、中国の窮状を訴えた。すでに重慶には日本陸海軍の空襲が続き、特に初登場の零式戦闘機は残存中国空軍機を一掃、制空権を奪った。中国軍の士気は低下し、経済は崩壊に瀕し、中国共産党軍はその間隙に勢力を延ばし、アメリカの援助がなければ中国の命運はまさに旦夕に迫っていたのである。

ジョンソン大使は中国への大規模な援助を必要とするという意見をそえて大統領に蔣介石の要請を伝えた。そうした中シェンノートらは一一月中旬ワシントンに到着。一一月二五日には中国側の要請案をまとめた。戦闘機三五〇機、爆撃機一五〇機、パイロットと整備員、訓練機・輸送機・予備部品・航空基地の建設資材、武器弾薬、等々という膨大なものであった。（一九九九・八・一掲載）

24　「三選」が「参戦」に通じたルーズベルト大統領の戦意満々

蔣介石支援を強化するルーズベルト大統領

日本政府が最後までアメリカとは戦いたくないと交渉妥結に望みを託し、〝支那事変〟の和平調停さえ期待していた中で、ルーズベルト大統領は中国空軍に偽装した米空軍機にアメリカ人パイロットを搭乗させて日本を空爆しようとしていたのである。大統領が何を考えていたのか、さらに究明する必要があろう。

一九四〇（昭和一五）年一一月に「参戦」に通じる「三選」を果たした大統領は、速やかに武器貸与法を成立させて「友好国」への軍事援助を強力に推進しようとしていた。これにより中国にも状況によりソ連にも武器援助が可能となるはずであった。しかしこうした大統領の「介入」主義に反対する「不介入」主義（孤立主義と呼ばれ非難された）の強いアメリカ議会での審議が進まず、成立は翌四一年三月まで延々になる。

この間、ワシントンの中国使節団は、宋子文が政治・外交分野、シェンノートが軍事・技術分野を分担して、中国へ航空機と乗員を提供することがいかにアメリカの国益にかなうかという強力なキャンペーンを続けた。宋子文はH・モーゲンソー財務長官に、中国空軍の傘下に入ったアメリカ機で日本を空襲するというシェンノートプランを吹き込んだ。

真珠湾のちょうど一年前の一二月八日、宋子文・モーゲンソーを交じえた大統領の昼食会でも、この話題が出て蒋介石の意向が問われたが、もちろん蒋介石は大賛成であった。翌九日、財務長官はハル国務長官を訪問したが、ハルはすでにシェンノートからメモを受け取っており、計画に大乗気であった。一二月一九日には計画がルーズベルト大統領に提出された。大統領は上機嫌で、秘書を兼ねていた特別補佐官のラクリン・カリーに検討することを命じた。

ラクリン・カリーはカナダ生まれの経済学者で、ルーズベルトのニューディール計画に参画して認められたブレーントラストの一員であり、一九三九（昭和一四）年から一九四五（昭和二〇）年までの経済担当の補佐官であったが、戦後、親共産主義的であると非米活動委員会の追及を受け、一九五〇（昭和二五）年南米コロンビアに「逃亡」した人物であった。彼が大戦中ソ連側に機密情報を流していた暗号名「ページ」と呼ばれるスパイだったことが、ニューヨークとワシントンのソ連代表部とモスクワ間の交信記録をアメリカ傍受機関が一九四〇年代後半に解読した「VENONA」資料で明確になったとして平成一一年「産経新聞」（八月四日朝刊）が再びスクープした。

「ページ」＝カリーの関連交信記録には、例えば、四三年八月、ソ連の接触要員がカリーから国務省関係の資料を受け取ったと報告していること、またカリーがソ連側に「ソ連暗号」が解読されていると警告したことなどが報告されていたという。

しかし、シェンノートの秘密戦計画には、マーシャル陸軍参謀総長が懸念を示した。航空機の絶対数が不足しており、イギリス支援が優先されているのに余裕があるのか。またアメリカ人操縦士がアメリカ製機で日本を爆撃すれば、アメリカの準備が整っていないのに日本の反撃を受ける恐れがある。アメリカは一九四〇年末の段階では、まだ戦争準備が整っておらず、開戦となれば日本の南方資源地帯進出を阻止できないし、かえって日本側に開戦の口実を与えると見ていたのである。このマーシャルの指摘で、昭和一五年末にワシントンを騒がせた日本爆撃熱は一時沈静化することになる。しかし大統領はなお日本爆撃の希望を捨てず、蒋介石支援を強化して行くことになる。

ルーズベルト大統領はモーゲンソー財務長官に一億ドルの対中借款供与を指示（一九四〇年一二月）するとともに、翌四一年早々、カリー経済担当補佐官を中国に派遣して蒋政権の現状を視察・報告させた。カリーは帰国報告で大統領が蒋介石のもとに特別顧問を派遣するよう勧告し「太平洋問題調査会」（ＩＰＲ）の中国学者オーエン・ラティモアを推薦、実現させている。三月に武器貸与法が成立すると大統領は中国にその適用資格を与え、カリー補佐官を中国に対する総括責任者とした。

武器貸与法で勢いづいた支援

一方、大統領は政権当初からの側近で演説起草者だった法律担当の補佐官トマス・コーコランを中国への武器貸与の供給窓口となる「中国防衛資材供給会社」（China Defense Supplies）の設立で中国側の窓口となる宋子文を支援することに専従させるとともに、シェンノートと会ってその航空戦略を審査し報告することを求めた。

コーコランはシェンノートと会って、その大胆不敵な態度と計画に度肝を抜かれ、かつ意気投合する。シェンノートは説いた。中国空軍の先兵となったアメリカ人パイロットは日本軍と戦うことによって戦闘経験を積み、アメリカの航空機と戦術を実践の場で試すことができる。これはアメリカの国益に貢献することになる。それはかつてスペイン内戦でドイツとソ連が、また中国では現にソ連がやっていることではないか。

コーコランが大統領に報告するとルーズベルトは興味を示し、計画は危険かと訊ねた。危険だが何もしないで中国を失う危険に較べれば危険度は少ないと答え、大統領が背後からコントロールしてシェンノートを主役に踊らせてはどうかと提言、大統領は必要な各方面に紹介するよう指示したという。コーコランは補佐官を辞めて「中国防衛資材供給会社」のアメリカ側窓口となる。

シェンノートがアメリカ義勇軍（ＡＶＧ）の編成を開始したのは、一九四一（昭和一六）年の新年早々であり、アメリカでの準備作業が終了したのは六月のことであった。この間、カリー大統領補佐官との連携プレーで中国における空軍増強支援計画が推進され、その結実が、七月二三日ルーズベルト大統領の署名・承認を得た「ＪＢ３５５」文書となり、「蒋介石に直属する米軍予備士官であるシェンノート大尉」の指揮下に置かれることになったのである。

（一九九九・九・一掲載）

25 就任当初から持ち始めたルーズベルト大統領の対日戦決意

対蔣介石援助とソ連承認の意味

ルーズベルト大統領がいったいいつ戦争を決意したのかは、第二次世界大戦研究の重要なテーマである。戦後日本の近代史研究の定説とされているのは、例えば、一九四〇（昭和一五）年九月末、日独伊三国同盟の締結、北部仏印進駐が契機になった等々、非は日本の南方進出にあるとするもので、敗戦直後の占領政策による「真相はこうだ」から「東京裁判」史観を経て今日学界・教育界に根強く定着しており、少しでも異を唱えると「反動」呼ばわりされかねないのが常であった。

しかし、三国同盟も北部仏印進駐もすべて支那事変解決のためであり、日本はアメリカの領土はもとより、その在支権益には一歩も踏み込むことはなかった。歴代内閣は常に対米友好を希求して事変解決を目指してきた。にもかかわらず事変は長期化し、日米関係は年ごとに悪化し、ルーズベルトは蔣介石と結んでシェンノートが対日爆撃を実行することを承認するまでになった。いったいこの対日敵意はどこから来ているのか。

もともと日米関係の悪化は、日露戦争直後から始まり、それが目に見えて激化したのは第一次大戦以後であった。しかもそれは日本が何かをしたからではない。一九二二（大正一一）年のワシントン会議における日本海軍主力艦の制限、日英同盟破棄の強請、一九二四（大正一三）年の対日移民制限法の成立など、アメリカ側が一方的に日本を圧迫する形を取っている。日本側がこれに対抗する処置を取ったことはない。日本政府は対米友好を希求し続けてきたのだ。

こうした中で一九三三（昭和八）年三月第三二代大統領に就任したルーズベルト大統領は、極東に異常な関心を持ち前フーバー政権の国務長官スチムソンが一年前に発表した満州国に対する不承認声明をそのまま踏襲し、日本を牽制して大陸問題に今後アメリカが介入できる路を開いた。ルーズベルトは個性的な型破りな人物であり、その表面的な物腰とはおよそ裏腹な野心家であった。そのニューディール政策は表面は内政主体の経済再建に専念するものの、外政は伝来のモンロー主義に止まることなく、進んで西欧・アジアに介入し、勢力を拡大し支配するという野望を秘めていた。その支配拡大のカギが「軍事援助」であった。

ルーズベルト政権は「スチムソン・ドクトリン」を固執して満州国不承認政策を堅持し、蔣政権が対日友好に向かうことを牽制し続けた。一方一九三三（昭和八）年一一月一六日、ソ連を承認して日本の北進を抑制し、日本を南北から包囲する布石とした。ロシア革命によって成立したソ連は、戦時共産制・ネップ時代を経て伝統的なロシアの東亜侵略への野望を再燃させ、レーニンの遺鉢を継いだスターリンは日本をアジアにおける最大の敵と見なした。ルーズベルトによる国家的承認を奇貨としてアメリカと手を握り、満ソ国境に極東軍を集結して日本を威圧し、裏面では、中国共産党を示唆して日中を衝突させるという戦略を取った。また日本の世界制覇の証拠として「田中上奏文」をジェルジンスキーのGPUに偽造させ、三〇年代初めアメリカ共産党を中心に広く配布する心理作戦を行い、「帝国主義日本」のイメージを拡大し、アメリカの反日感情を煽り立てたのである。

中立法の法網をくぐり軍備強化

ルーズベルト大統領は一九三四年以降、軍備の強化を極秘裡に本格化して行く。当時厳存した中、立法の法網をくぐりアメリカ国民の眼を盗みながら推進した。一九三四（昭和九）年には第一次海軍拡張法を成立させて巡洋艦・駆逐艦などを増強し、裏面ではニューディール公約実現用のWPA（公共事業促進局）資金を空母エンタープライズ、ヨークタウンなど対日進攻用艦艇の建造に流用している。これは大統領就任当初からすでに日本との戦いの決意を胸中に秘めていたことの一つの表れと見られる。

ルーズベルト政権は国民政府が対日接近しないようあやしながら、他方秘かに軍事援助を継続していた。一九三二（昭和七）年春以来、蔣介石は空軍建設のための航空学校開設に努力を続け、アメリカ陸軍の退役士官の派遣を要請してきた。一九三三（昭和八）年一一月一二日、国父孫文誕生日に国民政府空軍の第一回検閲が行われたのはそうした努力の成果であった。すべてアメリカ製の軍用機、参加飛行士はアメリカ仕込み、アメリカ教官に教育されたものであった。すでにこの年の一月一六日、外務省の白鳥敏夫情報部長はアメリカ士官が国府に派遣されたことに抗議した。三月二八日の「大阪毎日」はアメリカが国府を助けて強力な空軍基地を建設しようとしており、一億元のローンを締結した。完成すれば有事に米軍基地として機能することになると、危機感を込めて報じている。

翌一九三四（昭和九）年二月には国府が福州及び廈門に大飛行場を開設し、その建設費は対米棉麦借款により支弁され、アメリカ軍用機の購入、アメリカ海軍予備将校の傭聘が条件になっていると、現地廈門の日本領事から報告が入った。早速広田外相の訓電により有吉公使が汪兆銘外交部長に質したが、汪部長は飛行場開設は認めながら、アメリカの背景は全く無いと弁明これ努めていたという。しかし、これは紛れもない事実であり、国府への航空武器・部品の供給が、アメリカ議会合同決定による制限条項「大統領が説明する制限及び例外以外にはいかなる武器弾薬も合衆国から輸出することは違法である」と上手くかわしながら秘かに行われていたことを示している。当時アメリカは口を開けば「不戦条約」「九カ国条約」を持ち出し、日本を牽制し批判する道具としていたが、これらこそ不戦条約や九カ国条約違反そのものであった。

こうしたルーズベルト政権の国府空軍支援への秘められた工作が、一九三七（昭和一二）年、シェンノート退役陸軍大尉の登場となったことについては、すでに見た通りである。ルーズベルト大統領の対日戦決意は、その就任当初に遡らなければならない。（一九九九・一〇・一掲載）

第3章　ナチス崩壊と「赤いオーケストラ」

1　ヒトラーをいかに騙すか――ノルマンディー上陸作戦

「嘘というボディガード」計画の凄み

英米連合軍によるフランス・ノルマンディー海岸に対する上陸作戦「オーヴァーロード」（暗号名）については、映画「史上最大の作戦」の軽快な主題マーチとともに、記憶されよく知られてきた。

一九四三（昭和一八）年五月、ワシントンにおけるルーズベルト、チャーチル会談で決定され、約一年掛かりで将兵三〇〇万がイギリス本土に集結。四四年五月から一ヵ月にわたった事前の航空攻撃には、約一万一〇〇〇機が参加。次いで、六月六日（Dデイ）未明から三個空挺師団の降下が一二〇〇機の輸送機と曳航グライダーで始められ、海からは艦艇六〇〇隻に守られた輸送船・舟艇約四〇〇〇隻が、五個歩兵師団、三個機甲旅団の兵員・機材を、ノルマンディー海岸七〇キロメートル正面の五ヵ所に上陸させ、その日のうちに上陸点での橋頭堡を確保した。

作戦は、戦術的奇襲となり、Dデイ当日に揚陸された兵員は八万七〇〇〇人、各種車輌七〇〇〇両、補給物資三五〇〇トンに達した。まさに第二次大戦のヨーロッパ局面を転換する大作戦であった。

しかし、このような大作戦がどうして戦術的奇襲として遂行できたのか――これは大きな戦史の謎であったが、戦後一九七〇年代になって、ようやくその秘密の一端が公開されるようになった。

例えばアンソニー・ケイヴ・ブラウン記者が一九七五年に刊行した『嘘というボディガード』（"Bodyguard of Lies" 邦訳小城正『謀略――第二次大戦秘史』フジ出版社一九八二年）は、主としてアメリカ統合参謀本部が秘密区分を解除した資料から、厳重な機密のベールに覆われていた秘匿および欺騙作戦の実相を明らかにしている。ノルマンディー上陸の最大の謎であった欺騙計画の真相は、三〇年後にようやく陽の目を見始めたのである。

一九四一（昭和一六）年六月、ヒトラーが対ソ侵攻を開始した瞬間から、ドイツによって占領されていた西欧沿岸五〇〇〇キロの防衛は、全く手薄になった。この虚を衝いてイギリス軍が反攻して来ることが当然予測され、これがドイツ軍にとっては悩みの種となっていた。幸い、ダンケルクから敗退したイギリス軍の実情は、とても単独で反攻できるような状態ではなく、当分は西欧占領地は東部戦線で傷ついた師団の休養地となっていた。この西欧占領地にいる五〇〜六〇個師団は、いつでも動員できるはずだったが、実際は二五個師団以下の戦力しかなく、それだけではとても五〇〇〇キロの海岸線を守ることは難しかった。

ドイツ軍にとっては、連合軍がいつ、どこに反攻してくるかを予測し、判断することが最大の課題であり、それによって兵力を集中し、反攻を阻止することが必要であった。

ヒトラーは、英仏海峡に面した大陸海岸に一〇〇〇キロにわたって続く「大西洋の壁」(「大西洋要塞」と呼ばれる防衛陣地)の構築を「トート部隊」(フリッツ・トート博士の創設した軍需省直属の建設工作部隊)に命じ、ゲッペルスがそれを大いに宣伝していた。一九四二(昭和一七)年八月一九日にカナダ軍と英米仏特殊部隊六一〇〇名がフランス北沿岸ディエップを奇襲したが、ドイツ軍に反撃され、帰還したものわずかに二五〇〇名という大損害を受けたことも、〝不敗の大西洋要塞〟の宣伝に輪を掛けていた。最も連合軍はこのディエップ奇襲に失敗したと宣伝したが、実はその狙いはドイツのレーダー・ステーションの秘密を探ることであった。

ロンドン司令部の活動開始

一九四三(昭和一八)年の半ば、ロンドンに英米連合軍司令部が設置され、Dデイに向けての本格的準備が開始された。同時に、連合軍の作戦についてヒトラーとドイツ国防軍を欺くための謀略工作の中枢となるロンドン司令部(LCS、London Controlling Section)も活動を開始した。LCSはチャーチルの司令部にある統合計画参謀部の中の機関で、全戦域における戦略的な秘匿、欺騙計画の立案と調整に当たり、ジョン・ベヴァン大佐、F・L・ウィンゲート中佐らによって指導されていた。

LCSは、一九四四〜四五年のヨーロッパ北西部に対する連合軍の戦略計画と作戦の暗号名である「オーヴァーロード」、特にその上陸作戦段階についての暗号名である「ネプチューン」(ノンマンディー上陸作戦)の秘匿をいかに守るかに全力を上げた。そのための欺騙工作として「ヤエル」計画が立てられ、四三年におけるヨーロッパでの連合軍の意図をいかに隠すかに努力が払われた。

「コッケード」と呼ばれる戦略欺騙作戦は「ヤエル」計画の具体化である。これは一九四三年中に連合軍の欧州侵攻は不可能との前提に基づき、それをドイツ側に悟られることなく、逆にドイツ軍兵力を大西洋防塞に引き付け、東部戦線やイタリアに転用させないようにする。特にパ・ド・カレー地区に陽動作戦を行い、侵攻と見せ掛け、本番のノルマンディーでの防衛計画の進展を阻害することを狙ったものである。

この「コッケード」の一環として四三年夏には、ドイツ空軍を消耗戦に引き込むための「スターキー」作戦が実施された。これは同時にパ・ド・カレー地区への侵攻と見せ掛けるための欺瞞作戦であった。また「ティンドール」と呼ばれるノルウェーへの侵攻と思わせる欺瞞作戦が実施された。同じく「ワドハム」と呼ぶブルターニュ半島侵攻を見せ掛ける作戦も実施された。

さらに「ツェッペリン」と呼ぶ謀略は、バルカン諸国をヒトラーから離反させる心理作戦であった。同じく四三年に実施された「ミンスミート」という作戦は、連合軍がシチリヤではなくギリシャと南仏に侵攻すると思い込ませるために行われた欺騙作戦であり、この作戦のために偽情報を持たせたイギリス軍将校の死体が利用されたという有名な話がある。

こうした欺騙作戦によって、ヒトラーは連合軍が、至る所に上陸してくると思うようになった。ヒトラーの不安を掻き立てるように、連合軍はフランスの港湾を爆撃し、レジスタンスに待機信号を発し、沖合の機雷原をこれみよがしに掃海した。ヒトラーは四三年夏、フランスへの侵攻があるものと何週間も騙され続けた。九月末になっても、侵攻が無いのは、悪天候がそれを阻止していると信じていたという。

しかし、それにしてもノルマンディー上陸作戦（「ネプチューン」）を、戦術的奇襲として成功させることは、至難の技であった。チャーチルは第一次大戦当時のガリボリ上陸作戦の悪夢のような失敗を、ノルマンディーに重ね合わせて戦慄した。また前年の「ジュビリー」（ディエップ奇襲作戦の暗号名）の記憶も生々しかった。それを成功させ得る唯一の方法は、「特別手段」を駆使する「謀略」以外になかったのである。（一九八六・一二・一掲載）

2　チャーチルは言う「貴重な真実を守るために嘘というボディガードが必要」

英米ソが戦略的見解で対立した「ヤエル」計画

一九四三（昭和一八）年一一月、カイロ、テヘランでの首脳会談に臨む米英の戦略的見解の対立は、ドイツ国内における反体制グループ「黒いオーケストラ」をどう評価するかについての相違に基づくものであった。

チャーチル首相とアラン・ブルック参謀総長はドイツ国内でのヒトラー打倒の動きをドイツ崩壊への可能性の一つとして考え、もしそれが現実性を持つならば「オーヴァーロード」作戦を実施するよりも損害をはるかに少なくできると考えていた。これに対し、ルーズベルト大統領とマーシャル参謀総長は、アメリカの力を行使することを望んでいた。イギリス側が「オーヴァーロード」に伴う厖大な損害を恐れて、延期をしたり、バルカン作戦を意図しているのではないかと誤解していたようである。イギリス側は「オーヴァーロード」を成功させるため、ドイツ軍の増援兵力集中を阻止し特別手段で徹底的な欺騙を実施する「ヤエル」計画をさらに推進することを求めていたのであるが、アメリカ側から見ると、ドイツ軍に対する欺騙のための戦略とイギリスが実際に取ろうとしいている戦略との区別が付きにくかったようである。「ヤエル」計画は同盟国を誤解させるほど、微妙なものであった。

カイロ会談には、蔣介石夫妻が参加したため、「オーヴァーロード」の話し合いは行われず、テヘランでスターリンを加えての三者会談で討議されることになった。

スターリンはテヘラン会談で、米英両国に対する希望として、北部もしくは西北フランスに侵攻作戦を行い、第二戦線を早急に実現することを求めた。チャーチルはこれに同意したが、同時にドイツ軍を牽制するためのバルカン作戦の実施を主張した。

スターリンは米英軍をバルカンに入れないようにしておくため、かねてマーシャル将軍が主張し、ブルック将軍が反対していた「アンヴィル」作戦（Dデイ当日、ドイツ軍を二分するため南フランスのヴィエラ海岸に上陸しようというアメリカの計画）を支持し、一九四四（昭和一九）年に「アンヴィル」作戦を持ってドイツ軍を牽制しつつ「オーヴァーロード」作戦を実施すべきだと主張した。

ルーズベルトとマーシャルは、わが意を得たと感じたが、チャーチルとブルックは反対であった。イギリス側はスターリンがバルカンと東地中海における牽制作戦に反対しているのは、軍事的な理由よりも、英米の軍事戦略的な誤解に乗じて自らの政治目的を達成するためだということを、アメリカ側に理解させせようとしたが果たせなかった。

スターリンの暴言と「カチンの森」の虐殺

またイギリス側の軍事スタッフは、ドイツ軍の最高統帥部に分裂があり、反ヒトラー・クーデターの可能性があることを指摘したが、問題にされなかった。イギリスがドイツ軍内部の反ヒトラー勢力を利用しようと考えたことに対し、スターリンは全く別のことを考えていた。一一月二九日の第二回本会議後にスターリンの主催で開かれた夕食会の席上スターリンはドイツの降伏後、その軍事機構を根絶する必要がある。

それにはドイツの参謀将校と軍事技術者五万人を射殺すればよいと平然と主張し、チャーチルを激怒させた。スターリンの脳裡には、ポーランドの再建を抑えるため、一九三九（昭和一四）年のポーランド侵入に際し、捕虜にしたポーランド将校一万五千人の大部分をソ連内務人民委員部（NKVD）に引き渡して処刑させた記憶が生々しかったのかもしれない。

このことは半年前の一九四三年四月、ドイツ軍が占領したスモレンスク近郊の「カチンの森」で四千人以上の虐殺死体を発見、ソ連の蛮行として宣伝したため、亡命ポーランド政権との関係を決定的に悪化させた。ソ連側はそれがドイツ軍による虐殺だと逆宣伝し、その後スモンレンスクをドイツ軍から奪回すると、調査委員会を作って現地調査を行った。しかも調査の前にNKVDが特殊部隊を派遣して死体を掘り起こし、モスクワの法医学研究所に送り、死体からソ連製の銃弾を抜き取ってドイツの銃弾と詰め替えた。死体のポケットにはドイツの新聞と貨幣を入れて、再び「カチンの森」に送り返し埋めてその上に標識を置いた。

調査委員会の現地調査は、その死体を掘り起こしてドイツ軍によるものだと立証する報告書を作成したがポーランド政権は信用せず以来半世紀にわたって謎とされてきた。

しかし、戦後四五年たった一九九〇年二月一二日、ポーランドを訪問したゴルバチョフ大統領が、初めて公式にその事実をUKVDの犯行と認めたため、ようやく歴史の真相が明らかとなった。

ただし、当時ルーズベルトは、むしろスターリンに近く、〝無条件降伏〟要求を緩和する意志はなかった。チャーチルとしては「黒いオーケストラ」と、どのような取り決めをしても、ソ連はもとよりアメリカ側からも受け入れられないことを、はっきりと覚らざるを得なかった。

テヘラン会談最終日の一一月二〇日、チャーチルは、スターリンと単独で会談し、イギリスの立場を説明した。また午後の最終本会議で、「ヤエル」計画を討論の主題とした。「ヤエル」計画の成功にはソ連の支持が不可欠であり、スターリンを同意させねばならなかったからである。ただしこれは、イギリス側が自らの秘密情報工作の手の内をソ連に明かすことであり、それが将来の英ソの情報戦に悪影響をもたらすことも避け得なかった。しかしチャーチルは、当面する「オーヴァーロード」を成功させることこそ重要だと考え、「ヤエル」計画の概要を説明し、イギリス流の欺騙の手の内を明らかにした。

ドイツ軍をノルマンディー地区から多方面に分散するため、英米ソが一体となって、スカンジナビアとバルカン半島に大規模な上陸作戦を計画していると思わせるあらゆる手を打つこと。ソ連もドイツ側に対し、テヘラン会談の合意に基づき、一九四四（昭和一九）年に赤軍の総攻撃が開始されるまでは、フランス侵攻作戦も実施されないと信じ込ませることが求められた。東部戦線におけるソ連軍の反攻は、七月まではないとヒトラーに信じ込ませるのである。

「ボディガード」計画にスターリン快諾

チャーチルは、こうした欺騙工作によって連合軍の戦略を覆い隠し、ドイツ側を混乱させる以外に「オーヴァーロード」の成功はないと懸命に説いたのである。「戦争においては真実は非常に貴重なものであるから、それには常に嘘というボディガードを付けておかなければならない」というチャーチルの有名な言葉が通訳されると、スターリンは声を立てて笑い、直ちに同意し、ここに英米ソは「ヤエル」計画に基づく秘密工作で協力し合うことになった。

こうしたテヘラン会談におけるチャーチルのスターリンに対する説明にちなんで「ヤエル」計画は名称を変更し「ボディガード」計画と呼ばれることになる。それは一九四四年のヨーロッパ西北部における連合軍の意図について、ドイツ側の判断を誤らせるための多くの秘匿及び欺騙を統合した全般的な戦略計画であった。

「ボディガード」計画は、ヒトラーのDデイに備える準備と行動を誤らせるために、次の六つの要点から成っていた。

①連合軍はドイツに対する戦略爆撃を強化することで勝利が可能だと信じており、イギリス本土及び地中海に対するアメリカの長距離爆撃機の集中強化を優先させている。そのため一九四四年春に実施予定の対仏上陸作戦部隊のイギリス本土集中が遅れ、七月までは実施不可能となっている。

②連合軍は七月までは本格侵攻できないが、ドイツ側の配備に弱点が生ずれば、随時攻撃できる兵力をイギリス本土に待機させている。

③連合軍は一九四四年春、米英ソ連合部隊でノルウェーに攻撃を加え、陸上戦闘を開始しようとしている。その目的の一つは、スウェーデンを連合国側に参戦させることである。

④ノルマンディー上陸作戦（「ネプチューン」）の間、ヨーロッパ東南部のドイツ軍兵力をそこに釘付けしておくため夏の終わりごろまではイギリス本土からの大規模な進攻作戦は不可能であり、その間、連合軍の主力は、四四年春にバルカン半島に志向されるものと信じ込ませるようにする。

⑤ソ連は、四四年六月末以前に夏季攻勢を実施することはない。東部戦線から兵力を西方に転用することを防止するための策略。

⑥対仏進攻作戦には、計五〇個師団を必要とするが、四四年夏までに訓練し準備することは不可能である。いずれにせよ、英米連合軍はソ連主力が夏季攻勢を開始した後でなければ進攻を開始できない。

ルーズベルトとチャーチルは、テヘランからの帰途「オーヴァーロード」作戦の総司令官の人選について協議し、アイゼンハワーを総司令官とすることを決定した。本命と見られていたマーシャルはワシントンに欠くことのできない人物として外されることになった。（一九八七・一・一掲載）

3　暗号解読で見抜いたヒトラーの「大西洋防壁作戦」

ヒトラーの指令を「ウルトラ」で傍受

「ボディガード」計画は、軍事的な策略の他に、ドイツの同盟国であるフィンランドと東欧諸国における反独的動きを助長するため、外交・政治攻勢を開始し、東欧が枢軸から離脱するか、その可能性があると思わせる計画を含んでいた。また、ドイツ周辺の中立国スウェーデン、トルコ、ポルトガル、スペインなどを連合国側に立たせ、ドイツを包囲し、孤立させる作戦を進めることになっていた。

さらに、ドイツおよびその占領地に対し、心理戦争を行い、ドイツ軍の戦意を失わせ、ヒトラーと上級軍人との不和を拡大し、ドイツ国民の戦意を崩壊させ、ナチ占領下の諸国民に、ストライキ、テロ、ゲリラ戦等の反独レジスタンスを指導することも含まれていた。

そしてこの計画は、アイゼンハワーが総司令官として責任を持ち、運用上の責任は、ベヴァン大佐とロンドン司令部および特別手段委員会（CSM）にあった。

ロンドン司令部とCSMは、対独欺騙工作成功の公算が、かなり高いと見ていた。それは「ウルトラ」によって、ヒトラーが連合軍の行動計画をどう見ているかを、正確に知ることができたことが大きな要因だった。さらにアメリカの「マジック」によって、日本の駐独大使大島浩中将の本国への通信文を傍受したものから、ヒトラーの計画を知ることができた。

一九四三（昭和一八）年一一月三日、ヒトラーは訓令第五一号を発し、西方戦域に対する連合軍の進攻があった場合、どう対応するかの計画を示した。ヒトラーは英仏海峡の最狭の地区パ・ド・カレーに上陸が行われると想定し、全力を持って反撃し、機動力を持つ部隊を集中して橋頭堡の拡大を防止し、海中に撃退するよう指示していた。また、V1（ジェット推進無人機、炸薬一・五トン）、V2（弾頭一トンのロケット）による反撃を確保するため、その配備地点の防御を強化すること。「大西洋防壁」の強化を指示。さらに、西方配備の陸海空軍に対し、必要あれば敵の脅威のより少ない方面から兵力を抽出して、進攻正面に増援部隊を送ることを命じていた。

この訓令は、西方総軍司令官ルントシュテッド元帥に対して発した極秘のものであったが、三週間後の一一月末には、英米情報組織に完全にキャッチされていた。プレッチリーの「ウルトラ」は、通常ヒトラーの指令が出たときのように、その要約を提出したが、さらにその全文がアメリカ側の傍受によってキャッチされていたのである。

アメリカ側の傍受は、エチオピアのアスマラで行われていた。アスマラには三〇〇人が勤務する受信所が設置され、ベルリンの日本大使館から東京の大本営に送られていた「九七式欧文印字機」（パープル）による暗号通信文を傍受し、そのままワシントンに送り、通信保全部（SSA）が解読していたのである。〝暗号の天才〟フリードマン博士が「パープル暗号」を初めて解読したのは、すでに一九四〇年九月のことであった。

日本の真珠湾攻撃によって太平洋戦争が開始され、これに呼応したドイツの対米参戦以来、日独は相互援助協定を結び、全面的な情報交換を行っていた。ドイツとヨーロッパ各国に駐在する日本の大公使館は、この協定に基づき、ドイツ軍の作戦、武器、占領政策、産業などに関する情報を東京に報告していたが、なかでも大島浩中将を大使とするベルリンの日本大使館は、重要な情報センターとなっていた。

ここから東京に報告される情報は傍受し、解読する作業の中で、訓令五一号もキャッチされ、全文が解読されていたのである。

大島大使の報告は「マジック」で傍受

さらに大島大使の報告には、軍人としての大使の重要な観察が含まれていた。大島大使は一九四三（昭和一八）年一〇月、スカラゲック海峡（デンマークとノルウェーの間）からスペイン国境にいたる〝大西洋の防壁〟を視察し、その配備状況を毎週二回暗号電報で参謀本部に報告していた。ルントシュテッド元帥は、大島大使に、英仏海峡に面した沿岸の配備が非常に薄く、指揮下の師団の多くが定員も装備も不足しており、特に対戦車兵器が足りない、輸送用トラックさえ少なく、挽馬車両に依存せざるをえないことなどを語ったが、それらの情報は手際よくまとめられて東京に送られていた。

ロンドンの情報センターでは、「ウルトラ」による情報と、アメリカがアスマラ通信所で傍受解読した情報とを照合し、チェックしていた。すでに「ウルトラ」はドイツの極秘通信を、毎日三〇〇〇通も解読できるようになっており、それによって西方戦域におけるドイツ軍の兵力、装備、編成や兵員の素質、指揮官の能力について実情を把握することができるようになっていた。敵に関してこれほど十分な情報が与えられていた事例は、戦史上極めて稀なことといわれる。

もちろん、連合軍総司令部は「ウルトラ」や「マジック」による通信情報とともに、MI6、SOE（特殊作戦部）の情報活動によって、〝大西洋防壁〟の秘密に迫っていた。一九四三年五月初旬、カーン市にあったトート機関司令部の屋内補修作業の入札に参加したMI6の情報員は、たまたま要塞構築を名記していた建築指揮官の机の上の地図が、ルアーブルからシェルブールに至る間の陣地建設の青写真であることを知り、苦心して盗み出し、パリを経由してロンドンに送った。この地区は連合軍の上陸予定地区であった。

こうした僥倖と偶然に助けられながらも、一二月ごろまでには〝大西洋防壁〟の最も秘密の部分に関する直接情報が入手されていたのである。

一九四三年一一月、ロンメル元帥が、デンマークからスペイン国境にいたる西部海岸線の防備を監督・改善するための西方防衛準備総監に任命され、同年末には、パ・ド・カレー地区にあった第一五軍とノルマンディー地区にあった第七軍を指揮するB軍集団司令官に任命された。これは連合軍情報機関にとって、またとない標的であった。ロンメルがどこの防衛準備に力を入れるかが分かれば、ドイツ軍はそこに連合軍の主力が上陸するものと予期していると判断できるからである。

あらゆる情報を駆使して、ロンメルの防御準備が検討されたが、一九四四（昭和一九）年初頭の段階では、その主な努力がカレー周辺に集中されていることが明らかとなった。

しかし、ロンメルはヒトラーと同様に連合軍の主な目標がノルマンディーにあると見ており、カレー地区と見るルントシュテッド西方総軍総司令官とは意見が対立していた。またロンメルは、上陸軍を海上、海岸で水際撃滅すべきだと主張し、ルントシュテッドの海岸防御線が突破されてから反撃すればよいとする作戦と、全く食い違っていた。ロンメルは、機動戦をやって連合軍に勝てるというルントシュテッドの見方には賛成できなかった。北アフリカでの彼の体験は、優勢な連合国空軍の前に、昼間機甲部隊が移動することが、どんなに危険かを教えていた。上陸地点で強力な反撃を加えるためには、装甲部隊をできるだけ上陸予想地点の近くに置く必要があると考えていた。（一九八七・二・一掲載）

4　効き始めた「ボディガード」計画

ヒトラーの予想はノルマンディーだったが……

一九四三（昭和一八）年から四年初頭にかけて、ヒトラーと国防軍総司令部作戦スタッフにとっての問題は、英米側が演説・論文・人事・新聞報道などでやっている西部第二戦線の宣伝は本当に真剣なものなのか。ドイツやソ連をも騙そうとするとんでもないはったりなのか、ということであった。

「ボディガード」計画は功を奏し始めていた。ドイツ側は思い迷っていた。第二戦線の噂は、クレタ、ロードス、エーゲ海経由か、トルコ経由か、あるいは両者を経由してのバルカンに対する主要作戦のための牽制行動なのか。結局、西部侵入は計画されてなく、デンマーク、ノルウェーに対して計画されているだけではないのか。

他方、ロンメル元帥は直属の上官ルントシュテッド元帥を尊敬していたが、その戦略的見解は完全に対立していた。ルントシュテッドは、最初から連合軍がドーヴァー海峡のパ・ド・カレー地区を挟む地点に上陸するものと見ていた。ロンメルはヒトラーと同じく連合軍の主要な目標はノルマンディーだと見て、上陸直後の敵を水際撃滅するため予備の装甲師団を手許に置くことを求めた。しかしルントシュテッドも装甲師団の指揮官たちも、ロンメルの水際撃滅戦略には賛成でなく、上陸地点をノルマンディーと見ることにも不同意であった。

しかし、ヒトラーは前々から、敵の侵入はノルマンディーがブルターニューで、シェルブール半島が戦略的橋頭堡になると確信していた。彼は何回となく自説を繰り返し、四月六日には「私はすべてのわが方の兵力をここに投入するのに賛成である」と、地図のノルマンディー海岸を指で叩きながら話していたという。このヒトラーの確信は、西方外国軍課の入手していた秘密情報とは、全く違うものであった。ヒトラーはカイテルに「イギリスがやっていることのすべてが、私にはゼスチュアのように怪しく見える。……検閲や機密保持に関する最近の報道は、本当に何かやるのだったら報道しないはずだ……全体がどうも恥知らずのゼスチュアというように思えて仕方がない」と、繰り返したという。

五月六日には、ヨードルを通じて、ヒトラーが特にノルマンディーを重視していると、ルントシュテッドの参謀長に電話させている。最もヒトラーは、連合軍がノルマンディーを主目標としていると信じていたが、二番目の攻撃地点がどこになるのか、その方が本番なのかもしれないと思い迷い、ロンメルとルントシュテッドの意見の対立を、妥協によって調整しようとした。

ヒトラー、グデーリアン戦力配備を誤る

ヒトラーは装甲軍総監のグデーリアン元帥の助言を入れ、ロンメルの装甲師団を上陸地点に控置するという意見を退け、連合軍への反撃の主力となる装甲四個師団を、国防軍総司令部の予備部隊とするという最悪の決定を下した。これは西方総軍総司令官ルントシュテッドの指揮権を弱めたばかりでなく、直接上陸軍に直面するB軍集団司令官ロンメルの水際撃滅戦略を不可能とした。国防軍総司令部の許可なしには、敵の上陸地点に効果的な反撃を加えることもできなくなってしまったのである。

ヒトラーの直感は、ノルマンディー侵攻を予感していたが、それにどう対処するかを巡り、将軍たちの意見が対立

し、肝心のときに十分な反撃ができなくなるのである。「ボディガード」計画は、まさに効果を上げつつあった。

六月四日、ロンメルは六日に誕生日を迎える夫人を訪問するという表向きの口実を付け、車でドイツに向かった。本当の目的はベルヒデスガーデンにヒトラーを訪問し、追加の装甲二個師団と追撃砲一個旅団をノルマンディーに移動するようヒトラーを説得することだった。パリのドイツ空軍気象官は、悪天候のため二週間は連合軍の進攻はないだろうと報告していた。

しかし、そのころ、海峡の向こう側では、アイゼンハワー総司令官が「オーヴァーロード」作戦の最後の決断を下そうと思い悩んでいた。

悪天候の合間の六月六日未明に決定す

当初六月五日に予定された「Dデイ」(上陸日)は、悪天候のために二四時間延期することになった。一日延期した六月六日に、なお天候が十分回復しなくても攻撃を開始するか。それとも七月まで延期するか。ドイツ軍は海岸に地雷を仕掛けた障害物を大量に設置し、機雷を敷設しており、上陸は引き潮の後、できるだけ早く満ち潮に乗って開始されねばならず、その時刻は夜明けに近く、かつ月明かりが必要だった。そうした条件の日は、六月五、六、七の三日間で、その後は一九日になるが、この日は月明かりがなく、闇夜であった。

すでに二〇万以上の将兵に作戦指令が伝えられており、このまま七月に延期すれば、せっかく「ボディガード」計画で、なおドイツ軍が迷っている上陸地点の秘密が洩れることは不可避であった。その夜、新しい気象報告が入った。六日の朝までは現在のような天候だが、それ以降は次第に悪化するというものであった。アイゼンハワー元帥は決断を迫られ、六月四日二一時四五分、奇襲を六月六日の未明に始めるという最終決定を下した。

ドイツ軍の早期警戒組織に対する航空攻撃は、すでにほとんど成功していた。「オーヴァーロード」の上陸作戦段階の偽騙作戦である「ネプチューン」によって、ドイツのレーダー基地七四カ所が破壊され、一八だけが機能を残していた。しかもドイツ側に誤った判断をさせるため、セーヌ河の北にある一〇のレーダー基地は攻撃せず、イギリス海軍はこのレーダー網に誤った映像を写すように仕向けた。六月五日、イギリス空軍の一〇五機と海軍の小型船舶三四隻が、ドイツのレーダー網に、大艦隊がドーヴァー海峡地区に近づいているという電波の偽映像を作為していた。これによってセーヌ湾を囲むノルマンディー海岸に静かに接近する本物の大艦隊を隠したのである。

二一時、BBC放送は、フランスのレジスタンスに〝暗号〟を送った。それはヴェルレーヌの二行の連句の詩の放送であった。「秋の日のビオロンの音の……」という第一行については、レジスタンスに対する蜂起準備の指令であることが知られており、すでに六月一日と二日の夜に放送されていたが、この日には、第二行の「もの憂き調べ、わが心慰さむ」が初めて聞かれた。一五回も繰り返し放送されたのである。パ・ド・カレー地区への上陸が迫っているという暗号であることを、前から知らされていたドイツ軍は、ドーヴァー海峡地区の第一五軍に急拠警戒体制を取らせたが、ノルマンディー海岸の第七軍はそのまま動かなかった。（一九八七・三・一掲載）

5　ノルマンディー上陸作戦の成功

陽動作戦と判断、就寝中のヒトラー起こさず

六月六日〇三〇〇（午前三時〇〇分、以下同じ）、ルントシュテッドの総司令部に、ノルマンディーで大規模な落下傘およびグライダー降下が行われたとの報告が入り、〇六〇〇、参謀長は米英連合軍の進攻開始と判断、国防軍総司令部に予備軍となった装甲四個師団を上陸地点に急派するよう要請した。

しかし、連合軍の偽騙計画「ネプチューン」計画にひっかかっていたヨードル総参謀長は、これは陽動作戦にすぎないと判断し、就寝中のヒトラーを起こそうともしなかった。

〇六三〇、ユタ海岸に右翼の第一波が上陸を開始し、左翼のソード海岸に至る八〇キロのノルマンディー海岸には「史上最大の作戦」が展開される。Dデイの二四〇〇までに、連合軍は、二五〇〇人の損害で、ヒトラーの「大西洋防壁」を突破し、橋頭堡を確立することに成功したのである。この日、ノルマンディー海岸には、八個師団計一五万六〇〇〇の連合軍兵力が上陸した。

当時ドイツ軍は、フランス内に四八個の歩兵師団と一〇個の装甲師団を持ち、連合軍に相対していた。ドイツ軍総司令部が、正確に連合軍の上陸地点を知って、ロンメルの提案のように装甲師団を配置していたら、連合軍の強力な空軍力をもってしても、上陸早々の脆弱な橋頭堡を守りきることはできず、海峡に押し戻されることは必至であった。

ただ、ロンドン司令部は、ノルマンディー東方二四〇キロのパ・ド・カレー地区を攻撃しようとしている四二個師団の上陸第二波があるよう偽装していた。そのためドイツ側はカレー周辺を重点にし、ノルマンディーには装甲三個師団を配置していたにすぎなかった。

奇襲は成功したが、連合軍部隊はまだノルマンディーの一角に足掛かりを得たにすぎない弱体なものであった。欺騙策苦戦が引き続き進められる必要があった。

Dデイの〇九一七、連合軍総司令部コミュニケ第一号が発表され、次いで、秘かに「トップフライト」作戦が発動されて、BBCはドイツ軍占領地から亡命していた各国元首の自国向け特別放送を始めた。「トップフライト」とは「フォーティチュード」計画中の政治分野での欺騙行動である。

一〇〇〇、まずアイゼンハワーがマイクを通じて、ノルマンディー上陸が連合軍の当初の上陸作戦であると述べた。次にノルウェーのハーコン国王が、その「当初」の作戦は、さらに戦略計画の一環にすぎないと述べて、北欧上陸の可能性を示唆した。これは「フォーティチュード・ノース」計画によるものであった。オランダのピーター・ゲルブランディ首相は今後国民に求める必要が起きたらBBCを通じて明らかにすると述べた。

ベルギーのウベール・ピエルロー首相は、連合軍の主力の上陸が、間もなくベルギーに志向されようと演説した。

一方、イギリス下院では、チャーチルが、連合軍のヨーロッパ進攻第一次上陸作戦が開始されたと演説し、議員たちは当然、ベルギー、デンマーク、ノルウェーに対しても上陸作戦が行われるものと考えた。ルーズベルトもラジオを通じ、ドイツ側は他にも連合軍の進攻を予期しているようだが、それは想像に任せようではないかと述べた。

ドゴールは独走、全面蜂起訴え撃破される

ただドゴールだけは「フォーティチュード」計画に基づく総司令部政治戦争遂行部（PWE）の勧告を無視し、同日夕刻、今日の上陸作戦こそ待ちに待った連合軍の本格進攻作戦であると演説し、フランス全国民が武器を持って蜂起することを求めた。

そのため、陰の軍隊は一挙に白日のもとに現れ、到るところで戦闘を開始し、ドイツ軍に各個撃破されることになった。過早にレジスタンスが全面蜂起することは、総司令部が最も憂慮していたことであるが、ドゴールはそれを

無視した。

ロンドン司令部とＸＸ委員会による二重スパイ「ガルボ」を使っての欺騙のための「レイド」計画も秘かに開始されていた。

それは空挺部隊の降下が開始されるＤデイ〇二三〇に、進攻作戦の第一段階が始まったことを、マドリード経由でドイツ側に前もって報告させることであった。マドリードには「ガルボ」の上司クーレンタールがいたが、彼に上陸作戦部隊の乗船地、攻撃方向までも正確に知らせ、ドイツ側が「ガルボ」報告を信用するように仕向けたのである。

Ｄデイの一二〇〇近く「ガルボ」はマドリードに送信を再開した。彼はＰＷＥ（政治戦争遂行部）が、他の地区でも上陸が行われることを否定せよという指令を出したという偽情報を送った、この日の午前、ロンドン亡命中の各国指導者が、今後さらに大規模な上陸作戦が行われると思わせる放送をしたことを否定するこうした指令は、それが実際に計画され、進行しているからだと警告した。

Ｄデイの夕方、「ガルボ」は三度目の交信をした。彼はチャーチルがＰＷＥの勧告を無視し、下院でさらに大規模な上陸作戦が行われると示唆したことは、事実をねじ曲げて発表をすれば、やがて起こる事実によって自分が国民の信頼を失うとして拒否したためだと報告した。

図らずも、ドゴールのＰＷＥの勧告を無視した演説は、逆にＰＷＥの指令を裏づけるものとして、ドイツ側にはとらえられた。ドゴールだけが、第二段作戦について触れるなという指令に忠実であったと誤解されたのである。

Ｄデイが終わろうとする二三〇〇、「ガルボ」はさらにクーレンタールに打電し、同日未明に発信した自分の重要な電報が、〇八三〇までドイツ本国に転電されてないことを知って憤慨にたえないと怒った。こんな大事な時にマドリード局はなぜ終夜送受信体制を取らないのか、こんないかげんなことなら、今日限り私はこの仕事から降りると脅したのである。クーレンタールは自分の手落ちだと詫び、何ら疑念を抱かず「ガルボ」の電文をベルリンに転送し、「ガルボ」に対し鉄十字勲章を授与するよう申請した。

ヒトラーは、Ｄデイ当日、この夜の一一時に国防軍総司令部で短時間の戦況報告を受け、ノルマンディー上陸は後から連合軍主力が他方面に上陸してくる前の牽制作戦だという考えを述べただけであった。

Ｄデイにおける欺騙作戦はこうして終わった。ドイツ側は、パ・ド・カレーの対岸にパットン将軍の率いるアメリカ第一軍集団が待機中であり、ドイツ軍がパ・ド・カレー地区に配置している第一五軍をノルマンディー方面に転用すれば、すかさずパ・ド・カレーに上陸してくるだろうという幻の脅威を与えることに成功したのである。

連合軍はドイツ側を欺ましながら、ノルマンディーの橋頭堡の強化に成功し、ヒトラーはようやく七月の第三週に入って、パ・ド・カレー地区に連合軍主力の進攻が計画されてないことを認めるようになったという。そしてこのヒトラーに対し、連合国側からは見放された「黒いオーケストラ」の〝暗殺計画〟が爆発しようとしていた。（一九八七・四・一掲載）

6　「ヒトラー暗殺の他なし」「七・二〇事件」

度重なる失敗

一九四四（昭和一九）年七月二〇日のドイツ国防軍将校によるヒトラー暗殺未遂事件については、すでに西ドイツの学者たちの綿密な調査研究があり、わが国でも、そうした成果を反映した著作や翻訳書が刊行されている。

中井晶夫（上智大教授）『ヒトラー時代の抵抗運動』（毎日新聞社、一九八二年一一月）、小林正文（読売新聞調査研究本部）、『ヒトラー暗殺計画』（中公新書、一九八二年一〇月）。最近では、W・ベルトル（小川真一訳）『ヒトラーを狙った男たち』（講談社、一九八五年一月）……等々。

事件の関係者は、ベック、ゲルデラー等に代表される保守派官僚と退役軍人。クライザウ・サークルと呼ばれる右派キリスト教知識層と社会主義政治家、それにシュタウフェンベルク大佐等を中心に一九四三年秋に結成された若手現役将校グループであった。すでに反体制抵抗運動については、よく知っていたシェーレンベルクのSDも、若手国防軍将校による暗殺クーデター計画については、気付いていなかったといわれる。

暗殺計画の原動力となったのは、一九四一（昭和一六）年六月以来、東部戦線中央軍集団司令部の先任参謀ヘニンク・フォン・トレスコウ大佐であった。彼はヒトラーの政権掌握当初には好意的であったが、世界戦争への方向が明確となるとともに反ヒトラーとなった。ドイツの破滅だと信じていたからである。独ソ戦開始以来反ヒトラー陰謀を本格化し、中央軍集団の将校たちを組織した。また、陸軍の中枢部を計画に引き入れようと工作を続けた。

一九四二（昭和一七）年末スターリングラードで逆包囲されたパウルス軍団が、ヒトラーの死守命令で全滅に瀕しつつあるころ、トレスコウ大佐は、軍事クーデターによるヒトラー並びにナチスの排除が、ドイツの軍事的敗北以前に為されねばならないことを痛感していた。彼はベルリンに飛び、カール・フリートリッヒ・ゲルデラー（元ライプチッヒ市長）と会見し、国防軍内の反ナチ・グループと連絡を付けた。軍務局のオルブリヒト将軍、軍情報部のオスター次長等によって、ベルリン、ケルン、ミュンヘン、ウィーンの占領さえ計画された。ペック、ハッセル、ゲルデラーの長老グループは、クーデター後の新政権を具体的に検討した。

一九四三（昭和一八）年一月、カサブランカ会談で、ルーズベルト、チャーチルが枢軸国に対する無条件降伏宣言を行ったことは、ナチ体制を排除して米英との妥協を図るというクーデター構想に深刻な衝撃を与えた。ヒトラーを倒して新政権ができても、直ちに和平は不可能かもしれない、しかし現状の継続は、もはや破滅以外にない、と思い直したトレスコウは、ヒトラー抹殺の計画を続けた。

三月一三日には、トレスコウとその従弟のシュラーブレンドルフ、ゲルスドルフが、ヒトラーが中央軍集団司令部（スモレンスク）を空路訪問した機会を利用し、その帰途の飛行機に、コニャックの瓶に似せた時限爆弾を持ち越ませた。しかし、寒さで信管が凍結したためか作動せず、ヒトラーは無事にラステンブルク近郊の本営（ウォルフスシャンツェ＝狼の砦）に帰ってしまった。シュラーブレンドルフは大慌てで爆弾を回収した。

一週間後の三月二一日、ベルリンで開かれたソ連軍戦利品展覧会にヒトラーが出席する機会を狙って、今度はゲルスドルフが爆弾を身に付け、ヒトラーに抱きついて爆発させる計画を立てたが、当日、ヒトラーは説明員のゲルスドルフを無視して立ち去ったため、その機会を失してしまった。度重なる失敗に、グループは意気阻喪した。加えて、ゲシュタポは国防軍情報部を手入れし、オスター次長は罷免され、活動は低下していった。

ナチス敗北前に決起し、英米とともに対ソ戦を企図

こうした中で、八月に入ると、トレスコウは、ベルリンの国内予備軍を動員する「ヴァルキューレ」作戦を計画し始めた。七・二〇事件の引き金を引いたシュタウフェンベルクが、本格的に参加したのは、このころからだった。

クラウス・シュンク・フォン・シュタウフェンベルクは、

かつてナポレオン戦争当時のプロイセンの名将グナイゼナウの曾孫に当たる伯爵家の二男であった。ナチスが政権を握った一九三三（昭和八）年に国防軍中尉だった彼は、ヒトラーの「再軍備」を支持し、「第三帝国」の栄光に期待していた一人でもあった。四〇年六月のフランス降伏から四三年初頭まで、参謀本部に勤務し、優秀な参謀将校としての評価を得た。しかし、スターリングラードの悲劇とドイツ敗北への見通しは、ヒトラーの戦争指導に対する軍人としての深刻な懐疑を抱かせることになる。四三年二月、中佐として北アフリカの第一〇装甲師団に転じたが、四月七日米軍戦闘機の襲撃を受けて重傷を負い、左眼と右腕を失い、左手の薬指と小指をもぎ取られた。

しかし、不屈の意思で回復して現役にとどまり、一〇月、ベルリンの国内軍司令官フリードリッヒ・フロム大将の司令部に参謀大佐として復帰した。

クルスクにおける敗戦は決定的であった。装甲師団の潰滅によって東部戦線では、大規模な攻撃はできなくなった。こうした中で、反体制グループの国防軍中枢部に対する働き掛けは深く潜行して進められた。ゲルデラー（元ライプチヒ市長）は、中央軍集団司令官フォン・クルーゲ元帥に幾度か手紙を送り、参加を促していた。

同年秋、トレスコウは少将に進級したが、病気療養を名目に長期休暇を取ってベルリンに帰り、シュタウフェンベルク大佐と協力して、ヒトラー暗殺後のクーデター計画を練り上げた。この会合は、国内軍参謀長フリードリッヒ・オルブリヒト中将の自宅で行われたが、ゲルデラーとクルーゲ元帥も参加した。クルーゲ元帥はここで初めて武力によるヒトラー排除に同意したが、いざ実行になると態度を翻した。ゲルデラーによる米英両国への働き掛けは、ほとんど効果が見られないまま、続けられていた。総統大本営の西方外国軍課長アレクシス・フォン・レンネ大佐も同志となった。

B軍集団司令官ロンメル元帥は、一九四四年春、新任の参謀長ハンス・シュパイデル中将によって反ヒトラー・クーデター計画に引き込まれた。ロンメルはパリ郊外で、一九三八年以来反ナチ派であったシュトゥルプナーゲル在仏独軍政長官と秘かに会談し（四月一五日）、休戦によって西方での戦争を終結させる計画を作った。全ドイツ軍は自国領内へ撤退し、連合軍はドイツ本土爆撃を中止する。ヒトラーは逮捕され、臨時政権が成立。米英軍が反共十字軍に参加することを想定して、東部戦線における戦闘は継続するというものであった。

六月には米英連合軍がノルマンディーに上陸、これと前後してローマも陥落し、ナチスの敗色は濃く、したがってクーデターへの時は、もうわずかしか残されていなかった。西部戦線が確立する以前に、ヒトラーを倒し、国内体制を変革しなければならない。シュタウフェンベルクは思い悩んだ。東部戦線からはトレスコウが伝えて来た。いまヒトラーを倒すことが、ドイツの抵抗運動を世界と歴史の前に実証することになるのだ。成否が問題ではない、行動が問題なのだと。（一九八七・五・一掲載）

7　爆発はしたがヒトラーは死ななかった

七・二〇事件の失敗

一九四四（昭和一九）年七月二〇日、〇七〇〇（七時〇分、以下同じ）、シュタウフェンベルク大佐はベルリンを出発、一〇〇〇ラステンブルク飛行場に到着した。

一二〇〇前、総統大本営に入り、国防軍総司令部参謀長カイテル元帥と打ち合わせの後、ヒトラーを交じえての作戦会議に臨む。会議は一三〇〇予定だったが、ムッソリーニが来訪するため、急拠三〇分繰り上げられた。

一二三〇、作戦会議開始。その直前、シュタウフェンベルクは別室で、一〇分間の時限装置を左手の三本指で作動させた。

一二三七、会議室に入り、カイテルの紹介でヒトラーに挨拶し、爆弾の入ったカバンをヒトラーの足元に置く。参謀の一人がカバンを、足でテーブルの奥に押し込む。カバンは頑丈な脚のかげに隠れた。シュタウフェンベルクは、急ぎの電話を掛けてくるといって中座し、電話室に行き、そのまま会議室の建物を離れた。

一二四二、爆発が起こり、会議室にいた二四人のうち、即死一、重傷で死亡三、重傷三、軽傷四の被害を受けたが、ヒトラーは脚柱が死角となって無事であった。

爆発を確認したシュタウフェンベルクは、一三一五、飛行場を出発。一五〇〇すぎ、ベルリンに帰り、一六〇〇、在仏ドイツ軍司令官副官ホーファッカー中佐に「ヒトラーは死んだ」と連絡した。しかし、そのころヒトラーは、総統大本営に到着したムッソリーニを出迎えていた。

一六三〇「ヴァルキューレ」発令に伴う命令第一号発信。しかし、フロム国内軍司令官が納得しないので、一七〇〇逮捕・拘禁した。そのころ、パリではシュトゥルプナーゲル在仏ドイツ軍司令官が親衛隊員逮捕を命令した。

ベルリンの国内軍司令官には、ヘプナー大将が代わり、ペック大将も姿を現した。スイスから秘かに帰国したギゼヴィウスも、ベルリン警視総監グラーフ・フォン・ヘルドルフとともに現れた。

一七五〇、行政権を軍管区司令官に移譲するという命令第二号発信。オルブリヒト国内軍副司令官から電話で命令を受けたベルリン防衛軍司令官フォン・ハーゼ少将は、麾下のベルリン防衛大隊、各軍学校学生隊によって官庁街を包囲し、封鎖した。

「成功」「失敗」の情報が乱れ飛ぶ

一八〇〇、カイテル元帥は「総統は健康、ヒムラーを国内軍司令官に任命する」との命令を発令。一八四五、ドイツ国内放送は、ヒトラーの暗殺失敗を報じた。クーデター派は、放送局を接収したが、放送を停止させることができなかった。国内軍司令部では、クーデター派が最初に発表する声明の原稿を、ギゼヴィウスが書いていたが、その間、放送局は暗殺の失敗を放送し続けていた。

一方、二つの相反する情報に困惑し、疑念を抱いたベルリン防衛大隊長オットー・エレンスト・レーマー少佐は、ゲッベルス宣伝相宅を訪れて真相を訊ねた。ゲッベルスはレーマーを電話でヒトラーと話させた。ヒトラーはレーマーに反乱鎮圧の全権を与えた。レーマーは感激して命令遂行を誓った（一九〇〇）。

一九四五、国内軍司令部は、ようやくヒトラー生存のラジオ放送を否定する命令を出した。

二〇〇〇、レーマー少佐はゲッベルス邸に部下の大半を集め、ゲッベルスの訓示を受け、自らクーデターを鎮圧する決意を示し、ベルリン中心街の要点を確保するよう命じた。反クーデター行動が開始されたのである。

国内軍司令部には、クーデター後の国軍最高司令官に予定されていたヴィッツレーベン元帥が現れたが、すでに暗殺の失敗を知っており、同調を拒否して去った。司令部の事情を知らない将校たちは、ラジオ放送とオリブリヒト副司令官の説明の食い違いを追及し、不満と焦慮を強めた。

レーマーの防衛大隊は、国内軍司令部に派出していた衛兵を引き上げ、正面入口のみを残していたが、やがて建物を遠巻きに包囲し突入の機会をうかがい始めた。

二一一五、ヒトラーはゲッベルスを通じて国防省国軍局長ヘルマン・ライネッケ中将にベルリン防衛軍を指揮して国内軍司令部を占拠することを命じた。

二一三〇、ベルリン防衛司令官ハーゼ少将は、ゲッペルス邸で、ゲシュタポに逮捕された。シュタウフェンベルクにとって、クーデター成功の可能性は、もはや絶望的であった。

二二〇〇、オルブリヒトの説明に納得しない将校たちは、武器を持って再度の説明を求めて副司令官室に入り、クーデター派と体制順応派とが殺気立って対立することとなった。シュタウフェンベルクは疲労しきっていた。加えて反クーデター派に発砲されて、左腕に負傷した。

二二三〇、反クーデター将校たちは、フロム国内軍司令官の監禁を解き、フロムは司令官室に戻った。二二五〇、フロムは室内で、反クーデター派将校に拳銃を突き付けられていたペック、ヘプナー、オリブリヒトにシュタウフェンベルク、クヴィルンハイム、ヘフテンの逮捕を命じ、反逆罪現行犯として、即決の軍法会議にかけると宣言した。ペック大将はフロムに自決のための拳銃を求め、許された。二三一五、銃口をこめかみに当てて発射したが、死にきれず、床に倒れ伏した。

ベルリン防衛大隊、クーデター派を銃殺

このころ、防衛大隊の一隊が、正面入口から乱入して、たちまち建物を制圧し、クーデター派の逮捕を始めた。

二三四五、フロムは軍法会議を開き、フォン・メルツ大佐、オルブリヒト中将、シュタウフェンベルク大佐、ヘフテン中将を死刑に処すると宣告した。シュタウフェンベルクは一切の責任は自分にある。他の人たちは命令に従っただけだと抗弁したが、フロムはそれを無視した。四人は中庭にひったてられた。フロムはペック大将がまだ死にきれないのを見ると、止めを刺すように命じ、防衛大隊の下士官が実行した。

すでに七月二〇日はすぎ、二一日になっていた。〇〇一五、中庭には、一〇名の下士官からなる銃殺班が待機していた。中庭に駐車する車のヘッドライトが、土を盛られた一角を照していた。まずオルブリヒトが立ち、銃声とともに倒れた。次いでシュタウフェンベルクが「神聖なドイツ万歳！」と叫び、ヘフテンがかばうようにその前に立ち、倒れた。次の銃声でシュタウフェンベルクも倒れ、最後に、フォン・メルツが処刑された。

〇一〇〇、ヒトラーはラジオを通じてドイツ国民に呼び掛け、健在を誇示した。

国内軍司令部にいたクーデター・グループはすべて逮捕された。ギゼヴィウスが危うくその前に脱出して市内に潜伏し、ダレスの助けでスイスに逃れたことについては、すでに書いた。事破れたことを知ったトレスコウ少将は、東部戦線の無人地帯で、戦死に見せ掛けて、手榴弾で自爆した。（一九八七・六・一掲載）

8　ドイツ西部戦線崩壊の危機

ヒトラーの作戦を解説したウルトラ

「七・二〇事件」当時の西部戦線はどうなっていたか――ロンメル元帥のノルマンディー水際防禦の構想は、Dデイの夜には覆されてしまっていた。連合軍は海岸に橋頭堡を確保するとともに、ドイツ装甲部隊の反撃に対抗できる態勢を取った。ロンメルの最も憂慮していた事態が現実化し、空からの攻撃とゲリラの破壊活動で昼間の部隊移動は自殺行為となった。

ロンメル軍の反撃の主力となる装甲集団司令官シュウェッペンブルク大将は、ロシア戦線のベテランであったが、連合軍の航空攻撃を過小評価し、司令部の対空秘匿を怠ったため、司令部ごと吹き飛ばされて戦死した。ロンメルもまた七月一七日、イギリス軍戦闘機の攻撃で重傷を負い、戦線を離れた。

七月一八日、イギリス軍はカーン方面でファレーズに向かって大規模な攻撃を行ったが、ドイツ装甲三個師団に反撃され、戦車二〇〇両を失う大損害を出し、戦線は膠着した。ドイツ西方総軍はなお善戦を続けていた。

アメリカ軍がサン・ローに入った七月二〇日、ヒトラー暗殺未遂事件が突発した。ドイツ国防軍司令部では、誰がこの反逆に加担していたかの捜査が〝魔女狩り〟のように行われ始め、西部戦線の指揮は混乱した。

アメリカ地上軍総司令官ブラッドレイ中将の「コブラ」作戦は、カーン方面の膠着を打破するために七月二五日開始され、七月三一日の夜、要衝アブランシュを占領した。ブラッドレイはパットン中将の第三軍をアブランシュを起点に四方向に進撃させ、ブルターニュ半島を制圧する任務を与え、八月一日に発進させた。

こうしたノルマンディー戦線の戦機到来の中で、ヒトラーは七・二〇事件の後遺症に悩みながら、西方総軍総司令官クルーゲ元帥に、「リュイティッヒ」作戦の開始を指令した。八月二日、ウルトラによって傍受解読されたその内容は、連合軍にとって極めて重大なものであった。ヒトラーはモルタンからアブランシュに向けて装甲八個師団、空軍三〇〇機を集中、アブランシュを奪回して、アメリカ軍主力とパットン軍を分断しようとしたのである。攻撃は八月六日深夜に開始される。

情報は直ちにチャーチルとアイゼンハワー司令部に送られ、アイクはブラッドレイの集団軍司令部に飛んだ。

一方、クルーゲ元帥はこの作戦の危険性をヒトラーに意見具申した。攻撃が成功しなかった場合、部隊主力が孤立すること。必要な装甲師団をカーン方面から抽出すると膠着が破れ、イギリス軍に突破されると打電した。この電報もウルトラによって解読され、連合軍司令部は、ヒトラー対クルーゲの論争を見守っていた。

ヒトラーは新たに戦車一四〇両、装甲車六〇両を与えると約束し、あらゆる危険を冒して攻撃せよと命じたが、クルーゲはなお抵抗した。ヒトラーは重ねて作戦の発動を厳命した。ドイツ軍総司令部は、シュルブールとアブランシュに残置した情報員に、作戦参加部隊がアブランシュに突入するため通過する橋の状態を報告するよう指示したため、これも解読され、作戦の予定計画まで察知されることになった。

ウルトラによってドイツ軍の弱点を知った連合軍司令部は、ドイツ軍がモルタンを固守するなら、ルマンに進撃中のパットン第三軍を北方に旋回させ、カーン地区から南下するカナダ軍とともに、ドイツ軍を包囲できると考えた。ただし、そうするためには、態勢を整える二日間の時が必要であった。

反逆罪に問われて服毒死したクルーゲ元帥

ブラッドレイ司令官はドイツ側が「リュイティッヒ」作戦にこだわり、攻撃挫折後の撤退を遅らせるための欺騙策「戦術作戦B号」を計画・実施した。それはアブランシュにおけるアメリカ軍が、ブルターニュ半島攻略に兵力を向けたため、いかに弱体で手薄であるかを、ドイツ側に知らせることであった。ヒトラーは「リュイティッヒ」作戦の継続に固執するであろうし、それによってドイツ軍の撤退のチャンスを封することができると見たのである。

二重スパイの「ガルボ」「ブルータス」「ジョージ」らは、このシナリオに従い、ブラッドレー将軍がパットンに歩兵二〜三個師団と装甲師団を与え、ブルターニュ半島攻略に向かわせたため、モルタン正面のアメリカ軍兵力は、全く手薄になっていることを、一斉に、無線で報告した。

八月六日深夜、ドイツ軍はモルタンで作戦を開始したが、夜が明けると連合軍航空部隊の猛爆を受け、さらに攻撃に参加を命ぜられた第一一六装甲師団が命令に従わなかったために失敗し、攻撃は中絶した。ヒトラーはクルーゲに作戦続行を指示し、八月一一日までに準備を完了するよう命じた。クルーゲはやむなくカーン正面から三個ＳＳ装甲師団をモルタン正面に移動した。

連合軍は八月七日夜半から、クルーゲの心配したように、カーン地区でカナダ軍による反撃を開始した。イギリス空軍の夜間爆撃機一〇〇〇機がドイツ軍の主陣地をじゅうたん爆撃した。クルーゲはアブランシュ攻略が挫折し、他方、アブランシュを基点にパットン第三軍がブルターニュ半島を席捲しつつ東方に転じ、ルマンから南側面を迂回して北方アルジャンタンに突進する脅威に直面した。一二日、アランソンが奪われ、英加軍は一三日、ファレーズに迫り、ドイツ第七軍と第五装甲軍は包囲を阻止するため、ファレーズ孤立地帯で必死の戦闘を続けることになった。クルーゲは一三日「リュイティッヒ」作戦の中止を決定せざるを得なかった。

一四日、ヒトラーを訪問したヒムラーは、クルーゲ元帥とロンメル元帥が反ヒトラー陰謀に加わった証拠を提出した。一五日、米仏連合軍が南仏に上陸。またアメリカ軍はファレーズ付近に孤立するドイツ軍に猛攻を開始したが、そのさなかにクルーゲ元帥が行方不明になった。無線トラックが航空攻撃で破壊され、一七時間連絡が取れなかったのだが、ヒトラーはクルーゲが連合軍と降伏を交渉していると疑った。クルーゲは解任され、後任にはモーデル元帥が任命され、クルーゲは総統大本営への出頭を命ぜられた。彼には七月二〇日事件への嫌疑、連合軍との休戦交渉の疑惑がもたれていた。反逆罪で死刑になることは確実であった。八月一八日、ドイツ軍がフランスから撤退を開始した日、クルーゲはドイツに向かったが、ヴェルダンの古戦場近くで昼食後、青酸カリをあおって一瞬のうちに死んだ。

ドイツ軍は八月一六日から一九日にかけてファレーズ孤立地帯からようやく脱出したが、貴重な重装備のほとんどが失われ、約一万名が戦死し、五万名が捕虜になった。ファレーズからモルタンに至る地域で、ドイツ第七軍と第五装甲軍の八個師団が包囲され、袋のネズミとなったのである。「戦術作戦Ｂ号」は欧州戦線で行われた最もすぐれた欺騙作戦の一つといわれている。

フランスにおけるドイツ軍の主力は破壊され、残存兵力はセーヌ川東岸を東方に退却した。パットン軍は八月二二

日にはパリ近郊に達し、さらにドイツ軍を大きく包囲しようと急進していた。（一九八七・七・一掲載）

9　ドイツ将兵を徹底抗戦に追いやった「無条件降伏」政策

米英とソ連の衝突を予見したヒトラー

「七・二〇事件」（一九四四（昭和一九）年）に対するヒトラーの報復はすさまじかった。忠誠を誓ったヒムラーの指揮で、事件関係者はもとより、無関係でも反ナチと見られた人々は、ほとんど例外なく連行・逮捕された。さらにその親族、親兄弟、妻子も連行され、自白を強要する責め道具とされた。

もはや逃れきれないと観念した人々は、拷問の屈辱よりも自殺を選んだ。

八月に入ると、ワイマール時代の政治家、政党人なども拘留され、その数五〇〇〇人といわれた。戦後西ドイツの社民党首となったシューマッハやアデナウアー首相も、この時に逮捕された。

八月七日、ベルリンの人民裁判所で最初の公判が開かれ、フライスラー裁判長の苛酷な指揮のもとに、次々に死刑が宣告された。

一〇月一四日、ロンメル元帥はヒトラーの使者として二人の将軍を迎えた。ロンメルは事件直前の七月一七日、イギリス空軍戦闘機の銃撃で自動車が転覆し、重傷を負って療養中であったが、計画に関係していたことを知った日は、陰謀に加担した罪を問い、服毒自殺するか人民法廷に立つか、いずれかを選ぶよう命じたのである。自殺すれば国葬にし、家族には迫害を加えないと約束した。ロンメルは連行される途上の車中で自殺し、その死は事故死と発表され、国葬が一〇月一八日にウルムで行われた。

こうした中で、報復の指揮を取った当のヒムラー自身は、再び迷い始めていた。ヒトラーの信頼を得るために事件の苛酷な処理に全力を上げたが、果たしてそれでいいのかとの疑念である。ドイツの敗北は、すでにあまりにも明白であった。ドイツ本土は米英空軍の戦略爆撃で徹底的に痛め付けられていた。ヒトラー暗殺の失敗によって挫折した和平計画の必要性を、ヒムラー自身が実感せざるを得ない事態だったのである。

あのボルマンやミューラーが「赤いオーケストラ」の逮捕者を利用して、スターリンとの和平を図ったように、いま投獄しているペックやゲルデラー・グループの対外チャネルを利用し、彼らが進めていたように、再び西側と和平交渉を始めることはできないかと考え始めたのである。

これにはシェーレンベルクの要請もあったであろう。九月八日に死刑判決を受けたゲルデラーの諸兄は半年近くも延期され、手記を書くことが許された。ゲルデラーは将来のドイツ国家の構想をまとめた『死刑囚の随想』という手記を書き残した。また、戦後のドイツの復興に関する構想を、求められてまとめている。一〇月に死刑を宣告された元プロイセン蔵相ヨハネス・ポピッツは、君主制復活を考える保守派だったが、ゲルデラーと同じように、戦後のドイツの復興に関する手記を書くよう求められている。

七・二〇事件に爆発した「黒いオーケストラ」の切なる願いを完全に無視した米英両国の「無条件降伏」政策が、さらに日々追い詰められ、戦勢不利なドイツが、いまさら分離講和に傾くようなことは、ほとんどありえないことであった。

しかし、ヒトラー自身は、ソ連と西側連合国との衝突が早期に起こるのではないかという期待を捨てなかった。ソ連と米英との本来不自然極まる同盟に、ひびわれが起こりかけていることを予見しており、その徴候を各種の情報から指摘していた。ソ連軍のルーマニア、ブルガリアの〝解放〟、バルカン諸国にかける共産党の革命工作は、テヘラン協定（一九四三（昭和一八）年）の明らかな侵犯であった。ソ連軍による東ポーランドの併合について、外国新聞や傍受電報は、ロンドンやワシントンでの騒ぎを伝えていた。

「黒いオーケストラ」に絶望的な米英の回答

八月二五日、ルーズベルト大統領は、戦後のドイツ処理に関する各種計画を検討する閣僚委員会を設置した。メンバーはハル国務長官、スチムソン陸軍長官、モーゲンソー財務長官で、大統領の個人的補佐官であったハリー・ホプキンスが後に加わった。この委員会は、モーゲンソー財務長官の提唱するドイツの工場を除去し炭鉱を閉鎖し農業国に変えるべきだとするユダヤ人としての憎しみもあらわな対独報復計画に、スチムソン陸軍長官が激しく反対したため、意見がまとまらなかった。ドイツ工業の破壊は欧州経済を崩壊させ、ドイツ人の敵愾心によって将来三度び大戦を招くというのが反対の理由であった。

ルーズベルト大統領はモーゲンソーの意見に賛成であった。ユダヤ人を殺戮したドイツが、その罪業のため苦痛を受けるのは当然と考えていた。大統領は財務長官だけを連れて九月一一日〜一六日、ケベックで開かれたチャーチル首相との第二次ケベック会談に出席した。

ドイツに苛酷な懲罰を課するというモーゲンソー・プランに、チャーチルは最初ショックを受けたという。しかし、ドイツ工業の破壊がイギリスにとっては危険な競争相手を無くすことになること。さらにモーゲンソーの提示したイギリス経済の回復を援助するためアメリカから多額の借款を供与するという計画は、魅力であった。イギリスの自立と国内経済を再建する希望が持てたのである。チャーチルはモーゲンソーの提案を受け入れた。

そのケベック会議の決定がワシントンに伝えられたとき、ハルとスチムソンは激怒して大統領に覚書を送った。スチムソンは、ドイツ人が彼らの犠牲者に犯した罪悪と同じことだと述べ、ハルは、もしこの提案が明らかになったら、大統領の評判は大きく傷つくだろうと直言した。

しかも、このニュースは九月二一日ニューヨークの新聞にすっぱ抜かれた。アメリカ国民の反響は大きく、そのほとんどが批判的であった。ルーズベルトは、初めてモーゲンソー・プランがいかにひどいものかを知らされることになった。

モーゲンソー・プランの容認は、ルーズベルトの大きな失敗であった。大統領は九月二七日までに、ドイツを牧場にするつもりはないと誤りを認めたが、ドイツに関する計画の策定を六ヵ月間停止してしまった。このため、対独処理政策は、ポツダム会談まで放置されることになった。

一方、ゲッペルス宣伝相は、モーゲンソー・プランを最大限に利用した。ヘンリー・モーゲンソーが銀行家であり金融資本家であり、ユダヤ人であるという事実を宣伝し、ドイツ軍将兵の敵愾心を煽った。折から、オランダのアルンヘム市の橋を巡るモントゴメリーの空挺作戦（九月一七〜二五日）は、「遠すぎた橋」で苦戦を続けていたが、ドイツ将兵の抵抗は、死にもの狂いとなっていた。

ドイツ国民にとって、敗戦はソ連からのひどい報復を受けることになるだろうと予想していたが、それを上廻る悲惨な計画を、米英側から突き付けられたのである。「黒いオーケストラ」が共産主義よりも西側を選ぼうとしたことに、絶望的な回答が与えられたのである。「無条件降伏」政策は変わらなかったし、その内容は、すさまじいものであることが分かったのである。（一九八七・八・一掲載）

10 パリ解放寸前、共産党とドゴールの奪取闘争始まる

「ドゴール以外なら誰でも良い」ルーズベルト

話は少し遡るが、連合軍によるパリ解放を見ておく必要があろう。一九四四（昭和一九）年八月七日、デートリッヒ・フォン・コルティッツ少将が、七・二〇事件の跡も生々しい〝狼の巣〟で、ヒトラー総統から大パリ司令官に任命、中将に昇進した。パリを前線都市とし、最後まで防衛するため、①セーヌ河にかかるすべての橋の爆破準備②パリ産業の麻痺③動員可能の人員・資材をパリの新司令官の下に派遣することが、最初の命令であった。戦闘がどんな破壊を引き起こしても構わない。最後の一兵までパリを死守しなければならない、とヒトラーは厳命した。パリを巡る攻防戦の時が来ようとしていた。

自由フランス主席のドゴール将軍は、Dデイ後の七月に始めてワシントンを公式に訪問し、解放後のフランスが連合軍総司令部の支配する作戦地域と、ドゴールのCFNL（フランス国民解放委員会）が支配する解放地域とに分割されることをルーズベルト大統領に確認していた。しかし、誰がフランスの主権を握るかについては、何も規定されていなかった。ルーズベルトはDデイ以後も、なおドゴールのCFNLをフランスの臨時政府として承認することを拒否していたのである。ルーズベルト、チャーチル、ドゴールの微妙な関係についてはすでに述べたが（第一章18参照）、ルーズベルトはドゴール以外の人物なら誰でも良いというほどドゴール嫌いであった。ドゴールは自由フランスの首長である自分が当然フランスの最高権力を持つと考えていたが、アイゼンハワーの連合軍総司令部にとっては、フランスはまだ作戦地域であり、軍事的要求が優先すると考えていた。

特にパリについては、解放後も当分は作戦地域にとどまると見ており、補給の必要からパリ占領は急がないことにしていた。アイゼンハワーにとってドイツ軍が死守するだろうパリを、スターリングラードのような市街戦で奪取するよりも、遠まきに包囲しつつ、機甲師団を駆使して、北仏のV1、V2発射基地を占領することの方が急務であった。

ドゴールにとって最大の心配は、パリ占領の遅延が、フランス共産党によるパリの権力奪取を許すことであった。

パリの権力を握ったものが全仏を掌握すると確信するドゴールにとって、共産党こそ最大の脅威であった。共産主義者たちは権力を奪取するために強力に組織され、連合軍によって解放された地区の支配権を握ろうとしていた。ドゴールはノルマンディー上陸以来、解放地区で共産主義者が権力を握ることを阻止する厳しい計画を進めていた。解放地区では、ドゴールの任命した共和国委員が握った。共産党の支配する解放地区委員会には、いかなる権力も許すなというのがドゴールの考えであった。

パリには、すでに武装した二万五〇〇〇人の共産主義者がいると見られていた。彼らは一斉蜂起を計画し、ドゴールに先んじてパリの権力を握り、ドゴールの自由フランス政府が入ったときには、共産党の支配する政府が成立しているという既成事実を作ろうとしていた。自由フランスのメンバーは、実権のない名誉職にまつり上げられ、共産党の支配が確立されたら追い出されるだろうというのがドゴールの心配であった。

ドゴールはパリにいる自由フランスの秘密軍事代表ジャック・シャパン＝デルマ准将にパリの地下軍事組織を統制し、いかなる口実があっても命令がない限り、パリで暴動を起こしてはならないと厳命していた。

パリには抵抗運動の政治委員会が三つあった。①ＣＰＬ（パリ解放市民委員会）、②ＣＯＭＡＣ（軍事行動委員会）、③ＣＮＲ（全国抵抗評議会）。このうち①と②は共産党が支配し、③は一九四二年にドゴールが創設し、あらゆる党派の抵抗運動の大同団結を図ろうとしたが、共産党によって活動が麻痺され、ドゴールは信頼していなかった。共産党は抵抗運動の主力となっており、ドイツ軍をパリから駆逐するために、民衆の大暴動を挑発し、一挙に権力を握ろうと画策していた。

自由ポーランド軍の蜂起と潰滅、スターリンは傍観

連合軍が早急にパリを解放しなければ、共産主義者の蜂起によってパリは灰燼に帰するか、あるいは共産主義者が権力を奪取し、全仏にその権威を拡大するか、そのいずれかと思われた。

そのころ、ＢＢＣ放送は、ワルシャワ蜂起のニュースを伝えていた。それはあたかもパリに迫りつつある運命を予兆するかのようであった。

東部戦線では、七月二三日、赤軍がポーランド領内のルブリンを占領した。スターリンは、モスクワに亡命してい

た共産党員のポーランド愛国者連盟を送り込み、ルブリンに国民解放委員会を組織させた。ロンドンに亡命中のコミライチク首相のポーランド政権に先んじて、実権を共産党員に握らせるためであり、モスクワ仕込みのジグムント・ベルリングの率いるポーランド人民軍をその支柱とした。ロンドンに亡命中のポーランド政権の立場は、ソ連軍がドイツ軍を追撃してポーランドを軍事的に解放することは認めざるを得ないとしても、ソ連がヒトラーとの分割を楯に東ポーランドを併合することには絶対に反対であり、ルブリンの共産政権を認めることはできない。

ただドイツ軍を連合軍とともに軍事的に敗北させて、自由ポーランド政府を早急に首都ワルシャワに確立することを急務としていた。ソ連軍はワルシャワに迫りつつあった。ポーランド国内軍総司令官コモロフスキー将軍にとって暗号名「ブルザ」（前年の二月に決められた対独ワルシャワ蜂起計画）を発動するかどうかが問題であった。

コロモフスキー将軍はワルシャワ近郊に迫るソ連軍とモスクワ放送の声援を頼みとして八月一日午後五時に「ブルザ」計画を発動した。しかし、この計画はドイツ側に筒抜けであり、ソ連軍はヴィスラ河畔で停止し、傍観するだけで、何も支援しなかった。スターリンはドイツ軍に自由ポーランド軍を殲滅させ、ルブリンの共産政権にワルシャワを支配させたかったのである。ほとんど全階層の市民が参加した三万五千人のワルシャワ地下軍は、イギリス空軍が補給したわずかな武器で蜂起し、市の中心部を解放したが、ソ連軍は停止して動かず、チャーチルやルーズベルトの要請にも耳をかさなかった。

ワルシャワの鎮圧はヒムラーに委ねられた。ツェレウスキーSS大将麾下の二個師団が投入され、残忍な戦術で地下軍を包囲圧迫した。ワルシャワ市民二〇万が死に、全市が破壊され、一〇月三日、ついに降伏を余儀なくされた。しかも、ソ連軍は自由ポーランド軍の崩壊を待って翌年一月一七日にワルシャワを占領。ルブリンの共産政権をワルシャワに移し、ロンドンの自由ポーランド政権との話し合いを拒否させたのである。

戦後のポーランドの悲劇は、まさにここに始まったのであり、フランスもまた、パリの蜂起によって、その悲劇を繰り返す恐れが十分あった。

シャパン＝デルマ准将は、パリの情勢を、ドゴール、チャーチル、ルーズベルトに伝えるため、秘かにロンドンに飛び、連合軍によるパリの早期解放を訴えたが、効果は見られなかった。（一九八七・九・一掲載）

11　アイゼンハワー連合軍総司令官に拒否されたドゴールのパリ占領計画

ドゴール派の警視庁占拠と共産党の一斉蜂起

パリの情勢は急迫していた。一九四四（昭和一九）年八月一三日、コルティッツ司令官は全パリの警察官の武装解除を行った。レジスタンスに武器が渡ることを阻止するためである。

一四日、ヒトラーは市街戦用に考案された六〇〇ミリ臼砲をパリに送ることを命じた。この日ヒトラーを訪問したヒムラーが、クルーゲ元帥とロンメル元帥が反ヒトラー陰謀に加わっていた証拠を提出したことについては、すでに書いた。

一五日、国防軍総司令部は全パリの工業施設の破壊もしくは麻痺を命じてきた。西方総軍参謀長ブルーメントリット将軍は限定焦土作戦の即時実施を求めたが、コルティッツは反対した。破壊はパリを放棄するときでよい。今はパリ防衛の準備の時期だと主張。クルーゲ西方総軍総司令官は採決を保留した。しかしその数時間後に解任され、ドイツ帰国に先立ってパリの組織的破壊を命じた。後任にモーデル元帥が任命された。パリでは全警察官がストライキを始めた。

一六日、国防軍総司令部はパリから、参謀本部員、ゲシュタポ、公安職員（ＳＤ）、親衛隊員及び非戦闘員の撤退を命じた。パリは戦闘部隊に任されたのである。コルティッツは一万の将兵にパリの防衛戦を守ることを命じた。

一七日、国防軍総司令部のヨードル参謀長がコルティッツに電話で、パリの破壊準備の報告を求めた。コルティッツは破壊作業の専門家が二四時間前に着いたこと。準備は早急に完了するが、過早な爆破はパリ市民の一斉蜂起を誘発するだけだから数日延期するよう要請した。この日の午後アルジェのドゴール将軍は、シャパン＝デルマ准将のパリの現状に関する報告書に基づき、フランスに出発する決意をし、連合軍司令部に意図を秘して現地視察の許可を申請した。

一八日、パリでは対独協力の新聞は姿を消し、鉄道・地下鉄・郵便・銀行もストを続け、市内には反乱の気配が強まった。共産党は一斉蜂起の準備を進めていた。パリ解放委員会の秘密会議が開かれ、共産主義者のロル・タンギー大佐はドゴール派を完全に蚊帳の外においたまま、一九日朝から武装蜂起を開始することを決めた。しかし、このことは直ちにドゴール派に伝わり、ドゴール派は共産党に先んじてパリ警視庁を奪取するため、スト中の警官に秘かに指令を発した。この日コルティッツはヨードル参謀長からの電話でヒトラーがパリの橋梁破戒の延期に同意したことを知らされた。一方、ドゴール将軍はアルジェからカサブランカに飛んだ。

一九日、〇七〇〇、スト中の警察官がノートルダム広場に続々と集合し、軽火器で武装して警視庁に入り、正面玄関に三色旗を掲げた。共産党の一斉蜂起計画は警視庁ではドゴール派に機先を制されたが、それ以外では瞬く間に拡大し、二〇の区役所・警察・郵便局・公共建物・国立劇場等を占領し、ドイツ兵と衝突し始めた。一五三〇、ドイツ軍戦車が警視庁を攻撃し、八八ミリ砲の集中砲火を浴せた。警視庁の運命は、弾薬の欠乏とともに尽きようとしていた。パリを救うには、アメリカ軍の一刻も速やかな到着しかなかった。

レジスタンスと一時休戦が成立

ヒトラーはまだパリの暴動を知らなかった。パリは急進する連合軍をセーヌ河で阻止し、ルール防衛の時を稼ぐ拠点であった。彼は、大パリ司令官コルティッツの下に、デンマーク駐留のSS第二六、第一七装甲師団を派遣する緊急指令を発した。

しかし、当のコルティッツ将軍の心理は微妙に揺れていた。軍事専門家としての彼の目に、すでにドイツの敗北は必至であった。特にファレーズのポケット地帯で包囲されたドイツ軍の惨状は目を覆うばかりであり、敗残部隊は算を乱してドイツ国境とベルギーに向かって退却していた。もしパリにおける抵抗が、こうした戦局を回復する軍事的合理性を持つなら、コルティッツはドイツ軍人として、パリがどうなろうと最後の一兵まで死守することを覚悟したであろう。しかし、彼の指揮下の兵力でパリを守ることは不可能であった。増援二個師団がいつ到着するか、全く不明であった。軍事的合理性のない無益の戦闘で、ドイツ兵と無事のパリ市民を殺しパリを破壊することに忍びなかった。

スウェーデン総領事ラウール・ノルドリンクの死傷者収容のための一時休戦申し入れを、意外にもコルティッツが受け入れたのは、そうしたゆれ動く心理の中であった。ただこれは明らかな命令違反であり、特にレジスタンスと取引したことは論外であった。

この夜、ドゴールはジブラルタルを自由フランス空軍の小型連絡機で離陸し、夜半燃料切れ直前にフランスに入り、シェルブール東方の仮設飛行場に着陸した。

二〇日、前夜の休戦協定が延長され、パリ市内は平静であった。西方総軍総司令官モーデル元帥は、パリに対する切迫した危険はなく、連合国軍は九月以降にならなければパリを直接攻撃しないと判断した。それよりもセーヌ川以西の敗走するドイツ軍がパットン軍団に包囲される前に早く救出することが急務と考えていた。パリの防衛強化はその後でよいと見た。

ドゴールのパリ解放要請をアイク拒否

ドゴールは連合軍前線司令部にアイゼンハワーを訪問、速やかなパリ解放を要請した。しかしアイゼンハワーにとってパリ解放は、軍事的に二義的なもので、当分回避したい問題であった。ドゴールは連合軍のパリ占領が遅れたため、共産主義者の蜂起で悲惨な状況になっており、連合軍の軍事行動を分裂させる恐れさえあると強調したが、無駄であった。計画の変更は拒否された。ドゴールはそれなら自由フランス第二装甲師団を引き抜き、独自にパリに進撃させる決心だと言明したが、アイクは微笑しただけであった。

パリのドゴール派にとっては、パリを破壊に導く抵抗よりも、アメリカ軍の到着を待つことが必要であった。彼らは休戦協定の意味を国内軍に徹底させるため、必死に努力した。一方、共産党にとって、休戦協定は蜂起に対する裏切りであった。休戦協定を粉砕するためドイツ兵を見付けたら射殺せよとの指令を発し、実行し始めた。このため昼すぎには、前夜から平静化したパリの街々は再び騒然とし始めた。

ベルリンから派遣された四人の爆破専門家による二〇〇余の工場の破壊準備作業が完了していた。国防軍総司令部のヨードル参謀長は、三度目の電話で、パリ地区の破壊作業についての報告がないのはなぜか、と怒鳴った。コルティッツは、このとき初めて弁解のため、パリ全域に発生した武装蜂起のため、部隊が応戦中で、爆破作業に手がまわらなかったと言い訳をした。ヨードルはパリの異常事態を始めて知って愕然としたが、パリ防衛のため、あらゆる手段を取ることが緊急課題だといい、どんな手段に訴えても、暴動を鎮圧し、パリに秩序を確立するよう指示した。

（一九八七・一〇・一掲載）

12　歓呼の嵐とともにドゴールがパリに入城

占領寸前のパリを巡る権力闘争

パリ潰滅の危機は迫っていた。八月二一日、国内軍パリ地区隊長のロル大佐（共産主義者）の指示で、街々には続々とバリケードが構築された。

こうした中でドゴール派は、休戦協定を維持しながら武装蜂起したパリにドゴールの政府を公式に設置し、共産主義者をこの権力の座から排除しつつ、連合軍の到着を待つ以外にないと考えた。

一方コルティッツ将軍は、今やパリの暴動を懲罰するため、空軍を使用して労働者居住区を爆撃する計画を思案していた。休戦なのに、蜂起軍によるドイツ兵の死者は日々数一〇人に達した。

パリ西方三六〇キロのレンヌにいたドゴールのもとに、パリのドゴール派から一斉蜂起を休戦協定で何とか押さえているが、もう続かない。ドイツ軍は圧倒的火力でパリの国内軍を殲滅するだろう。連合軍の即時入城を求めるという秘密電報が次々に届いた。

ドゴールはアイゼンハワーに手紙を書き、たとえパリ内部に戦闘による損害が出ても、早急に占領しなければならないと要請した。同時に、連合軍自由フランス第二装甲師団長J・F・ルクレール少将に手紙で、以後米軍司令官ではなく、自由フランス主席である自分の指揮下にあるものと心得よと命令した。

すでにルクレール師団長は、こうした事態を予期し、独自にパリ解放の計画を進め、秘かに米軍兵站部からの補給品を備蓄し、武器弾薬を貯め込み、いつでも独自に進撃できる準備を整えていた。またJ・D・ギュポン中佐を指揮官とする歩兵二個小隊、軽戦車一七両、装甲車一二両を、アメリカ軍に察知されないよう先発させており、この先遣隊は、パリ南一六キロの地点まで進出していた。

二二日、ドゴールの手紙を見たアイゼンハワー総司令官は、ベデル・スミス参謀長に、不本意ながらパリに進撃しなければならないと伝えた。しかし、そのときアイクは、まさかドゴールが自由フランス師団とともにパリに入城するとは思ってもいなかった。

ドゴール計画は、最初の連合軍部隊とともにパリに入り、そこにとどまるつもりだった。ドゴールにとってパリ入城は、自由フランス臨時政府を、たとえ連合国が承認しようとしまいと、パリに樹立する計画の具体化であった。ドゴールは、アメリカが外交的にそれを阻止する恐れがあることを予期していたので、八月二二日以降、自分の正確な所在を、連合軍にも教えないように指示していた。

大パリ防衛司令官コルティッツ将軍にとっても時間はほとんど残されていなかった。ヒトラーが命じたSS二個装甲師団がパリに到着すれば、彼は軍人として市街戦でパリを防衛しなければならない。彼が指揮して破壊したセバストポールを始め、東部戦線の都市のようにパリを焦土と化し、最後の一兵まで死守しなければならない。それがヒトラーの命令であった。ただ自分に対し、そうした命令の実行を阻止することができるものがあるとすれば、それは連合軍の急速な介入だけではないか。

コルティッツは中立国スウェーデンのノルドリンク総領事に、連合軍の速やかなパリ解放を交渉するため使節団を組織し派遣してはどうかという驚くべき提案をした。これは事実上、降伏の仲介を申し入れるものであった。死守を命ぜられた司令官が、中立国の外交官を介して、なぜ事実上の降伏を申し入れたのか。そこにどのような心境の変化があったのか。これはまだ伏せられた歴史の謎である。ただ、ノルドリンク総領事が組織し、コルティッツの査証を持ってドイツ軍の前線を突破した使節団のメンバーを見ると、この謎に多少迫ることができよう。

連合軍の砲声にパリ市民は狂喜

ノルドリンク総領事は自分の代わりに弟のロルフ・ノルドリンクを団長とし、在パリ・ドゴール派のアレクサンドル・ド・サン＝パル、ジャン・ローラン。赤十字代表と称するアルヌール。それにコルティッツの要請で、オーケストラの貴族エーリッヒ・ポッシュ＝パストールが加わった。

アルヌールはサン＝パルが推薦して加わったが、実は在パリイギリス情報組織暗号名〝ジェイド・アミコル〟の部長クロード・オリヴィエ大佐であった。かつてカナリスがイギリスMI6のメンジース部長と連絡したとき、その仲介をした当人であった。（第2章5参照）

E・P・パストールはインスブルク生まれの男爵で、ドイツのオーストリア併合の時は陸軍中尉として抵抗した一人だったが、ドイツ国防軍に編入された。独ソ戦で負傷した後、四二年二月にフランスに着任。四三年一〇月フランス抵抗運動に加わり、V1号計画を始め極秘情報をイギリス情報部に伝えた。四四年七月にイタリアに転属されたが脱走してパリに戻り、コルティッツのもとに出入りしていた。レジスタンスの地下組織〝ゲレット〟のメンバーであり、暗号名エティエンタ・ボール・プロヴオであった。彼はパリ解放の翌日、アメリカ軍の制服を着てパリに戻った。

二三日、パリのグラン＝パレの建物がドイツ軍戦車の火焔弾で爆発炎上し、終日黒煙がパリの空を覆った。パリの至るところに爆薬が仕掛けられていた。後はコルティッツの命令を待つばかりであった。

このころ、使節団の団長ノルドリンクは、第一二軍集団司令官ブラッドレー中将に説明していた。大パリ司令官はパリを破壊せよという公式命令を受けており、次第に窮地に追い込まれている。援軍が到着すれば命令を実行せざるを得ないだろう。ブラッドレーは情勢を理解し、直ちに反応した。自由フランス第二装甲師団に加えて米第四歩兵師団もパリに急行することを命じたのである。コルティッツの気が変わらないうちに、早くパリに入城することが問題であった。

二四日、ドゴールはランヴイエで、早暁、雨の中を自由フランス第二装甲師団がパリに向かって出発するのを見送った。パリまで五〇キロ。しかし、パリに近づくにつれて進撃は困難になっていった。ドイツ軍の抵抗で、この日一日だけで二〇〇名以上が失われた。他方、住民の熱烈な歓迎が戦車の進撃を遅らせていた。

パリ市民は遠雷のような連合軍の砲声を直接聞くことができた。連合軍の連絡機が警視庁の中庭に通信筒を落として「がんばれ、今行くぞ」と激励した。

二五日、快晴、パリ解放の日。ラステンブルクの総統大本営でヒトラーは、連合軍がパリの中心部に攻め込んでいるという報告を聞き、激怒して叫んだ「パリは燃えているのか」

ドイツ軍大パリ司令部のあるオテル・ムーリス周辺では激烈な戦闘が続いたが、コルティッツ将軍は捕虜となった。警視庁に連行されたコルティッツは、ルクレール第二装甲師団長から降伏文書に署名を求められた。また、ドイツ兵に停戦命令を出すことも承知した。降伏文書はドゴールのグループ訓令通り、フランス共和国臨時政府の名前で受理された。

大パリ司令官降伏のニュースはパリを歓喜させた。その歓喜の中を、ドゴールは〝救国の英雄〟としてパリに入り、陸軍省を拠点として、共産党との激烈な政治闘争を開始したのである。

二六日、ドゴールは正式にパリに入場し凱旋門下の無名戦士の墓に花環を置いた。

一九四四（昭和一九）年九月初旬、モーデル元帥は捕虜となったコルティッツ中将を命令違反と反逆罪の嫌疑で告発した。中将の家族、妻と娘はヴィスバーデンにいたが、将官の忠誠を保障するための総統命令「親族連座法」ジッペン・ハット（Zippenhaft、一九四四年八月八日施行）で逮捕、投獄された。しかし幸い処刑されることはなく、一九四五年五月のドイツ降伏によってフランスから送還されたコルティッツと再会することができた。パリの破壊を救ったスウェーデン総領事ラウール・ノルドリンクは、一九六三年に死亡した。（一九八七・一二・一掲載）

13　パリ解放と〝赤いオーケストラ〟

首領トレッペルのパリからの一報

「赤いオーケストラ」のトレッペルが、パリのゲシュタポの手から脱出したのは一九四三（昭和一八）年九月一三日のことであった（第1章33参照）。以来彼は、パリに潜伏し、レジスタンスと連絡を取りつつ、ゲシュタポの特別捜査隊を監視していた。

同年一〇月末、トレッペルはアレックス・レゾヴォワと再会した。アレックスは協力を申し出た。彼はロシア生まれだがフランス外人部隊に参加してフランス国籍を取得していた。また共産党員としてスペイン戦争にも参加した。歯科技工師としてパリのアンタン通りに工房を持っていた。トレッペルは、その妻ミラをテルアビブ時代から知っていた。

一方、トレッペルとともにゲシュタポに捕らえられたが、パンヴィッツ特捜隊長に協力して、モスクワとの〝電波競技〟を続けていたケントとマルガレーテもパリにいた。一九四四年の四月には、二人の息子が生まれた。すでに「赤いオーケストラ」の囚人の多くはドイツへ移送され、あるいは処刑されていた。トレッペルの片腕だったレオ・グロスフォーゲルは五月に、パリのフレスネ監獄で処刑された。

四四年七月、連合軍がノルマンディーを突破しようとしているとき、ケントは進退極まり、モスクワ本部に、パリにとどまるべきかパンヴィッツとともにドイツに行くべきかを問い合わせた。モスクワの情報部長は、本部と連絡を取りつつ、ドイツに行くようにとの指令を与えた。

モスクワ本部は、トレッペルの危惧と警告を無視し、パンヴィッツがケントを通じて送ってくる情報を価値ありと見ていた。他方、パンヴィッツは、ケントの協力を得て、最後まで個人的なゲームを続けようとしていた。彼はモスクワと協力することによって、たとえドイツは亡びても、自ら生き残れる保証を求めようとしていたのである。パンヴィッツは「赤いオーケストラ」のメンバーに加えた残虐行為の証拠を消し去り、ソ連に協力を続けることで、最終的にもの庇護のもとに生き残る途を選んだ。

パリ解放の数日前、ケント夫妻はパンヴィッツやゲシュタポ隊員とともに、荷物を詰め込んだトラックで、パリのクールセル街を出発した。パリの街頭にバリケードが築かれるころであった。

八月二五日の朝早く、トレッペルはアレックスとともに、クールセル街の特別捜査隊本部に急行しようとした。パリの街頭ではドイツ軍が激しく抵抗しており、通り抜けることができない。スペインでの歴戦の勇士だったアレックスはレジスタンスを指導して、即席の攻撃指揮官となった。コルティッツ将軍が立てこもった大パリ司令部のあるホテルの包囲にも参加した。午後になって、ようやくクールセル街にたどりついたときには、特別捜査隊は完全に撤退した後であった。トレッペルは散乱した書類を拾い集め、証拠写真を撮り、モスクワに送った。

パリ解放の数日後、トレッペルはモスクワ本部からの電報を受け取った。モスクワは彼の行動を称賛し、第一次ソ連軍事派遣団の到着を待つように指示した。

一一月二三日、モーリス・トレーズとノヴィコフ大佐のソ連軍事派遣団が空路パリ郊外に到着した。ノヴィコフ大佐は重要人物のモスクワ送還のための軍事派遣団長であり、トレッペルを温かく迎えた。トレッペルはこのノヴィコフのところで、スイス組織のラドーとフートに初めて会うのである。

スイスにあって〝ルーシィ〟情報をモスクワに送り続け、クルスク会戦勝利の原動力となったアレクサンダー・アラン・フートがスイス警察に逮捕され（四三年一一月二〇日）、リーダーのサンドール・アレックス・ラドーが地下に潜行したことについては、すでに述べた（第2章9参照）。アラン・フートは一〇カ月間拘留された後、四四年九月八日に釈放された。できるだけ速やかにスイスを出国するよう示唆されていた。

スイス組織に見るスパイの生き方

ラドー夫妻は九月一六日の夜、牛乳輸送トラックに隠れて国境を越え、フランス・レジスタンスの車で、リヨンに行き、パリには九月二四日に着いた。ラドーはパリでモスクワ本部に対し、組織の全員がスイス警察に逮捕されている状況で、これ以上の情報活動は不可能と報告した。

フートは一一月七日の夜、期限切れのイギリスの旅券でスイス国境を越え、フランスの町アンヌマスに入った。その夜は案内のレジスタンスの家に泊まり、翌日車でパリに向かった。

パリでのフートは町に出てフランス料理とワインを楽しみ、久々の安眠をむさぼった。彼は到着するソ連軍派遣団を待ち受け、ノヴィコフ大佐と連絡を取った。ノヴィコフは始めこのイギリス人を、潜入工作員ではないかと警戒したが、スイス組織のことを知っているロンドン駐在ソ連海軍武官の説明で、フートが赤軍から少佐の階級を与えられた重要な工作員であることを知った。

フートはノヴィコフに、持参した資料と今後の計画を使節団の無線局からモスクワに送信する許可を求めて承諾された。フートは、スイス組織の再建について、今後はアンヌマスからの送信が可能であり、ベンターやレスラーやシッシイからの情報が可能であり、ベンターやレスラーやシッシィからの情報をピエール・ニコールが伝書使班を組織して運び、送信は自分がやるという計画を提示した。スイス組織は戦争終結まではソ連にとって重要だと強調したのである。このフートの計画は一応モスクワ本部に受け入れられ、彼が組織のリーダーとして再出発することが決まろうとしていた。

しかし、ラドーがノヴィコフにようやく接触して、モスクワ本部が、ラドーの悲観的な報告を、フートの楽観的計画と見比べたことから、状況が一変した。対立する二人の見解のどちらが正しいかを知るために、二人はモスクワに召喚されることになったのである。

フートにとっては、これはまさに決断の時であった。モスクワに送られるくらいなら、ゲームを降りてロンドンに帰り、ダンジイ卿に報告するか、せめてパリでイギリスの情報部と接触する必要があった。しかし、彼はそうした考慮を払わず、目前のチャンスをつかんだ。これが後年の彼の不幸の始まりとなるのだが、それは戦後のことである。

一方、ラドーは、モスクワ行きに恐怖を感じていた。組織管理の失敗、多額の金銭の使途が不明なこと、どれ一つ取ってもラドーの責任であった。フートは言葉巧みにラドーを心理的に追い詰めていった。フートはラドーの弱点をよく知っていたのである。

一九四五年一月六日になって、ようやく一二人の乗客を乗せたソ連帰航の輸送機が飛び立った。もちろん、トレッペルもその一人であり、ラドー、フートとは、数日前に、ノヴィコフ大佐に紹介されていた。輸送機は戦火を避けて、マルセルユ、イタリア、北アフリカ、カイロ、テヘランを経てソ連に入ったが、途中カイロで、ラドーは失踪した。市内のルナパーク・ホテルで、フートと同室だったラドーは、外出したまま帰らなかったのである。ただし、イギリス当局に保護されたラドーは、ソ連側の要請で送還され、そのままモスクワの牢獄に直行することになる。（一九八七・一二・一掲載）

14　スターリンの責任に触れたトレッペルは禁固一五年

祖国ソ連を捨てたトレッペルの戦後

ケントやパンヴィッツよりも半年前の一九四五（昭和二〇）年一月一四日にモスクワに到着したトレッペルやフート、さらにカイロで行方をくらましたラドーたちはどうなったか。

ラドーはモスクワで責任を問われることを恐れて姿を消した。彼は安全確保の基本原則を破っていた。暗号書をスイス警察に取られてしまったし、イギリスの情報機関員とも直接接触していた。スイス娘のマルガレーテ・ポリを愛人にして、仕事と私生活を混同した上、五万ドルの公金を浪費していた。フートとの話し合いで彼は逃亡を決意したのである。

ソ連当局は直ちにイギリス当局にラドーの逮捕と引き渡しを求め、イギリス側はそれに応じた。モスクワに送られたラドーは、一〇年の禁固刑を宣告されるが、スターリンの死後には釈放され、母国のハンガリーに帰り、党に赦されて名誉を回復し、ブタペスト大学で教鞭を執ることになる。

トレッペルは、モスクワで情報部長に丁重に迎えられた。彼は「赤いオーケストラ」の生存者を救出するため、パンヴィッツと連絡を取り、その働きによっては戦後考慮してもよいと持ち掛けるよう提案し、情報部はそれを受け入れたようであった。報告書を書き終わったトレッペルに、情報部長は、今後どうするつもりかと聞いた。

トレッペルは故郷のポーランドに帰る前に、指導部と話し合いたいと答えた。彼はヒトラーのソ連侵攻について三度も通報したのに、なぜ何の注意も払われなかったのか。ベルリン・グループに非常識な定期的送信を要求したのはなぜか。またケントになぜ、グループの住所を暴露するような電報を送ったのか。（第１章38参照）これで「赤いオーケストラ」のベルリン・グループは崩壊した。

トレッペルはモスクワ指導部に言いたいことが山ほどあった。それら一連の失敗の責任は、モスクワ本部が負うべきものであった。

情報部長は、過去に執着するとの姿勢に態度を一変させた。特にヒトラーの奇襲を許したスターリンの責任には触れてはならないことであった。スターン並びにＮＫＶＤがそうした人間を放置しておくわけもなかった。トレッペルの行く先はただ一つ、ＮＫＶＤのルビヤンカ刑務所であった。

ここには半年後にパンヴィッツも入ってくるが、もちろん会うことはなかった。彼はソ連領内で活動しているドイツ・スパイのリストや米英仏間の外交暗号通信・解読用暗号コードを持って投降したのである。

トレッペルは戦後二年たった一九四七年六月一九日、禁固一五年を宣告された。トハチェフスキー＝ベルジン一派の反革命組織とともに活動したというのが理由で、戦時中の働きについては、全く考慮されなかった。

一九五三（昭和二八）年三月のスターリンの死によってようやく再審されたトレッペルは、翌年五月釈放され、妻と再会し、ワルシャワに移り住んだが、七三年パリを経てイスラエルに移住。八二年一月一九日、七七歳で死去した。

アラン・フートはモスクワで赤軍情報部（ＧＲＵ）の婦人少佐に迎えられ、数週間にわたり大量の質問書と取り組むこととなった。ラドーの失踪はフートの工作ではないかと疑われており、またイギリスの情報工作員の疑いも完全に晴れてはいなかった。

しかし、逮捕監禁されることはなく、ラドーよりは、はるかにましであった。フートは相次ぐ質問に巧みに応答して、テストに合格した。彼は早くロシア語を習得することを命ぜられ、当初アメリカにおけるソ連情報組織の現地在住責任者に予定されていたが、それは、カナダにおけるソ連原子力スパイ事件の暴露で情報が一変し、不可能となった。彼はソ連情報機関の中枢にあって、ヨーロッパ戦争の終末を迎えた。

連合軍の機密漏洩を発見したコルプ

アレン・ダレスのもとにスーツケースに詰め込んだ外交

機密文書を持参したドイツ外務省員フィリッツ・コルプのことについては、すでに触れたが、それは一九四三（昭和一八）年八月のことであった（第2章2参照）。彼の動静も洩らしてはなるまい。

コルプは自らの反感からであり、この戦争に敗れることがドイツの将来にとって最も良いことだからだと述べていた。彼の持参した文書はイギリス側には、冷ややかに無視されたが、まさに本物だった。早速その主なものがワシントンに送られたが、ドノヴァン将軍は喜んで一部を大統領にも届けた。

ＯＳＳでは、コルプに正式な暗号名を与え、「ジョージ・ウッド」と呼ぶことになった。

この第一回目のベルン行きの直後、ベルリンに帰ったコルプはＳＳ保安部に呼び出され、ベルン滞在中の不明の時間の説明を求められた。彼は深夜から朝の四時まで、バーに行き女を拾ったと釈明したが納得しない。ベルンの医者に血液検査を受け、予防薬を貰ったという証明書を出すと、ＳＳ将校は、外地へ行ったら伝書使は身持ちを慎むようにと〝訓示〟して放免した。

二度目のベルン行きは、四三年一〇月七日であった。ドイツ大使館に立ち寄って公式の文書行嚢を引き渡した後、旧知のコッヒェルターラー博士（スペインの市民権を取ったドイツ系ユダヤ人の医師兼実業家、コルプを最初イギリス情報部に会わせたが失敗。ＯＳＳのジェラルド・マイヤーを通じてダレスに接触することに成功した）を訪ね、秘かにダレスのアパートで会合した。持参した資料の厖大さに驚き、かつダレスの通信班は俄かに多忙となった。

コルプは自らベルンに来られない場合、連絡をチューリッヒにいるコッヒェルターラーの従弟を経由して送る方法を考えた。ＯＳＳのニーズに合わせて情報資料を収集するためであった。ＯＳＳは日本海軍の情報を求めるためベルンに連絡し、コルプの次のベルン行きの前にその意図を伝えた。ジェラルド・マイヤーがコッヒェルターラーを経由して絵葉書を送ったのである。コルプはその意図を察知し、次の連絡では東京駐在ドイツ武官のリッペントロップ外相宛電信から日本の軍事計画に関する文書が大量にもたらされた。中には連合艦隊の作戦命令も含まれていたという。

しかし、コルプの大きな功績とされているのは、連合軍〝最大〟の機密漏洩といわれる「キケロ事件」を〝発見〟したことであろう。

四三年一一月四日に、トルコ駐在ドイツ大使フランツ・

フォン・パーペンから外相宛に、有力なドイツのスパイがトルコのイギリス大使館から直接極秘文書を入手したと通報した電文をコルプは外務省で見た。関連電文三通を早速一二月第二週のベルン行きの際、ダレスに渡した。〝有力なドイツのスパイ〟とは、アンカラ駐在イギリス大使ヒューゲッセン卿の召使いのエリーサ・バズナというアルバニア人で、主人の金庫から資料を写真に撮ってドイツの情報員に渡していたのである。ドイツ側は、彼に「キケロ」という暗号名を付けた。（一九八八・五・一掲載）

15　最後までヒトラーを迷走させたキケロ事件という謀略

「ヤエル計画」に基づく欺瞞工作

ダレスはアンカラのイギリス大使館からの情報漏れをイギリス情報部ベルン支部長のヒューヴェル伯を通じてロンドンの警告したが、そのときには〝キケロ〟は最後のフィルムを渡しており、その中に連合軍のヨーロッパ進攻計画の暗号名が「オーヴァーロード」だということが書きとめられていた。

しかし、ダレスはその直後ヒューヴェル伯から、ロンドンがこの件について承知していること。〝キケロ〟についてイギリス側が工作しているらしいことを知らされたと、戦後に語っている。〝キケロ〟がイギリス側のコントロールのもとにあったと見る有力な論拠は、このダレスの回想だとされている。「キケロ事件」が、連合軍の機密漏洩ではなく、ヒトラーになおバルカン進攻の可能性があると信じさせ、ノルマンディー正面に兵力を転用させないための巧妙に仕組まれた謀略「ヤエル計画」に基づく欺瞞工作だったらしいことは、戦後も七〇年代になってようやく明らかになったのである。

一九四三（昭和一八）年一二月、ヒトラーは〝キケロ〟の撮影したイギリスの機密外交文書を目にした。そこには、チャーチルやイーデンからの電報、テヘラン会談でのスターリンとの会談記録、カイロにおけるトルコ大統領との会談記録等の写真コピーがあった。イーデンの駐トルコ英国大使ヒューゲッセンに対する電報には、「われわれの目的はできるだけ早期にトルコを参戦させ、〝オーヴァーロード〟作戦が開始されるまで、ともかく地中海の東端からドイツへの脅威を維持する」とあった。〝オーヴァーロード〟は、いうまでもなく、米英連合軍の西部進攻作戦の暗号名であった。〝キケロ〟文書によってヒトラーは、西部進攻が四四年二月半ばまでは行われないこと知った。また〝キケロ〟文書には〝オーヴァーロード〟作戦の場所を、ノルマンディー半島だと明示してあった。

しかし、ヒトラーは考えざるを得なかった。一体なぜイギリスは駐トルコ大使にそんなことまで告げる必要があると思ったのか。考えれば疑惑は果てしなく広がるばかりであった。ヒトラーは、四四年二月以降、ノルマンディーの強化を主張したが、それは〝キケロ〟文書が明示した場所の可能性を、全く無視することができなかったからであろう。

あまりによくできすぎた謀略

バズナこと〝キケロ〟を担当したのは、トルコに派遣されていたSS保安部（SD）のルードウィッヒ・モイチッヒであり、パーペン独大使に文書を見せ、ベルリンに送った。ベルリンのシェーレンベルクSD外務局長は、信じ難い文書だと見た。あまりによくできすぎた謀略ではないかと疑ったが、たとえ欺瞞のためのものでも、これだけのことが分かったことは大きな価値があると見て、工作を続けさせた。

やがてモイチッヒは、バズナが英語の能力について嘘をついていることを知り、シェーレンベルクに報告し、ヒムラーを経てヒトラーに達した。ヒトラーはこれをイギリスの工作だと断言した。リッペントロップ外相も同調した。シェーレンベルクは文書そのものは本物だが、背景はバズナ一人の工作ではないと見た。彼は写真の専門家をアンカラに送り、どうやってその写真が撮られたかを確認させた。写真の一枚には、明らかにバズナの二本の指が写っており、バズナがいうような写し方ではあり得ないことだった。また写された文書自体が極めて正確に選択されており、英語の読解力のないはずのバズナに、そうした選択が可能だとは思えなかった。結局、バズナは訓練を受けた工作員が、そうした工作員と協力して仕事をしていると判定された。しかし、文書そのものは本物であり、高い価値を持つので、四四年三月までバズナと取引が続けられた。SDは、バズナに三〇万ポンド（一二〇万ドル）以上の金を払った。ただし、そのポンド紙幣は、すべて巧妙に作られた偽札であった。

否定しながら信じ込むヒトラー

ヒトラーは〝キケロ〟文書をイギリスの工作だと否定し

ながらも、そこからバルカン半島に対する連合軍の脅威を読み取り、Dデイ（オーヴァーロード作戦）までの間に、バルカン地区に計二五個師団の貴重な兵力を投入し続けた。それはイギリスが武器弾薬を補給する各国パルチザンの抵抗によって釘付となった。すでにイタリアには計二五個師団が張り付いており貴重な装甲九個師団を含む総計五〇個師団が来るべき主戦場――オーヴァーロード作戦の正面に転用できない状態に置かれたのである。ヒトラーはイギリス側によって西方に対する進攻の暗号名まで明らかにされながら、半信半疑で、バルカンの兵力を抽出・転用して、西方防壁の防衛態勢を強化できなかったのである。〝キケロ〟を巡る事件は、イギリスの失敗であったのではなく、情報漏洩を演じながら、ヒトラーの判断を狂わせた謀略だったとされているのである。〝キケロ〟を逆に操ったのは、当時トルコにおけるイギリス情報部のスタッフで大使館付武官補佐官だったモンターグ・リーニー・チドソン中佐だといわれているが、チドソンは戦後一九五七年に何も語らずに死んだため、真相は永遠の謎となっている。

エリーサ・バズナに支払われた偽ポンド紙幣は、「ベルンハルト作戦」と呼ばれたポンド紙幣偽造計画によって作られたものであった。この偽造印刷には、ザクセンハウゼン強制収容所の一六〇人の囚人が使われていた。作戦の目的は、①イギリス経済に打撃を与えること。②SS作戦に必要な資金を用意することであった。総計一億五〇〇〇万ポンドが、五ポンド、一〇ポンド、二〇ポンド紙幣で偽造されたと推定されている。

もともとSSによるイギリス紙幣偽造は、SS少佐アルフレート・ナウヨックスの着想で、デルブリュック＝シュトラーセのSD文書偽造研究所で、一九四一年一月に製作に成功したものであった。

ナウヨックスは、三九年九月のグリヴィツェ事件（第1章4参照）、一一月のフェンロー事件（第1章3参照）の実行者であり、またトハチェフスキー事件（第1章40参照）の証拠書類を偽造した当人であった。彼は上司のハイドリッヒに睨まれてロシア戦線に飛ばされて負傷した後、ベルギーに派遣され、国防軍高級将校の汚職を摘発していたが、その際知り合った女性と駆け落ちして指名手配されることになった。

一九四四（昭和一九）年一〇月、盗み出した車でベルリンを脱出した彼は、西部戦線に向かい、国防軍兵士の軍服で前線を突破し、アルデンヌ戦線で米軍に投降した。この〝第二次大戦を起こした男〟の戦争はここで終わっていたのである。

ただし、こうしたエピソードを含めて〝キケロ事件〟のもたらしたものは、スターリンのイギリスへの疑念を掻き立てたことであった。スターリンはチャーチルがヒトラーに「オーヴァーロード作戦」の秘密を暴露して、第二戦線を阻止しようとさせた陰謀だと非難し続け、それがヤルタにも波及するのである。（一九八八・六・一掲載）

16　「エニグマ」へのヒトラーの疑念

ヒトラー最後の戦い、アルデンヌ作戦に無線使用中止

一九四四（昭和一九）年の初秋、ドイツを巡る軍事情勢は絶望的であった。赤軍は全東部戦線でドイツ軍を撃破していた。ルーマニアの油田地帯は占領され、ワルシャワにも赤軍が迫りつつあった。

ドイツ国防軍は、なお九〇〇〇万の兵力を保持していたが、すでに過去三カ月に一二〇万を失い、その半数はDデイ以来の西部戦線での損害であった。

九月一六日、米軍はアーヘンの南でドイツの国境線を突破した。ヒトラーは西部戦線のすべての戦闘員に「われわれの側には、いかなる大規模な作戦もあり得ない。われわれにできることは、陣地を死守するか死ぬかである」と呼び掛けた。連合軍側は、ヒトラーがいよいよ最後の抵抗を呼び掛けている、戦争の終結は近いと見たが、実はそれがヒトラーの敵を欺くための策略であった。

ヒトラーは総統大本営内部にも敵のスパイがいるのではないかと疑っていた。この日、定例会議が終わると、陸軍最高司令官カイテル元帥、参謀総長ヨードル大将、戦車戦の権威グデーリアン元帥、ゲーリング空軍元帥の代理クライペ将軍を別室に呼び入れ、アルデンヌでの反攻の構想を語り始めた。

「私は重大な決意をした。攻勢に出る。ここからだ。アルデンヌだ。一一月に攻勢を始められるよう準備せよ。二五個師団を西部戦線に移動させねばならない。」

将軍たちは誰一人実行可能とは思わなかったが、ヒトラーは不可能をいかに可能にするか見せてやると豪語し、全面的な総力戦体制を指示した。彼は一九四〇年の西部戦線での成功の再現を夢見、それに賭けたのである。

九月一七日、ヒトラーは反攻の準備を下令した。二五日、ヨードル大将に反攻の総括計画作成が命ぜられ、カイテル

元帥には、五個装甲師団を引き抜いて、再編・訓練することと補給を分担させた。また国防軍の輸送司令官ルドルフ・ゲルケ将軍に、輸送網の整備を命じた。

一〇月一一日、ヨードル大将は、アルデンヌ反攻計画の草案を提出した。暗号名「クリストローゼ」と呼ぶこの計画は、装甲師団一二個、歩兵師団一八個の総兵力で実施するもので、その前提条件として①完全な奇襲であること、②連合軍の航空攻撃が不可能な気候を上げていた。それによるとアルデンヌで前線を広範囲に突破し、翌日にはミューズ河を渡河、一週間目にはアントワープまで進出。この間、連合軍三〇個師団を撃破するという楽観的なものであった。一二日にはカイテル元帥が西部戦線の全司令官に一般命令を出し、現在の戦況では反攻に出ることは全く不可能だと、ことさらに強調した。連合軍への欺騙のためであった。二一日の朝、反攻計画の修正案が提出されたが、ヒトラーは暗号名を「ラインの守り」と改めた。秘密を保持するため、作戦はごく少数者にしか知らされなかった。指揮系統の各段階で違った暗号名を使い、それも二週間ごとに変更する計画であった。電話とテレタイプによる連絡は厳禁された。このころになると、ドイツ軍側も「エニグマ」の安全性について疑問を持つようになっていた。同年末には「エニグマ」を更新し始めたが、すでに末期段階に入ったドイツには暗号機械を更新して前線に配布し、暗号手を再訓練する余裕がなかった。結局、引き続き使用する他なかったが、この「エニグマ」への疑念が「アルデンヌ攻勢作戦」（連合軍側「バルジの戦い」と呼んだ）の秘密を保持し得る結果となった。

ウルトラでの情報入手不可能に

ヒトラーは、彼の命令だけでなく、この攻勢に関する命令は、一切無線で連絡してはならないと命じ、国防軍総司令部もまたそれを忠実に実行した。このため、連合軍側にとっては、突然「ウルトラ」による情報入手が不可能となってしまった。

F・W・ウィンターボーザム英空軍大佐は後に『ウルトラ・シークレット』の中で「フォン・ルントシュテッド攻勢が連合軍の虚を衝くことに成功した最も納得のいく理由は、攻撃が開始される前に、高級司令部間のウルトラ通信が全く入って来なかったことのように思われた」「作戦開始前に見事に秘密を守ることに成功したのは、明らかに意図的に手を打ったためである」と書いている。

一〇月二一日の午後、総統大本営に出頭したＳＳ少佐オットー・スコルツェニーに、ヒトラーは、一二月に開始される反攻作戦のための特殊部隊の編成と指揮を命じた。

スコルツェニーは「ヨーロッパで最も危険な男」として連合軍情報機関からマークされていた人物であり、SSコマンド部隊の事実上の創始者であった。一九〇八（明治四一）年ウィーンに生まれ、技師としての教育を受け、三九年空軍に入隊、第一SS装甲師団に移り、東部戦線で戦った後に、SD外務局に移籍し、シェレンベルクSD長官の下で、四三年四月、特殊部隊「フーデンターラー・ヤークトフェンベンデ」の隊長となった。

彼の名声を一躍高めたのは、四三年九月のムッソリーニ救出作戦であった。アペニン山脈の最高峰グラン・サッソ山中のホテルを一二機のグライダーに分乗したコマンドで急襲、幽閉されていたムッソリーニを救出、脱出させ、世界中を唖然とさせた。ヒトラーはその偉業をたたえ、騎士十字章とSS少佐の階級を与えた。その後、ハンガリーの離反を防止するため、元首ホルティ提督の息子を誘拐し、ブリクベルグ城を占領するという特殊工作を成功させたリーダーであった。

ヒトラーはスコルツェニーSSを中佐に昇進させた。また反攻計画での攪乱作戦「グライフ」（〝奪取〟）を自ら説明した。ミューズ河に架かる橋を早急に占領すること。この作戦には、イギリス軍の軍服を着用するというトリックを使っている。アメリカ兵の制服を着て、米軍の車輌を使って、米軍の後方で作戦し、流言や偽情報で、混乱と恐怖を巻き起こすのだ、と強調したのである。

すでにカイテル元帥名で、英語の話せる将校及び兵が秘かに集められていた。約八〇名の編制で、捕獲した米軍の兵器・軍服・車輌で装備させたスチラウSS大尉の部隊は、破壊活動班と偵察班に分けられ、逮捕されたときのために毒薬を携行することになっていた。スコルツェニー部隊は、三つの戦闘団から編成され、総計一〇両の戦車を、米軍の〝シャーマン〟戦車にカムフラージュしていた。これらの偽米軍戦車は、米軍戦線の突破口に侵入し、スチラウ大尉の部隊と呼応して、米軍戦線の内部で暴れ廻ることになっていた。スコルツェニーは、三五〇〇人分にも上る米軍軍服と小火器、〝シャーマン〟戦車、ジープ、〝ホワイト〟半装軌車、偵察車輌を、必死になって掻き集めた。しかし、この極秘の計画も、ドイツ軍兵士の噂となり、尾ひれがついて「アイゼンハワー誘拐計画」となって、漏洩し始めた。

（一九八八・一・一掲載）

17 「歴史は必ず繰り返す」とヒトラー

アルデンヌ作戦にかけるヒトラー

一九四四（昭和一九）年九月二九日、ソ連参謀本部は、テヘラン会議で決められた「ボディガード計画」への参加を取り消した。すでに「オーヴァーロード作戦」は終わったのであり、米英対ソ連は別々の政治目的を持って、残り九ヵ月の欧州戦争を戦うのである。それは実質的な〝冷戦〟の開始でもあった。

スターリンは、米英がソ連とドイツを戦わせ、消耗させることによって資本主義の世界支配を確立しようとしていると信じ込んで、ゾルゲやトレッペルの情報を信ぜず、ヒトラーの奇襲を成功させたが、その考え方は依然続いていた。特にチャーチルに対しては、大陸反攻を遅らせ、その計画をドイツ側に洩らしたと疑っていた。また米英が、ヒトラー打倒を図る「黒いオーケストラ」と協定を結び、西部戦線で休戦し、東部戦線ではソ連と戦い続けさせるのではないかと、猜疑していた。

確かに、四四年秋、アルデンヌ反攻計画を進めていたヒトラーの脳裡には、そうした連合国内部の反目と不信を利用しようとする意図があったことは否定し得ない。

一〇月二〇日、ヒトラーは「狼の巣」を出発、ベルリンに向かった。彼はここには二度と戻ることなく、見納めとなった。

一二月一一日の朝、ヒトラーはかつて一九四〇年の電撃戦を指揮した総統司令部「鷲の巣」に移る。中世のツィーゲンベルク城の近くで、深い地下壕となっていた。ここに作戦参加の師団長以上の将官と幕僚を集め、二回にわたってアルデンヌ攻勢――最終暗号名「秋の霧」に賭ける自らの決意と政治的意義を説明した。それは七年戦争とフリードリッヒ大王の故事に倣おうとするものであった。

二〇〇年前の一八世紀中葉、フリードリッヒ大王は、強力な対外政策を進め、オーストリアの帝位継承争いに乗じてシュレージェンを領有した。オーストリアの女帝マリア・テレジアはその奪回を企て、フランスおよびロシアと〝同盟〟を結び、プロイセンを孤立させようとした。このときフリードリッヒ大王は、たまたま英仏間に植民地戦争が起こったことに乗じ、イギリスと協約を結び、機先を制してザクセンに出兵、ここに七年戦争（一七五六〜六三年）が勃発した。

プロセインは欧州の三強オーストリア、フランス、ロシア、さらにスウェーデンを敵として、善く戦い、ロスバハ、ロイテンなどの戦闘に勝利したが、次第に兵力を失い、他方イギリスの援助も続かず、クネスドルフの戦闘に敗れ、孤立無援となり、一時はロシア軍がベルリンに迫るなど、滅亡の瀬戸際に立った。しかし、大王はこの危機に耐え、超人的な戦いを続けるなかで、連合軍側の不和が次第に拡大し、奇跡的な勝利を得ることができた。大王を憎んでいたロシアの女帝エリザベタが急逝し、ピョートル三世が即位するや、ロシアはプロイセンと単独講和し、フランス、スウェーデンも和平方針に転じたため、マリア・テレジアも戦争を継続できず、ついにプロセインと講和し、そのシュレージェン奪回の意図を放棄せざるを得なくなったのである。

居並ぶ将軍たちにヒトラーは語る。「歴史は必ず繰り返す」「アルデンヌは私のロスバハとロイテンになるだろう。」

スターリン攻勢前に西部戦線を押さえる計画

ヒトラーの計画は、一九四〇（昭和一五）年五月、ドイツ装甲部隊がアルデンヌを電撃突破し、瞬く間に大西洋岸に達した自らの歴史にならい、西部戦線で連合軍の最も弱い部分であったアルデンヌに、約一八個師団、二〇万の兵力を集中し、二日目にミューズ河を渡河し、七日目にアントワープに達するという大計画であった。そのためには、完全な奇襲と、連合軍航空部隊が活動できない悪天候という二つの条件が必要であった。

これによって米英の三〇個師団以上を撃破し、米英間に物理的心理的クサビを打ち込むことができれば、彼らは個別に和平を求めるだろうし、ドイツ軍は東方のソ連軍に全力を集中できると考えていた。フリードリッヒ大王に倣うまさにヒトラーの賭けであり、最後の一戦であった。

賭けは、ヒトラーにどれほどの時間が与えられるかということだった。スターリンは、ワルシャワからクラコフにかけての東部戦線で大攻勢を準備ていた。すでにドイツ側の計画は、当初の予定より一ヵ月も遅れており、アルデンヌ攻勢が開始されれば、スターリンの大攻勢が始まる危険は非常に大きかった。グデーリアン元帥は、スターリンが西進すると確信していたが、ヒトラーは、ドイツと連合軍が西部戦線で、互いに戦略予備兵力を消耗し尽くすのを待つだろうと見ていた。一九四一年、ドイツと連合軍との共倒れを信じて、ヒトラーの奇襲に全く対応できなかったように、スターリンは動かないだろうと確信していたのである。

一二月一五日までに、ドイツ三個軍二五万の将兵と一〇〇〇台の戦車が、エヘテルナハからモンシャウにわたる曲りくねった幅一四〇キロのアルデンヌ前線に配置された。

これに対する米軍はミドルトン少将指揮の第八軍団、四個師団だが、うち二個師団は到着したばかりで勝手が分からず、他の二個師団は疲労しきって休養を求めていた。しかも、連合軍情報部は、この差し迫ったドイツ軍反撃の兆候を察知できなかった。

一二月一六日〇五三〇、アルデンヌの全戦線でドイツ軍の砲撃が開始され、ロケット弾・八八ミリ砲・一四インチ列車砲までが、すさまじい閃光と轟音を発し、一時間続くと沈黙した。戦車群の前進が始まり、それに続いて白い迷彩服のドイツ兵が霧の中から現れ、米軍の前線陣地に浸透した。

攻撃の重点はアルデンヌ北部地帯の突破に置かれ、ゼップ・ディートリヒSS大将を司令官とする四個SS装甲師団から成る新編の第六装甲軍が担当した。南部地区では、国防軍のハッソ・フォン・マントイフェル大将を司令官とする第五装甲軍が三個装甲師団を持って第六装甲軍の攻撃と呼応しつつ中央を突破することになっていた。また、ブランデンベルガー大将の新編第七軍が、第五装甲軍の前進に伴い、その南側面を防衛し、支援することになっていた。そして、この大攻勢を指導したのは、B軍集団のヴァルター・モーデル元帥であった。

ドイツ軍奇襲の第一の狙いは、速やかに交通の要衝を確保し、南北から連合軍の増援部隊が突出部に集中するのを阻止することであった。その交通の要衝は、マルメディ、サンヴィト、ウーファリズ、バストーニュの四か所であり、作戦の時間表では、すべて攻勢第一日で攻略することになっていた。

奇襲を受けた米軍は、当初大混乱したが、各地で踏みとどまり、頑強に抵抗した。しかし、通信・連絡線が切断されて、戦闘は分隊、小隊、中隊程度の規模でしか戦うことができず、後方の司令部は前線を把握できず、戦局の大勢を知る以前に、多くの兵士が倒れ、捕虜となった。（一九八八・二・一掲載）

18　アルデンヌ攻勢の失敗

前線突破にヒトラー気をよくしたが

一九四四（昭和一九）年一二月一八日、ドイツでは正午のニュースが、アルデンヌ戦線での進撃を伝え「クリスマスまでにアントワープを総統にプレゼントできるだろう」と報じていた。総統大本営「鷲の巣」では、ヒトラーが前線突破に気をよくしていた。作戦は計画通りに進行していた。

パリでは、フランス仮政府が恐慌状態に陥っていた。四年前のヒトラー電撃戦の記憶は生々しかった。ベルサイユの連合軍総司令部では、アイゼンハワーが、このドイツ軍の全面攻勢に対する反撃の決定を下そうとしていた。アイクはパットン軍団六個師団のザール進攻を中止させ、ただちに北上して、突破してきたドイツ軍の南側面を攻撃させることを決心していた。

一二月一九日午後三時半、シュネー・アイフェル高地の森林地帯に追い込まれたデシュノー大佐の連隊がドイツ軍に降伏した。次いでカヴェンダー大佐の連隊もそれに従った。八〇〇〇人以上の米兵が捕虜となった。これは太平洋戦線のバターンに次ぐ米軍戦史上大規模な降伏であった。

ところが、デートリッヒの第六SS装甲軍は、四八時間たっても、まだ予定通りの進撃ができず遅れに遅れていた。アルデンヌ攻勢の失敗は、この北部での主要突破作戦の失敗によるのだが、この段階では、まだ分からなかった。ただし、このマルメディ攻略の遅延は、オットー・スコルツェニーSS中佐の特殊部隊による「奪取」（グライフ）作戦を不可能としてしまった。彼の作戦は、北部戦線の突破口に、米軍のシャーマン戦車やそれに偽装した約一〇両の戦車を浸透させ、すでに米軍のジープで米兵になりすまして先行したスチラウSS大尉の偵察班と協力して、ミューズ河の橋梁を確保することであった。

スコルツェニーは全面的な突破作戦が成功しない以上、「奪取」作戦は不可能であり、彼の戦闘部隊第一五〇SS装甲旅団を通常の作戦に回すべきだとデートリッヒに上申し、採択された。スコルツェニー旅団は、一二月二一日マルメディの攻略に参加したが、大損害を受けて後退した。彼はその際、頭部に負傷し、戦線を離れざるを得なくなった。

そのころ、すでに米軍地区内に潜入したスチラウSS大尉の八〇人の特別攻撃隊は、米軍の制服を着け、ジープに分乗して活動を始めていた。あるグループは道路標識を入れ替えて米軍一個旅団を違った方向に誘導し、電話線を切断した。あるグループは、支援の米軍戦車部隊に、戦況不利の情報を流し、ドイツ軍への恐怖を吹き込み、反転後退させたりした。あるグループは、アメリカ第一二軍集団司令部と第一軍司令部間の電話線を切断したが、リェージュ南方で米軍憲兵隊に捕らえられた。彼ら四人は、MPの訊問に、自分らはスコルツェニーの偵察班員であると答えたが、これが、数千人のドイツ兵が米軍の制服を着て、後方攪乱をしているというニュースとなって報道され、米軍を大混乱させることになった。

ドイツ軍に包囲されたサン・ヴィットの北方で、前線を視察中の第七装甲師団のブルース・クラーク准将は、自分の部下にドイツ軍の偽将軍と間違えられ、五時間も営倉に入れられた。ブラッドレー米第一二軍集団司令官の車でさえも、十字路でMPに停車を命ぜられ、質問される有り様だった。パリでは、スコルツェニーの特殊部隊によるアイゼンハワーの暗殺・誘拐計画のデマが飛び、アイゼンハワーは数日間、ヴェルサイユの司令部に〝軟禁〟される状態であった。

しかし、こうした特殊部隊の思いがけない成果はあったが、アルデンヌ攻勢は予定通りに進まなかった。その理由は、①作戦目的に対して使用できる兵力が少なく、②特に予備軍が不足していたこと、③連合軍の兵力と士気を過小評価し、④自らのSS装甲師団の威力を誇大視したことだとされている。

三〇〇万の赤軍東部戦線を突破す

作戦開始第三日目（一八日）には、ヒトラーは早くも作戦構想を変更縮小せざるを得なかった。第五日目の二〇日には、最強力を誇るデートリッヒ大将の第六機甲軍が連合軍の前線を突破できないことが明白になった。それよりはるかに遠いアントワープには、とても進撃できないことがはっきりした。

一週間たった二二日には、米軍の死守するバストーニュさえ攻略できず、ミューズ河に到着する見込みさえ消えてしまった。クリスマス直後の二六日に、パットン中将のアメリカ第三軍の戦車部隊が急拠北上して、ドイツ軍の前線を突破、バストーニュに入ったとき、ヒトラーの遠大な大攻勢は、一局地バストーニュ攻防戦に成り下り、作戦の失敗は明白となった。

ドイツ側にとってアルデンヌ作戦は、翌一九四五年一月二八日に、モーデル元帥麾下の全部隊が、作戦開始地点に撤収するまで続いた。ヒトラーは、米軍二四個師団と英軍四個師団を巻き込み、死傷七万五千の大損害を与えたと戦果を誇示したが、確かに、米軍のザール地方への進撃を阻止し、ライン河への脅威を二ヵ月遅延させたことは事実といえよう。しかし、そのための代償はあまりにも大きかった。ドイツ側の死傷者は一〇万に上り、戦車八〇〇両、飛行機一〇〇〇機を失った。また、西方戦線での燃料・弾薬の備蓄を使い尽くし、二度と立つ能わざる大打撃を受けたのである。

特に四五年元旦を期して、ドイツ空軍戦闘機部隊が、その総力を結集して行った「ヘルマン」計画は、戦術的には成功したが戦略的には自滅的作戦となった。一一〇〇機を超えるフォッケ・ウルフ一九〇型、メッサーシュミット一〇九型戦闘機が、大編隊を組んで出撃。ブラッセルからエイドホーフェンにいたる連合軍基地二七ヵ所に航空奇襲攻撃を加えたのである。連合軍基地は破壊され、三〇〇機が撃破されたが、ドイツ空軍は貴重な部隊長クラスを含む三〇〇名のパイロットを失い、文字通り壊滅したのである。

この西部戦線での大消耗は、東部戦線に深刻な影響を与えた。四ヵ月にわたって、アルデンヌに送られた兵力と補給物資のすべてが使い果たされたのを見守っていたソ連軍は、一月一二日、東部戦線で大攻勢を開始した。ドイツには、もはやそれを防ぐ手段は残されていなかった。

三〇〇万の赤軍は、七五万の装備劣悪なドイツ軍を駆逐し、わずか数日で東部戦線を突破した。チェルニャコフスキー、ロコソフスキー両元帥の軍集団は、ケーニヒスベルクを攻略してダンツィヒに向かい、ジューコフ元帥の中央軍集団はヴァルテ・ガウを制圧し、コーネフ元帥の軍集団はサガンに迫った。

ドイツ軍防衛線はパニックに陥り、ラインハルト上級大将の北方軍集団は、ほとんどその機能を失っていた。この北方軍集団とシェルナー上級大将の中央軍集団の間隙に侵入したソ連軍は、ドイツ東北部になだれ込んだのである。

一月二三日、グデーリアン参謀総長はこの危機に対応すべく〝ヴァイクセル〟新軍集団を編成したが、ヒトラーはその司令官に、グデーリアンの反対を排してヒムラーを任命した。ヒムラーは予備軍から最後の兵力を狩り集め、オーデル河でソ連軍を阻止しようとしたが失敗し、一月二九日、ジューコフ軍はオーデル河を渡った。（一九八八・三・一掲載）

19　ドイツ崩壊前夜の「赤いオーケストラ」とスイス・グループの男たち

パンヴィッツとケントはパリを去った

アルデンヌ攻勢に失敗したヒトラーは、いよいよベルリンに追い詰められて、最後の抵抗を行う他なかった。連合国の首脳は、ドイツに対する終末戦線を調整し、日本への共同戦略を協議するため、ヤルタで会談することになるが（一九四五（昭和二〇）年二月）、その前に、時期を少し遡らせて「赤いオーケストラ」とスイス・グループの運命をたどっておこう。

一九四四（昭和一九）年八月一〇日、連合軍がパリに向かって急進撃しようとしているとき、パンヴィッツの命令で、ゲシュタポの囚人たちがパリ東駅からドイツへ送られた。

ケントに見送られて、妻のマルガレーテと息子のミッシェルも、この列車で二日間かかって、カルルスルーエに到着した。ケントはパンヴィッツとともに、解放直前にパリを去った。マルガレーテはカルルスルーエで、ケントがパンヴィッツとともに車で到着するのを迎えたが、彼らは直ちにホルンベルクへ向けて出発した。ＳＳ保安部（ＳＤ）の拠点は、パリから追われてここまで後退していた。

九月中旬になると、カルルスルーエは連合軍の爆撃に曝され始めたので、マルガレーテと息子のミッシェルは町を離れ、フリードリッヒ・ローダに送られた。ケントは一〇月二二日に、肺炎にかかったミッシェルを見舞いに戻り、数日泊まった。一二月一三日も再び帰ってきたが、二ヵ月後の一九四五年二月中旬には、パンヴィッツが現れ、ケントを連れ去った。マルガレーテとミッシェルは、戦後の九月まで、ここにとどまることになる。

パンヴィッツとケントおよび数人のＳＳ特捜隊員は、ドイツの断末魔をスイス国境から一〇キロメートル離れたブルーデンツの山小屋から見守っていた。

やがて第一軍団の自由フランス軍が到着した。ケントは毎夜モスクワ本部と連絡を取り続けた。パンヴィッツと部下たちは、身分証明書を焼いて運命の時を待った。

ある朝、山小屋はフランス兵に包囲された。パンヴィッツと部下は抵抗せずに手を上げたが、ケントは進み出て、自分は赤軍情報部の少佐だと身分を告げ、本部との交信電報を見せて、パンヴィッツたちをドイツ・レジスタンスに加わっていた協力者で、自分の保護下にあると説明した。

フランス軍は一応納得したが、一週間後に、リンダウの司令部に案内した。

一行の処理は国際問題にからむので、自由フランス軍はパリの陸軍省に送ることにした。皮肉にもケントとパンヴィッツ一行は再びパリに逆戻りすることになった。パリの陸軍省はソ連軍事派遣団のノヴィコフ大佐に連絡を取り、一行を引き渡した。

ドイツが敗亡してから約一ヵ月たった六月六日、パンヴィッツとケントは、パリのル・ブールジェ空港に送られ、一〇個のスーツケースと書類カバンを持ってモスクワへ飛び立った。

ケントとともにモスクワに送られたパンヴィッツは、一〇年以上もルビアンカ刑務所やヴォルクータ収容所に留められた後に釈放される。その後、米英・西独の各情報部からなぜソ連に投降したかについて訊ねられ、放免された後は、シュッツガトで西ドイツ政府から年金を貰い、銀行員となって生活していたという。もちろんこれは戦後の話である。

モスクワ空港には、国家保安省の車が出迎え、パンヴィッツを連行し、国家保安相アバクーモフ自ら二時間にわたって取り調べた。

パンヴィッツは、パリのゲシュタポ長官ギーリングの後任として、チェコから派遣された当初（四三年七月）から、ドイツの敗北を疑わなかったし、それにどう対処するかを考えていたという。パリでの彼の主な任務は、「赤いオーケストラ」の転向者ケントや偽装転向者トレッペルを使う〝電波競技〟で、ソ連との情報ルートを確保し、対ソ和平の契機をつかむことであった。

モスクワへの手土産を用意

彼はチェコでのハイドリッヒ暗殺事件にからむ〝虐殺〟に深く関与していたし（第2章39参照）、戦後それが連合軍から追及されるのは必至だと考えていた。米英軍に投降すれば間違いなくチェコに渡され、戦犯として処刑されるだろう。他方、ソ連は現実主義で、実利的なことにしか関心を持たないと見た。重要な情報を持つ自分を他国に引き渡すような〝愚かなこと〟はしないと見て、ソ連側に〝逃亡〟しようとしたのである。

赤軍情報部の少佐であるケント（本名ヴィクトル・ソコロフ）は、そのための道案内であり、いかに自分が〝電波競技〟を通じて、ソ連の利益に役立ったかを立証する生証人として、大切に扱った。同時に、パンヴィッツはケントを使ってフランス・レジスタンスのオツオルス将軍やルジャンドルを欺いて、ＳＳのための情報を収集した。レジスタンスのリーダーたちは、自分たちがモスクワ本部のために働いていると信じて、貴重な情報を渡したのである。トレッペルはパンヴィッツのこの二重性を見抜いてモスクワに警告し、脱走したが、ケントはパンヴィッツを利用して情報をモスクワへ送るため、最後まで行動をともにしたのである。

ヨーロッパに対する連合軍の第二戦線が宣伝され始めた一九四二（昭和一七）年七月、モスクワ本部は「赤いオーケストラ」のトレッペルに、米英軍の上陸が予想される戦略拠点に送信機を配置し、上陸軍の戦力及び目的についての情報を二日ごとに送信できるよう準備せよと指令した。しかし、トレッペルとケントは一一月に相次いで逮捕されて指令を果たせなかったが、パンヴィッツはケントを使ってそれを果たした。彼はそれをＳＳに対する自分の手柄にするとともに、モスクワ本部にも〝忠勤〟を励んだのである。

フランス・レジスタンスによってノルマンディーに配置された送信班は、Ｄデイ以後数週間たっても、なお連合軍の動静を送り続け、ゲシュタポとモスクワ本部を喜ばせた。ノルマンディーの送信班は、ドイツ側にとって米英軍の上陸規模を知るため必要だったし、米英の第二戦線が、ディエップ作戦のような小規模な見せ掛けではないかと疑っていたスターリンにとっても不可欠のものであった。

パンヴィッツがケントを通じて操ったフランス・レジスタンスのオツオルスとルジャンドルは、組織のメンバーのリストを提供したため、ゲシュタポに潜入され、大損害を受けた。これが対独協力だという嫌疑で、二人はパリ解放後の一一月一七日フランス当局に逮捕され、裁判されることになった。しかし、パリに到着したソ連使節団長ノヴィコフ大佐によって釈放されている。

パンヴィッツは、さらに本部を喜ばせるために、ドイツ側が傍受・開設したロンドン、ワシントン、パリ間の外交電報を、何ヵ月も前から貯め込んでいた。彼はそれと暗号解説用コードをモスクワへの手土産として準備していたのである。

ケントは、パンヴィッツを裏切らせたことが評価され、トレッペルの告発にもかかわらず、彼自身のゲシュタポへの〝屈服〟は相殺されたようである。（一九八八・四・一掲載）

20　一九四四年秋からヤルタまで優位に立つスターリン

米英に〝巨大な微笑〟を送るスターリン

スターリンがヤルタでの首脳会談を了承したのは、一九四四（昭和一九）年一二月のことである。連合軍がヒトラーのアルデンヌ反攻で窮地に立っているというタイミングをとらえた。赤軍はビスワ川とオーデル川の戦線で優位に立っていた。スターリンは赤軍がポーランド全土を制圧しようとしている今こそ、ポーランド問題を意のままに解決できる好機だと考えた。一二月三〇日、ヤルタでの会談と二月四日という日時が米英側に承認された直後、三一日に、共産主義者にルブリン委員会を「民主ポーランド解放臨時政府」に改組させ、直ちに承認した。

スターリンにとって、ヤルタに臨む第一の課題は、米英を妥協させてソ連周辺にできるだけ多くの安全地帯を確保することであった。中欧と東欧の主要部分を、何とか押さえる必要があった。地中海に接するギリシャ、ユーゴスラビアについては、イギリスの疑心と反発をなだめるため、あえて妥協を辞さなかった。またチェコスロヴァキアについては、イギリスに亡命している大統領のベネシュがルーズベルトの友人であり、ソ連びいきであるため、慎重に行動すべきだと考えていた。

他方、極東に対しては、ヨーロッパ戦終結後の対日参戦の約束を、できるだけ高く売り付け、それによって帝制ロシアが日露戦争で失った権益を一挙に回復しようとしていた。しかし、中国における共産党の浸透については、それがアメリカを刺激したり、イギリスがインドへの脅威として心配しないように、毛沢東の力をできるだけ小さく見せようとしていた。

第二の課題は、戦後世界に対するソ連の世界革命への意図を、できる限り隠し、米英両首脳に警戒心を抱かせないようにすることであった。

スターリンは、ソ連が西側から見て話し合いができ、交渉相手として受け入れやすくするため、すでにさまざまな偽騙計画を進めていた。自ら元帥服を着てイメージ・チェンジを図り、新しいツァーのように振る舞った。

また、ギリシャ正教を認め、インターナショナルを国歌とすることを廃止し、「栄光あれ、われらが自由の祖国よ」と新国歌を歌わせた。「共産主義」とか「革命」という言葉は、できるだけ使わないようにし、「祖国のための団結」「民放解放」「愛国戦線」といったスローガンで「大祖国戦争」を指導したのである。それは米英に対する巨大な〝微笑〟戦術であった。

しかも、スターリンは、同時に、日独との接触も保っていた。米英側との関係が、万一決裂するような場合に備えて、用心深く「切り札」を取っておこうとしたのである。

「赤いオーケストラ」の残党でドイツ側に協力したケントを通じての〝無線ゲーム〟は七・二〇事件以後中断されたが、パンヴィッツはなお、ケントとともにあった。

また、リッペントロップ外相のもとで東欧中央局長だったペーター・クライストと、スウェーデン駐在ソ連大使コロンタイ女史の共通の友人エドガー・クラウスを通じての間接的接触も、すでに四二年一月以来、何回となく行われていた。クラウスは、コロンタイ大使、その主席参事官セミョーノフと親交があった。

ドイツ側では、アルデンヌ反攻を準備中の四四年一〇月一〇日、ヒトラーに対しヒムラーは、スターリンがまた和平を間接的に打診して来ている兆候があると報告していたが、同時に彼は、ボルマン、ミューラーを中心とする対ソ和平工作に対抗して、「七・二〇事件」で逮捕した〝黒いオーケストラ〟のゲルデラーを利用して、西側との講和の糸口をつかもうとしていた。

日本はひたすら満ソ国境の静穏を期待して独ソ和平を工作していた。日本にとって、独ソ会戦は、日本が期待したヒトラーのイギリス本土上陸によるイギリス打倒を不可能とするものであり、ドイツを再びイギリス本土に向かわせるためにも、速やかな独ソ和平の実現が必要であった。

広田特使の派遣を断り「侵略国」と決め付ける

一九四二（昭和一七）年の秋以降、ガダルカナルの攻防戦のさなか、陸軍参謀本部の辻政信参謀を中心として、独ソ和平斡旋工作が試みられ、一八年三月を目途に「日独伊蘇国交調整方針」が起案されたが、一八年一月、駐独大島大使からの「ドイツの対ソ妥協はあり得ない」との電報で頓挫した。東条首相は、これを枢軸国間の結束を乱すものとて禁圧した。同じころ、海軍では、岡敬純軍務局長が駐日ドイツ海軍武官ベネッカー中将と接触し、外交ルートを通さず、直接独海軍デーニッツ作戦部長と直通する工作を進め、一八年三月に軍令部の小野田捨次郎大佐を連絡便の一員として、シベリア・ルートでベルリンに派遣し、ヒトラーに仲介案を示したが謝絶されている。

当時、ヒトラーはクルスク突出部に対する春季大攻勢を準備中であり、同時に「赤いオーケストラ」の逮捕者を逆用して、モスクワとの「無線ゲーム」を行っていたことについては、すでに述べた（第1章31参照）。

しかし、ソ連はスターリングラード、クルスクと相次ぐ勝利の後は、対独和平を真剣に考えず、情報入手のための接触を続けるといった姿勢を保った。

日本としては、太平洋戦局の深刻化、特にマリアナ失陥以後、対ソ工作は単に独ソ和平斡旋といった他人事ではなく、戦争終結への必須条件として、心理的期待を拡大させて行くことになる。ヤルタ会議の四ヵ月前の四四年九月、外務省は、陸軍の対ソ積極アプローチ「対外政略指導要領案」に触発されて「対ソ外交施策に関する件」を作成。①日ソ中立関係の維持及び国交の好転、②独ソ間の和平実現、③ドイツの戦線離脱の場合におけるソ連の利用による情勢の好転に努めるため、特使をモスクワに派遣して交渉させることにした。

すでに八月下旬から人選を進め、広田弘毅元首相の派遣を決め、駐ソ佐藤大使に訓電。九月一六日に佐藤モロトフ会談が行われたが、モロトフは特使派遣を必要とするような問題はない、かえって特殊な意味があるかのように内外に誤解される恐れがある、と日本側の申し入れを拒否。広田特使の派遣は中止された。その上、一一月七日の第二七回革命記念日に演説したスターリンは、日本を初めて「侵略国」と決め付け、対日姿勢を硬化させた。

このころ、米英ソ間では、テヘランに次ぐ第二回の頂上会談をどこで開くかを巡って接渉が続いていたのである。始めルーズベルトがスコットランドを提案（七月）スターリンにソ連国外には出られないと拒否され、米英首脳は、いかにスターリンを引き出すかに腐心した。アメリカ大統領選さなかの一〇月には、ハリー・ホプキンズが駐米ソ連大使グロムイコに、マルタかキプロスを打診したが拒否。一一月、四選を果たしたルーズベルトが、一月末にローマかリベリアでと提案したが、黒海より遠くへは行けないと回答。ホプキンズがクリミア半島の都市ではと提案して、ようやく受け入れられた。しかも、その後でスターリンはオデッサを主張。これはルーズベルトが反対。チャーチルは激怒した。そこでスターリンがヤルタを提案し、米英側は渋々受け入れたのである。（一九八八・七・一掲載）

21　ヤルタ会議の主導権はスターリンに

スターリンの協力を必要とした米英

一九四五（昭和二〇）年二月のヤルタ会談は、ドイツの敗北が必至となり、他方、米空軍による日本本土爆撃が激烈化しつつあるなかで、ルーズベルト大統領の再三にわたる提唱によって開催された。

当時、ヒトラーのアルデンヌ反攻によって西部戦線の連合軍は停滞し、一方、一月一二日に攻勢を開始したソ連軍は、ポーランド諸都市を次々に占領していた。太平洋では、日本が〝カミカゼ〟攻撃を開始し、米軍はソ連軍による北方からの牽制を切実に欲していた。

ルーズベルトとチャーチルは、東西における戦争の早期終結を求めて、はるばるヤルタに集まった。そしてこの会談の主導権を握っていたのは、スターリンであった。米英首脳は欧州戦早期終結のためにも、太平洋戦終結のためにも、スターリンの協力を必要としており、ヤルタの決定の多くは、スターリンの意向を反映するものとなった。

会談の主要テーマは、①ドイツ降伏への三国の協力、②戦後のドイツ対策、③ポーランドなど東欧問題、④国連の具体化、⑤対日戦への協力、であった。

米英両国は、日独の抵抗を抑えるためにソ連の軍事力を必要としており、しかも、ヨーロッパの国々をソ連による共産化から守りたいという二律背反のため、スターリンによって次々に妥協を強いられたのである。

戦後に定着した「ヤルタ体制」という言葉が示すように、ヤルタ会談は、東西ドイツの分断、東西ヨーロッパ、ひいては東西世界を分裂させ、全地球と宇宙にまで拡大された米ソ超大国の対峙と、勢力圏の分割を固定化するものとなった。それは北方領土の返還を求める今日のわが国の現実とも、深くかかわっている。

こうした米ソの地球的対立と覇権争い、核兵器の威圧によって、無理矢理に固定化された国境と勢力圏の存在を、真の平和でなく諸民族の伝統と希望に沿うものでないと見るものにとって、〝ヤルタ〟は悲劇的な失敗の表徴ととられている。

他方、それに対し〝ヤルタ〟による東西両勢力圏の固定化こそ、核兵器の脅威に支えられているとはいえ、戦後半世紀にわたる〝冷い平和〟（コールド・ピース）を持続させ、それゆえにＩＮＦ全廃条約、戦略核兵器の削減を現実化しているると見るものにとっては、〝ヤルタ〟は歴史的な成功だったと取られているのである。

歴史的事実はどうであったのだろうか。会談は、一九四五（昭和二〇）年二月三日から一一日までの八日間、ソ連領クリミア半島のヤルタ近郊のリバディア宮殿で開かれた。ここは帝制ロシア最後の皇帝ニコライ二世の夏の静養地として使われた離宮であった。

最終日の一一日（日）は、正午から、Ｆ・Ｄ・ルーズベルト大統領（六三歳）、Ｗ・Ｌ・Ｓ・チャーチル首相（七〇歳）、Ｉ・Ｖ・スターリン首相（六五歳）の米英ソ三首脳が、主な随員を同席させて、最後の八回目の会談を行った。

米英ソ三国代表団の主要メンバーは、次の通りであった。

【アメリカ】ルーズベルト大統領、ステティニアス国務長官、ハリマン駐ソ大使、リーヒー大統領付参謀長、ホプキンス大統領特別顧問、ボーレン通訳官、バーンズ戦時動員局長官、マーシャル陸軍参謀総長、アルシャー・ヒス国務長官補佐官。

【イギリス】チャーチル首相、イーデン外相、カドガン外務次官、ブルック陸軍参謀総長、ポータル空軍元帥、カニンガム提督、アレグサンンダー陸軍元帥、クラーク・カー駐ソ大使、イズメイ首相直属参謀長兼帝国国防委員会議長。

【ソ連】スターリン首相、モロトフ外相、ヴィシンスキー外務次官、グロムイコ駐米大使、アントーノフ陸軍参謀次長、クズネツォフ海軍司令官、マイスキー外務次官。

秘密裡にソ連対日参戦の条件を取引

会談は零時五〇分に一時中断され、午餐となったが、随員の多くは別室で、慌ただしく会談のコミュニケと協定をまとめるのに多忙であった。午後三時ごろ、随員たちは最終的な正文を持って食堂に入り、三首脳がまず最終コミュニケに署名。次いでソ連の対日参戦に関する秘密協定に署名したが、これは翌四六年二月まで公表されなかった。会談は午後三時五五分に終わった。秘密議定書（ヤルタ協定）は、ステイィニアス、イーデン、モロトフの米英ソ三国外相によって夕刻午後六時に署名されている。

翌二月一二日、ワシントン・ロンドン・モスクワで同時に発表されたコミュニケの内容は、Ⅰドイツの敗北、Ⅱドイツの占領と管理、Ⅲドイツによる賠償、Ⅳ連合国会議、Ⅴ解放されたヨーロッパに関する宣言、Ⅵポーランド、Ⅶユーゴスラビア、Ⅷ外相会談、Ⅸ戦争と平和における団結、の九章からなっていた。

ドイツに対しては、三国がドイツ心臓部に加える連合軍計画が立案され、情報の相互交換で行われたこと。無条件降伏を履行させるため三国軍隊がドイツを分割占領し、フランスが望めばこれに参加させること。ドイツの軍国主義とナチズムを絶滅するため、軍需生産に利用され得る産業を廃止または管理し、すべての戦争犯罪人を公正かつ速やかに処罰し、厳正な現物賠償を要求していた。

戦後の平和と安全を守るため、連合軍会議を発展させた総合的な国際機構（国際連合）を創設するため、四月二五日にサンフランシスコで連合国会議を開催し、中国とフランスを三国政府とともに招請国に加えること。会議の票決について意見の一致を見たこと。ソ連は大国の拒否権を求め、また自国に三票ウクライナ、白ロシア、リトアニアを加えることを求めた。拒否権は認められ、ソ連はウクライナ、白ロシアを加えた三票を持つことになった。

ポーランドについては、会談前にあったソ連米英の意見不一致――ソ連が支援するルブリン国民解放委員会（一二月に臨時政府となっていた）か、米英の後援するロンドン亡命政府かの対立――について討議した結果、赤軍によるポーランド完全解放という新事態に基づき、現在のポーランド臨時政府に、国内・在外（亡命）ポーランドの民主的指導者を加えて再編成されたポーランド統一国民政府を作ること。そのための協議を、モロトフ、A・クラーク・カー卿を構成員とする委員会によって、まずモスクワで開催し、現臨時政府の閣僚と在内外ポーランド指導者と協議を始める。ポーランドの東部国境はカーゾン線に従い（これは独ソによるポーランド分割の境界線でもあった）、北部および西部では相当の領土を拡張することを承認した。

また、三国は今後定期的に外相会議を実施することとし、まずロンドンで開催し、順次三国の首都で行われることとする、としていた。こうしてヤルタ会談は、ナチス・ドイツの処理方針と、第二次大戦の発火点となったポーランドの運命を決め、国際連合機構の創設を定めるとともに、秘密裡にソ連の対日参戦とその条件を取引していたのである。（一九八八・八・一掲載）

22　スターリンに〝異常な〟信頼を寄せるルーズベルト、ヤルタでのチャーチルの孤独

対ソ友好論者で固めたル大統領側近

ルーズベルトはスターリンとの個人的友好を保つため、

チャーチルとの間に距離を置くというテヘラン会談以来の姿勢を取っていた。チャーチルはルーズベルトを巻き込んで、英米の統一行動によってスターリンに対応しようとしたが、ルーズベルトはむしろスターリンとチャーチルの調停者のように振る舞った。ヤルタの〝失敗〟は、この米英間の疎隔にあったとされている。

ルーズベルトは、戦争をできるだけ早く終わらせること、戦後世界に恒久的な平和維持機構を確立するという二つの目標を持って、そのためならスターリンとの妥協を厭わなかった。

ドイツの命運はすでに尽きようとしていたが、太平洋で米軍は日本軍の頑強な抵抗に苦戦していた。日本の敗北を促進するには、なによりもソ連の対日宣戦が必要であった。それを何としても取り付けねばならなかった。すでに原子爆弾製造のマンハッタン計画は、フル稼働していたが、まだ実験の日時は決まっていなかった。その上、ドイツが先に作るかもしれないという強迫感が、ルーズベルトを焦らせていた。

さらにスターリンが、一九三九（昭和一四）年の独ソ協定のように、突如ドイツと単独講和する可能性も、無視し得なかった。ＯＳＳはストックホルムで独ソの秘密接触が行れたことを報告していた。しかも、ルーズベルトは、テヘラン以来スターリンの人間性に魅了されており、そのマルクス・レーニン主義に基づく厳密なイデオロギー性と冷酷なマキャベリズムを理解し得なかった。

ルーズベルトのブレーンであり、連邦緊急救済局長官（一九三三～三八年）、商務長官（三八～四〇年）、武器貸与局長官（四〇～四一年）を歴任し、特別補佐官（四一～四五年）として陰の参謀だったハリー・ホプキンズは、担架に乗ってヤルタに赴いた。彼は癌に冒されており、余命いくばくもなかったが、フリーメイソンとして、ユダヤ人を迫害するヒトラーへの憎しみと、それと戦うスターリンへの親近感を持つ共産主義シンパであった。

ルーズベルトに「無条件降伏」政策を取らせ、「ヒトラー打倒」優先戦略を確立し、ドイツ〝農業国家化〟への「モーゲンソー・プラン」の推進者であった。彼は第二次大戦の初期アメリカが中立を守っているなかで、〝イントレピッド〟に呼応し、イギリス支援を計画し、武器貸与局長官として推進したルーズベルト側近のNo.1であり、独ソ開戦後はソ連支援のため厖大な武器・資材を送り込んで劣勢を挽回させ、さらにテヘラン、ヤルタ会談の推進者ともなった。

ヤルタにおいてルーズベルトが、しばしばその意見を求めた随員の一人に、アルシャー・ヒスがいた。アメリカ代表団の宿舎になったリバディア宮殿の電話番号は、No.・1が大統領、No.・2がホプキンズ、No.・3がレイヒー提督（大統領参謀長）、No.・4がヒスであり、常に大統領の間近な一室で、その諮問に応じていた。

ヒスもソ連との友好の推進者であった。スターリンを共産主義者ではなく民族主義者だとミスリードし、毛沢東を農地改革者だと誤認させていた。一九四四（昭和二〇）年五月以降、国務省の区別政治問題事務局にあって「国際連合」を担当し、ヤルタに向けていくつかの重要書類の準備を任されていた。

このヒスは、ヤルタ後三年目の一九四八（昭和二三）年「チェンバーズ事件」で、かつてウォルター・クリビツキーの指揮下にあったソ連スパイの一人だと告発され、五〇年一月ニューヨークの法廷で偽証罪を問われ懲役五年の判決を受け、その社会的地位の一切を失うことになる。元アメリカ共産党員のフィッティカー・チェンバーズ、エリザベス・ベントリー、ノエル・フィールドの暴露によるもので、当時のアメリカ政界を震撼させた事件である。

米英代表団を引き離したソ連の作戦

スターリンは三国代表の宿舎割りにも戦術的に配慮した。アメリカには、会談の会議場となったリバディア宮殿をあて、イギリスには一八キロも離れたボロンツォフ館を、そしてこの米英宿舎の中間に当たるユスポフ館をソ連代表団の宿舎とした。米英代表団を引き離し、両者の連絡を監視できる位置に、自ら陣取ったのである。

長官は一週間ボロンツォフ館に泊まったが、リバディア宮殿に比べて全くみすぼらしい設備に、極めて不機嫌であった。加えてイギリス代表団の大部分は、そこからさらに二〇分もかかる保養所に入れられ、連絡を取ることもままならぬ有り様であった。

チャーチルはルーズベルトがスターリンに寄せる〝異常な〟信頼に困惑していた。アメリカがソ連の〝野望〟に気付かず、かえってイギリスを袖にして、米ソだけで戦後世界の支配を進めようとする気配を警戒していた。

しかし、第二次大戦を通じて、イギリスの国力は、まさに衰退した。宿敵ヒトラーはどうやら息の根を止めることができそうだが、それが強力なアメリカの支援によることを誰よりもチャーチルは自覚していた。ヒトラーを倒した後にヒトラーが予言したようにボルシェヴィズムが燎原の火のようにヨーロッパを焼き尽くす恐れを知ればこそ、何とかルーズベルトに〝忠告〟しようとするが、アメリカ側は時代遅れの老人の繰り言としか見ない。また強欲なイギリス帝国主義の利己的発言としかとらえられなかった。チャーチルはヤルタで孤独であった。

特にヤルタで決まったポーランドの運命は、チャーチルにとって苦悩の選択であった。イギリスはポーランドの独立とヒトラーからの救済のために大戦に突入したのだが、ヒトラーに代わってスターリンの支配する政権が出現したのでは、何の為に戦ったのか分からなくなる。やっとのことでルブリン委員会の新政府への移行だけは名目的に阻止したが、軍事的にポーランドを支配したスターリンの「既成事実」に対する自らの無力を実感せざるを得なかった。

さらにアジアに関しては、米英間の意見は全く対立していた。ルーズベルトはマハトマ・ガンジーに共感し、古いアジアの植民地体制の維持を図るチャーチルに批判的であった。チャーチルは「大英帝国の解体を指揮するために戦ったのではない」と憤慨するが、日本によって火を点じられたアジアの民族主義は戦後世界を一変しかねない勢いであった。しかもイギリスはインド保全のためにビルマ戦線でも全力を発揮していないとアメリカのマスコミは非難していた。太平洋の戦いに加わろうとしても加われない弱体化した国力の現実を、チャーチルは自認せざるを得ない。

結局チャーチルは、アメリカが太平洋戦略の主導権を取ることを了承し、極東に関する米ソの協定には一切関与しないという立場を取った。ヤルタ極東密約でソ連対日参戦の代償として与えられた南樺太と千島列島の引き渡し、満州における旧ロシア帝国の権利の回復について、イギリス代表は多大の危惧と不満を持ったが、黙って認める以外になかった。

ヤルタ会談の欧州についての取り決めは、二週間もたたないうちにルーマニア問題を巡って尖鋭化し、三月第一週までにポーランドに関する交渉も行き詰まってしまった。

（一九八八・九・一掲載）

23　「米英と和平交渉せよ」と迫る腹心ヴォルフ、ヒトラーは沈黙

「サンライズ」秘密交渉

スイスにいるアレン・ダレスのもとにスーツケースに詰めたドイツの外交機密文書を持参し、「キケロ事件」を暴

露したフィリッツ・コルプは、その後ベルリンの外務省内外での情報源を拡大し、四四年初めには協力者二二名を擁するまでになっていた。実業家、将校、聖職者、女性も含まれていた。ベルンのOSSは彼を畏敬し、珍重した。四月一一日、ベルンからワシントンに打電「ウッドが到着した。非常に高価なイースター祝日の卵が二〇〇個以上も届いた」。

しかし「七・二〇事件」の後、コルプの消息は途絶えてしまった。ゲシュタポの捜査網にひっかかったのである。巧みに訊問をすり抜けて釈放はされるが、以来六ヵ月間、すべての秘密活動を中止していた。

一九四五（昭和二〇）年の初め、ベルリンにいたコルプは、反ナチ派市民の小グループとともに、米軍をソ連軍より先にベルリンに入れる計画を立て始めた。連合軍の空襲で廃墟と化したベルリンを米空挺部隊によって占領させようという計画であった。ベルリンとポツダムの中間地点に降下予定地を定め、米軍を誘導するための市民の組織を作ろうとした。

コルプは二月にベルンに向かい、ダレスに支援を求めた。しかし、ダレスは何も言わなかった。ヤルタ会談を巡る微妙な米英ソ関係の中で、ソ連を刺激するような計画が、到底受け入れられないことを知っていたからである。

ダレスはコルプに、ドイツに帰ることは危険なので、スイスにとどまるよう勧めた。しかしコルプは、ナチスのアルプス要塞計画を発見するのだといって、ベルリンに戻って行った。

このころ、ベルンのOSSはイタリア駐在SS司令官カール・ヴォルフSS中将と、イタリア戦線におけるドイツ軍の早期降伏について、秘密交渉を進めようとしていた。後に「サンライズ作戦」と呼ばれる秘密工作であり、ダレスは多忙を極めていたのである。

二月のヤルタ会談当時のイタリア戦線は膠着していた。北部でムッソリーニの「イタリア社会共和国」政権とゲリラ・パルチザン部隊を結集したCLN（北イタリア国民解放戦線）の内戦が続き、連合軍はロンバルディア平原に進出しようとしていたが、二五個師団を擁する強力なドイツ軍の抵抗によって進撃を妨げられていた。連合軍は大規模な攻勢を実施するには兵力・装備ともに不十分で、アルプスを越えてのベルリンへの道は、はるかに遠い状態であった。

かつてヒムラーの副官を務め、熱烈な国家社会者だったカール・ヴォルフは、イタリアにおけるSS及び警察長官だったが、戦局の前途に深刻な疑念を抱いていた。

二月六日、ヴォルフSS中将は、リッペントロップ外相とともにヒトラーに面会した。ヴォルフは率直明快に、新秘密兵器開発が間に合わないときは、米英に接近して平和交渉をする必要があると提言した。そしてそのための二つのルート（ローマ法王、イギリス情報機関）を模索していると、大胆極まる報告を行った。

ヒトラーは何もいわなかった。ヴォルフは言葉をついで、米英ソ間にはかなり意見の相違があるが、われわれの側から積極的に介入しない限り、自然に分裂することはない。いまこそ、その時期ではないかと、言い切った。ヒトラーは微笑を浮かべて聞き入っており、一言も発しなかった。

これを黙認と解したヴォルフとリッペントロップは、それぞれイタリアとスウェーデンで、和平の可能性を探ることとした。

一三万五、〇〇〇人の死者を出したドレスデン大空襲

ヤルタ・コミュニケがワシントン・ロンドン・モスクワで同時発表された翌日の二月一三日、英米連合の爆撃機部隊は「サンダークラップ作戦」を実施しようとしていた。それは東ドイツの主要都市に対する無差別爆撃によってドイツの士気に決定的に打撃を与え、全面降伏させることを目的とする戦略爆撃であり、その最初の目標として、ザクセンの古都ドレスデンが選ばれていた。

これは東部戦線での赤軍の大攻勢に呼応して、米英空軍が背後を叩くという意味を持ち、特にチャーチルは、ヤルタ会談直後に連合軍の戦略爆撃の威力をスターリンに誇示するという政治的意味を込めて、その実施に強く執着していた。

計画は、英空軍の一個飛行連隊による第一波に続き、同四個飛行連隊による第二波、さらに米空軍爆撃隊による第三波攻撃が行われることになっていた。

一三日の一七三〇、二二四機のランカスター爆撃機の第一波がイギリス本土の基地を出発。二二一〇には一八世紀バロック建築の世界的な宝庫とされていた旧市街に対する爆撃が開始された。大型高性能爆弾が建物の屋根を吹き飛ばし、焼夷弾が火災を引き起こした。

三時間後の一四日〇一三〇には、第二波の五二九機のランカスター機が、周辺の住宅地区を攻撃した。すでにドレスデンの旧市街は燃え盛る巨大な焔と化していた。第二波も大型高性能爆弾と六五万発の焼夷弾を混用した。地上では、ファイアーストームが荒れ狂った。地下室で直撃を免れた人々も、酸素欠乏と一酸化炭素中毒で、折り重なって死んでいった。

一夜明けても火災は収まらなかった。その白昼を第三波が襲いかかった。米第八空軍のＢ17〝空の要塞〞四五〇機であり、二八八機のＰ51ムスタング戦闘機が護衛。一四日〇八〇〇に出撃。一二〇〇すぎに爆撃を開始し、ドイツの最も古い歴史的都市に最後の止めを刺して、完全に破壊した。

火災は四日間続き、被爆地は一六〇〇エーカーに及び、これはロンドンが空襲で受けた被害面積の三倍に当たっていた。ほとんどが非戦闘員で死者は、約一三万五〇〇〇人と推定されている。

イギリスでは二一〇〇のニュースがドレスデン爆撃を報道し、これはルーズベルト、チャーチル、スターリンがヤルタ・コミュニケで明らかにした「ドイツの心臓部に加える新たなそしてさらに強力な攻撃」の一つであるとコメントした。

しかし、ゲッペルス宣伝相は、無辜の市民に対する〝大虐殺〞だと宣伝し、スウェーデンやスイス、その他の中立国でその悲惨さを強調、連合国への怒りの感情を掻き立てた。連合国内部でも、ドレスデンの爆撃の是非について疑問が持たれた。イギリスでは二週間後の下院で、リチャード・ストークス議員が、大都市の無差別爆撃を公然と非難し、〝テロ爆撃〞を今後も政府の政策として実施するのかと質問した。チャーチルはドイツ占領後の問題からもテロ爆撃は再検討するよう空軍参謀総長ポータル卿に覚書きを送らざるを得ないことになる。ただし、この無差別爆撃の発想は米空軍のＢ29に受け継がれ、約一ヵ月後の東京大空襲で成功し、日本主要都市を焼き払うこととなる。

このまま戦争が続けば、ドイツの壊滅は必至であった。

（一九八八・一〇・一掲載）

24　ドイツ側二人の政治犯を釈放——動き出したダレス機関

共産主義者に占領地を渡すな

イタリアに帰ったカール・ヴォルフＳＳ中将は、幕僚のオイゲン・ドルマンＳＳ大佐やムッソリーニ政権へのドイツ大使ルドルフ・ラーン博士らと、イタリア戦線の終結について話し合った。

在伊ドイツ軍の抵抗が北部イタリアで終焉すれば、イタリアのパルチザンが共産主義政権を樹立し、西方フランスの共産主義者、東のユーゴスラビアの共産主義者チトー一派と結んで、ボルシェヴィズムの南欧横断ベルト地帯を形成することは必至と見られた。これに対抗するには、ドイツ軍が秩序ある〝降伏〟の準備を進め、共産主義者が支配権を確立する以前に、米英連合軍に北イタリアを占領させること以外にないと考えた。

そのためには、両者接触の橋渡しをする仲介者が必要であった。このことをドルマンSS大佐から聞き付けた若いSS中尉グイド・ツィンマーは、ルイジ・パルリーニ男爵が適当ではないかと思い、話を進めてみた。ツィンマー中尉は熱心なカソリック信者で、強く戦争の終結を望んでいた。またパルリー男爵は、アメリカの冷蔵庫会社アメリカン・ナッシュ＝ケルヴィネーター・コーポレーションの代理人で、イタリアのユダヤ人を外国に逃がすのを助けているという噂かが、SSの耳に入っていた。男爵は協力を約束した。

二月二一日、パルリーニ男爵はスイスのチューリッヒに向かった。旧友マックス・フスマン博士に会うためである。博士はこの計画に関心を示したが、その成否を判断しかねた。勝に乗っている米英がソ連との関係を危うくする計画に乗るとは思われなかったからである。しかし、フスマン博士は、この件をスイス軍情報部のマックス・ヴァイベル少佐に連絡した。

ヴァイベル少佐が「ルーシィ」情報をスイス軍情報部にもたらした担当者だったことについてはすでに見たが、ロジェ・マソン情報部長の有力な部下であった。少佐はアレン・ダレスとも面識があり、ドイツ側の代表を秘かにスイスに連れてくるには、最も都合のいい立場の軍情報部員であった。

少佐はまた、北イタリアにおける共産勢力の脅威をよく知る一人であった。スイスが最も多く利用しているジェノア港が共産勢力下に入れば、スイス経済にも重大な影響を与えることが必至であった。さらにスイスにとって、北イタリア戦線でドイツ軍が停戦に応ぜず本国に退却する場合、スイス領を侵犯する可能性があり、ヒトラーの焦土戦術が深刻な事態を引き起こすことが憂慮されていた。

ヴァイベル少佐は、ヴォルフSS中将もかかわっている計画だと聞かされ、個人的に協力することを決意した。中立国スイスの軍人が、こうした特定国に対する計画にかかわったことが発覚すれば、中立法違反に問われ、国際問題化し、本人も逮捕・免官を覚悟しなければならないことを、十分自覚しながら、あえて参画したのである。

アレン・ダレスについては、すでにたびたび述べてきた。ドイツ、東南ヨーロッパ、フランス、イタリア担当のOSS（戦略事務局）代表であり、OSS長官ウィリアム・J・ドノバン将軍と直結していた。

ダレスは一九四一年にベルンに事務所を開設したが、その直後に、ドイツ系アメリカ人のゲーロー・フォン・S・ゲベールルニッツに協力を求め、秘書とした。ゲベールルニッツはドイツで経済学の学位を得た後、一九二四年渡米し、ニューヨークの国際金融業界で働き、アメリカ市民権を取った。父親はワイマール体制下のドイツ国会議員であり、進歩的な大学教授であった。この父親の信念を受け継ぎ、ドイツの反ナチ勢力とアメリカ政府の間に、秘密の連絡ルートを確立することこそ、自らの任務だと考えていた。

ヴォルフの誠意をダレスは実感

二月二二日、ヴァイベル少佐は、ダレスと秘書のゲベールルニッツに電話して夕食に招き、フスマンから聞いたパルリーニ男爵のことを話した。ダレスは秘書のゲベェールニッツに会わせることにした。

パルリーニはゲベールルニッツにイタリアの情勢と和平の必要性を説き、直接SSのツィンマー中尉かドルマン大佐に会って話し合うよう勧めた。ゲベールルニッツは半信半疑だったが、可能だと思うと答えた。

ヴォルフSS中将はパルリーニ男爵の帰国の段階でダレス機関との接触の報告を受け、ヒトラーに提案していたローマ法王、イギリス情報機関の線による交渉を断念し、ドルマン大佐をスイスに派遣することとした。

三月三日、ドルマン大佐はツィンマー中尉とともにヴァイベル少佐の手配でスイス国境を越え、パルリーニ男爵とフスマン博士に落ち合った。

はじめドルマン大佐は、連合軍が北イタリアにおける共産勢力の支配を防止するため、ドイツ軍との〝対等〟の和平を行うことを強調したが、フスマン博士は、絶望的なドイツの状況を語り、ドイツの望めるものは無条件降伏以外にないと説いた。ドルマン大佐は納得せず、直接ダレスに会うことを求めた。しかしダレスはまだ現れなかった。ゲベールルニッツも出てこない。

ダレスはポール・ブルームというOSS局員を代理人として、無条件降伏しか考えられないこと。ただし、これに協力した善意のドイツ人には相当の考慮が払われるだろうと伝えた。またドイツ側の誠意の証拠として、イタリアの非共産主義抵抗運動の指導者でドイツ軍に捕らわれている二人の人物を釈放してスイスに送ることを求めた。

ドルマン大佐はこれを受け入れ、全力を尽くすことを約束して、イタリアに帰った。

報告を受けたヴォルフ中将は〝無条件降伏〟要求を恐れなかった。また非常に難しいと見られていた二人の政治犯の釈放も、自らの誠意を示すためにやろうと決心した。

ドルマンはヴォルフに、スイスに出掛けるよう勧めた。ヴォルフは考慮すると答え、翌日イタリア戦線ドイツ軍最高司令官ケッセルリング元帥と会見、和平交渉が実現する可能性があると報告した。ヴォルフはかねてから尊敬しているケッセルリング元帥の最終的承認を引き出せれば、この交渉は成功すると考えていた。元帥は〝名誉ある講和〟が可能なら話に乗りそうな様子であった。

こうしたなかで、パルリーニ男爵を通じて、ダレスが、三月八日にチューリッヒで会談したいと申し入れ、ヴォルフは承諾した。

三月八日、ヴォルフとドルマンは、秘かに釈放したイタリア解放国民委員会のフェルッチョ・パルリ軍事部長とウスミニア少佐を伴い、ヴァイベル少佐の部下の案内でスイス国境を越え、列車でチューリッヒに入った。

釈放された二人の〝囚人〟は、郊外の病院に収容された。パルリの旧友だったダレスは、ヴァイベル少佐の案内で、ゲベールニッツとともに、夕刻病院を訪れた。殺されるものと覚悟をしていたパルリは、ダレスを見て涙を流した。ダレスはヴォルフの誠意を実感した。そして早くヴォルフに会いたいと思った。（一九八八・一一・一掲載）

25　〝サンライズ作戦〟に賭けるダレス――ルーズベルトの急死

暗号名「サンライズ・クロスワード作戦」

アレン・ダレスＯＳＳスイス支局長とカール・ヴォルフＳＳ中将との会談は、三月八日の夜湖畔にあるダレスの秘密会議用の古風な建物で行われた。フスマン博士とゲベールニッツ秘書、ドルマン大佐が同席した。ヴォルフは〝無条件降伏〟に抵抗を示さなかった。これ以上戦争を続けることはドイツ国民に対する犯罪行為であり、自分は戦争を終わらせるためには、どんな危険でも冒す覚悟があると述べた。ゲベールニッツは、この段階で始めて交渉の成功を信ずるようになったと後に述べている。

ヴォルフは、自分がイタリアで掌握している全組織――

SS、警察、後方部隊の指揮を、戦闘行為を終わらせるために進んで提供すると述べた。ただし、そのためには国防軍の協力が必要で、ケッセルリング元帥が態度を決定してくれれば、他の司令官たちも降伏に応ずるだろうと語った。また、イタリアにおける不必要な破壊行為を防ぐために努力しており、各地の名画やコレクションを安全な場所に保管して、ドイツへ運び去られないようにしたことを伝え、そのリストの一部を提供した。それはポッティチェルリ、ティティアーノ等の巨匠の三〇〇点に及ぶ名画の一覧表であった。ダレスとゲベールニッツは、ヴォルフの誠意を信じることができた。彼は自分自身については何一つ要求しなかった。彼となら、イタリアのドイツ軍の降伏を交渉によって達成できるのではないかと思われた。

ダレスは、ヴォルフが自分以外に連合軍と接触しないことを条件に、彼と交渉することを明らかにした。ヴォルフもこの条件を入れ、捕虜・政治犯の生命を守り、産業施設・美術品の破壊を防ぐために全力を尽くすと約束した。ダレスはヴォルフとの会談を、OSSのドノバン長官に報告した。ドノバン長官は、「サンライズ作戦」という暗号名で交渉を継続せよと指示した。チャーチルはこれを「クロスワード作戦」と命名して多大な関心を示した。

ヴォルフはスイスから帰ってすぐ、ケッセルリング元帥がベルリンに召還され、後任にハインリヒ・フォン・ヴィーティングホフ大将が任命されたことを知った。自分自身にもカルテンブルンナー国家公安本部（RSHA）長官から、インスブルックへ直ちに出頭せよとの電報が届いていた。悪くすると拘禁されるかもしれないこの電報を彼は無視した。

ヴォルフの三月八日の会談はSSの情報員からもソ連の情報員からも、厳重に監視され、それぞれ本国に報告されていた。スターリンはこれについて、ドイツと西側連合国の秘密了解事項の成立ではないかと疑った。ヒトラーは、こうしたスターリンの疑惑を掻き立てるように西部戦線では緩慢な抵抗を続けながら、東部戦線では断固として戦っていた。

三月一五日、アレグザンダー司令部の二人の高級参謀、米軍少将ライマン・レムニッツァーと英軍少将テレンス・エリアーが平服でナポリからスイスに出発した。ヴォルフと会談して降伏の具体的取り決めを行うためである。二人はベルンでダレスと打ち合わせた後、ゲベールニッツの案内で、ロカルノに近いマッジォーレ湖のアスコナ村に行く。ヴォルフとドルマンはすでに到着しており、三月一九日の午後〝アスコナ会談〟が始められた。出席者は、ヴォルフ、ドルマン、ダレス、レムニッツァー、エアリー、ゲベールニッツであった。

問題は、ケッセルリング元帥の更迭が計画全体を危うくする恐れがあることであった。しかし、ヴォルフは降伏実現に全力を尽くすと言明しイタリア強制収容所の政治犯を殺さないことを約束した。

ルーズベルトの最後の対ソ「メッセージ」

元帥の後任となった新任のイタリア派遣軍司令官フォン・ヴィーティングホフ大将は、ヴォルフの計画に躊躇していた。また国防軍将校の多くは、最高司令官ヒトラーに対する宣誓違反になることを怖れて降伏調印に尻込みし、無為のうちに二週間が空費された。

三月二一日、チャーチル首相は一九日のアスコナ会談の結果について、ソ連側に連絡させた。モロトフ外相は直ちに反応し、カー英大使を呼び付け、ソ連に隠れてドイツと陰謀を廻らすものだと非難し、悪質な意図に基づくものだと厳しい言葉で批判した。ハリソン米大使も、同様の屈辱的批判の回答を受けて憤慨し、ルーズベルト大統領に、もっと強硬にソ連に対するよう要請した。

三月二四日の午後、ルーズベルト大統領はハリマン大使から、モロトフの〝サンライズ作戦〟を直ちに打ち切れという侮辱的な要求に接した旨の電報を受け取ったとき、憤激して、スターリンとはやって行けない。彼はヤルタの約束をすべて破ったと叫んだという。

しかし、スターリンの猜疑はいよいよ募り、三月末には、アスコナ会談の結果ヒトラーは三個師団をイタリアから引き抜いて東部戦線に送った。ドイツを東・西・南から同時に攻撃するというヤルタでの協定は、イタリアでは守られていないと非難し続けた。

さすがの大統領も、四月五日には、自分の信頼する部下の行動を、このように誤り伝えた〝あなたの通報者〟に〝激しい怒りを覚える〟という厳しいメッセージをスターリンに送った。しかし、その一週後の四月一一日午後、静養先のジョージア州ウォーム・スプリングスのコテージ〝リトル・ホワイトハウス〟の一室で、脳出血の発作に襲われ昏睡状態になり、午後四時三五分（ワシントン時間）死去したのである。

二月にダレスに連絡した後ベルリンに戻っていたフィリッツ・コルプは、四月一日への最後が迫りつつあるなかで、ドイツ外務省の彼の上司カール・リッター大使から、家族を南バヴァリアに脱出させることを依頼された。コルプは外務省の公用車で一行を連れて出発。苦労して家族を送り届けた後、単独でスイスに脱出する。外交伝書使だといってゲシュタポの訊問をすり抜け、スイス行きの貨車に便乗した。しかし、貨車が故障したため途中で下車し、附近の協力者の家を訪ね、そこから自転車でブレゲンツに向かい、スイス国境を越え、やっとのことでダレスのもとにたどりついた。

この間、コルプは協力者宅で、国防軍総司令部東方外国軍課長ラインハルト・ゲーレン少将の部下二人に会った。彼らはゲーレンの命令で、ソ連関係の機密文書を二台のトラックで運び出し、米軍との取引に使うため待機していたのである。

ゲーレンは四月九日に、東方外国軍課長の職を解任されるが、それ以前に、家族とともに機密文書を疎開するよう指示していた。彼は国防軍作戦部次長アウグスト・ウィンター将軍に、無条件降伏になればソ連に関する貴重な資料はソ連軍によって破棄されるか、その価値を知らない米英軍の下級機関の手で消滅する恐れがある。時が来て西側機関との協力が可能となるまで、これらの資料と幹部委員を山に隠し温存すべきだと提案。将軍の全面的賛成を得ていた。

ベルンのダレスは妙によそよそしく〝ゲーレン文書〟についても乗り気では無かった。ダレスも、ゲーレンとの戦後のつながりは思いの外にあったようである。当時のダレスの最大の関心は「サンライズ作戦」の成否であった。（一九八八・一二・一掲載）

26　「お前は運のいい男だ」――和平に賭けるヴォルフをヒトラーは励ましたが……

ヴォルフはヒトラーに熱弁を振るった

一九四五（昭和二〇）年四月一三日、カルテンブルンナー国家公安本部長官は、スイスの部下からの通報により、カール・ヴォルフSS中将とダレスOSSスイス支局長との交渉についての情報を、ヒムラーSS国家長官に報告した。ヒムラーはこれを反逆だと決め付け、ヴォルフを直ちにベルリンに召喚しようとした。しかし、ヴォルフは応じなかった。行けば殺されるかもしなかった。翌一四日に再度ヒムラーは出頭を命じたが、ヴォルフは何も答えなかった。

こうした事情を知ったダレスは、ヴォルフをヒムラーから引き離し、家族とともにスイスに移そうと考えた。だが、ヴォルフは固辞した。彼は考える。自分がスイスに移れば、完全な裏切りと見なされてしまう。むしろ、在伊ドイツ軍の〝無血降伏〟も実現しないだろう。多年自分が副官として、また幕僚長として仕えたヒムラーに会って、自分の意見を伝え、ヒムラーの真意を知る方がいいのではないか。特に、ヒムラーが自分とダレスの交渉を、どこまで知っているのかが問題であった。

ヴォルフは〝決死〟のベルリン行きを決意する。ヒムラーがダレスとの協定を知っていれば、飛行機が着陸すると同時に逮捕されると思いながら出掛けたのである。ヴォルフがベルリン郊外に着いた四月一六日は、ジューコフ元帥の率いる赤軍が、ベルリン総攻撃を始めた日であり、市内は混乱を極めていた。

ヒムラーは、初めヴォルフの釈明を了解したかに見えた。ヴォルフは二月の総統の指示に従って、あらゆる機会を利用して連合国と交渉しただけだと強調した。しかし、そこにカルテンブルンナーが、ヴォルフがミラノのシュスター枢機卿と降伏について談合したという報告を持って入ってきた。

ヴォルフは憤然として、自分はシュスターと談合したことなどないと答え、大胆にも、総統の前でいまのその屈辱的な言いがかりを、もう一度繰り返してはどうかと要求した。ヒムラーは、とてもヒトラーに会う勇気がなかった。結局、カルテンブルンナーがヴォルフとともに、総統官邸の地下壕に出掛けた。

四月一八日の早朝、二人はヒトラーに会った。ヒトラーはヴォルフに、なぜダレスに会ったのかと尋ねた。ヴォルフは、二月六日、リッペントロップ外相とともに総統に会った際に、秘密兵器の開発が間に合わなかったときは連合国と交渉を持つべきことを黙認したヒトラーの記憶を喚起した。そしてダレスを通じて、アメリカ大統領、イギリス首相、アレクサンダー英元帥との交渉の窓口を開くのに成功したので、今後の交渉について指示して欲しいと要請した。ヴォルフがヒトラーから目をそらさずに雄弁に話し終わると、ヒトラーはしばらくヴォルフを見つめながら、お前は運のいい男だ。失敗していればヘスと同じようにクビだったのに、と言ったという。

別れ際にヒトラーは、有利な条件を得るためなるべく時間を掛けるように、ドウチェによろしく、君の努力に感謝すると述べた。これでヴォルフは救われた。

四月二〇日、ヴォルフは廃墟のベルリンからガルダ湖畔の司令部に帰りついた。二九日に予定された在伊イタリア軍の降伏まで、あと旬日を残すのみであった。ヴォルフの強い説得で、ケッセルリング元帥の後任フォン・ヴィーディングホフ大将も、ようやくカサータの連合軍司令部に二人の将校を派遣することに同意した。

ところが、このころ、連合国内部の意見が急変していた。トルーマン新大統領とチャーチル首相は、ルーズベルト前大統領の死の直後に、スターリンの〝疑心暗鬼〟をこれ以上刺激するのは得策でないと考えた。〝サンライズ作戦〟の打ち切りが、アレクサンンダー司令部に通告されたのである。直ちにダレスにも、ヴォルフとの関係を打ち切ることが指示された。

そのころ、連合国内部の意見が急変

ダレスは痛嘆した。いま一歩なのに政治的思惑の介入がいかに結果を誤るか、身に沁みて感ぜざるを得なかった。

そうしたことも知らず、四月二三日、ヴォルフはヴィーディングホフと二人の幕僚とともにスイスに入った。降伏条件を詰めるためである。ここでスイス軍情報部のヴァイフ少佐から、米英首脳の心変わりを聞かされた。ヴォルフはせっかく〝無血降伏〟が実現しようとしている今になっての〝変心〟に激怒していた。彼はダレスに電話して、アレクサンダー元帥に〝接触再開〟の許可を得るよう強く申し入れていた。こうしている間にも、ヴォルフには、ヒムラーからの電報で、イタリア戦線におけるいかなる交渉も禁止することが命ぜられていた。ヴォルフはまさに進退極まろうとしていた。

彼は北イタリア解放国民委員会（CNL）のパルチザンとも、降伏交渉を進めていた。米英軍への降伏を円滑にするためのカムフラージュであった。このパルチザンとの接触を進めていたミラノの大司教イルデフォンソ・シュスター枢機卿からは、二五日にパルチザン代表との会合をセットしたので、必ずヴォルフ自身が出席するようにとの強い要請が来ていた。ヴォルフはとても出席できなかった。枢機卿はこの会合にムッソリーニも出席するよう働き掛けていた。

北イタリアのガルダ湖畔サロ市にいた「イタリア社会共和国」の元首ベニート・ムッソリーニも、すでにシュスター枢機卿を通じて連合軍最高司令部に降伏を申し出ていた。三月一日のことである。しかし、四月六日になっても連合軍の回答は無く、この日、スイスからのニュース通信で、自分のとは別の和平工作「サンライズ作戦」があることを知った。彼は北イタリア駐在ドイツ大使ルドルフ・ラーン博士に説明を求めたが、大使は計画をよく知りながら、知らないと答え、ムッソリーニの疑惑を深めた。

四月二五日、ムッソリーニはミラノの大司教邸で、CNLの代表と会見した。イタリア陸軍総司令官グラチァーニ元帥も同席した。ムッソリーニは、マーク・クラーク中将の米第一五軍団の攻勢で崩壊に瀕しているイタリア軍のこれ以上の犠牲を避けるため、パルチザンに降伏を申し入れると、元帥に話していた。しかし、パルチザン代表から、すでにドイツ軍とも降伏条件を話し合っていると聞かされて、激怒し、交渉を打ち切ってミラノからコモ湖の官邸に帰ってしまった。

ヴォルフは、ダレスから何の連絡もないまま、これ以上ルツェルンで待っていることできなかった。ヴァイベル少佐に後事を託し、イタリアへ帰ることとした。二五日の夜、スイス国境を越え、コモ湖西岸のSS国境警察本部に泊まった。

しかし、このヴォルフ一行が泊まったSS国境警察本部は、この夜、武装パルチザンに完全に包囲されていた。二六日の明け方には、外界と遮断された。ヴォルフの生命は、まさに時間の問題となったのである。

スイス軍情報部のヴァイベル少佐は、二六日の午前中に、ヴォルフがパルチザンに包囲されて危ういことを知った。直ちにダレスの秘書ゲベールニッツに電話して、ヴォルフが危険なこと、彼を救出しなければ「サンライズ作戦」のすべてが終わることを説いて、支援を求めた。（一九八九・二・一掲載）

27　和平反対の司令官参謀長を逮捕――ヴォルフ独断の「停戦」通知

中立国で和平交渉が暴露、スイス政府の困惑

スイス軍情報部のヴァイベル少佐が連絡してきたが、ダレスはヴォルフとの接触を禁じられており動けなかった。ゲベールニッツは自分自身の責任でヴォルフを助けようと決心する。ダレスに二～三日旅行に出掛けたというと、ダレスは目くばせしながら、お元気でと言った。

ヴァイベル少佐とともに国境のキアッソで列車を降りたゲベールニッツを迎えたのはOSSの工作員ドナルド・ジョーンズであった。彼はルガノの副領事の肩書で活動しており、「スコッティ」という暗号名でパルチザンによく

知られていた。旧知のヴァイベルに呼び出され、ヴォルフ救出の相談を受けていたのである。

方法は「スコッティ」の顔を利用して、パルチザンの包囲を突破し、ヴォルフを救出する以外になかった。

四月二六日の二二時、ジョーンズが車でキアッソを出発した。ヴァイベルとゲベールニッツは駅のレストランで成功を祈りつつ待機した。

ジョーンズの車はスイス国境を越えてイタリアに入ったが、たちまちゲリラの射撃を受けた。しかし、ジョーンズがヘッドライトの中に姿を見せると、「同志スコッティだ」という声が聞こえ、射撃は止み、通ることができた。

四月二七日午前二時、イタリア側から車が国境に近づいて来た。ジョーンズが無事にヴォルフを救出してきたのである。

ルガノホテルに落ち着くとヴォルフは、ゲベールニッツの求めに応じ、ミラノのSS司令官にパルチザンとの戦闘を停止するよう命ずる手紙を書き、さらにグラチァーニ元帥の委任状を渡した。

一眠りする間もなく、ゲベールニッツはダレスからの電話で起こされた。ワシントンからヴォルフとの交渉を許可する電報が届いたのである。またアレクサンダー司令部から、降伏調印のためヴォルフの代理人二名を直ちに出頭させるよう命じてきた。

同二七日、ヴォルフSS中将とヴィーティングホフ北伊独軍事司令官の特使として、シュヴァイニッツ中佐とヴェンナー少佐が、カゼルタの司令部に飛んだ。しかし、この特使は無条件降伏とは聞いていない、司令官に状況を報告する必要があると調印を引き延ばした。二九日になっても返事が来ないので、二人の特使は調印式に臨んだ。

同二九日一四時一七分、ソ連軍のA・P・キスレンコ少将も参加して調印式が行われ、五月二日の正午を期して降伏するとの文書に調印した。特使は降伏文書をヴィーティングホフ司令官に届け、前線部隊に停戦命令を出させるため、ゲベールニッツとともに急拠スイスに戻った。

ところが、このカゼルタでの降伏文書調印は、直ちに世界中に報道され、スイス政府は困惑した。

中立国スイスの領土で平和交渉を行うことは、スイスの中立に反することではない。しかしスターリンが猛烈に非難した米英対ドイツの〝単独講和〟の疑いがある秘密交渉が進められていたとすると、一方の交戦国の利益を図ったとも見なされ、永世中立の建前が崩れかねないからである。もちろん、ヴァイベル少佐は個人の資格で便宜を図ったという建前を取っており、政府に迷惑がかからないようになっていたが、それでもスイス連邦議会は、直ちにすべての国境の閉鎖を命じた。

二人の特使は再びスイスに戻ったものの、自分たちの司令部のあるドロミテ山中のボルツァーノに帰ることができなくなった。ようやくダレスがスイス政府の高官に談じ込んで四月三〇日に再出国を許され、その夜、やっとのことで司令部にたどりついた。

ケッセルリング総司令官の和平反対

司令部では状況が一変していた。これより先、四月二七日に司令部に戻ったヴォルフとヴィーティングホフは、カゼルタでの降伏文書調印を、南部防衛の総司令官となったケッセルリング元帥が知って激怒していることを知った。ケッセルリング元帥は、ヴィーティングホフ司令官とハンス・レッティガー参謀長をインスブルックに呼び付け、即座に解任し、後任の司令官にシュルツ将軍を任命した。ヴィーティングホフ大将は悄然としてボルツァーノ北東の基地に向かい、軍法会議を待つこととなった。しかし、レッティガー前参謀長は、この命令を拒否し、ヴォルフと協力して、新任のシュルツ司令官に、降伏するよう圧力を掛けた。降伏調印はしたものの、それを実施する司令官が変わってしまっていたのである。

四月三〇日、降伏停戦の日時まで、あと三〇時間しかないのに、シュルツ司令官は頑固に降伏を拒否し、南部防衛司令官ケッセルリング元帥の命令無しに行動しないと宣言していた。

ヴォルフとレッティガーは、もはやシュルツ司令官を逮捕、拘禁して説得する以外にないと決心し、同日一九三〇、怒り狂う新司令官と参謀長を地下の司令部内に監禁した。

五月一日正午、連合軍イタリア戦線総司令官アレグサンダー元帥がヴォルフに情報を求めてきた。調印はしたもののドイツ軍は本当に降伏するのかどうか、まだ分からない状況であった。ヴォルフの司令部の寝室に隣接する小部屋には、ダレスが派遣した暗号名「ウォーリー」と呼ぶチェコ出身の工作員ヴァカルル・フラデツキーが、秘密の通信機を操作していた。

ヴォルフの決心は変わらない。彼は新任司令官の逮捕で激昂する師団長や国防軍将校の説得を続けた。

一八〇〇、ヴォルフはイタリア戦線の各級指揮官を集めた。拘禁されていた新任の司令官シュルツ大将は、ヴォルフの説得で、渋々降伏に賛成したが、まだケッセルリング総司令官の許可が必要だと繰り返していた。海軍司令官代理は、降伏に同意しなかった。空軍司令官は降伏を受諾した。陸軍の師団長たちは、これ以上戦うのは正しくないとしていた。

ヴォルフはケッセルリングに電話したが、元帥は電話に出ない。二〇〇〇、連合軍側から電報が入り、明日の降伏停戦は受諾されるのかどうか。されないなら連合軍の攻撃が再開される、と通告してきた。ヴォルフは、二二〇〇までに回答できるよう努力すると返事をして、三度目の電話をした。

ケッセルリングの代わりにヴェストファル参謀長が出た。ヴォルフは決定が今すぐ為されなければ手遅れになる、戦闘が再開されると強調した。参謀長は元帥に取り次いで、三〇分後に回答すると答えたが、三〇分たっても返事はなかった。

二二〇〇、ヴォルフは独断を持って、連合軍に予定通り停戦が行われると連絡した。しかし、彼は、ケッセルリング元帥とシュルツ新司令官が、なお妨害することを予期していた。（一九八九・三・一掲載）

28　独裁者ヒトラーとムッソリーニの最期

「アメリカと接触せよ、ドウチェによろしく」

一九四五（昭和二〇）年五月一日二三〇〇、ヒトラー自殺の知らせが入った。

カール・ヴォルフＳＳ中将は、つい二週間前の四月一八日に会ったばかりのヒトラーの姿を思い起こし涙を流した。

ヒトラーは総統官邸の瓦礫となった庭を歩きながら、ヴォルフ等に語った、赤軍と英米軍はいずれベルリンの南で合流する。ルーズベルトとチャーチルはヤルタでソ連の西欧侵入に同意したが、スターリンは協定の線で前進をやめないだろう。アメリカは黙って引き下がりはしない。力ずくでも抗し戻そうとするだろう。そのときこそ、ドイツは大いなる報酬を受けよう。そのいずれかを選ぶときが来る。ルーズベルトが死んだ以上、連合国の序列の変化が生じることもあり得る。少しでも有利な条件を出した方を選ぶのだ。私の指導によるこの運命の戦いが、万一失敗に終わったら、ドイツ民族は存在し続けるに価しない。そのときは英雄的に死ぬまでだ。

ヒトラーにとって、連日猛爆撃と砲撃に曝されているベルリンの現実は、すでに脳裡に無かった。彼の魂は未来にさまよい、その言葉は、遺言として胸を打った。ヒトラーはヴォルフに言った。君の任地に帰れ、イタリアに戻ってアメリカ人と接触を続けてくれ、できるだけいい条件を引き出すよう努力しろ。慎重にやれ、ドウチェによろしく……。

そこには最後まで米英・ソの激突を願い、無条件降伏にあくまでも抵抗したヒトラーの姿があった。またそれは、自分の死の後に来るであろう米ソ冷戦の姿への予言でもあった。

ムッソリーニはヒトラーよりも三日前の四月二八日、すでに死んでいた。

四月二五日、CLN（北イタリア国民解放戦線）との話し合いを決裂させてコモ湖畔の官邸に帰ったムッソリーニは、翌二六日夜明け前、コモ湖の西岸を北方に向かった。一行には三〇〇〇人の黒シャツ隊が追い付き同行するはずであったが、その大部分がコモでパルチザンに降伏し、ムッソリーニに従うものは、わずか一二人であった。二七日早朝、一行は北方に向かうドイツ軍のトラック二八台の隊列に加わって出発。ムッソリーニは装甲車に乗り込んでいた。

〇六三〇ごろ、一行はパルチザンのバリケードに阻止された。ドイツ軍の指揮官はパルチザンのリーダーに会いたいと申し入れた。パルチザンのベルリーニ隊長は反共主義者だったが、ドイツ軍とCLNの協定を認めず、イタリア人とその車輌の引き渡しを要求して交渉を引き延ばした。そうした中で、ドイツ兵の外套を着てヘルメットをかぶったムッソリーニが発見され、ドンゴの町役場に連行された。

秘密指令「ムッソリーニと愛人を射殺せよ」

ベルリーニ隊長は、ミラノのLDN本部にムッソリーニ逮捕を報告して指示を仰いだが、彼の怖れたのは、ドイツ軍による奪回と町民による虐殺であった。そのため夜の間に、三マイル山の中に入ったジェルマジーノの国境警備隊宿舎へ移動させた。その間の、ムッソリーニはドンゴで止められた一行に愛人クラレッタ・ペタッチがいることを話し、ベルリーニに、自分は元気だから心配するなという伝言を頼んだ。

ベルリーニはドンゴの町役場に戻り、クラレッタ・ペタッチにムッソリーニの伝言を伝えた。クラレッタは自分をムッソリーニのもとに連れて行くよう懇願した。ムッソリーニと一緒に死にたいと哀訴した。ベルリーニは胸を打たれ、同志と協議してそれを許した。

ミラノのCLN本部からは依然何の連絡も無かった。ベルリーニ等は、ムッソリーニをさらに安全な場所に移すために、二八日の深夜、豪雨の中を再び出発、ドンゴ附近でクラレッタ・ペタッチを収容して、コモに向かった。しかし、コモの市街では連合軍がドイツ軍と戦っているので、湖岸から山中に入ったボンツァニーゴ村でかくまうことにした。

ミラノではCNLの指導者たちが会合してムッソリーニをミラノに連れ戻すために、ヴァレリオ大佐の暗号名で知られる共産党員のヴァルター・アウディシオを派遣することを決めた。CNLは連合軍から合法政府と見なされており、二五日には「ファシスト幹部の処刑」を決めた法令を公布していた。CNLを支配していたイタリア共産党はトリアッチ党首の秘密指令で、ムッソリーニと愛人を即座に処刑することを決めており、ヴァレリオ大佐には、二人を確認・射殺することが命ぜられた。彼らは連合軍がムッソリーニを捕虜にすることを妨害するため、すでに処刑されたと通告している。

もう一人の立役者ヴォルフは獄中に

四月二八日の夜明け、ヴァレリオ大佐は完全武装の一五人を引き連れてミラノを出発した。途中ミラノ派にムッソリーニをさらわれることに反対するコモ派のパルチザンと小競合いがあったが、一三三〇、ドンゴに到着。ベルリーニ隊長に面会を求め、自分がムッソリーニ並びにその一行を射殺するために来たと告げた。ベルリーニは引き渡しに反対だったが、やむなく同意する。

一六〇〇、ヴァレリオ大佐等三人が、救出に来たと偽ってムッソリーニとクラレッタを連れ出し、ドンゴから南のメッツェグラの三道の中途にある山荘の鉄の門の前で射殺した。「彼を殺してはいけない」とムッソリーニをかばった愛人クラレッタも射殺された。一六一〇のことである。ムッソリーニに随行した他の幹部たちは、ドンゴ町役場前広場の水際で、湖に向かって並ばされ、背後から銃殺されている。

翌四月二九日、一行の死体はミラノの建設工事中のガソリンスタンドに運ばれた。群衆は死体を傷付け、ムッソリーニとクラレッタを大梁に逆さ吊りにした。ムッソリーニの死に顔は、傷付き腫れ上がり歪んでいた。

五月二日、降伏予定日の〇二〇〇、ケッセルリング元帥からの電話が入った。ヴォルフは、元帥が当初からこの計画を知りながら、決断を引き延ばし、多くの犠牲者を出し続けたことを非難し、負けと決まった戦争をいつまでも戦い続けることの愚を説いたが、元帥は自説を固執し、電話はなお延々二時間にも及んだ。

〇四三〇、シュルツ新イタリア派遣軍司令官から電話で、いまケッセルリング元帥からイタリア派遣軍の降伏が許可されたと伝えてきた。ヴォルフは〝ヴォーリー〟にこのことを連合軍側に連絡させた。ダレス、ゲベェールニッツの「サンライズ作戦」は、ようやく達成されたのである。

五月二日正午、イタリア戦線の戦火は終焉した。

一九六五（昭和四〇）年、イタリアにおけるドイツ軍降伏二〇周年に、アレン・ダレス、ゲベェールニッツ、レムニッツァー将軍がアスコナで会合した。しかし、この会談のもう一人の立役者だったヴォルフは、ミュンヘンの獄中にあって出席できなかった。（一九八九・四・一掲載）

29　ヒトラー和平を断念——〝ヤルタ・コミュニケ〟に絶望

スウェーデン政府、和平工作に乗り出す

西側連合国は、ヒムラーの和平への思惑を利用し、スウェーデン政府に働き掛けて、大規模なユダヤ人救出工作を開始しようとしていた。

このころ、ストックホルムでは、リッペントロップ外相の部下のペーター・クライスト博士が、世界ユダヤ人会議のギレス・ストーチ代表と会談を進めていた。クライストはリッペントロップの意向を代弁して、個々のユダヤ人の解放よりも、戦争そのものの政治的解決が急務だと強調した。このまま戦争が続けばヨーロッパはユダヤ人とともに亡び、その廃墟をボルシェヴィキが支配することとなると訴えた。

ストーチ代表は、戦争の政治的解決についてなら、スウェーデン駐在米国大使館のアイヴァー・オルスンに会ってはどうか。彼は北・西欧の戦争難民委員会を担当するルーズベルト大統領の私設顧問だと教えた。また、数日後には、

オルスンの話しとして、ルーズベルト大統領が強制収容所にいる一五〇万ユダヤ人の生命を政治的に救済する意思を持っているとクライストに伝えた。スウェーデン政府が、フォン・ギュンター外相名で、ヒムラー長官宛に、強制収容所の全囚人に食糧を支給し、釈放されたものについては受け入れる用意があると提案したのは、このころである。もちろん、その背後には世界ユダヤ人会議の要請があり、米英政府の暗黙の支持があったのであろう。

ベルリンに帰ったクライストは、この件を旧知のカルテンブルンナー国家公安本部長官に話した。しかしカルテンブルンナーはクライストを自宅に軟禁し、リッペントロップ外相との連絡を遮断して、ヒムラーに報告した。ヒムラーはスウェーデンで米英側との和平交渉の道が開かれたと即断し、クライストを再び派遣して交渉に当たらせようとした。

この時、これでは和平交渉がリッペントロップ外相の手柄になってしまうからと反対したのが、シェーレンベルクである。彼はヒトラーを説得して、クライストをこの件から一切排除して、ケルステン（第３章32参照）に交渉をシェーレンベルクと図りながら、フォン・ギュンター外相と交渉を進めることになったが、この交渉が成功した場合には、次に直接ストーチ代表と話し合い、和平交渉を進める権限を与えられていた。西側連合国は、戦争の政治的解決のためにヒムラーと単独和平する意思は毛頭なかったが、ケルステンを通じて少しでもユダヤ人を救出できればと考えたのであろう。スウェーデン対ＳＳの交渉を見守った。

ケルステンは粘り強くヒムラーをなだめながら、一二月八日、スウェーデン提案の計画を納得させることに成功した。合意の内容は、①スカンディナビア諸国の強制収容所の囚人のハンブルグ近郊ノイエガンヤメ集中収容所へ移送。②スウェーデン赤十字を仲介とする物資の供給。③オランダ系一〇〇〇、フランス系八〇〇〇、ポーランド系五〇〇、ベルギー系四〇〇、デンマーク、ノルウェー系の婦人五〇〇人の釈放。④スウェーデンのバスによる護送――であった。

ギュンター外相は一九四五（昭和二〇）年一月一日、ヒムラー長官に、スウェーデン政府がバスと乗員を確保する用意があると伝えた。しかし、その後約一ヵ月間、スウェーデン政府は何もしなかった。一二月中旬からのヒトラーの最後の反撃〝アルデンヌ作戦〟がなお続いており、急迫する戦局の帰趨がどうなるか不明だったからであろう。

この間ヒトラーは自分の知らないところでヒムラーが和

平工作をしているとは知らないまま、一月二日に、リッペントロップ外相に命じて西側連合国への和平提案を起草させている。ヒトラーはそれが自分から出たことが分からないように書くことを厳命した。

「ドイツの分割占領」にヒトラー「降伏せず」

一月一九日、リッペントロップ外相の起草した文書は、①ドイツは固有の国境を保持するが、経済的自給自足とヨーロッパの覇権は求めない。②ドイツは対外政策と経済問題で協力する。③信教の自由は回復させる。④ユダヤ人は国際社会のどこかに落ち着かせる――というもので、「外相を含むベルリン権威筋」の見解だとされていた。ヒトラーはこの文書を承認し、リッペントロップが署名し、老練な外交官ヴェルナー・フォン・シュミーデン博士が持参し、スイスでOSSのアレン・ダレス並びにイギリス情報部と連絡を取ることになった。

しかし、シュミーデン博士は、ダレス等と「技術的理由」で接触できず、空しく帰国した。二月のヤルタ会談をひかえて、米英の情報当局者は、ソ連との関係を危うくする恐れのある〝和平提案〟を、まともには取り上げられなかったからであろう。

ヒトラーはまた〝アルデンヌ攻勢〟の挫折と東部戦線のソ連の大攻勢に直面して、ソ連軍がドイツを急速に席捲し、ケーニヒスベルグに傀儡政権を樹立しようとしているという偽情報をイギリス情報部に流し、英米とソ連との離反を図る工作をヨードル国防軍参謀長に命じている。すでに一月二九日、東プロイセンの首都ケーニヒスベルクは完全に孤立し三〇日には、ソ連軍はオーデル川に到達し、東部戦線のドイツ軍は崩壊に瀕していた。

二月五日になって、スウェーデンのギュンター外相はケルステンに、ユダヤ人の移送計画は、スウェーデン国王の甥で赤十字副総裁のフォルケ・ベルナドッテ伯の指揮で行われると通告してきた。

二月六日、ヒトラーはリッペントロップ外相とカール・ヴォルフSS中将と会見し、ヴォルフが西側連合国並びにヴァチカンを通じての和平工作の可能性について報告したとき、それをあえて禁じようとはしなかった。このヒトラーの用心深い暗黙の承認が、ヴォルフをして、スイスでのアレン・ダレスとの秘密交渉を開始する契機となったことは、すでに見た通りである。

しかし、二月一二日、米英ソ三国が同時発表した〝ヤルタ・コミュニケ〟は、ヒトラーを硬化させた。ドイツは破壊され、戦勝国によって分割・占領されるという発表を聞いたヒトラーは、以後再び和平を口にしなかった。

ヒトラーは口述している。戦争に負けたらドイツは無くなる。いま大切なことは、勇気を失わず、屈服しないことだ。私は決して降伏しないし、国民にもそれを許さない。ヒトラーはヤルタ以降一切の和平交渉を禁止した。ヒムラーやリッペントロップ、そしてヴォルフ等の工作は、ヒトラーの黙認によって始められながら、ヒトラーの目を逃れて秘かに進められねばならなかった。

二月一六日、ベルナドッテ伯は、ベルリンのテンペルホーフ空港に到着した。空港にはカルテンブルンナー国家公安本部長とＳＤ外務局長シェーレンベルクＳＳ少将が出迎えた。

二月一八日、スペイン、ポルトガル、スウェーデン、スイスの新聞にドイツの和平工作の記事が掲載された。ベルナドッテ赤十字副総裁の訪独と、さらにそれに先立つ二月六日のヒトラーのリッペントロップ外相、ヴォルフ駐伊軍政長官への和平工作黙認の許諾の結果であった。（一九八九・七・一掲載）

30　ドイツ国防軍情報部長カナリスの最期

ヒトラー暗殺計画の背後にカナリス？

一九四五（昭和二〇）年四月、ドイツ最後の時が迫っていたが、在イタリア・ドイツ軍の〝静かなる降伏〟を目指した「サンライズ作戦」は、スターリンの猜疑心とドイツ国防軍の逡巡によって、すでに二週間も何ら進展がなかった。

しかも、こうした中でも、ナチス・ドイツは最後の抵抗とともに、強制収容所での重要政治犯の処刑を続けていた。多年にわたりナチス政権への反逆を意図し「黒いオーケストラ」の首謀者と目された元国防軍情報部長カナリス提督や同次長オスター大佐も、最期の時をむかえようとしていた。

七・二〇事件（ヒトラー暗殺未遂）の直後、ヒムラーの命令で設けられた調査時別委員会の委員長となったゲシュタポのミューラーＳＳ中将は、事件の背後にカナリス前国防軍情報部長がいたと見て、ＳＤ局長シェーレンベルクＳＳ

少将に、カナリス提督の逮捕を命じた。

　その直接の契機は、国防軍情報部がＳＤに吸収改変された一九四四（昭和一九）年二月以降、カナリスに代わって旧国防軍情報部の組織を引き継いだハンゼン大佐が、ゲシュタポの訊問に対して、カナリス前部長が多年反ヒトラー陰謀に加担していたと供述し、反ヒトラー活動家に関するカナリスのノートを提供したことによるものであった。

　七月二三日の昼すぎ、シェーレンベルクはカナリス逮捕のため訪問した。カナリスはシェーレンベルクの任務を聞くと、是非三日以内にヒムラー長官と直接会える機会を与えて欲しいと要請した。シェーレンベルクは同意したが、カナリスが望むなら自殺の機会を与えると告げた。しかし、カナリスはそれを謝絶した。

　ベルリンのゲシュタポ本部に連行されたカナリスは、ミューラー・ゲシュタポ長官自身による取り調べを受けた。カナリスは七月二〇日事件について全然関知していないと供述した。しかし、国防軍情報部長として国内反体制勢力の動きを知ることは自分の義務だから、それ以前の計画はある程度知っていた。ただヒムラー長官に知らせなかったのは、計画の進行状況を明確に知るまで抑えていたからで、十分把握するところまでいっていなかったからだと抗弁した。

　カナリスはミューラーには手に余る相手であった。真偽取り交ぜた供述で、ミューラーは翻弄された。ただ、カナリスは、ミューラーに代わった訊問専門家に、致命的な供述をしてしまった。

　カナリスは、自分の日記を元部下のヴェルネル・シュレーダー少佐に保管させていたのだが、それがすでに破棄されたものと錯覚して、日記がシュレーダー少佐のもとで保管されていることを認めてしまったのである。

　カナリスは日記が激烈なベルリン空襲で焼失しないよう保管を依頼したのだが、シュレーダー少佐はそれを破棄する時間が無く、ツオッセンの陸軍司令部の大金庫に入れたまま自殺してしまった。ゲシュタポの捜査員は大金庫の中から大量の文書を発見したが、カナリスの日記はその中にあった。

　カナリスは一九三四年のシュライヒャー事件を契機に「黒いオーケストラ」の陰謀が開始され、ヴァチカン交渉、四三年の「フラッシュ作戦」にいたる全経過を書き残していた。また、オスター国防軍情報部次長が、オランダ、ベルギー、フランス侵攻の「黄色の場合」作戦計画を、オランダの駐独武官サス少佐に通報していたことについても詳述していた。

　ヒムラーは、カナリスとオスターを処刑するために必要なすべての証拠を握った。しかし、すぐには処刑しなかった。それは、ヒムラーが、ゲルデラーやポピッツのように、カナリスやオスターを和平工作に利用しようと考えたためか、あるいは、カナリスが保管していたというヒムラーに関するファイルを恐れたためではないかという。

スパイ説を裏付けるダレスの議会証言

　一九四五（昭和二〇）年の春にいたるまで、カナリスとオスターは各地の強制収容所を転々とし、最後は、チェコスロバキアの国境近くにあったフロッゼンブルク収容所に送られた。ここには、ヒトラーのスモレンスク訪問の際に、コニャックに見せ掛けた爆弾で飛行機ごと爆破しようとしたが、不発で未遂に終わった事件の当事者だったシュラーブレンドルフ中将や、ヴァチカン工作をしたヨーゼフ・ミューラー博士、フランツ・ハルダー将軍などの大物とともに、かつて「フェンロー事件」でシェーレンベルクに欺かれて拉致されたイギリス情報部のベスト大尉やスティヴンス少佐（第1章3参照）も、一緒だった。

　ヨーロッパでの戦いの終末が近づいていた一九四五年四月八日の夜、カナリスは即決裁判にかけられ、反逆罪およびヒトラー暗殺陰謀の罪で、死刑を宣告された。カナリスはそのすべてを否認し、一軍人として独ソ戦線に赴くことを求めたが拒否された。

　独房に戻される途中、カナリスは親衛隊の兵士たちにリンチを加えられ、顔面を殴られて血まみれになった。

　独房に戻った彼は、秘かにスプーンでパイプを叩き、隣房にモールス信号で別れのメッセージを送った。「私は澄みきった良心を持って私の祖国のために死ぬ。私がヒトラーに反対すべく努力していた時、私は私の祖国に対する義務を尽くしていたにすぎない……奴らは私の鼻を折った。私は今日の午前中に死ぬ。さようなら……」。

　四月九日の早暁、カナリスは裸にされて独房舎の廊下を引きずられて行った。そして鉄のカラーを首に着けられて苦痛が長びくように死刑室の天井からぶら下げられた。一度は、死んだと思って降ろされたが、生きているのでまたやり直し、三〇分もかけて殺されたという。オスターも同じように処刑された。

　二人の死体は焼却炉で焼かれ、その灰は風で吹き飛ばされて、跡形も無かった。時に、ヨーロッパ戦争終結の二七日前であり、パットン戦車軍団が、わずか一〇〇マイルに迫っている時であった。

それから二年後の一九四七年六月二七日、アレン・ダレスは米国下院公聴会で証言に立った。議員の一人が「カナリス提督があなたのスパイだったというのは本当か。彼らの処刑には当然の理由があったのか」と尋ねると、ダレスは「彼らはドイツの立場から言えば裏切者であったことは疑いない。ベルリン陥落直前反逆罪で処刑された誤認の情報部高官のうち二人は私に協力していた」と答えている。この議会証言記録は、さらに三五年たった一九八二年になって、ようやく公開された。ダレスがカナリス提督を抱き込み、スイスでオスター大佐に接触し、ヒトラーが開発していた誘導ミサイルV1、V2に関する最初の情報を入手。これによって連合軍はバルト沿岸ペーネミュンデの製造基地とフランスの発射基地を反覆爆撃し、ロンドンの被害を最小限にとどめたことなど、OSSのスイス駐在機関長としてのダレスの情報活動の公式記録となっている。（一九八九・一・一掲載）

31　ハンガリー・ユダヤ人との取引によるヒムラーの単独和平工作

ヒムラーの命令を妨害するアイヒマン

アイヒマンはハンガリーのユダヤ人と取引せよというヒムラーの指示に不満であった。すでに一九四四（昭和一九）年三月以来、ソ連軍の接近のなかで、アイヒマンは九〇万ハンガリー・ユダヤ人をゲットーに集め、アウシュヴィッツの輸送列車を準備していた。

ヒムラーはブタペスト・ユダヤ救済委員会に大量殺戮への輸送中止を期待させ、その代償を要求し、さらに単独和平の道を探ろうとしたのである。

四月二五日、アイヒマンはヒムラーの指示に基づき、委員会のブラントと接触し、世界ユダヤ組織が代償を払えばハンガリーのユダヤ人を絶滅計画から除外すると言明した。アイヒマンの要求は、トラック一万台、石鹸二〇〇万箱、コーヒー・紅茶各二〇〇トン、その他であった。ブラントはそれを受けて、イスタンブールの世界ユダヤ組織代表と交渉に入った。

世界ユダヤ組織はアイヒマンを疑っていた。ユダヤ人絶滅計画からの除外を保障するため、ブラントのイスタンブール入りと同時に、ハンガリー・ユダヤ人を中立国に送り込むための「模範列車」の出発を求めた。五月一七日アイヒマンがこの条件を受け入れ、ブラントはイスタンブールに出発した。

しかし、アイヒマンは約束を破り、準備した通りに、ハンガリー・ユダヤ人の死の収容所行き列車を発進させ続けた。六月七日までに二八万九二五七人が、同月末までに約一〇万人がアウシュヴィッツに移送された。また約束し「模範列車」に指定されたユダヤ人の集結を妨害し、員数を減らすため、あらゆる口実を作った。

アイヒマンの妨害に対し、ヒムラー直系のクルト・ベッヒャーSS中佐がカストネルとの間で新しい「模範列車」計画を進め、物資の代わりに一人当たり一〇〇〇ドルの保証金方式で、六月三〇日に一六八四人のユダヤ人を載せた第一号列車を、ブタペストから出発させた。

ところが、アイヒマンは、この列車を自分の権限で、ベルゲン・ベルゼンの強制収容所に送り込んでしまった。

ベッヒャーSS中佐の計画は失敗したが、ハンガリー駐在SD隊長オットー・クラーゲスSS大尉が加わり、ユダヤ救済委員会のアンドレアス・ビス（ヨエル・ブラントのいとこ）に新しい提案の覚書を作成させ、それをヒムラーに届けて、七月二六日、別命あるまでハンガリー・ユダヤ人の追放計画を中止させよという命令を出させることに成功した。その背景には、「奇跡の手」ケルステンの執拗な工作があった。

突然、ルーズベルト大統領が介入してきた

ベッヒャーは勇気付けられ、ヒムラーに報告して「模範列車」で五〇〇人のユダヤ人の即時国外退去の許可を受け、残りについてはスイスのユダヤ・アメリカ援助機関「アメリカ合同分配委員会」とベッヒャーが協議するよう命じられた。ヒムラーは、これで西側との交渉の道が開かれるものと期待した。

しかし、西側は決してヒムラーを信じてはいなかった。八月二一日に「アメリカ合同分配委員会」との第一回会談が、スイス国境に近いザンクト・マルガレーテで開かれ、委員会側からは銀行家のサリー・マイヤーが出席した。ベッヒャーSS中佐はこの会談で、ユダヤ組織側がヒムラーの単独和平への思惑とは違い、会談を通じてSSの内情を探り、ナチスの非人道性をアピールしようとしていることを知ったが、あえて目をつぶり、むしろ戦後の自らの保全のために、その謀略に加担した。

サリー・マイヤーはヒムラーのユダヤ人送還計画を受け入れるには、絶滅計画の終結を公式に表明し、「模範列車」の乗客を解放することが先決だと言明した。ヒムラーがさらに譲歩しなければ話し合いには応じられないと迫ったのである。

ベッヒャーは、こうした会談の状況をそのまま報告しないでヒムラーに期待を持たせ、サリー・マイヤーには、会談を決裂させないように要請した。サリー・マイヤーも決裂を避けるために合同委員会と話し合ったが、交渉は進展せず、ついに挫折かと思われた。

この九月末になって、突然ルーズベルト米大統領が介入して来る。個人的代理として、クエーカー派の指導者ロスウェル・D・マクレランを会談に出席させると通告してきたのである。

ヒムラーに呼応して連合国一歩を進める

ヒムラーは西側との交渉の扉が開かれたと錯覚し、九月三〇日アウシュヴィッツ収容所の閉鎖をユダヤ組織に通告した。ここにはソ連軍が接近しており、事実上放棄は時間の問題であった。また、一〇月中旬には「模範列車」の残りの乗客を、身代金を取らずにスイスに釈放する決定を行った。

大統領の代理マクレランは、ベッヒャーSS中佐との会見を希望し、一一月五日、スイスのチューリッヒで会談した。しかし、この会談でマクレランの言えることは決まっていた。無条件全面降伏を前提としない限り、ドイツとの交渉には応じられない。無条件降伏の意思があるかということであった。

一年前のテヘラン会談で、ルーズベルトとチャーチルは、スターリンとの間で、単独和平交渉には応じないことを約束していた。もはやドイツの命運が尽きようとしているときに、連合国間の協定を破って、あえてヒムラーと単独講和する意思は、ルーズベルトには全く無かったようである。

ベッヒャーの希望は空しく、交渉は行き詰まった。ヒムラーはそのことを知らず、なお望みを託し、一二月にブダペストの「模範列者」の残りの乗客をスイスに送り届けたが、「アメリカ合同委員会」も「ブダペスト・ユダヤ救済委員会」も、ヒムラーの呼び掛けには全く答えなくなった。

シェーレンベルクSS少将も、この間、西側との和平交渉にユダヤ人を人質として使う機会を求めていた。スイスのモントルーで、アメリカ・ワビ教会の代表者シュテルンブーフ兄弟に接近し、ベッヒャーと同様、ユダヤ人救出を申し出た。シュテルンブーフはシェーレンベルクを元スイス連邦首相ジャンマリ・ムジー博士に紹介。博士は一〇月初旬、ヒムラーとユダヤ人問題について会談したいと申し入れた。両者はウィーン郊外で会見し、ヒムラーは抑留中のユダヤ人を漸次スイスへ送還する用意があると言明。その場で国家公安本部長官カルテンブルンナーに宛てた強制収容所のユダヤ人処刑中止命令を口述したという。

ヒムラーはヒトラーの絶対的命令に自ら初めて違反し、謀叛を行動に移したのである。シェーレンベルクは、こうしたヒムラーの行動がヒトラーの目に触れないよう全力を上げてカバーし、ヒムラーを激励し続けた。またケルステンもこれに協力していた。

こうしたヒムラーの姿勢の変化に対して、西側連合国は、さらに一歩を進め、ユダヤ人救出の機会を作ろうと企画していた。（一九八九・六・一掲載）

32　ユダヤ人を助けたヒムラーの主治医ケルステン

「荊の道」を歩いた戦後のヴォルフ

カール・ヴォルフＳＳ中将とアレン・ダレスＯＳＳ欧州支局長との合作による在伊ドイツ軍一〇〇万の無血降伏——「サンライズ作戦」は、こうして終了した。

ヴォルフが死の危険を冒してまでもヒムラーの召喚に応じてベルリンに向かい、ヒトラーと会見したその動機は何であったのだろうか。

ヴォルフとムッソリーニの連絡将校であり、イタリアでの和平を進めた腹心のオイゲン・ドルナンＳＳ大佐は、それが一年前の一九四四年四月に、ローマ法王ピオ一二世と謁見したことにあると指摘している。信仰心が厚く、早くからドイツの敗北を予見していたヴォルフは、法王に強い感銘を与えたという。ヴォルフもまた法王の言葉に深く感激した。

法王は、神があなたをもっと早くお遣わしになったら、どれほど多くの悲劇が未然に防げたことか。あなたとあなたの家族に神の祝福あれと祈った。また「あなたの歩む道は荊の道です」と説いた。そしてヴォルフにとって「荊の道」はドイツの敗北後に続くのである。

ヴォルフは一九四六年、連合軍の法廷に立たされた。ヒムラーの補佐官としてユダヤ人絶滅計画いわゆる「最終解決」に深くかかわっていた疑いがあり、駐伊軍政司令官として三〇万のユダヤ人をトレブリンカの「死の収容所」に送り込んだ責任を問われ、ソ連におけるパルチザンとユダヤ人殺戮計画の立案者だと告発された。しかし、この際は、彼がイタリアで成し遂げたことに対する連合国側の配慮で、四年間の重労働刑を宣告されたものの、一週間服役しただけで、すぐ釈放され、他の戦犯裁判の証人を務めた後、市民としての生活に戻った。

しかし、西ドイツが主権を回復した後、ヴォルフは一九六二年に再逮捕。彼が集団殺人にかかわった新証拠が出てきたためであった。六四年に起訴されたが、ドイツの法廷はヴォルフに厳しかった。ナチス高官の唯一の生き残りである彼に、国民の怒りが向けられていたのである。

そうした中で、ゲベールニッツ博士は、弁護側の証人として立ち、二時間にわたってヴォルフの平和への寄与を力説した。しかしドイツ法廷は一五年の重労働を宣告した。再審を求め続け、一九七一年にようやく「他に責められるべき罪なし」として、身柄を釈放されたが、この間、ナチスが犯した組織的犯罪の責任を一身に負って獄中にあったのである。

「奇跡の手」シェーレンベルク、ヒムラーを洗脳

一方、ハインリヒ・ヒムラーSS国家長官兼ドイツ警察長官をたき付け、西側との単独和平工作を進めようとしていた国家公安本部（ＲＳＨＡ）ＳＤ外務局長ヴァルター・シェーレンベルクＳＳ少将の工作はどうなったか。（第2章3参照）

シェーレンベルクはすでに二年以上にわたってヒムラーに、ヒトラー排除と戦争の終結のため行動するよう働き掛けを続けた。彼はヒムラーの主治医であり「奇跡の手」と呼ばれたマッサージ師フェリクス・ケルステンに接近し、ヒムラーこそヒトラーに代わる指導者であることをたき付け、ユダヤ人を西側との交渉の切り札とすることを吹き込ませた。

フェリクス・ケルステンは一八九八年バルト地方のドルパトに生まれた。青年時代フィンランドで指圧療法を学び、マッサージ師の資格を取ってベルリンに移った。彼の療法

は、すべての病気は神経の緊張に起因しており、神経を指圧で弛緩させることで治るという理論で、多くの患者の苦痛を鎮め「奇跡の手」と呼ばれた。一九二八年にはオランダ王室の専属医、三九年にはヒムラーの主治医となった。この年の三月、ひどい神経障害に苦しむヒムラーを、数分間の治療でその痛みを止めたので、驚いたヒムラーが専属医になることを懇請し、実現したのである。

ヒムラーは次第にケルステンに依存し、離れられなくなった。ケルステンは施療中にしばしばヒムラーから異例な譲歩を引き出すことができた。とても不可能と思われた強制収容所からの釈放、国外退去許可、処刑中止がその場で即決された。ケルステンによってフィンランドのユダヤ人絶滅計画の中止、オランダの美術品掠奪の阻止、ユダヤ人の中立国スウェーデンへの亡命者の道が開かれた。

一九四三（昭和一八）年までに、ケルステンはスウェーデンのストックホルムに移住し、いつでもヒムラーを呼び出し、連絡できる特権を与えられた。彼はヒムラーに、西側連合国の共感を得る唯一の材料は、ユダヤ人絶滅計画の中止だと信じ込ませた。絶滅計画を放棄すれば連合国との講和の道が開かれると確信させたのである。

一九四四（昭和一九）年夏の初め、東プロイセンでヒムラーに会ったケルステンは、突然ユダヤ問題の基本方針変更を持ち出し、執拗に繰り返して、ついに承諾させてしまった。これは四二年一月、ハイドリヒ国家公安本部長官が主催したヴァンゼー湖畔の秘密会議の決定「ユダヤ問題の最終的解決」計画を放棄するものであり、ケルステンの〝勝利〟であった。ヒムラーとシェーンベルクは、ユダヤ人を西側連合国との交渉の人質として使い、世界ユダヤ組織を通じて、ホワイトハウスとの連絡の道を開こうとしたのである。

ハンガリーのユダヤ人の解放を身代金で交渉

そのころ、東欧ハンガリーのユダヤ人の運命は旦夕に迫っていた。一九四四年三月、SS本部のユダヤ専門家アドルフ・アイヒマンが、ブダペストに到着したからである。アイヒマンはハイドリッヒの補佐官としてヴァンゼー湖畔の秘密会議決定に参加した絶滅のためのユダヤ人移送の責任者であった。彼はそれまで全然手がついてなかったハンガリーのユダヤ人を集め、絶滅収容所に輸送するため専門家の一団とともに到着したのである。

こうしたハンガリーのユダヤ人の危機については、四四年四月、アウシュヴィッツ収容所から脱総司令官したルドルフ・ブルバ、フレッド・ウェッツラーというスロバキアのユダヤ人によって、収容所の惨状とともにブダペストのユダヤ人会議に報告され、ルーズベルト大統領、チャーチル首相、ローマ法王にも伝えられていた。

ハンガリーでは、すでに一九四三年一月、三人のシオニストが同胞救済の活動を始めていた。技師オットー・コモリー、新聞記者レセ・カストネル、実業家ヨエル・ブラントが「ブダペスト・ユダヤ救済委員会」（Waadsh）を結成、ポーランド、スロバキアのユダヤ人のハンガリー亡命とパレスチナ移住を援助することが目的であった。彼らの主な方法は、SSの担当官を金品で買収することであった。初めユダヤ人絶滅を担当するアイヒマンの特命行動隊のメンバーのヴィスリツェニーというSS大尉に接触して提案したが、彼はすぐ承諾し、委員会から身代金を受け取ると、突如約束を破棄した。四月初めのことであった。これに懲りずブラントはハンガリーのSS隊長オットー・クラーゲスSS大尉のスタッフと接触し、シオニスト団体がユダヤ人絶滅計画の中止と引き換えに莫大な金品を支払う意思があることを伝えた。クラーゲスは四四年四月にこの要求を知り、この機会にユダヤ救済委員会とSSの軍事物資調達交渉を進めることを計画し、ヒムラーに報告した。ヒムラーはこの計画に関心を示し、アイヒマンにブラントとの交渉を指示した。（一九八九・五・一掲載）

33　スウェーデンからの和平使者

ベルナドッテ伯とヒトラー周辺

一九四五（昭和二〇）年二月一六日、ベルリンについたベルナドッテ伯は、シェーレンベルクに初めて会ったのだが、一目で彼に信頼感を抱いたと、後に回想している。

しかし、シェーレンベルクは、西側との和平がたやすくひらかれるとは思っていなかった。ヒムラーはヒトラーの怒りを恐れて逃げ腰であり、カルテンブルンナーはもともとシェーレンベルクを疑っており、油断ができなかった。

ヒムラーはカルテンブルンナーを通じてヒトラーに、ベルナドッテ伯の来訪をどう扱うべきか打診した。ヒトラーは総統官邸におけるヒムラー個人代表フェーゲラインSS少将に、全面戦争下に考えられないほどバカげていると答えたという。

シェーレンベルクに妨害されて、クライストから報告されなかったため、リッペントロップ外相はベルナドッテ伯の訪問についても何も知らなかった。しかし、伯のＳＳ長官との会談要請が公式ルートで外務省を経由したため、始めてＳＳが自分を排除して和平工作をしている事実を知った。

リッペントロップ外相は、イギリス専門家のフリッツ・ヘッセを呼んで、ベルナドッテ伯が西側との和平工作に役立つのかどうか聞いた。ヘッセは総統が交渉を許したのかどうか問い返した。外相は、許可を得たわけではないが、すでに総統とともに和平工作に関する覚書を作ったことを明らかにした。ヘッセは、条件は和平の申し入れでは西側が受け付けるとは思えないが、とにかく和平提案をすることは必要だと答えた。

リッペントロップは外相として、ヒムラーに会見を申し入れた。ヒムラーは、ベルナドッテ伯の来訪が、単に人道上の目的ではなく和平のための政治工作だということを、ヒトラーに知られないかとおびえており、外相に協力的であった。さらにシェーレンベルクを通じて、ベルナドッテ伯と先に会って欲しいと要請し、また、戦争捕虜と強制収容所のユダヤ人の引き渡しを約束した。リッペントロップはヒムラーの思いがけない態度に喜び、二月一七日にヘッセをストックホルムに派遣した。

ヒムラーはカルテンブルンナーとリッペントロップがベルナドッテ伯に会った後で、自分が会うことにした。ヒトラーに知れても申し開きの口実になるからである。

二月一八日にカルテンブルンナーがまず会った。シェーレンベルクも同席した。ベルナドッテは直接ヒムラーと話し合う前に話したくなかったが、スウェーデン赤十字副総裁として政府並びに国民の意見を代表してきたことを明示し、スウェーデン赤十字を強制収容所で奉仕させて欲しいと要請した。これは、あっさり受け入れられ、ヒムラーに会うことも賛成した。

次いで、リッペントロップ外相に会見したが、外相は一方的にナチスの公式論を一時間余りも喋りまくって、ベルナドッテ伯を辟易させた。

ソ連には拒否、西側への和平には暗黙の期待

二月一九日、ベルナドッテ伯はシェーレンベルクの案内で、ベルリンの北七五マイルのホーエンリッヘンにあるサナトリウムに置かれたヒムラーの司令部を訪問した。空襲下のドライブは危険であったが、途中シェーレンベルクが率直にＳＳ内部の人間関係を打ち明け、両者の親近感が深まった。

ヒムラーに会ったベルナドッテ伯は、スティーヴンスーデンでドイツに対する憤激を高めているのは、人質を取り無実の人々を殺害していることだと斬り込んだ。ヒムラーは、それは誤報だと抗弁し、何か具体的提案があるのかと質問した。伯は、スウェーデン赤十字を強制収容所、特にノルウェー人とデンマーク人の収容されているところで奉仕活動させる許可を求めた。ヒトラーはそれを許可した。さらに、強制収容所のノルウェー人とデンマーク人を釈放して、スウェーデンに保護拘禁されてはと申し入れると、ヒムラは突然怒り出し、そんなことをしたらスウェーデンの新聞は、戦犯ヒムラーが自分の罪の処罰を恐れて自由を買おうとしていると書き立てるだろうと拒否した。ベルナドッテ伯がユダヤ人の扱いについて、ユダヤ人の中にも立派な人がいる、自分にもユダヤ人の友人が大勢いると質問すると、ヒムラーは、スウェーデンにはユダヤ人問題が無い、だからドイツの考え方が理解できないのだと答えた。

二時間に及ぶ会談を終えてベルナドッテ伯は外務省に戻った。リッペントロップ外相に再会したが、あまり話し会うこともなく早々に辞去した。

シェーレンベルクはカルテンブルンナーに会談の様子を報告したが、もちろん、ベルナドッテ工作の真実を語らなかった。

ストックホルムに出掛けたリッペントロップ外相の代理フリッツ・ヘッセは、クライストが世界ユダヤ人会議のストーチ代表から教えられたアメリカ大使館のアイヴァー・オルスンに会って、ルーズベルト大統領が一五〇万のユダヤ人の生命を政治的に救済する意思を持っていることを確認した。しかし、スウェーデン駐在ソ連大使のコロンタイ女史と親しい銀行家ヴァレンベルクから、ルーズベルトもチャーチルも、ともにヒトラーを滅ぼそうと決意しており、両側との和平は不可能だといわれた。ヴァレンベルクはスターリンに当たってはどうかと誘った。

ベルリンに帰ったヘッセは、三月一五日にリッペントロップ外相に報告した。話し合いを開始するチャンスがまだ二つ残っている。一つは西側との、一つは東側とのそれだと述べた。しかし、この一五日、スウェーデンの新聞は、ヘッセの平和打診を暴露した。しかもストックホルムに行き、コロンタイ女史と話し合いを開始することを命じた。外相は指示事項をまとめ、総統に届けて最終的承認を得ようとした。同日の深夜、総統の外交問題の顧問であるヘーヴェルから外相に電話が掛かってきた。それはスウェーデン紙の暴露を知ったヒトラーが、外国との交渉を一切禁じたという知らせであった。

ヒトラーはリッペントロップの指示書を読んで、そんなことをしても無駄だ。われわれはボルシェヴィズムとの戦いで死ぬかもしれないが、この相手とは取引しない。今後敵との接触はすべて禁止すると命じたという。リッペントロップ外相は、西側との話し合いの可能性が無いと見て、東側との話し合いを創ろうとしたのだが、ヒトラーはそれを拒否したのである。ヒトラーは秘かに西側との交渉に期待していたのかもしれない。外相の東側との和平工作に対しては、明確にそれを拒否しつつも、ヒムラーの対スウェーデン交渉や、ヴォルフのスイスでの交渉については、黙認していたからである。リッペントロップはヒトラーに叱責された数日後にも、ヴェルナー・フォン・シュミーデンを再びスイスに、アイテル・フリードリヒ・メールハウゼン領事をマドリードに送り、それぞれアレン・ダレスとロバート・マーフィ大使に接触させ、停戦条件を知ろうとしたが、いずれも失敗している。（一九八九・八・一掲載）

34　ヒムラー、ゲーリングの官職剥奪そしてヒトラーの自決

ヒムラー必死の和平工作も空し

ヒトラーが和平工作を一切禁止したにもかかわらず、ヒムラーはケルステンに勧められて一九四五年三月一七日、世界ユダヤ人会議の代表ギレル・ストーチに会った。ケルステンは強制収容所が秩序正しく連合軍に引き渡されることと囚人の殺害を停めるという約束を文書にして、ヒムラーに署名させた。ただし終末的段階に入っている戦場で、ヒムラーの約束が実行されるという保証はなかった。

ヒムラーはまた、カルテンブルンナーを代理としてオーストリアに派遣し、赤十字国際委員会のカール・J・ブルクハルト総裁に会見させ、強制収容所の囚人の待遇改善を約束させている。交換条件はなく、ヒムラーの求めたのは、自分に対する連合国の善意であった。すでにユダヤ人の生命と引き換えに和平を求める段階は、過去のものとなっていた。ヒムラーが懸命に自らの善意を、ユダヤ人の解放によって実証しようとする段階となっていた。ドイツの最期

が近づいていたのである。

　四月二日、ヒムラーは再びベルナドッテ伯と会見。シェーレンベルクの強い勧めで、西側連合軍との停戦交渉の仲介者となることを依頼するためである。

　ベルナドッテ伯は、ヒムラーが自らヒトラーの後継者となり、ナチスを解体し、スカンジナビアの全抑留者の釈放を認めるなら、アイゼンハワー連合軍総司令官と話し合う用意があると言明した。しかし、ヒムラーはまだヒトラーを裏切ることをためらい、明言を避けた。シェーレンベルクはベルナドッテ伯にあくまでヒムラーを説得するからと猶予を求めた。

　四月一三日　ソ連軍の接近するベルリンから外交団が退去し、南ドイツへ移ることになった。日本大使館も数人の残留館員を残し、大島大使以下が一四日午後、ザルツブルクに向け出発した。

　四月一五日、ヒトラーの愛人エヴァ・ブラウンが不意にベルリンに戻り、ヒトラーと運命を共にすることとなる。

四月一七日、総統官邸におけるSSの代表でエヴァ・ブラウンの義弟に当たるフェーゲラインSS少将が、イタリア戦線における休戦の条件について、ヴォルフSS中将がアレン・ダレスOSS代表と原則合意したことをヒトラーに報告した。ヴォルフがヒトラーに面会したのは、翌一八日の午前三時であった。（第3章26・28参照）

　四月一九日、シェーレンベルクは蔵相シュウェーリン・フォン・クロージク伯に働き掛けて、ドイツをヒトラーの〝狂気〟から解放し、ローマ法王を通じて西側との停戦を実現するよう申し入れさせた。元鉄兜団の指導者フランツ・ゼルテと図って、ヒトラー追放、ナチス党解体、人民法廷廃止、降伏協定を求める国家基本政策をヒムラーに提出させた。

　さらにケルステンと相談して、ユダヤ世界会議の代表を直接呼び寄せ、ヒムラーに面会させることにした。ケルステンは、ギレルル・ストーチに同行を求めたが、ストーチは自分の代理としてノルパート・マスールを派遣することにした。ケルステンとマスールは一九日に空路ベルリンに到着した。すでに世界ユダヤ人会議は、一万人のユダヤ人をスイスに移すという成果を上げていたが、崩壊に瀕したドイツで再びユダヤ人虐殺が起こることを警戒しての派遣であった。

　四月二〇日はヒトラー総統の五六歳の誕生日であった。

　ヒムラーは総統官邸でヒトラーを表敬した後、マスールと会見するため早々に辞去した。これがヒトラーとの最後の別れとなった。ゲーリング元帥はベルヒデスガーデンに向かう許可を得て去って行った。しかしヒトラーは、この夜、ベルリンを去らないことを決意した。

ゲーリングは去りヒトラーは残る

マスールはヒムラーに、現在ドイツ支配地域に残っているユダヤ人が、これ以上殺されないよう強く要望した。ヒムラーはマスールに、自らの誠の証として、ラベンスブリュック強制収容所の女囚ユダヤ人一〇〇〇人を釈放すると申し出た。

四月二一日には、ソ連軍の砲弾がベルリンの中心部に落下し始めた。

四月二三日、ヒムラーはバルト海の港町リューベックのスウェーデン領事館で、ベルナドッテ伯と三度目の会談をした。ヒムラーはドイツの敗北を認め、戦争を終わらせたい。ヒトラーはすでに死んだかもしれない。西部戦線での降伏を西側に申し入れて欲しい。自分もアイゼンハワーに会って無条件降伏したいと要請した。ベルナドッテ伯は、そうした部分的降伏が通るとは思わなかったが、自国政府に取り継ぐことを約束した。

この日、ベルヒデスガーデンのゲーリングがヒトラーに電報を送り、ベルリンにとどまるというヒトラーの決意によって、自分が総統の代理としてドイツの全般的指導を引き継ぐことに同意されるのかどうか問い合わせた。ヒトラーは激怒し、直ちにゲーリングの一切の行動を禁止してスタッフとともに拘禁することを命じた。

ヒムラーのベルナドッテ伯への無条件降伏申し入れは、四月二八日、国連機構設立のサンフランシスコ会議を取材していたロイター通信の記者にかぎ付けられた。これはイギリス代表団の報道官からリークされたものであるが、検閲なしでロイター通信から全世界に流され、大騒ぎとなった。

ヒトラーは総統官邸地下壕の中で、二八日午後九時のBBC放送を傍受していた宣伝省の担当官から伝え聞いた。このヒムラーの反逆に対し、ヒトラーは裏切者に総統を継がせるわけにはいかない、彼を阻止せよと声を震わせ、ヒムラー逮捕を命令した。また官邸のSS代表でヒムラーの首席代理のヘルマン・フェーゲラインSS少将を陰謀に加担したとして逮捕させた。フェーゲラインは私服姿でスイス・フランや宝石を所持して中立国へ逃亡しようとする直前に逮捕され、連行された。エヴァ・ブラウンが義弟のために取りなしたが、即決の軍法会議で死刑を宣告され、総統官邸の庭で銃殺された。

ヒトラーは自らの最期の時が迫っていることを認めざるを得なかった。彼は政治的遺言を口述し、ヒムラーとゲーリングから一切の官職を剝奪し、党から追放すること。総統の後継者にはデーニッツ提督を指名し、ゲッペルスは首相に、ボルマンを党大臣に任命した。個人的遺書では、長年の忠実な友情のもとで自分と運命を共にするエヴァ・ブラウンを、わが妻として迎える決意をしたと口述した。

四月二八日の深夜から二九日の午前にかけて、ヒトラーとエヴァの結婚式と披露宴が官邸地下壕で行われた。ソ連軍は、東・南・北の三方から総統官邸に総攻撃を加えていた。

二九日の夕方、ムッソリーニと愛人の処刑と民衆によるリンチのニュースが届けられた。ヒトラーは自分が敵手に落ちないように死体を焼き捨てることを命じた。

三〇日の午後三時三〇分ごろ、ヒトラーは居室のソファでワルサー拳銃を右のこめかみに当てて引き金を引いた。エヴァの服毒自殺を見届けての自決であった。遺体はソ連軍の砲撃で震動を続ける地下壕入口附近の窪みに運ばれ、ガソリンをかけて焼かれた。（一九八九・九・一掲載）

35　ヒムラーの自殺とニュールンベルク裁判

変装したヒムラー英軍に見破られ自殺する

ヒムラーのベルナドッテ伯への降伏仲介申し入れ後、シェーレンベルクはストックホルムの動向を注視し続けてきた。四月二七日にストックホルムから戻ってきたベルナドッテ伯がシェーレンベルクに告げたのは、ヒムラーはもとより、条件付降伏も認められないということであった。

ベルナドッテ伯は落胆するシェーレンベルクに、ヒムラーのところへ同行して取り成してやろうと慰めた。しかし、ヒムラーの司令部に電話して秘書に、結果が思わしくなかったこと、ベルナドッテ伯がヒムラーとの会見を希望していることを伝えると、返事は、二度と会いたくないということだった。

シェーレンベルクは一人で出掛け、四月二九日の早朝、ヒムラーの前に立った。ヒムラーが西側に講和を申し入れたというニュースは、すでに一般にも知られており、ヒムラーは不機嫌で、失望の言葉を投げ付けた。

ベルナドッテ工作からは、なに一ついい結果はなかった。スウェーデン外相に宛てた自分の手紙も、どう使われるか分かったものではない。総統が自分をどう見るか。こんなことになったのも、すべてお前のせいだと責めたてた。しかし、シェーレンベルクは、西側との全面停戦工作は失敗したとしても、ノルウェー、デンマークにおける小範囲の敵対行動の停止は可能だと、言葉巧みに説き、ヒムラーも気を取り直した。

西側連合国は、ヒムラーの和平条件打診を終始拒否し続けてきた。ユダヤ人の生命を救うため、時に応ずるかの姿勢を示しながら、ヒムラーの譲歩とドイツ内部の情勢を探り出すことに知恵を絞ったが、ドイツ側が意図した和平要請には、米英・ソの離間を警戒して受け入れようとはしなかった。

にもかかわらずヒムラーは、ヒトラーが死ねば自分が継承者であると信じており、ヒムラーを首班とした政府が西側連合国の支持のもとに生き残ることができると考えていた。ヒムラーは、ヒトラーが後継者に指名したカール・デーニッツ提督を訪れ、自分を二番目の地位に就けるよう求めた。デーニッツは言下に、それは不可能だと拒否した。

五月一日、デーニッツはようやくヒトラーの死に関する正式の確認を受け、それを国民に知らせる時が来たと、判断した。午後九時三〇分、ハンブルク放送は番組を中断して重大放送があると告げ、総統が最後までボルシェヴィズムと戦った後、官邸の作戦本部で戦死した。総統はデーニッツ海軍大将を後継者に任命した、と放送した。引き続きデーニッツが、総統がドイツ軍の陣頭に立って戦死したと述べ、自分の任務は敵ボルシェヴィキによる破壊からドイツ国民を救うことだ、と訴えた。

五月二日、デーニッツ新総統は、本営をプレーンからデンマーク国境近くのフレンスブルクに移した。ヒムラーも司令部を移した。

五月三日、デーニッツは、フォン・フリーデブルク提督をモントゴメリー元帥のもとに送り、降伏の申し入れをさせた。

五月五日、ヒムラーは最後の幕僚会議を開いた。彼はなお西側と取引して自らの生命と権力を保持できると信じていた。

シェーレンベルクは、先にヒムラーが約束して釈放したスカンジナビア系ユダヤ人の一団を連れて、スウェーデンに渡った。彼は被抑留者を解放すると、ベルナドッテ伯の保護を求めた。伯はシェーンベルクが暫時ストックホルムにとどまることを認めた。

五月六日、ヒムラーはデーニッツ新総統からの手紙で、内務大臣、予備軍総司令官、SS国家長官兼ドイツ警察長官としての一切の職務を解任された。

ヒムラーはなお二週間、デーニッツ政権の周辺にいたが、五月二〇日、口ひげを剃り、左眼に眼帯を掛けて変装し、秘書官と副官数人を連れて、地下に潜行した。

彼らは、ホルシュタインからエルベ川を越え、イギリス軍の検問所を通り抜けようとしたが、不審者として捕らえられた。五月二三日のことである。同日一四時、一行はリューネブルゲ近郊の拘置所に送られた。拘置所長が尋問すると、ヒムラーは眼帯を外し、眼鏡を掛けて静かに「ハインリッヒ・ヒムラー」と名乗った。

イギリス軍情報部は色めきたった。夕刻にはモントゴメリー司令部の秘密情報スタッフも駆け付け、軍医に身体検査をさせた。口の奥に何か黒いものを発見した軍医が、取り出そうとした瞬間、ヒムラーは青酸カリのカプセルを噛み砕き、数秒で自殺した。

絞首刑直前にゲーリングも自殺

エルンスト・カルテンブルンナー国家公安本部（RSHA）長官は、オーストリアの山荘からアメリカ軍に投降したが、ニュールンベルク裁判で絞首刑の判決（46・10・1）を受け、四六年一〇月一六日午前一時執行された。同じく絞首刑の判決を受けたヘルマン・ゲーリング国家元帥は、執行の直前一五日の夜に、青酸カプセルを噛み砕いて自殺した。

ヴァンゼー湖畔の秘密会議でハイドリッヒから「最終的解決」の指示を受け、それを忠実に遂行したアドルフ・アイヒマンSS少佐は、オーストリアの山中から偽名でアメリカ軍に投降し、収容所ではSS中尉オットー・エックマンと名乗っていた。四六年に脱走して南米に逃れたが、一四年後の一九六〇年に、ブエノス・アイレスでイスラエルの秘密警察に捕らえられ、エルサレムに連行されて、裁判の後、処刑される。アドルフ・アイヒマンはリカルド・クレメントと変名してアルゼンチンに逃亡し潜伏したが一九六〇（昭和三五）年五月一一日ブエノスアイレス郊外でイスラエル情報機関に捕らえられ、二年後の六二年五月三一日、イスラエルで絞首刑となった。執行の間隙、彼は「ドイツ万歳、アルゼンチン万歳、オーストリア万歳、私は戦争の掟と国旗に従っただけだ」と言い残したという。

シェーレンベルクはベルナドッテ伯の保護を受けていたが、四五年六月一六日、イギリス軍の輸送機で秘かにロンドンへ連れ去られた。イギリス軍への投降、生命の保証と引き換えに、SS、SDの秘密を明らかにすることを約束したのである。以来三年間、彼はイギリス情報部の関心を満足させ、イギリスは貴重な情報を入手した。

その間、四六年一月四日、ニュールンベルクの法廷に立ち、ナチス指導者のために証言した。彼は結石に苦しみ、ロンドンで手術を受け、回復すると、訊問が続いた。イギリス情報部が彼の情報を完全に吸い上げ、検討、再調査を終えると、一九四八（昭和二三）年彼自身も国際軍事法廷に召喚された。彼の処分をソ連側が強く主張し、英米両国は釈放を求めたが、結局四九年春に、四年間の禁錮刑を宣告された。獄中で健康を害したため、三年後の五二年には釈放されることになる。

このときシェーレンベルクは、旧知のスイス軍情報部長のロジェ・マソン准将に連絡を取った。マソンはその病状を知って、かつての敵のために、秘かに入国の便宜をはかり、親友の医師を付けて、ローザンヌとフリブールの中間にあるロモントの近くにかくまった。

しかしこのことは、やがてスイス政府当局に知られ、数カ月後に国外退去が命じられた。やむなく彼は、イタリアのコモ湖畔に転居し、そこで、イギリス政府から支給される金で生活することになった。シェーレンベルクの回想録は、ここでドイツ人記者によってまとめられることになるが、そこにはあまり機微に触れる真相は明らかにされなかった。すでにイギリス情報部に絞り取られていたのである。一九五四年の秋、彼はここで死んだ。（一九八九・一〇・一掲載）

36　終末にいたる一〇〇日工作の始まり

「アメリカ大統領の承認を得た」のメモ

スイス駐在海軍武官補佐官としてベルンに赴任した藤村義朗中佐は、直ちにドクター・ハックに連絡を取り、アメリカのOSSと接触する工作を開始した。

ベルン駐在の加瀬俊一公使、陸軍武官岡本清福中将にも、対米秘密接触の概要を伝えた。加瀬公使、岡本武官も、藤村工作と並行してダレス機関との接触を図っている。半年前からベルンに滞在していた朝日新聞欧州移動特派員の笠信太郎、バーゼルの国際決済銀行理事の北村孝次郎の諸氏も和平工作の必要を痛感していた。

ハックからは、OSSとの連絡状況が刻々と報告されてきた。ハックはアメリカナショナル・シティ・バンクのチューリヒ派遣員のホワイトという銀行家とダレスの秘書ゲベールニッツの線から会見を申し入れ、四月二五日にはベルン郊外の寒村ムーリーで、藤村とハックが初めての直接接触を行った。相手はOSの二人で、後から外交官の資格を持つジョイスとブルームであるとハックが確認した。この時は、雑談を一時間ほどして別れたが、三日後には相手側が、もう一度会いたいと伝えてきた。

二回目も、ハックと二人でベル市内のレストランに出掛けた。出迎えの車が所在の分からないように迷走して、市内の一角の建物に案内されると、そこにブルームとジョイスが待っていた。ここで藤村は、これ以上両国の人命が失われないため、戦争を中止させるべきだ。戦争を終わらせることのできるのは日本海軍であり、自分は海軍軍令部から派遣されたものとして、軍令部の部内を説得する自信がある。そのためにベルンに来たのだと切り出した。二人は黙って傾聴していたが、今の話の要旨とあなたの海軍の経歴を書いて届けて欲しいと要請、第二回の接触を終わった。

その日のうちに届けた藤村の文書に対し、OSS側は折返しハックを通じてメモを届けてきたが、それには「われわれは戦争終結を交渉する目的で藤村中佐と討議を開始するためのアメリカ大統領の承認を得た」と書かれてあった。日本の終末にいたる最後の一〇〇日工作が始まろうとしていた。四月二八日のことである。

まさにドイツは崩壊しつつあった。北伊では、カール・ヴォルフがドイツ国防軍の頑迷に手を焼きながら、ようやく停戦・降伏を実現しようとしていた。沖縄では、牛島中将の守備隊と県民が、なお強力な抵抗を続けていた。しかし、日本海軍は戦艦大和の沖縄特攻で、最後の艦隊を失っていた。

五月二日、藤村中佐とOSSの第三回の接触には、初めてアレン・ダレスが姿を見せた。ハックとともに待ち合わせのレストランに出掛けた二人は、前回同様街々を走り抜け、古い四階建ての石造建築の前で、ブルームとジョイスに迎えられて二階に上がった。そこにはアレン・ダレスが待っていた。

お互いの挨拶と自己紹介の後、ダレスは本題に入ってきた。アメリカ側の準備は整っているが、日本側はいつから交渉が始められるのかと聞いた。藤村が直ちに海軍省に電報を打つと答えると、返事はいつ来るかと聞く。藤村は一週間もすれば来るだろうと答えたが、実はまだダレスと本格的な和平交渉に入ることを海軍省に知らせておらず、了解も得ていなかった。会談は二〇分足らずで終わったが、ダレスは急いでいるようだった。

藤村は、自分が積極的に接触を試みたことは伏せて、OSSのダレス側から、ハックを通じて、日本が希望するなら、ワシントン政府に伝達して戦争終結に努力しようとの申し入れがあったと報告することにした。五月七日になって、ようやく「D機関工作」の第一報が作戦緊急電として、九七式印字機で送られた。

しかし、東京からは何の返事もなく、藤村たちを焦慮させることになる。五月八日、ダレスはベルリンでのドイツ無条件降伏の調印式に参加するため、スイスを出発した。

ナチの〝負けすぎた誤り〟を繰り返すな——と緒方

五月二〇日までに藤村は七通の電報を送ったが「梨の礫」であった。ドイツの二の舞いとなることを避けるために、ソ連の対日参戦以前に、アレン・ダレスを信頼して、対米和平を断交することを強調したものであった。

当時ダレスは、ヴォルフSS中将との信頼関係で、北伊駐留ドイツ軍の無条件降伏「サンライズ作戦」成功の直後であり、日本との和平工作に大きな期待と自信を持って取り組もうとしていた。日本側にとっては、まさに好機であった。

アメリカ側の立場は、原則としてソ連の対日参戦以前に、太平洋戦線で日本との停戦を実現しようとするもので、そのためには、①天皇制度の存置、②内南洋委任統治領の現状維持、③大臣・大将級要人、例えば野村吉三郎海軍大将の全権大使としての派遣、④派遣用飛行機はアメリカ側が提供する、等が条件として話し合われたとされている。

ドクター・ハックは期せずして日米双方から頼りにされていた。日本側にとっては、古く有力な協力者であり、情報源であるとともに、ダレス機関とも、反ナチスで友人ゲベールニッツを通じて深く結ばれていた。ナチス・ドイツの崩壊を目前にして、親日家のハックは日本がドイツのように破壊されるのは耐え難いことであっ。それを救うためにも、かつて自分を救ってくれた日本海軍の要望に添って和平を実現することを考えたのである。

ハックが日本側の意をアメリカ側に伝えるべく努力した跡は、米国務省の解禁された「外交文書」に「反ナチ、親日の極東問題権威のドイツ人ソース」からの情報として残されている。藤村工作に触発されたスイス駐在の加瀬公使が、ハックにアメリカ及びイギリスとのダイレクトな交渉をアレンジして欲しいと要望したことも、早速ダレス機関に伝えられ、この件は一二日にワシントンに送られている。

また、藤村中佐が海軍省からの電報を待ち焦れているさなかの六月四日、ワシントン宛OSS長官代理より国務長官へのメモランダムには、同ソースが藤村中佐と接触中で、藤村は目下海軍省首脳と暗号電報を持って秘密接触を保っているが、間もなく日本政府の信任を得るだろうと報告されている。また、藤村が、無条件降伏による日本の共産化と混乱を避けるため、特に天皇の地位保全と日本の食糧輸入のための日本の商船隊保持が不可欠だと主張していることが書かれている。

藤村は朝日新聞の笠信太郎記者が書いた緒方竹虎前内閣情報局総裁宛の上申書についても、九七式印字機を使って、笠の意見は、速やかに戦争終結を行うべきであり、このままでは、ドイツがナチス指導者の頑迷により〝負けすぎた〟誤りを、日本が繰り返すことになるというものであった。また、ソ連の参戦が必至であると指摘していた。

笠は藤村に対し、D機関工作の秘密保全の重要性を強調し、もしスターリンがD機関工作を知ったら、早速にソ満国境で軍事行動を起こすだろうと警告した。（一九九〇・四・一掲載）

37　藤村中佐と〝D機関工作〟の発端

フリードリッヒ・ハックというドイツ人

ドイツの崩壊を目前にした一九四五（昭和二〇）年三月二一日、ベルリン駐在海軍武官補佐官藤村義明中佐は、スイス駐在を命じられて首都ベルンに赴任した。すでにベルリンは混乱状態にあり、中佐のスイス行きは、日本海軍が和平の契機を作る最後の機会として、ベルリン駐在海軍武官小島秀雄少将の密命によるものであった。スウェーデンには扇一登大佐が赴任することになった。

藤村中佐は九七式暗号機を持って同行した津山重美海軍嘱託とともに車でスイスに入り、ベルンに到着すると直ちにドイツ人協力者フリードリッヒ・ハック博士と接触し、工作を始めた。いわゆる〝D機関工作〟である。昭和六三年夏に公開され後にテレビで放映された映画『D機関情報・アナザウェイ』はこの藤村工作をモデルにしたという西村京太郎作品の映画化だが、事実は小説よりもはるかに奇であった。

フリードリッヒ・ハックはフライブルグ大学の経済学部で国家経済学を学び、学位を取った。当時のクラスメートに、後にスイスのダレス機関で協力者となり、秘書となったゲーロー・フォン・シュルツェ・ゲベールニッツがいた。ゲベールニッツについては〝サンライズ作戦〟の実質的推進者として、その活躍ぶりを見てきたが、彼の父ゲルはルーズベルトと・フォン・シュルツェ・ゲベールニッツは、フライブルク大学の国際経済学の教授であり、ハックの恩師であった。ワイマール憲法の起草に参加し、ドイツ国会議員でもあったその父の最後の著書は、シュペングラーの『西欧の没落』に対する反論であり、西欧民主主義への信頼を謳ったものだったという。

息子のゲベールニッツは、経済学の学位を取った後、一九二四年にニューヨークへ行き国際金融界で働き、アメリカの市民権を得た。しかしヒトラーの台頭とともに、父の志を継ぐべくスイスでドイツの反ヒトラー勢力とアメリカ政府との間の秘密連絡ルートを作り、ダレスに協力したが、友人ハックを通じて日本との連絡も付けることになるのである。

一方、フライブルグ大学を出たドクター・ハックは、偶然の機会から日本との深い関係を持つようになる。南満州鉄道株式会社がドイツのクルップ社の重役ウィーネフェルトを顧問として招いたとき、その秘書として満州に渡った。ウィーネフェルトが駐米大使となって赴任した後に、その顧問事務所を任された。当時の満鉄総裁は後藤新平伯であった。

第一次大戦が始まると、ドクター・ハックはドイツ軍に志願して青島に入り、祖国のために日本と戦うが、青島陥落によって捕虜となり、日本に送られ、福岡の収容所に入った。ここで本格的に日本語をマスターするとともに、日本の政治、文化に対する知識を深めた。

大戦が終わり、ドイツに送還された彼は、ベルリンで当時ニューヨークの日本名誉総領事だったシンツィンガーとともに、日本とドイツのさまざまな業界を仲介し、斡旋するようになり、シンツィンガー・ハック商会を設立した。大正末から昭和初期にかけて、日本海軍はドイツから多くの武器や機械を導入して技術提携を図ったが、そのほとんどがハックの商会を通じて行われた。ドクター・ハックは日本海軍と深く結びついたのである。

一九三五（昭和一〇）年秋から始まった日独防共協定交渉の当初から、ナチス党外交部長だったリッペントロップ（後に外相）の代理としてハックは参画し、日独接近の根廻しを進めた。一九三六（昭和一一）年二月、原節子主演の日独合作映画「新しき土」（独題名「サムライの娘」）の撮影隊一行が来日した際、ドクター・ハックはそのプロデューサーとして同行し、かたわら日本側との政治的接触を行っている。

日独防共協定は三六年一一月に締結され、映画「新しき土」は三七年二月に封切られて日本では記録的成功を収めた。

ハックの危機を救った日本海軍

しかし、三七年に入ると、ハックの言動が東京の「ナチス対外組織部」に疑惑を持たれ、ベルリンにその〝行きすぎた言動〟が報告されるようになった。彼は同年七月に帰国したが、その直後にゲシュタポにより逮捕された。ナチスのユダヤ政策に反するルーズベルトの批判的言動によるとも、国防軍情報部のカナリス提督とSD局長ハイドリッヒの対立に巻き込まれたためともいわれている。

このドクター・ハックの危機を救ったのは日本海軍であった。初め釈放運動は困難を極めた。しかし、ドイツ駐在海軍武官の小島秀雄大佐が提出した〝ハック逮捕によって日本海軍のハインケル社からの飛行機購入計画が進展せず迷惑している。日独防共協定の精神に基づき、彼が交渉に当たれるよう善処して欲しい〟という公文書がゲーリング航空相を動かした。ハックは釈放され、日本から購入を求められたハインケル航空機の商談をまとめあげて莫大なコミッションを手にした。ベルリンの日本海軍事務所は、彼の代理人としての手数料を、スイスで受け取れるように計らった。ハックの身の安全と経済的安全を図って、その多年の労に酬いたのである。

一九三七（昭和一二）年春、ドクター・ハックはナチス・ドイツの将来に絶望してスイスに亡命した。彼はチューリッヒから日本側に情報を送り続けた。また日本海軍の資材調達にも、引き続き協力した。

〝D機関〟との終戦工作の当事者となった藤村義朗少佐は、一九四〇（昭和一五年）海軍大学校を卒業後、同年夏シベリア鉄道経由でドイツに赴任し、ベルリン駐在海軍武官補佐官となった。補佐官としての仕事は、欧州戦局の情報収集と物資調達であった。

藤村武官補佐官はその物資調達の任務からスイスのドクター・ハックと深いつながりを持つことになる。またハックの情報は極めて適確であった。藤村はスイスに出張するたびに、ハックと情報交換を行っている。

日米開戦直前にハックが持たらした情報の中には、アメリカが対独参戦の口実を探しており、それが上手く行かない場合、日本を刺激して戦争に巻き込む方策を取るだろう。日本としては絶対に、この謀略に巻き込まれないことが必要だ、とする日本の運命への警告もあったという。こうした警告にもかかわらず、四一年一二月、日米開戦となるや、ハックは日本海軍ベルリン事務所の藤村宛に手紙を送り、日本がアメリカを相手に戦うことの誤りを非難している。

一九四二（昭和一七）年春、ベルリン事務所の酒井直衛海軍嘱託は、チューリッヒで旧知のハックと会った。ハックは、戦争には必ず終わりがある。そのときに交渉できるよう、敵側との間に、何らかの連絡方法を予め作っておく必要があると熱心に説いた。

このころ、ハックは亡命先のスイスで旧友のゲベールニッツに出会い、交友を復活していた。彼はアメリカ側にとっても貴重な情報工作源となりつつあった。同年の初夏、ベルンからチューリッヒに向かう列車の中で、酒井嘱託はゲベールニッツと秘かに会っている。お互いに接触の意思を確認したのである。しかし、本格的な日米接触は、三年後の藤村工作を待たねばならなかった。（一九九〇・三・一掲載）

38 ドイツ降伏の五月八日、トルーマン米大統領は日本に「無条件降伏」を勧告

屈辱のなかに滅んだヒトラーの第三帝国

一九四五（昭和二〇）年四月三〇日のヒトラー自殺によってナチス・ドイツの敗北は決定した。

五月一日、遺言によってデーニッツ提督が総統を継いだが、同日、ゲッペルス宣伝相が家族とともに官邸地下壕で自殺。翌二日、ベルリン防衛軍がソ連軍に降伏して首都ベルリンは陥落した。すでに西部戦線のドイツ軍も瓦壊同然であった。

デーニッツ新総督は、ヨードル国防軍参謀長とフリーデブルク海軍総司令官をアイゼンハワー総司令部へ派遣して、停戦交渉に当たらせ、七日にフランス・シャンパーニュ地方の中心都市ランスで、ドイツの無条件降伏調印式が行われた。降伏文書は八日午後一一時一分に発効し、ドイツの全軍に戦闘停止命令が出された。しかし、この降伏調印にスターリンは不満で、五月九日午前零時すぎに、ベルリ

ン郊外カルルスホルストで、カイテル元帥が改めて連合国への降伏文書に署名した。

デーニッツ提督は、フレンスブルグで新政府を組織するが、連合国はそれを承認しなかった。五月二三日、連合軍はデーニッツ政権が所在する淀泊中の船を歩兵二個大隊と戦車一個連隊で包囲し、デーニッツを連合軍管理委員会のある船「パトリア」に連行し、ドイツ政府及び国防軍最高司令部の事務取り扱いの解体と本人の逮捕を通告した。

その後、待ちかねていたイギリス兵たちは政府船内を捜査し、すべてのドイツ人の将官や大臣、将校や女性秘書までが、身体検査のため裸にされ、時計・指輪等の金品を奪われた上、両手をあげたまま連れ出された。その光景は新聞記者たちに写真に撮られた。五月二四日の「ニューヨーク・タイムズ」紙はこれに「第三帝国は今日死んだ」とコメントを付けて報道した。一二年にわたったヒトラーの第三帝国は、こうした屈辱の中に滅び、ドイツにはいかなる政府も存在しなくなったのである。

ソ連仲介で終戦図る日本の最高戦争指導部

ドイツが無条件降伏した五月八日、トルーマン米大統領は対日声明を発表。無条件降伏を勧告した。ナチス・ドイツの崩壊は、日本にとって、好むと好まざるとにかかわらず、戦争継続か終結かを迫られることとなった。

五月一一日から一四日にかけて、鈴木首相、東郷外相、米内海相、阿南陸相、梅津参謀総長、及川軍令部総長をメンバーとする最高戦争指導会議の構成員のみによる首脳会談が開かれ、ソ連の仲介で戦争終結を図ろうとする対ソ交渉方針を決定した。

この会議は東郷外相が鈴木首相に提案して開かれたもので、①ソ連の参戦防止、②ソ連の好意的態度の誘致、③米英との和平にソ連を有利な仲介役とする。ことを目ざして、対ソ交渉を開始することを決定した。こうした日本のソ連傾斜の和平方策に対して、アメリカは五月八日から、ザカリアス海軍大佐の対日心理作戦を開始し、八月一四日まで一四回にわたって日本に呼び掛けることとなる。

日本国内における和平工作は、特にサイパン失陥以後、一部の識者の間で秘かに考えられていた。カイロ宣言による米英の対日無条件降伏要求は、外交的妥協を封ずるものであり、和平構想は、中華民国政府を通ずるものと、ソ連を通ずる考え方とに分かれていた。中国を通ずる和平構想は、支那事変当時から「重慶工作」として続けられ、当初は、国民政府との妥協を目指したが、大東亜戦争以後は、アジア主義構想の中で蒋介石政府と和平し、さらに米英との和平を求めようとするものであった。

小磯内閣の成立（昭和一九年七月二二日）後、緒方国務相等が主となり、当時上海にいた繆斌（南京政府考試副院長、元国民党中央委員）を通じて蒋介石政府との和平を実行しようとした「繆斌《みょうひん》工作」は、最後の重慶工作であった。当時、小磯首相は、繆斌を通じて重慶と直結し、成り行きによっては、さらに対米英和平を志向しようとする構想を持ったが、外務省と陸海軍の猛反対で潰され、小磯内閣退陣の一つの理由となった。反対の理由は、繆斌個人に対する不信と疑いによるところが多く、その構想については、ほとんどが問題にされなかった。

小磯首相は繆斌を〝手づる〟として重慶に対する無線による直接交信を行い、蒋介石総統との連絡を確立することを主体的な狙いとして工作の推進を図った。しかし、外務省と陸海軍は〝信用できない〟繆斌を代表にして重慶と接衝するかのように、頭から誤解して、よってたかって潰したのである。

一九四五（昭和二〇）年三月二一日の最高戦争指導会議で小磯首相が提示した「中日全面和平実行案」は、重慶政府と直接交渉して、①南京政府の即時解消、②重慶政府の南京遷都までの間、「留守府」を設置、③「留守府」を介し重慶政府と日本政府は停戦・撤兵交渉を開始する、④交渉に先立ち直接蒋介石の真意を確かめること、を骨子としていた。

繆斌工作を進めたのは、小磯首相、緒方国務相の他、朝日新聞の田村真作、大田照彦記者、山県初男元陸軍大佐（首相の友人）、その有力な支持者には、石原莞爾陸軍中将、東久邇宮があった。

独ソ和解案もヒトラー一蹴、スターリンに意思なし

ソ連を通ずる和平構想は、独ソ開戦以後、日本の仲介により独ソの和平を計ろうとするところから始まっている。

日本にとって独ソ開戦は、日本が期待した英本土上陸によるイギリス打倒を不可能とするものであり、ドイツを再び英本土に向かわせるには、一日も早く独ソ和平の実現が必要であった。昭和一七年の秋以降、ガダルカナル攻防戦のさなか、陸軍参謀本部の辻政信参謀を中心として独ソ和平斡旋をドイツに働き掛ける工作が試みられ、一八年三月を目途に「日独伊蘇国交調整方針」が起草されたが、一八年一月二七日の大島駐独大使からの「ドイツの対ソ妥協はあり得ない」との電報で頓挫した。東条首相も、これを枢

軸国間の結束を乱すものとして禁圧した。他方、海軍も同じころ、岡敬純軍務局長が駐日ドイツ海軍武官ベネッカー中将と接触し、外交ルートを通さずドイツ海軍デーニッツ作戦部長と直通する工作を進め、昭和一八年三月には戦争指導課の小野田捨次郎中佐をベルリンに派遣し、ヒトラーに仲介案を示したが謝絶された。

このころ、スターリングラードの凄惨な戦いが続くさなか、ヒトラーはヒムラーに「赤いオーケストラ」の逮捕者を逆用して、モスクワとの「無線ゲーム」を行うことを許可していたことは、すでに見た通りである（第2章31参照）。しかし、スターリングラードでの勝利以後、ソ連は対独和平を真剣には考えず、ヒトラーもまた一九年九月四日、大島大使による対ソ和平意図打診に対し、スターリン対独和解の何等の徴候もないとこれを拒否した。時機を失した日本としては、太平洋戦局の深刻化の中で、当時中立条約で結ばれていたソ連を仲介とする対英米和平工作への期待を、心理的に拡大していったのである。（一九八九・一一・一掲載）

39　「書類は外務省へ廻した」――藤村中佐への米内海相電

三週間経っても返事は来なかった

スイスにおける藤村中佐らの〝D機関工作〟に対して、当初海軍省はこれを完全に無視したようだ。三週間たっても何の返事もよこさなかった。

一週間くらいで返事が来ると答えた藤村は面目を失した。ドクター・ハックを通じてOSS側は、厳しく督促してきた。藤村は焦燥と不安のなかで、連日電報を送り続けた。

もちろん、日本海軍の首脳部は、藤村中佐の緊急電を読み、内容を知っていた。しかも、握り潰していたのである。

最後の軍令部総長豊田副武大将（一九四五（昭和二〇）年五月末就任）は、戦後に書いた著書『最後の帝国海軍』（世界の日本社）の中で、スイス駐在海軍武官の藤村中佐がアメリカ代表のダレスという人から終戦について申し入れを受けていたが、結局、海軍省も軍令部も、そんなものは危険だということになった。第一言って来ているのが中佐で、こんな大問題を中佐ぐらいに言って来るのはおかしい、と真剣に取り上げる者はなかった、と書いているが、そうだったのだろうか。

当時の軍令部作戦部長だった富岡定俊少将は、毎日新聞の田畑正美編集委員との対談（「開戦と終戦」第九回、四二年一二月一九日）の中で、次のように述べている。「われわれは政府がソ連に仲介を頼んだ場合、アメリカがそれを気にして先に日本へ終戦条項を提示して来るかもしれないと思っていた矢先に、スイス駐在の藤村中佐からアレン・ダレスと接触できるという密電があった……私はそのとき、米側の『海軍大将を中立地区までよこせば話し合う』という提案に飛び付いて、派遣を進言したところ『作戦屋のくせに外交に余計な口を出すな』と、及川軍令部総長から大目玉を貰いました。」藤村工作は豊田大将の軍令部総長就任前から始まっていたのである。

富岡少将は当時の作戦担当として〝沖縄決戦〟を進めた考え方を、「本土決戦という最後の破滅に持ち込まれる一歩前に、沖縄というワナで、連合軍を挫折させるか、少なくとも多大の出血をさせて、終戦条件をよりよくし、またソ連を踏み切らせないというネライであった」とし、「また当時在スイス米大統領特使アレン・ダレスから、直接対日講和打診の手が打たれて来たのでも分かる通り、沖縄戦の影響で、アメリカも戦争をどういう時機に、どの程度の自己出血を忍んで、どういう条件で終結するかの大問題に迷っていたに違いあるまい。

それというのも、ソ連という〝漁夫の利〟勢力が当時既に現出して来ておって、戦略と政略の転換が微妙な終戦の時期になっていたからである。」（『文芸春秋』昭和三一年六月号「日米作戦の比較・キング報告を読んで」）。藤村工作によるダレスの対日和平打診は、まさに日本海軍作戦部にとって絶好の好機と見られたのである。

五月一二日、ザカリアス大佐の第二回対日放送が行われ、トルーマン大統領声明を繰り返し、負け戦を認めることを呼び掛けた。

五月一日、海軍省軍務局長に転補されたばかりの保科善四郎中将は、藤村中佐のダレス機関との接触の報告を知って、まず米内海軍大臣に全面的に受け入れて推進すべきだと意見具申した。米内海相は賛成し、これまた新任の豊田軍令部総長も同意したので、陸軍省の吉積軍務局長に連絡したところ、陸軍側は〝バドリオ工作〟の二の舞いだから同意できないと拒否されたと回想している（『大東亜戦争秘史・保科善四郎回想記』一九五〇年八月、原書房）。

五月一九日第三回目のザカリアス放送は、無条件降伏の意味を、隷属化でも、民族の根絶でもないと繰り返した。

海相に決断迫る藤村中佐の第21電

五月二一日になって、待望の親展電報がベルリンに届いた。保科軍務局長名で「内容はよく分かったが、どうも敵側の謀略ではないかと思われるふしもある。注意せられたい」というものである。藤村はこの電報をハックには見せず直ちに「それに確証があるのか。こちらには確証がある。仮に敵の謀略であるとしても、ドイツのようになるのを防げればよいではないか。これ以上の手づるがあるのか。」と第八電を打電し、引き続き三〇日までに第一二電まで送信した。

五月二六日の第四回ザカリアス放送は、ドイツ降伏の悲惨さを説き、日独同盟の誤りを正す機会だと告げていた。

しかし、藤村中佐のもとには、六月に入っても東京から返事がなかった。六月二日の第五回ザカリアス放送は、アメリカが太平洋戦線に軍隊を送りつつあると誇示し、九日の第六回では勝利の希望は失われた、ドイツ敗北に学べと切言していた。この間、藤村は六月六日に第一六電を発し「日ソ和平斡旋工作は見込みなし。スイス和平工作に切り替えられたし」と打電した。六月一五日の第二一電では、米内海相宛の親展で、ダレス機関との接触の経緯を説明した上で「今や閣下は残っている戦力・国力のすべてを傾けて、この対米和平を成就することこそ国に報いる所以ではないか」と切言した。

当時、海軍部内で和平工作を進めていた高木惣吉少将（軍令部出仕）は戦後次のように述懐している（『昭和史探訪』4「帝国海軍の残光・終戦工作」角川文庫）。

「私たちはソビエトはだめだから、どこからのひもでもいいからイギリスかアメリカに伝手はないものかというので、例のアレン・ダレスが藤村に接触したとき、あのときだけ私は自薦したんですよ。あのときだけ。米内さんに『私をやってください。本土上陸だけでも食い止めたら大成功だと思う。ひとつ私をやって下さい』と頼んだんです。あの線がいちばん信頼度が高かった……あれは軍令部が猛反対でね。豊田（総長）と大西（次長）が猛反対するものだから、米内さんが外務省にやってしまったのですよ。反対の理由は『謀略だ』というわけです。」

六月二〇日、米内海相名の親展電報がスイスに発信された「貴趣旨はよく分かった。一件書類は外務大臣の方へ廻したから貴官は所在の公使その他と緊密に提携し、善処されたい」と返事をしてきた。

極秘に海軍として進めるべきであった和平工作を、外務省に廻し、公式のものとしようとしたため、藤村中佐とダレス機関との交渉の前提条件を自ら破棄することとなってしまった。六月二〇日以降、ダレスとの連絡は中断してしまった。ダレスは藤村に冷淡となった。ダレス側にすれば、OSSによって、せっかく〝サンライズ作戦〟のようにまとめようとした工作を、正規のルートに乗せるのなら、何のために努力する必要があるのか。勝手にやればいいということであろう。特にソ連の参戦以前に取りまとめるための工作なのに、ぐずぐずして時を費やし、外務省ルートに乗せたのでは、ソ連にも筒抜けになって、とてもまとまらないと見たのであろう。

保科軍務局長は六月二五日になって外務省に東郷外相を訪ね、「海軍が全面的に支持するから外務省が主体となって進めて欲しい」と要請した。しかし、当時外務省には、アレン・ダレスの存在を知っているものもなく、工作に熱意がなく、ポツダム会談となってソ連の参戦が確定し、和平の機会を失したのである。

スイスにおける和平工作は、日本側の対応の遅延で、六月中旬以降だめになった。同じスイス、藤村工作とは別個に、岡本清福陸軍武官と加瀬俊一公使を中心に、現地バーゼル国際決済銀行北村孝治郎理事、同吉村侃為替部長らが協力して、同銀行のジェイコブソン経済顧問らを通じて、ダレス機関に接触した同様の工作があったが、六月中旬以降のことであり時はすでに去って実ることがなかった。

話は少し先に飛ぶが、八月一四日、米内海軍大臣の先任副官今村了之介大佐は、ベルンの藤村中佐宛に「あの話はもう一度何とかならないか」と問い合わせてきた。たまたま居合わせたドクター・ハックは、これを聞いて読みかけの新聞を床に叩き着け「一〇〇日遅かった！」と叫んだという。八月一五日、終戦を聞いて在スイス日本公使館陸軍武官岡本清福中将は、チューリッヒで自決した。（一九九〇・五・一掲載）

40　戦争指導者に対する心理戦開始——ザカリアス大佐の登場

対日戦を終了させるための三つの方策

一九四五（昭和二〇）年五月、日本本土は米空軍の制圧下にあり、マリアナからのB29の爆撃によって、大小となく都市は毎夜のように炎上していた。沖縄では五月三日から第三二軍の主力が攻勢に転じたが、失敗して戦局は峠を越え大本営はいよいよ本土決戦を深刻に想定せざるを得なくなっていた。すでに四月以降「一億玉砕」のスローガンが呼号され始めた。

アメリカの戦争指導者は、ドイツ降伏に引き続き、できるだけ早く対日戦を終了させるため、三つの方策を同時並行的に進めていた。

一つは、日本を徹底的に打ちのめし、戦闘を継続できなくすることであり、そのために本土進攻を進めるもので、主に米陸軍が主張した。第二は、外交的、心理的に日本を説得し、降伏に応じさせようとするもので、米国務省の知日派（グルー国務長官代理他）と米海軍の一部によって支持されていた。また戦時情報局敵国士気分析部の日本研究チームも、日本の士気が急速に衰えつつあることを指摘し、『日本における心理的社会的緊張の現状』（六月一日）という分析では、日本本土向けの集中的な心理戦キャンペーンで、天皇制は損なわず一般国民は処罰しないという保証を提示すれば、日本降伏を早めるだろうとの結論を出していた。

第三は、これらに加えて、ドイツ打倒のため開発したが、ドイツの降伏で間に合わなくなった原子爆弾を日本に投下し、その物理的心理的衝撃によって、破滅か降伏かを迫ろうとするものであった。

五月二五日、米統合参謀本部は、一一月一日を実行日とする九州侵攻の「オリンピック作戦」を指令した。本州への上陸はその数ヵ月後に予定され、作戦は日本列島での抵抗が完全にやむまで続けられることになっていた。

そのころ、ハリー・ホプキンスが訪ソし、スターリンと会談を重ねていた。ルーズベルト大統領没後の米ソ関係を調整するためであり、七月中旬に予定された米英ソ首脳会談（ポツダム会談）の根廻しをしたのである。

五月二八日には極東問題が取り上げられた。席上スターリンは、ヤルタ密約に基づいて赤軍が八月八日（欧州戦終結の三ヵ月後）に満州に進攻する用意があると言明。満州における特別の権益をソ連に譲渡する問題を解決するため、アメリカ政府がスターリンと中国外相との会談を斡旋することに意見一致した。またスターリンは、日本の分割占領への参加を表明した。

日本の抵抗が秋以降も続くことになると、満州・北朝鮮・千島列島に侵攻したソ連軍は、そのまま日本本土に侵入し、アメリカの上陸作戦以前にも本土の一部を占領する懸念さえあった。しかも日本は、このソ連に米英との和平仲介を申し入れており、日ソ間の駆け引きには注目を要するものがあった。

もちろん、こうした日本の対ソ姿勢は、アメリカの「マジック」によって逐一とらえられていた。すでに昭和一九年秋から冬にかけて、東京の重光葵外相とモスクワ駐在の佐藤尚武大使との間の四四通に上る通信を解読し、日本がドイツに働き掛け、ソ連との戦争を終わらせようと徒労を重ねていることを知っていた。またこうした情報認識を巡って、外相と大使との間に意見の対立があったことも、当然察知されていた。

モロトフ外相は日本の申し入れを冷たく拒絶してヤルタに赴き、日本が和平の仲介を申し入れていることを米英首脳に告げている。昭和二〇年春になると、日本はひたすらソ連に媚びへつらい、その気嫌を損なわない政策を取って、日ソ中立条約の継続を願った。しかしソ連は、四月五日、一年後の期限満了後には更新しないと通告。日本の努力は徒労に終わった。

日本の対ソ交渉はアメリカに筒抜け

ソ連は対日戦に備え、欧州から極東への大量輸送を始め、その状況は日満の外交機関、ハルピン特務機関等によって逐一大本営に報告され、ソ連対日参戦の危機が迫っていた。それらの情報についても「マジック」は逐一アメリカ側に知らせていた。アメリカは「マジック」によって日本の対ソ交渉の意図と経緯を知るとともに、Ｂ29による航空偵察写真の分析や戦時情報局（ＯＷＩ）の一部門として陸軍情報部との協力で設置した「敵国戦意分析部」（Foreign Moral Analysis Divison）の報告によって日本国内の情勢についても、極めて正確に把握していた。「敵国戦意分析部」は前年（一九四四年）の初めに日本に関する情報収集のために作られ、捕虜の訊問報告。収集した公私文書、新聞その他定期刊行物、ラジオ放送等、すべての情報を分析・検討する専門機関であった。

さらに日本の内部にあって米英連合国側のために秘密情報を収集していた「ドルフィン機関」の活動があった。〝ドルフィン〟とは在日欧州中立国の外交官の暗号名であり、宮廷情報等によって日本の内幕を正確に伝えていたという。すでに前年の一九四四年一二月初頭、欧州中立国の首都でアメリカが入手した「ドルフィン機関」の報告書には、日本の取るであろう進路が詳細に書かれていた。エリス・Ｍ・ザカリアス米海軍大佐が終戦直後の一九四六年に刊行した著書『秘密の使命』（Secret Missions.）によると「小磯内閣グループは間もなく総辞職し、前侍従長で天皇の親任が厚く、当時すでに私が対日平和交渉の日本側立役者になるだろうと見なしていた鈴木貫太郎が次の首相に指名されるということが書いてあった」という。

かつて太平洋戦争の勃発までの一〇年間、駐日大使の職にあったグルー国務長官代理を中心とする知日派グループは、これを日本が合意による降伏を模索しつつある証左と見ていた。彼らは日米双方の敵意が、人種偏見によって憎悪に凝り固まり、降伏の可能性など絶望と見られているなかで、秘かに対日降伏勧告の心理作戦を検討し始めた。そしてそれを具体化したのがザカリアス大佐であった。

語学将校として来日の経験を持ち、開戦後は海軍情報部長としての多くの実績を積み、多数の知己を日本に持っていたザカリアス大佐が、大西洋においてドイツ海軍に、地中海においてイタリア海軍に対して、イギリスと協力して行った心理作戦の経験を、日本にも適用できないか。心理戦争によって日本を降伏に導けるのではないか、と具体的に考え始めたのは、「ドルフィン情報」によって、日本中枢部の実情を知ったころだったという。当時、戦艦ニューメキシコ艦長からサンディエゴ海軍第一一管区参謀長に転じていた大佐は、ニミッツ提督麾下の宣伝部長に手紙を書き、日本の戦争指導者に対する心理戦を開始することの急務を力説した。また、対日心理戦争の構想を書き、第一線の兵士に対してではなく、日本の戦争指導者層に直接話し掛けることの重要性を指摘した。

ザカリアス大佐の構想は、やがてジェイムズ・フォレスタル海軍長官を動かし、ワシントンに呼び出されて、対日心理作戦を指導することとなる。（一九八九・一二・一掲載）

41　ザカリアス大佐の日本語放送

「作戦計画T45」心理作戦始動す

ザカリアス海軍大佐は、米軍の沖縄上陸二週間前の一九四五（昭和二〇）年三月一九日「日本の占領を実施するための戦略的計画」と題する対日心理戦争作戦案を、フォレスタル海軍長官に提出した。

前駐日大使だったグルー国務長官代理と近かったフォレスタル長官は一読して直ちにそれを承認し、熱心な支持者となった。アメリカ艦隊司令長官キング元帥も、それに承認を与えた。陸軍省もこの作戦計画に賛成した。統合参謀本部も反対しなかった。

こうしたところで四月六日には、鈴木貫太郎内閣が成立、かねてこのことを予期し、注目を続けてきたザカリアス大佐は、今やわれわれにとって最も都合のよい政治情勢が生じたと確信し、大統領の承認を求めることにした。ところが、その一週間後の四月一二日、ルーズベルト大統領が突然死去し、しばらくこの作戦は保留されることになった。後継大統領となるトルーマン副大統領は、上院議長として、戦時内閣の圏外にいたため、すべて一からやり直さなければならなかった。

ザカリアス大佐の心理作戦計画は、「作戦計画一―45」(秘)と呼ばれ、①使命、②決定、③行動、④兵站の四項目から成っていた。

作戦の【政略目標】は「日本の戦争指導者たちの抗戦意欲を弱め、戦争の終結を促進し、最小の人命の損失をもって戦争の早期終結を確保し、日本の無条件降伏を持たらすことによって、日本本土上陸作戦を不必要とすることにある。」また【宣伝目標】は「完全な全滅や奴隷化を救う手段があるということを日本の戦争指導者たちに確信させること」「〝無条件降伏〟の意味を説明すること」にあるとされた。

さらにこの作戦が可能な【条件】として、「戦争の早期終結を希望している高官たちのグループがいくつか日本にすでに存在している」「ドイツにおける組織的抵抗の終結、あるいはドイツが和平のための申し出を行うことが、日本の戦争指導者に戦争終結のための口実を与えるものであろう」と見ていた。盟邦ドイツの敗北が、日本にとって戦争終結の好機となると見ていたのである。

当時、ジョセフ・C・グルー国務長官代理は、国務省の専門家たちを激励して、合意による降伏を基礎とする対日政策を研究し続けてきたが、五月一日、陸海軍両長官との定例会議で日本を説得によって降伏させる方法を考えるべきだと提言した。フォレスタル海軍長官は日本を廃墟にして共産化することがアメリカの政策ではないと賛成し、スチムソン陸軍長官もこれに同調。トルーマン大統領に対し、日本に「無条件降伏」が現存の天皇制の撤廃を意味するものでないことを、大統領声明に加えるよう提案した。大統領は、統合参謀本部に異議がないことを確認して、ドイツ降伏の翌五月八日に対日声明を行うことには同意した。しかし、肝心の天皇制の存続についての言及については、なぜか助言を取り上げなかった。日本に対し厳しく処断すべきだというアメリカ国民の感情は根強いものがあり、国務省内部でも和平を早めるために条件を緩和すべきだとする意見に、そんなことをすれば戦争を始めた日本の指導層や機構が残存するだろうとする意見が激しく対立していたのである。

大統領の声明は、五月八日午前九時に行われた。大統領は「日本陸海軍が無条件降伏」するまで戦争を継続することを確言した。しかも肝心の無条件降伏が天皇制の廃止を意味するもので無いことについては、一言も触れなかった。

米内、野村、鈴木、高松宮に呼び掛ける

ザカリアス大佐の対日心理作戦は、こうした中で直ちに大統領声明に呼応しそれを補足するという形で開始された。

その方法は、公式スポークスマンとして大佐自身が、放送で日本の戦争指導者に直接呼び掛けることであった。公式スポークスマンであるザカリアス大佐が一定の期間、毎週三回、一五分程度の放送を行う。放送は二回繰り返され、日本語放送の後で同一内容の英語放送を行うことが決められていた。

内容は、日本の指導者たちに直接親愛の情を込めて、暗示的な呼び掛けを行う。これ以上の抵抗は全く無駄なことを、具体的に詳しく説明する。日本はソ連の立場を甘く見ていることを指摘し、ソ連の対日参戦の可能性を説明する。そしてドイツの絶望的な運命とは逆に、日本にはまだ残された生き残りの道があると強調することになっていた。

ザカリアス大佐は部下のジョン・パウル・リード海軍大尉（後に中佐）とデニス・グリフィン・マッケヴォイ海兵隊中尉（後にリーダーズダイジェスト日本支社長）とともに、国務省内の秘密放送スタジオに出掛けた。

最初にマッケヴォイ中尉が放送開始の挨拶を日本語で行い、続いてザカリアス大佐が一五分間の日本語放送を行った。放送原稿は予め戦時情報局（ＯＷＩ）、国務省等に提出され、許可を得たものであった。この段階で原稿は亡命日本人自由主義者Ｋ・Ｋ・カワカミ（河上清）等の助言によって手が加えられ、日本人から見て分かりやすい表現に修正されることもあったようである。

録音盤から再生した放送がチェックされると、日本語放送の録音盤はサンフランシスコの放送局に空輸され、そこから日本へ向けて短波で放送された。アメリカ側はこうした短波放送が日本側の海外放送傍受機関によって聴取されていることを知っていた。さらにサイパン島の米軍放送所が、この放送を中継し、日本のラジオ局の中波放送に直して放送したので、日本人が秘かにこの放送を聴くこともできた。日本降伏のための対日心理戦の第一弾が発射されたのである。

五月八日の第一回放送でザカリアス大佐は――ナチス・ドイツは敗北した。戦争が長びけば長びくほど日本国民の苦しみと損害はますます大きくなる。日本の陸海軍が無条件降伏を行うまではわれわれは攻撃をやめない。陸海軍の無条件降伏とは、いったい日本国民にとっていかなる意味を持つか。それは戦争の終結を意味する。戦争指導者たちの影響力の終焉を意味する。国民の受けている現在の苦悩がこれ以上長びかないことを意味する。日本国民を根絶やしにしたり、奴隷化することを意味するのではない――と放送し、その中でかつての知己、米内大将、野村大使、鈴木首相、高松宮・同妃殿下の名前を上げて、直接呼び掛け、勝利でなければ即破滅だという考えは間違っていると断言した。

こうして日本に対する戦争終結への最後の心理戦が始められたころ、日本自身の和平への考え方はどうなっていたのか。

日本政府は、ますます和平への仲介をソ連に頼む以外にないということに傾いていた。アメリカによる〝無条件降伏〟を日本に強制させないよう再考させる説得力のある中立国は、ソ連しかないという意見に、軍部も、外務省も政界も、宮中も一致していたのである。一方、こうしたソ連による和平を危惧して対米英直接和平を求めようとする模索が、スウェーデン、スイスで、秘かに胎動していた。一つは「バッゲ工作」であり、一つは「D機関（ダレス）工作」であった。（一九九〇・一・一掲載）

42 〝バッゲ工作〟〝小野寺工作〟もむなし

日本政府に和平の熱意なし、とスウェーデン政府の不満

「バッゲ工作」は、一九四四（昭和一九）年九月、朝日新聞の鈴木文史朗常務取締役が、軽井沢で旧知のバッゲ駐日スウェーデン公使を訪ね、スウェーデン政府の斡旋で英米に和平条件を打診できないかどうか個人的に依頼したことから始まった。

二〇年三月、バッゲ公使は、日本政府が希望するならば、

本国政府にその希望を伝えてもよいと伝えた。朝日の鈴木常務はこのことを重光外相に話し、スウェーデン政府の自発的提案として和平仲介の労を取ってもらうようバッゲ公使に依頼してはどうかと提言した。

重光外相は三月三一日、バッゲ公使と会談し、容認可能な和平案を案出するよう要請した。バッゲ公使は四月一二日に日本側は自らの発意ではなくスウェーデン政府の提案による対英交渉を望んでいると本国に打電し、翌一三日、帰国の途についた。

こうした日本側の和平打診の動きは、スウェーデン政府を通じて、英米側に伝えられていた。

シベリア経由で帰国したバッゲ公使は、五月一〇日、スウェーデン駐在の岡村季正公使を訪問、和平交渉に関し東京から何か電報が来ていないかを訊ね、自分に斡旋を依頼した重光外相が鈴木新内閣では東郷外相に変わったことでもあり、改めて新内閣の意向を確かめて欲しいと要請した。

初耳だった岡本公使は、東郷外相宛に問い合わせ、至急意向を知らせるように求めた。もちろんこうした外交電報は「マジック」によって米英側に解読されていたと見られる。

米英側は、スウェーデン政府からの打診もあり、日本の態度を見極めていたが、少なくとも日本政府の自発的な意思による提案でなければ受け入れないという強い態度を取った。スウェーデン政府に和平提案のイニシアティブを託し、条件が折り合えばという姿勢では相手にされなかったようである。

バッゲ公使は、岡本公使訪問後、朝日新聞特派員の衣奈多喜男記者とともに旧知の陸軍武官の小野寺信少将を訪ね、重光外相から頼まれた和平斡旋の経過を話し、帰国したところ日本公使に訓電もなく、日本政府には和平の熱意が感じられないと不満を洩らしている。当時小野寺武官はスウェーデン王室の仲介による和平工作を独自に進めているさなかであり、公使にはまだ打ち明けていなかった。外交電報が怪しいという疑いも強かった。

五月一六日、バッゲ公使は岡本公使を再訪し、東郷外相の意向を聞こうとしたが、訓令はまだ届いていなかった。この際、バッゲ公使は、スウェーデン政府のギュンター外相の伝言として、小野寺武官による和平工作について注意を喚起した。いったいどっちが本筋の交渉なのかを問うたのである。

全く初耳であり、かつ武官室とは疎遠であり、没交渉だった岡本公使は、本人に真偽を質すのではなく、いきなり東郷外相に小野寺工作は本筋の交渉の邪魔になり、かつ〝二重外交〟で極めて危険である、と報告で工作の中止を中央から措置するよう要請した。また、小野寺武官個人について〝功名心競争心強き策動家〟だと中傷している。

東京からの訓電は、五月一八日に到着したが、東郷外相はバッゲ公使との話は前内閣当時のことで、調べる必要もあり時間が掛かると、全く素っ気無いものであった。岡本公使は五月一三日にバッゲ公使を招きこのことを伝えた。バッゲ氏は、もう少し様子を見守る他ないと答えたが、以来東京からは何の指示もなく、いわゆる〝バッゲ工作〟は立ち消えとなった。

出先公使と武官の非協調を暴露

岡本公使が陸軍武官の策動だと非難した〝小野寺工作〟とは、同少将がかねてから英王室と関係の深いスウェーデン国王グスターフ五世陛下の仲介で、天皇陛下とイギリス皇帝陛下との和議の途が開けないかと秘かに考えていたことに始まる。

これは当初一人だけの願望であり、終戦構想であったが、一九四四（昭和一九）年末には、陸軍武官室の情報グループ——三井船舶社員本間次郎、アメリカスタンダード・オイル・スウェーデン総代理店エリクソン支配人、国王の甥プリンス・カール・ジュニア等各氏の間で、日本皇室に対しイギリス王室から終戦を働き掛ける斡旋を、プリンス・カール・ジュニアから国王陛下にお願いしていただくことはどうか、という話が出て、二〇年三月ごろには小野寺武官に伝えられていた。

当時小野寺武官は、ドイツがなお戦い続けている状況でもあり不賛成だと答えたものの、ドイツ全面降伏後の五月九日、プリンス・カール・ジュニアとエリクソン支配人の説得に対し、初めてもし国王陛下が自発的に天皇陛下と英皇帝陛下との間の和平を斡旋して下さるのなら、必ず東京に伝え、取り次ぎの役を引き受けると答えた。そしてその際、ソ連が四〇万の軍隊を満州国境に移動させており、対日参戦の意図が明らかなこと。米軍による日本本土爆撃の被害は想像以上に甚大であり、日本の勝利はもはや不可能である。最善の途は、文化遺産と都市のこれ以上の破壊を防ぐことだという所見を述べたと言われる。

小野寺機関は、すでにヤルタ密約、特にソ連が対独戦終了後三ヵ月で対日参戦するという内容を、亡命ポーランド将校シハール・リビコフスキーのルートから入手し、いち早く大本営に報告しており、ソ連の参戦以前に英米との和平を実現することの急務を、切実に感じていた。

　この和平構想は、エリクソンからプリンス・カール・ジュニアの父殿下にローヴェンヒェルム秘書を通じて伝えられ、殿下からは政府と国王の長子ベルナドッテ伯に相談してみようとの回答があった。

　その後、ローヴェンヒェルム秘書からエリクソンに、国王がこの問題に個人的関心を持っておられるので、何らかの手が打たれるだろうという話があり、エリクソンはこのことを五月一六日に、小野寺夫人に伝えている。

　バッゲ公使がこの五月一六日に、岡本公使に小野寺武官の工作について注意を喚起したことは、すでに見た通りである。東郷外相はこの小野寺武官の工作を梅津参謀総長に伝え、出先軍人の和平工作をやめさせるよう要請。六月に入ると参謀次長名で武官宛に、スウェーデンを舞台に軍武官が和平工作をしているという情報がある。デマとは思うがあれば報告せよと訓令し、その活動を抑えた。

　しかし、小野寺武官は七月初旬にベルナルドッテ伯と会見し天皇が降伏後も皇位を保持されることができるよう要請。さらにベルナドッテ伯の父カール・シニア殿下と会見できるよう依頼している。

　これに対し、王室からは何の反応もなかった。日本政府が自ら行う和平の仲介をするならいざしらず、敗北に瀕しながら和平について公使と武官の意見が分裂しているような状況で、スウェーデン政府がまともに取り上げるはずもなかったのである。小野寺武官は後に、ポツダム宣言受諾の報を受けると、プリンス・カール・ジュニアに皇室の存続について最後の依頼を行い、八月一三日、参謀次長・陸軍次官宛に「瑞典国王ノ近親者タル王族ニ面接シ、天皇ノ尊厳並ニ我国体存続ノ世界平和ニ絶対必要ナル所以及国民ノ総決意ヲ率直ニ説明且力説シ以テ瑞典王室ヲ通ズル裏面工作ノ端緒ヲ開ケ置ケリ」と報告した。

　こうしてスウェーデンにおける直接和平の機会は、出先公使と陸軍武官との非協調によって完全に潰れたが、他方、スイスにおいては、最後の対米直接和平交渉が、海軍武官補佐官藤村中佐等によって進められていた。（一九九〇・二・一掲載）

第４章　原爆の開発・実験・投下をめぐる謀略

1　最高機密「原爆が作れる」と伝えたスティーヴンスン

原爆──理論的段階から軍事的段階へ

第二次世界大戦における最大の歴史的所産ともいうべき原子爆弾と、それを広島・長崎に投下した戦略爆撃機「B29」に関する情報と謀略について触れるのが本項の主題である。

原子爆弾の開発は「エニグマ」解読とともに、第二次大戦を通じての最大の機密であり、謀略の所産でもあった。「イントレピッド」(暗号名)ウイリアム・スティーヴンスンのBSC(イギリス安全保障調整局)文書は、「最大の諜報活動は最初の原子爆弾をだれが支配するかの闘いだった」と述べている。

一九三〇年代から四〇年代にかけて、原子核の研究が理論的な段階から軍事技術的段階に移ったことを、いかにすばやく認識し、資材と科学者をいかに自ら確保するか。また敵の認識をいかに遅らせ、狂わせて資材と科学者の確保を妨害するかに、情報と謀略の限りを尽くしたのである。

原爆の理論となる原子核物理学の研究は、一九三九(昭和一四)年当時、転換期にあった。研究の中心地はドイツであり、各国の研究者が、ゲッチンゲン、ベルリン、ミュンヘンの各大学に集まった。爆弾を作れるチャンスのいちばん多い国はドイツだと見られていた。必要条件を備えており、必要な技術と富を集中できるのは独裁者ヒトラーの支配する全体主義国家ナチス・ドイツだと考えられていたのである。一方、反ナチのユダヤ人科学者の国際協力は、アインシュタイン博士やハイム・ワイツマンらを中心に進んでいた。ワイツマンはシオニズム運動の指導者であり、イスラエルの化学者としてヨーロッパ人の核科学者のサークルを往来し、核研究の進展状況をスティーヴンスンに知らせていた。

原爆の製造が可能だと見なした最初の科学者は、ハンガリー人の物理学者レオ・シラードだとされている。一九三五(昭和一〇)年亡命者としてロンドンにいたシラードは、アインシュタインが示した原子核の中の厖大なエネルギーの所在とH・G・ウェルズの『解放された世界』が描いた一つの都市全体を消し去る強力な爆弾の予言に取りつかれ、原子爆弾の理論を構想した。彼は「連鎖反応」をまとめて起こせば突然巨大なエネルギーが放出されると考え、それが可能な元素としてベリリウムを想定した。また連鎖反応を起こす放射性元素の最低限度「臨界質量」を理論づけた。

シラードはこの着想を特許として残しておこうと考え、イギリス陸海軍に特許の提供を申し入れ、一九三六（昭和一一）年二月、二つのイギリス特許を所有することになった。いずれも「最高機密」に指定されたが、三年後にその基本着想は、実験によって確認された。

一九三八（昭和一三）年一二月、ベルリン大学のカイザー・ウィルヘルム化学研究所で物理学者オットー・ハーンとフリッツ・シュトラスマンが放射性ウランの原子核に中性子をぶつけると核分裂が起こることを発見した。数週間後、パリではキューリー夫人の女婿で、レジスタンスの英雄となるジョリオ・キューリーが、ウランの原子核は分裂するとき一個以上の中性子を放出することを証明した。「連鎖反応」は実際に可能だったのである。彼らの発見は、制御された形で連鎖反応が起こせるという可能性と、巨大なエネルギーの放出という両面を含んでいた。

この新発見は科学界に広く伝えられた。デンマークのノーベル賞物理学者ニールス・ボーアは、一九三九年の初め渡米してこのことをアメリカの科学者に伝えた。そのなかには、イタリアからの亡命物理学者エンリコ・フェルミとイギリスから来たレオ・シラードもいた。

シラードはアメリカ政府にも原爆の原理を説明し、ドイツに先んじて原爆を作るよう説得し続けた。シラードはフェルミと組んでコロンビア大学でジョリオ・キューリーの中性子実験を再確認することに成功し（一九三九年三月）アメリカの陸海軍に説いたが、軍人たちはまだ無関心であった。

シラードがアインシュタイン博士に働きかけ、ルーズベルト大統領に手紙を送り、それが「マンハッタン計画」の始まりとなり、やがて広島・長崎の悲劇につながったことはあまりにも有名な話だ。

一九三九（昭和一四）年八月二日付の書簡で博士は大統領に――E・フェルミとL・シラードの実験の結果、ウラン元素が今後重要なエネルギー源に転換できることが予想されている。すでにナチスドイツはチェコスロバキアの鉱山で採れるウラン鉱石の売却を停止した。これはドイツ自身も原爆製造に向かって努力している不吉な兆候である――と警告した。手紙は大統領の個人的友人で経済人のアレキサンダー・サックスによって、一〇月一一日に手渡された。大統領はこれに応じて、原爆製造の見通しを検討する

「ウラン委員会」を設置した。

すでにイギリス政府は、ジョリオ・キューリーの実験結果を知った数日以内に、全世界のウラニウムの在庫にドイツが接近できないようにするというヘンリー・ティザート科学顧問たちの提案を承認していた。またスティーヴンスン情報によって、ノルウェーのノルスク・ハイドロ重水工場に関心を集中していた。

ドイツ、ノルウェーの重水工場を押さえる

重水は原子核分裂を抑制する減速材となるもので、一九三九（昭和一四）年当初ドイツ陸軍の見積もりでは実用原子炉の減速用には五トンの重水が必要とされていた。当時世界で唯一の重水生産工場がノルスク・ハイドロであり、豊富な水力発電を利用して重水を生産していた。ただその生産量は月産一〇キログラムという少量であった。一九三九年一一月、ドイツの化学企業連合I・G・ファルベンは、このノルスク・ハイドロ工場の生産を一〇倍に拡大し、独占的購入権を持つとの条件で秘密裡に投資を始めた。半年後の四〇年五月、ドイツのデンマーク、ノルウェー侵攻によって、コペンハーゲンのニールス・ボーア博士と、ノルスク・ハイドロ工場は、ドイツ軍の制圧下に置かれた。

スティーヴンスンはドイツのノルウェー占領の直前、一九四〇（昭和一五）年一〜二月にノルスク・ハイドロを偵察し、友好的なレイフ・トロンスター教授らに脱出を勧告した。しかし、トロンスターは踏みとどまって情報工作に参加することを希望する。彼は重水工場の設計をよく知っている三六歳の化学者であった。

同年三月、スティーヴンスンは原子爆弾を作ることができるという最高機密をチャーチル首相に報告した。彼が首相の密命を受けて、ルーズベルト大統領との連絡のため、暗号名「イントレピッド」としてワシントンに派遣されたのは、その直後（四月）のことである。（一九九〇・六・一掲載）

2　米英合作の原爆開発に潜入したソ連スパイ

一歩先んじたイギリスの原爆研究

一九四〇（昭和一五）年五月、ドイツ軍はベルギー、オランダ、ルクセンブルクを席捲してフランスに侵入した。ジョリオ・キューリーは入手していた重水をドイツに渡さないため、二人の助手によってイギリスへ運ばせた。イギリス政府はまた、ベルギー領コンゴの高品質のウラン鉱石を独占するための手を打った。こうして連鎖反応に必要な材料は一応確保された。

しかし、天然ウランをどうすれば連鎖反応が起こるかは、依然として未知であった。同年の春、アメリカのコロンビア大学の研究グループが核分裂を起こすのは、ウランの同位元素のうちU２３５であることを実験により確認した。ただどれだけのU２３５があれば爆弾を作れるのか、全く見当がつかなかった。

この問題を解決したのが、ドイツ人の亡命物理学者オットー・フリッシュとルドルフ・パイエルスであった。彼らは開戦当時イギリスで研究していたが、帰国せずに亡命して研究を続け「フリッシュ＝パイエルス・メモランダム」として歴史に名を残すことになるわずか三頁の報告書のなかで、天然ウランの量を増やすのではなく、天然ウラン（三つの同位元素として存在する。大部分がU２３８、U２３５は一％以下しか存在しない）からU２３５を抽出することを提案した。二人の計算によると、五キログラムのU２３５の核分裂で、ダイナマイト数千トン分に当たるエネルギーが放出されることが明らかとなり、「臨界量」が知られるようになった。

この報告書によってイギリス政府は、始めて原爆計画の実現可能性を理解し、これに「モード委員会」という暗号名を付け、資金を出すことにした。一九四〇（昭和一五）年四月のことである。四〇年末までには、ウランからU２３５を分離することの理論的可能性が確認された。

とはいえ、一九四〇年夏のイギリスはドイツ空軍の猛爆下にあり、原爆研究をそのまま続けられる環境ではなかった。チャーチル首相は計画をアメリカに知らせ、ルーズベルト大統領に共同開発の可能性を打診した。また「イントレピッド」スティーヴンスンの提言に従い、四〇年八月、サー・ヘンリー・ティザート（空軍参謀総長の科学顧問）に託して、対イギリス援助を引き出すための資料として極秘の科学技術情報をワシントンに送った。

すでにルーズベルト大統領には、一九四〇年三月、アインシュタイン博士の二度目の手紙が届けられていた。手紙はザックス宛で、開戦以来ドイツでウランへの関心が高まり、厳重な秘密のうちに研究が進められていること。フェルミとジラードの黒鉛制御原子炉の公表を抑えるため、何らかの手を打つ必要があること。それらはアメリカ政府の全体的な政策如何にかかわっているというもので、この結果、アメリカ政府は一九四〇年夏以降、ウランと連鎖反応にかかわる研究資料を非公開とし、機密事項とした。また大統領は「ウラン諮問委員会」を「国防調査委員会」(NDRC)のもとに置き、バネヴァ・ブッシュ(カーネギー研究所理事長)を委員長とした。

しかし、アメリカでの原爆計画が本格化するのは、さらに先のことであり、日本の真珠湾攻撃の直前(一九四一(昭和一六)年一二月六日)であった。それは当時アメリカでの研究よりも一歩先んじていたイギリスの科学者たちの知識と、イギリス政府の懸命の働きかけによるものであった。

一九四一年七月、イギリスのモード委員会は、ウラン爆弾が開発可能であると報告。これはアメリカに伝達された。九月には、モード委員会を解体し、「円管合金」(チューブ・アロイズ)という暗号名の計画が発足した。一〇月にはアメリカが原爆研究の米英合作をイギリスに提案。一一月にはウラン諮問委員会をNDRC(国防調査委員会)から独立させOSRD(科学研究開発庁)の直属とした。ブッシュ委員長はルーズベルト大統領の科学最高顧問でもあった。一二月、太平洋戦争が勃発した月には、米シカゴ大学のコンプトン博士がプルトニウムの研究計画を開始。またそれまでの動力源としての原子力研究から爆弾開発に焦点がしぼられることになった。

ソ連の核開発を数年早めたフックス

こうしてアメリカとイギリスが協力して原爆開発に成功する一つの理由として、亡命科学者を中心とする世界的水準の科学者を結集するとともに、いまだ無名の若い優秀な研究者を参加させ、その能力を集中させたことが挙げられている。しかし、そうした中には、共産主義者としての思想信条から、厳重な保安措置の目をくぐって、ソ連のために原爆の機密を洩らしたスパイも潜入していた。エミール・ヨセフ・クラウス・フックスはその典型的な人物であった。

ソ連は大戦終結四年目の一九四九年八月に最初の核爆発を行い、世界に衝撃を与えることになるが、それは米英両国が予想していた時期より極めて早かった。これを契機に、核開発における機密保全の再検討、共産主義者の浸透に対する脅威感がにわかに拡大することになった。

極秘調査の結果、アメリカにいたイギリス原子力使節団からソ連に情報が流れたと推定された。共産主義者だったフックスがマークされ、イギリスで厳重な監視下に置かれることになる。

一九五〇(昭和二五)年にフックスは逮捕され、裁判にかけられ、国家機密法違反で一四年の禁固刑を宣告された。模範囚として五九年に釈放されるが、イギリス市民権を剝奪されたため、東独に帰国し、ドレスデンの核物理学研究所の副所長に迎えられた。彼は東独科学アカデミー会員と共産党中央委員に選ばれ、祖国功労勲章とカール・マルクス勲章を授与されている。一九七九（昭和五四）年に引退、一九八八（昭和六三）年一月二八日七五歳で死去した。このフックスによる原爆スパイ活動は、ソ連の核開発を少なくとも二年、恐らく数年間は早めたとされている。

フックスは一九一一（大正二）年にフランクフルト近郊リュッセルハイムでルーテル教会の牧師エミル・フックスの三番目の息子として生まれた。兄と姉、そして妹がいた。

一九一八（大正七）年第一次大戦でのドイツの敗北、君主制の転覆、共和制の成立、戦後の政治的激動、超インフレ経済の中に少年時代を送り、ライプチヒ大学で数学と物理学を学んだ。キール大学に転じてからは、SPD（社会民主党）と共産党員を含む学生組織の議長となって、ナチスの学生組織に対抗した。一九三二（昭和七）年の大統領選挙でヒンデンブルグ元帥を支援するSPDから離れ、エルンスト・テールマンを支持する共産党の路線に賛成した。同年、ナチズムと闘うには共産党の規律が必要だとして共産党に入党している。

一九三三（昭和八）年一月、ヒトラーが首相に就任、非常権限を行使して共産党の会合を禁止した。突撃隊は街頭の暴力行動をエスカレートさせた。キール大学でも突撃隊が共産党員を襲い続けた。二月二七日、国会議事堂放火事件が起こった直後、ベルリンでの党会議に出席していたフックスは、上級機関員から国外に出て勉学を完成すべきだと指示された。

フックスはキール大学には戻らず、フランスを経てイギリスに向かった。二一歳の時である。彼はイギリスサマーセット州クラプトンのロナルド、ジェシー・ガン夫妻の招待という形でイギリスに渡る。夫妻は共産党のシンパであった。（一九九〇・七・一掲載）

3　原爆研究の中枢に滲透したフックス、GRUに情報を流す

フックスの人生を変えた一通の手紙

一九三三（昭和八）年九月、ドーバー海峡を渡ったクラウス・フックスは、ロナルド、ジェシー・ガン夫妻の紹介でブリストル大学の新任物理学部長ネビル・モット教授の

研究助手となった。モットはイギリスで最年少二八歳の教授だったが強力な共産党シンパであった。

ブリストルでフックスは、スペイン内乱の共和派亡命者を援助するための委員会設置の活動に参加した。それは共産主義者の組織であった。フックスは、勤勉、有能、非常に生まじめな青年と見られていたが、ほとんど何も喋らず、笑いもしなかったという。

フックスはベルリンで会ったユルゲン・クチンスキーという人物を通じて、ドイツ共産党との接触をもっていた。クチンスキーは、赤軍の海外情報組織GRU（参謀本部情報総局）の要員で、一九三六（昭和一一）年にイギリスに渡り、亡命ドイツ人団体の中に共産主義者の組織を作った。彼の妹ルート・クチンスキーは、暗号名「ソニア」と呼ばれ、別名ヴェルナー、あるいはシュルツ、またの名をウルスラ＝マリア・ハンバーガーといい、スイスでラドーの組織と接触し、無線機でモスクワ本部と通信した工作員であった。彼女がアラン・フートの協力者としての適否を判別し、後にスイスにおける無線通信の一切を託したのである。彼女はフートにスイスでの通信組織を引き継いだ後、フートの同僚のイギリス人「ジャック」ことレン・ブリュアと結婚してイギリス籍を取得し、ロンドンに住み、戦中・戦後をソ連機関のために働いている。（第1章37参照）

「ソニア」はフックスと接触し、原爆の秘密をソ連に流すことにも一役買うことになる。彼女は戦後の一九四七（昭和二二）年八月アラン・フートがソ連側から脱出して突然イギリスに帰ったことに衝撃を受け、夫とともに東独へ脱出する。「ソニア」とレン・ブリュア夫妻は東独のメクレンブルクで幸運な隠退生活を送った。彼女は二つの赤旗勲章と反ファシスト敢闘者章を受け、赤軍大佐の称号を与えられた。一九七七年『ソニアの関係者たち』という回想記を出版し、ベストセラーになった。いずれも戦後のことである。

ブリストル大学での四年間で、フックスは博士号を取得した。モット教授は、フックスをエジンバラ大学の高名なドイツ人物理学者マックス・ボルン教授に推薦した。ボルン教授はこれを受け入れ、フックスはブリストル大学からスコットランドのエジンバラ大学に移ることになる。

一九三九（昭和一四）年八月、フックスはイギリスの市民権を申請した。しかし翌月には戦争が起き、ドイツ人の彼は敵性国人として収容され、一九四〇（昭和一五）年の六月、カナダに送られることになる。電撃戦でフランスを席捲してイギリス対岸に敵軍が迫っている状況下で、亡命者を装ったナチス第五列（スパイ、内通者）の潜入を警戒して、敵性国人全員の抑留が行われたのである。

抑留者はケベック市郊外のキャンプに集められ、囚人扱いであった。この収容所内ではフックスは共産主義者に戻り、共産主義者グループの毎週定例の討論に加わっている。

エジンバラのマックス・ボルン教授は、突然抑留されて姿を消した助手のために、釈放運動をしてくれた。その効あってか、六ヵ月後にフックスは二八七人の抑留者とともに釈放されて、イギリスに送り返され大学に戻って研究を続けることになった。こうしたなかで、一九四一（昭和一六）年の春、バーミンガム大学の数理物理学教授ルドルフ・パイエルスからフックス宛に一通の手紙が送られてきた。この手紙がフックスの人生を変えることになる。

フックスの情報で生まれた原子力研究所

パイエルス教授は、ウラン核分裂を利用する爆弾の可能性をオットー・フリッシュ教授とともに発見した当人であり、二人のメモランダムはイギリス政府に送られ、一九四〇（昭和一五）年四月モード委員会が設置され、原爆開発の可能性を、さらに研究することとなった。パイエルスの手紙は、フックスに助手として協力して欲しいと要請するものであった。

フックスの採用についてパイエルスは、所管の航空機生産者に問い合わせ、同省はＭＩ５（国内防諜組織）に照会している。フックスについては、一九三四（昭和九）年ブリストルのドイツ領事から共産主義者であるとする報告。またドイツ人亡命社会からの通報で、共産主義者であることは周知の事実だとするものがあった。しかし、なぜか当局者は採用を許可し、パイエルスの手紙となったのである。

フックスは申し出を受けて、一九四一年五月、列車でバーミンガムに向かった。パイエルスはフックスを同居させ、前にオットー・フリッシュがいた部屋を提供して優遇した。

モード委員会の活動は急進展しつつあった。一九四一年七月、委員会議長サー・ジョージ・トンプソンは内閣の科学諮問委員会に報告書を送り、現在までの研究を基礎にすれば、戦争終結前にウラン分裂爆弾を製造できると言明。その結果「チューブ・アロイズ」（円管合金）という暗号名の原爆計画が認められ、モード委員会は解散した（九月）。「チューブ・アロイズ」計画はアメリカに伝達され、アメリカにおける原爆製造の「マンハッタン計画」に発展するのである。

パイエルスとフックスは二つの課題に取り組んでいた。

一つは核分裂反応の理論計算で、特に原爆一個の「臨界量」、どれだけの量のウラン２３５が必要かを明らかにすることだった。第二は、ウラン２３５をどうやって分離するかの研究であった。フックスは優れた数学者であり、パイエルスの期待に十分に応えることができた。

フックスはここで、自分の参加している計画が軍事的に極めて重要な可能性を持つことを知り、初めて行動に出ようとした。後に彼は自供書の中で「どんな研究なのか初めは知らずに研究を始めました。もし予め研究の性格を知っていれば、私のその後の行動に何らかの差異があったかどうかとなると疑問です。研究の目的を知ってソ連に通報する決意をし、他の共産党員を通じて接触方法を確保しました」と述べている。

一九四一年秋から冬にかけてアメリカにおける原爆開発がようやく緒に付き始めた直後、フックスはロンドンに旧知のユルゲン・クチンスキーを訪れ、ソ連に価値のある情報をもっていると話した。クチンスキーは、中継者を見付けると答え、再会を約し、「アレクサンドル」と名乗る人物を手配し、引き続き情報を求めることとした。「アレクサンドル」は本名をシモン・ダビッドビッチ・クレメルといい、駐英ソ連大使館の軍事アタッシェで、ＧＲＵ（赤軍参謀本部情報総局）の要員であった。フックスは核分裂とウラン拡散法の計算に関する自分の報告をタイプし、コピーして、クレメルとの最初の会合に出掛けた。

このフックスからの原爆開発の最初の情報によりソ連ではＮＫＶＤ（内務人民委員部）の提案によって物理学者イーゴリ・クルチャトフ博士による原子力研究所が設立されることになる。このことについては半世紀たった一九九〇年四月二二日付ソ連共産党機関紙「プラウダ」がＫＧＢ（国家保安委員会）第一総局のレオニード・シェバルシン総局長の発言として明らかにしている。フックスの師であり、イギリスにおける原爆開発の第一人者であったルドルフ・パイエルスは、戦後、核科学者協会の会長を務めていたが、一九九五年九月二三日に死亡している。（一九九〇・八・一掲載）

4　「ドイツに原爆を作らせるな」

重水工場破壊に特殊部隊動く

ドイツに先に原爆を作らせないための秘密の戦いが続い

た。一九四〇（昭和一五）年春、デンマークとノルウェーがドイツ軍に占領されることによって、原爆製造の鍵を握るとされていた世界最高の原子科学者ニールス・ボーア博士とノルスク・ハイドロ（重水生産工場）がドイツ軍の支配下に置かれてしまった。

ボーア博士は占領下のコペンハーゲンで、核分裂の理論を公然と論じ、はるかに見守るイギリス情報機関をはらはらさせていた。ドイツ側の物理学者が核分裂によって厖大なエネルギーが放出されることや、それを破壊目的に利用できることを聞いており、ボーア自身が意識せずにナチスを助ける危険が少なくなかった。

ロンドンの統合情報委員会（ＪＩＣ）は、ノルスク・ハイドロ工場の確保によるドイツ側原爆研究の進展と、ボーア博士による原爆情報の漏洩の危険性という二つの危機に直面することになった。ＢＳＣ（イギリス安全保障調整局）のスティーヴンスン（「イントレピッド」）は、ＭＩ６とＳＯＥ（特殊作戦執行部）の首脳部とともに、この危機を打開し、ドイツの原爆開発を阻止する計画を練った。

ストックホルムでは、ＭＩ６とＳＯＥが、ノルスク・ハイドロとボーア博士の情報を収集していた。デンマークの地下組織の軍事情報担当のスヴェン・トルエルセンがＳＯＥとボーアの連絡を仲介していた。報告はスティーヴンスンに送られた。彼はＳＯＥのガビンズ准将に依頼して、カナダのキャンプＸで秘密工作員による破壊活動訓練を進めていた。

ＭＩ６のノルウェー担当課長エリック・ウェルシュ中佐は、ノルスク・ハイドロについてよく知っていた。それはノルウェー南部のハルダンゲル高原の下の小さな町リューカンにあるヴェルモクの工場であった。ＭＩ６はヴェルモクの重水工場の建設に参加した化学者レイフ・トロンスター教授に協力を依頼した。彼は亡命ノルウェー政府秘密情報部のチーフであり、ドイツ軍侵入以前からスティーヴンスンとも面識があった。

ノルウェーの船主の息子オッド・スタルヘイムはドイツ軍侵入で脱出、スコットランドで工作員として訓練されて帰国し、暗号名「チーズ」となった。彼はドイツが海軍基地として使っていたクリスチャンサンから六〇マイル離れたフレッケフィヨルド近くの農家に無線機を設置し、ノルスク・ハイドロ周辺の警備状況並びにドイツ海軍の動きを送信していた。一九四一（昭和一六）年五月には、通商破壊のため大西洋に出撃するドイツ戦艦ビスマルクと重巡プリンツ・オイゲンの所在を通報している。このため無線探知されて包囲されたが、辛くも逃れ、陸路スウェーデンに脱出、報告のためロンドンに戻った。

ロンドンで彼は、ノルスク・ハイドロの技師一名を伴って来るよう求められる。落下傘で降下したスタルヘイムは、工場に最も詳しい技師エイナル・スキンナルラントと接触、同行して氷河を下り、沿岸蒸気船を奪ってスコットランドのアバディーン港に入った。

スキンナルラントは工場の詳細を報告した後、情報・破壊工作に関する一一日間の速成教育を受けて落下傘降下で再びノルウェーに帰り、リューカンに戻った。工場から姿を消して三週間たっていたが、病気だったという釈明が受け入れられ、もとの職場に戻れた。彼の任務は、破壊工作の準備を整えることであった。ＳＯＥ（英、特殊作戦執行部）のノルウェー担当課長ジョン・スキナー・ウィルスン大佐はこれはわれわれの最も敏速な再出動所要時間であり、重大な訓練だったと、後に述懐している。

スキンナルラントはリューカンを見下す高地ハルダンゲル高原に作戦基地の設定を進めるとともに、ヴェルモク重水工場のヨマール・ブルン技師長と連絡して、生産状況を聞いた。ブルンはドイツ軍の命令で生産増強が進められていると伝えた。このことは暗号化され、秘密インクで書いた手紙によって、ストックホルム経由でロンドンに報告された。無線による交信は、すでに極めて危険であった。

第一回は完全失敗そして第二回目は

ブルンの協力で重水工場の写真と配置図を入手したスキンナルラントは、マイクロ写真にして歯磨のチューブに隠し、ストックホルムに持ち出し、ロンドンへ送った。ＭＩ６はこれを検討し、統合情報委員会に働き掛け、緊急にヴェルモク工場を破壊すべきだと意見具申した。その結果、ＳＯＥが総員四〇名の特殊部隊を二組に分けて、グライダーでハルダンゲル高原に降下させ、先発隊の設営した拠点からリューカンのヴェルモク工場を急襲破壊するという大胆な「フレッシュマン」作戦が計画・発動されることになった。

一九四二（昭和一七）年一〇月一八日「フレッシュマン」作戦の先発隊の工作員が計画通りに降下した。ブルンはそれと入れ替わりに、リューカンからストックホルムに脱出し、モスキート戦闘爆撃機の爆弾倉に積み込まれてロンドンに運ばれた。彼は「フレッシュマン」作戦参加の本隊チームに、現地の厳しい天候・気象・地形・ドイツ軍の所在・歩哨の位置・ヴェルモク工場に接近する経路等について説明した。

一一月に入って「フレッシュマン」作戦本隊チーム三四人の特殊部隊員は、爆撃機に曳航された二機のホーサ・グライダーに分乗し、スコットランドの北東海岸ウイツク基地を出撃した。二四時間後、現地ドイツ軍当局は「イギリス爆撃機二機が破壊活動家を乗せたグライダーを曳航して昨日ノルウェー南部を飛行中、ドイツ空軍戦闘機に強制着陸させられた」と発表した。しかし、実際は悪天候下でグライダー一機が曳綱の氷結切断で不時着し、一七人の乗員中八人が生き残ったが捕虜となり、負傷した四人はドイツの病院で血管に気泡を注射されて殺され、四人は訊問後銃殺された。もう一機のグライダーは、濃霧の中で曳航機が山腹に衝突して不時着し、一四人の生存者がすべて射殺されたのである。作戦は完全に失敗した。ドイツ軍は、ヒトラーの命令でこのイギリス陸軍の軍服を付けた空挺隊員を捕虜とは扱わずに殺し、その目標がノルスク・ハイドロであることを知り、工場周辺の防備を一層強化した。

「フレッシュマン」作戦が失敗した当時、先遣隊を含めて一九人の工作員が、最悪の冬を作戦地域にとどまっていた。彼らは「スワローズ」という暗号名を与えられ、次期作戦に参加することとされた。落胆していることは許されなかった。SOEのウィルスン大佐は「ガナーサイド」と呼ぶ二回目の作戦について提議し、スティーヴンスンはSOEのガビンズ准将とともに検討した。この作戦は、前回の失敗に懲りて慎重に計画された。

ノルウェーの地下軍隊の工作員が訓練されているカナダのトロント近郊のキャンプXでは、ノルウェー陸軍から選抜された多くの志願者たちが空挺訓練を受けており、〝リトル・ノルウェー〟と呼ばれていた。そこには、ブルンが提供したデータで、重水工場とその周辺の地形が大きな模型で作られており、それを使って選ばれた隊員が徹底的に訓練された。「ガナーサイド」作戦の目的は、ヴェルモク重水工場の心臓部であるステンレス製の一八個の濃縮装置を破壊することであった。「フレッシュマン」作戦の空挺部隊による強襲の失敗に対して、隠密裡の破壊工作に切り換えたのである。（一九九〇・九・一掲載）

5　重水輸送船を湖上で爆発沈没、原爆製造競争で連合国勝つ

一八個の濃縮装置に爆薬を仕掛け成功す

ハルダンゲル高原に取り残された「スワローズ」の状態は絶望的であった。「フレッシュマン」作戦の失敗後、彼らは山腹に身を隠し、食料も尽きて生死の関頭《かんとう》（分かれ目、瀬戸際）にあった。激しい風のため、空軍による補給品投下はできず、雪が深いため、行動は全く困難であった。しかし、彼らの協力がなければ「ガナーサイド」作戦は不可能であった。

一九四三（昭和一八）年二月一六日、作戦は開始された。クヌート・ハウケリーと五人の隊員は、落下傘降下し「スワローズ」を捜した。ブリザードに阻まれながら、二三日になって、ようやく凍傷にやられ弱わり果てていた四人の「スワローズ」と会合し、その隠れ洞窟から、リューカンの北側の山腹にある前進拠点の山小屋に、スキーで進出した。二月二六日の午後遅くであった。

ドイツ軍に気付かれずに重水工場に接近するには、山腹から谷を降り、半ば凍りついた激流を渡って、再び工場のある岩場まで五〇〇フィートを登る困難な道だけが残されていた。二七日の夕刻、六人の攻撃隊は、スキーで谷を降り始めた。谷底の流れを渡り、苦しい登りを続け、工場近くの岩棚にたどりついた。彼らはカナダでの訓練で、工場の隅々まで知っていた。

ハウケリーと一人の隊員が電解室に通じる吸い込み口トンネルを通って工場に入り、中からドアを閉じた。中にはノルウェー人の従業員が一人いたが捕虜にして、一八個の濃縮装置にすべて爆薬を仕掛け、捕虜を逃がしてからヒューズに点火、撤退した。午前一時であった。

再び谷底に降り、流れを渡り、反対の斜面を登り始めたときに爆発が起こった。低くにぶい小さな爆発音だったため、ハウケリーは失敗したのではないかと心配であった。ドイツ軍は空襲警報を鳴らしたが、一発も撃てなかった。「ガナーサイド」の攻撃隊員を発見できなかったのである。

前進拠点に引き上げた「ガナーサイド」隊員のうち五人は、イギリス陸軍の制服のまま、スキーで山や谷を越え、三五〇マイルを踏破してスウェーデン領に入り、脱出した。残りは現地にとどまって情報工作活動を続けた。

こうした秘密作戦に関連してスウェーデンの新聞は、ドイツが超破壊力を持つ秘密兵器を重水から作るのに希望をかけていると報じ、ロンドンの新聞が取り上げ、ニューヨークでも四月四日に「不気味な新兵器――ナチの重水」という見出しで報道され、イギリスとアメリカの担当者をはらはらさせた。

ドイツ側は工場の復旧に努め、一九四三（昭和一八）年末には、再び重水生産が可能となりそうであった。このため一一月一六日、米第八空軍が爆撃を行い、五〇〇ポンド爆弾七〇〇発以上を投下したが、重水工場自体は破壊できなかった。しかも地元ノルウェー人の犠牲が大きく、ノルウェー人の連合軍への反感が高まった。爆撃機の損失も少なくなかった。ただし、工場の電力系統が大打撃を受けたため、その後の生産回復が難しく、ドイツ側はヴェルモク工場の施設を解体してドイツに移すことを計画し始めた。

このドイツ側の移転計画は、一一月三〇日、SOE（イギリス特殊作戦執行部）の工作員として残置していたエイナル・スキンナルラントによって報告された。

一九四四（昭和一九）年に入るとドイツ側は、すでに生産された重水をまずドイツに移送することを考え、一月末には重水一四トンと生産過程の重水六一三キログラムをドイツに発送する準備を完了。これも直ちにロンドンに報告された。SOEは急拠、スキンナルラントと「ガナーサイド」のメンバーで現地に残ったクヌート・ハウケリーに、この積み荷を攻撃、破壊せよとの指令を発した。

原爆用重水の破壊は連合国最大の勝利

二月九日までに、二人はヴェルモク重水工場への再度の破壊作戦ではなく、重水を搬出ルートで破壊する計画を立て、ノルウェーの亡命政府の許可を求めた。民間人に死者が出ることは避けられないと見たからである。

ハウケリーは秘かに重水工場の技師長アルフ・ラーセンに会って相談した。ラーセンはブルンの後任であり、同志であった。ラーセンは、攻撃のチャンスがフェリーボートでチン湖を渡るとき以外にないこと。貨車に積まれた重水がフェリーでチンノセットに運ばれる途中で沈めれば、チン湖の水深は深いので引き揚げることはできないだろうと教え、二月二〇日の日曜日の朝のフェリーに間に合うよう重水を積み出す準備をすると約束した。ハウケリーは日曜日の朝のフェリー「ハイドロ号」に時限爆弾を仕掛けて、一〇時四五分に爆発・沈没させることとした。

二月一九日の午後一一時、ハウケリーは部下二名とともに岸壁の「ハイドロ号」に潜入し、船底に電気起爆装置のついたプラスチック爆薬を取り付け、午前四時に船を離れた。ハウケリーはラーセン技師長が処刑されないように、二人でリューカンを脱出、車とスキーを乗り継いで、スウェーデンに向かった。

二月二〇日、約六ヵ月間の生産量である五、〇〇〇ポンドの重水を積み込んだ二両の貨車がフェリーボートに積まれ、予定通り午前一〇時に出航した。一〇時四五分、仕掛けられた爆薬が大爆発して船底に穴をあけた。「ハイドロ号」は五分もたたないうちに沈没し、乗員・乗客二六名が溺死した。

ドイツの原爆研究用重水生産に対する開戦直後からの妨害工作は、こうして終わった。「イントレピッド」がドイツ軍侵攻の直前に現地を視察し、ノルウェーへの情報工作ルートを設定してから三年余の歳月が経っていた。この水没で、大戦中に原爆を製造しようとしたドイツの望みは完全に消えた。SOEの行った破壊工作で、連合国にとってこれほど大きな意義を持つものはなかったといわれている。この作戦が成功せず、ドイツの原爆が成功していたら、ロンドンの壊滅は必至だったというものもある。

こうしてドイツの本格的な原爆開発は物理的に不可能になったが、なお危険が去ったとは信じられなかった。重水炉での研究の過程で生ずる大量の放射性核分裂生成物質が、軍事的に利用され、特にノルマンディー上陸作戦に対して使われるのではないかと危惧されたのである。

マンハッタン計画のなかでは、放射能の人体に対する影響が研究され、人体実験をも含めて極秘に進められていた。これらの研究は、シカゴ冶金研究所、クリントン研究所などの「冶金プロジェクト」のなかで行われ、放射性物質による攻撃・防御作戦計画の基礎データとしてまとめられた。グローブス少将はその結果から、マーシャル参謀総長とアイゼンハワー連合国軍総司令官に覚書を送り、ドイツの放射性物質使用時への対処を進言した。一九四四年三月のことである。

すでにイギリス側は一九四四年初頭以来、ドイツの原爆も放射能戦の可能性もないと確言してきたが、連合軍は万一に備え、ノルマンディー上陸作戦に際して「ペパーミント作戦」を展開。ガイガー計数管とX線フィルムを秘かに準備した。しかし、放射能の妨害もなく上陸は成功、グローブス少将は「ホッとして安堵の胸をなでおろした」と述懐した。（一九九〇・一〇・一掲載）

6　名女優グレタ・ガルボの謎

頑固な反戦主義者　ボーア博士への脱出勧告と救出

ノルウェーでの重水工場破壊工作は、デンマークのコペンハーゲンで理論物理学研究を続けているニールス・ボーア博士に対するナチスの関心をそらせていた。しかし、博士の研究は、アメリカで進行中の原爆計画とよく似ており、もしドイツが原爆開発を進めようとするなら、博士の頭脳は極めて貴重であった。ルーズベルト大統領は博士の脱出と「マンハッタン計画」への参加をＢＳＣ（英・安全保障調整局）のスティーヴンスン（「イントレピッド」）に期待した。

しかし、ボーア博士は頑固な反戦主義者であり、自分の研究がドイツの役に立つとは信じておらず、アメリカの原爆計画に参加するとは思われなかった。博士の信念は、核物理学者がすべての秘密を共有すべきだとするもので、情報への自由な接近と交換を終生主張し続けた。

ＳＯＥと連絡を持つデンマークの工作員たちは、万一に備えて博士の実験室の下の下水道に爆薬を仕掛け、重水サイクロトロンを監視していた。

デンマークのレジスタンスで軍事情報責任者のスヴェン・トルエルセンは、ボーア博士とＳＯＥとの秘密通信を媒介していたが、一九四二（昭和一七）年の冬、リューカンの重水工場を「フレッシュマン」が強襲して失敗したさなか、イギリスの物理学者ジェイムズ・チャドウィック卿からの秘密メッセージを届けた。それはボーアがナチスに利用されないために、研究を中止するか、イギリスに脱出して研究を続けるかを選択するよう勧告したものであった。

ボーア博士の回答は、デンマークにとどまり、レジスタンスを支援し、亡命科学者を保護するのが自分の義務であると、研究の中止も脱出も拒否するものであった。ボーア博士はチャドウィック卿との秘密通信を続け、一九四三年の初めには、ドイツが原爆生産に必要な金属ウランと重水を大量に求めていると警告してきた。

ロンドンとニューヨークでは緊急会議が開かれ、一つにはドイツの原爆開発を妨害するため、失敗した「フレッシュマン」に代わる「ガナーサイド」作戦を推進すること。一つには、ボーア博士を脱出させる工作を進めることを検討した。ボーア博士がチャドウィック卿の勧告に従わなかったことについては、チャーチル首相をはじめ非難するものが少なくなかった。スティーヴンスンは、デンマークがナチスの組織的テロを抑えることは必至で、そうなった場合、脱出できるよう、秘かに博士救出の組織を作ることを提言した。

一九四三（昭和一八）年八月の第一次ケベック会談で、ルーズベルトとチャーチルは原爆開発に関して米英の協力を定めた秘密協定を結んだ（一九日）。この協定は①米英はお互いに対しては原爆を使用しない。②第三国への使用には同意を必要とする。③同意がない限り第三国に原子力情報を与えない等を骨子とするもので、これが米英間の原爆協力関係の基礎となった。

この同年八月にはドイツとデンマークの関係が険悪化しつつあった。デンマーク駐在特命全権大使SS中将ヴェルナー・ベスト博士は、クリスチャン国王に現地ナチ党指導者を国政に参加させるよう要求したが拒否された。もともとベストはSSの懐疑派の代表的人物であり、ヒムラーのユダヤ人追放政策に対しデンマーク国王と議会の協力が得られなくなると警告し、再三実施を引き延ばしていた。ベストはヒトラーの厳命で、国王を無力化し、ボーア博士の研究施設を接収する計画を進めるため、デンマーク警察にゲシュタポに協力するよう要求したが、これまた拒否されたため、ドイツ軍部隊で王宮を接収した。引き延ばされていたユダヤ人狩りも始まった。

クリスチャン国王はボーア博士に手紙を送り、もはやデンマークでの研究とユダヤ系科学者の保護は不可能になったとして脱出を勧め、スウェーデンのインゲボリ王女を通じて、グスターフ国王の介入を依頼するよう求めた。

ボーア博士はユダヤ人科学者ステファン・ローゼンターールを呼んで先に脱出するようにいい、ナチスの手に渡してはならない自分の論文とともに、クリスチャン国王の妹に当たるインゲボリ王女とグスターフ国王へのメッセージを託した。九月中旬、ローゼンタールはコペンハーゲンとスウェーデンの港ランドスクローナの間の狭いエーレスンド海峡を渡った。ボーア博士の逮捕令が出るのは時間の問題と見られた。

九月最後の週、ボーア博士は「イントレピッド」の準備した高速艇で、SOEの護衛とともにスウェーデンに上陸した。その夜のうちに、インゲボリ王女が迎えたが、王女はスウェーデンにおける「イントレピッド」の協力者の一人であった。

スウェーデンの愛国者グレタ・ガルボ

王女とともに忘れてはならないのは、ハリウッドの「女王」と呼ばれた美貌の名女優グレタ・ガルボの存在である。一九九〇（平成二）年四月一五日に八四歳で死去した彼女は、一九四一（昭和一六）年三六歳で突然銀幕を去り、謎に包まれた後半生を送ったとされている。スウェーデンのストックホルム生まれ、本名グレタ・ロビッサ・グスタフソン＝グルタ・ガルボの情報連絡活動は、極めて重要であった。「イントレピッド」は彼女を通じてストックホルムでのドイツ側スパイの調査を行い、ドイツ占領下のヨーロッパからの亡命者の脱出ルートを確保した。また中立国スウェーデンから重要軍需品を買い付けることもできた。スウェーデン王室内に親独感情があるという情報で、チャーチル首相が心配していたとき、それを否定して安心させたのも「イントレピッド」とガルボであった。

インゲボリ王女は、脱出したボーア博士をグスターフ国王に謁見させた。博士は国王にデンマークのユダヤ人を移送している船をスウェーデンに回航させるよう要請した。国王は、ノルウェーからのユダヤ人移送に対して提案したが侮蔑的に断られたと語り、なおヒトラーに個人的に訴えてみようと、心もとなげに答えた。王宮からの帰途、王女は博士に、ヒトラーに訴えるということは悪魔に訴えると同じことだと教えた。ナチスの占領下にありながらその現実を知らされず、特別待遇を受けていた博士の〝不明〟をやさしく指摘したのである。

スウェーデン国王は、デンマークからの脱出者に保護を与えることを放送した。スウェーデンの船舶は領海ぎりぎりのところで、逃亡してきたデンマーク系ユダヤ人を多数救出した。これはデンマークにおけるベストSS中将のユダヤ人狩りへのサボタージュとあいまって、多くの生命を救うこととなった。ベストはユダヤ人狩りの情報を、秘かにユダヤ人リーダーに流して、その逃亡を勧め、一〇月一〜二日の一斉捜索では、六、五〇〇人のユダヤ人のうち、逃げ遅れて脱出できなかった老人たち四七人を連行したにすぎず、ベルリンを激怒させた。（一九九〇・一一・一掲載）

7　〝原爆博士〟の理想主義とチャーチル

木製戦闘機の爆弾倉に吊るされてボーア博士は英へ脱出

スウェーデンに脱出したニールス・ボーア博士に対し「イントレピッド」は、イギリスへの脱出の意思があるかを訊ねた。博士は、行きたいが、一体どうやって行くのかと聞いた。

イギリスとスウェーデンの秘密連絡には、海路と空路があった。〝シェトランド・バス〟と呼ばれたのは、ノルスク・ハイドロ工場に対する破壊工作のため、シェトランド諸島とノルウェーのフィヨルドとの間を、ドイツ軍の封鎖線を突破する高速艇によるものであったが、それをさらにスウェーデン領海まで延長させるのは、あまりにも危険が多すぎた。

空路とは、特殊任務飛行中隊の〝月〟飛行と呼ばれるもので、非武装爆撃機の爆弾倉に入って高々度を飛ぶことであった。これも危険が大きく、特に中立国の飛行場を連合国のために使うことは、スウェーデンの中立を危うくする恐れがあった。使用機は、敵のレーダーをまごつかせる木製・高速のモスキート戦闘爆撃機で、全体を黒く塗装し、識別マークはなかった。

一九四三（昭和一八）年一〇月七日、ストックホルム郊外の簡易着陸場には、イギリスからの危険な飛行で、一人の女性工作員が、爆弾倉に吊るされて運ばれてきた。数日前に五八歳の誕生日を迎えたボーア博士は、彼女の代わりにヘルメットを被り酸素マスクを付けて爆弾倉に吊るされて出発した。機は高々度に急上昇し、パイロットがインタフォンで酸素を取るように話しかけた。しかし、何の返事もなく、酸素がマスクに流れずに、意識を失っているようだった。

このまま飛び続ければ、ボーア博士は確実に死ぬことになった。パイロットはドイツ機に狙われる危険を覚悟しながら高度を下げ、海面すれすれの低空飛行を続けた。味方識別圏に入ると、パイロットは緊急着陸を要請した。エジンバラ郊外の〝月〟飛行中隊基地では、ボーア博士を連合国の原爆計画に参加するよう説得するため「イントレピッド」が待機していた。

救護班が駆けよって博士は担架に降ろされた。危機一髪であった。SOEの医師は、脈は弱いが回復するといった。

「イントレピッド」は〝月〟飛行中隊の係官に、ボーア博士の息子アーゲ・ボーアを早く空輸してきて欲しいと要望した。アーゲ・ボーアは父の仕事をよく知っているからである。ボーアは幸いに数日で回復し、イギリスの原爆計画「チューブ・アロイズ」の本部にオフィスを与えられた。

「暴力に加担できない」と頑固な博士

ボーアはアメリカでの原爆計画に自分が必要とされていると告げられても、暴力には加担できないと拒否した。しかし暴力に抵抗しなければ、文明の一切が蹂躙される。文明を守るために、時に暴力の行使が必要だと説かれ、やむなく原爆研究に加わることを承諾した。

一九四三年の暮れに、ボーア博士は息子とともにニューヨークに赴いた。ニコラス・ベイカーとジム・ベイカーという暗号名の旅券をもって、ロスアラモスにあらわれ、科学者たちと情報交換した。

ボーア博士は原爆開発の進展を目の当たりにして、それが戦争を終結させることを理解したが、他方、全体主義に反対して戦った連合国が、戦後その社会・経済体制の違いから深刻な対立に至ることを危惧し、戦後世界における原子力研究のあり方について、マンハッタン計画の科学者たちとも話し合った。

一九四四（昭和一九）年五月一六日、チャーチル首相と会見したボーア博士は、戦後ソ連も原爆を持ち、核軍拡競争は避けられないだろう。それを避ける唯一の方法は、ソ連に原爆の秘密を知らせることだと説いた。チャーチルはボーア博士のこの理想主義的提案に業を煮やして、全くくだらない話だと拒否し、この男はソ連のスパイではないかと疑った。

同席したチャーチルの科学顧問チャーウェル卿は、この世界的な核物理学者に対するチャーチルの扱いぶりに困惑した。チャーチルにとってソ連はすでにドイツよりも大きな潜在的脅威であった。その敵に原爆の秘密を知らせるなど、もってのほかであった。戦後外交はルーズベルト大統領との話し合いで決められてゆくはずであり、いかに高名な科学者といえども、政治にかかわられるのは迷惑だと、明らさまにボーア提案を拒絶した。両者の間には全く共通の言葉がなかった。

ソ連に原爆秘密を与える気はない米英首脳

ボーア博士は、チャーチルとの会談の失敗にも懲りず、ルーズベルト大統領とも会談をして、原爆の国際管理のためのソ連との協定を説いた。今度は上手く行くかに見えた。ルーズベルトは一見誠意があり、原爆と世界平和の意味について一時間以上も話し合った。ソ連に知らせることについても、大統領は応ずる姿勢を示し、チャーチルとの次の会合で検討しようといった。しかし、ルーズベルトも最高機密の原爆計画をスターリンに教えるつもりは全くなかった。ボーア博士は騙されていたのである。

同年九月に開かれた第二次ケベック会談では、〝悪名〟高い（第3章9参照）モーゲンソー計画を中心とする戦後のドイツ処理政策が論議され、対日戦については本土上陸を含む最終目標が検討された。また、その終了後の九月一八日ハイドパークのアメリカ大統領私邸でルーズベルトとチャーチルが秘密会談を行い「ハイドパーク覚書」を作成した。それはソ連を排除する形で原爆の機密を保持し、対日戦に使用することを決定したもので、次の二項目から成立していた。

①原爆の管理・利用に関する国際協定のために、原爆情報を公開すべきだという提案は承認しない。原爆が使用可能になったときには日本に対して使用されるべきだ。②原爆の軍事・産業上の目的のための開発についての米英両政府間の協力は、日本降伏後も引き続き継続されるべきである。

ボーア博士の提案はイギリスとアメリカ両首脳によって無視され、会談の内容は機密事項となった。それどころか、博士はソ連に情報を漏らしかねない要注意人物として、マークされることとなった。

マンハッタン計画の総指揮者だったグローブス将軍は、原爆情報についての保安の責任者でもあったが、機密保持の目標が次の三点であったと回想している。①ドイツ人にわれわれの努力や科学・技術上の成功を知らせないこと。②原爆を使用する場合、完全な奇襲となるよう全力を上げること。③ソ連にわれわれの設計とプロセスの発見について知らせないこと。このため従業員の左翼傾向、社会主義者や共産主義者との人間関係、特に脅迫に対する性格の弱さに重点をおいたという。しかし、外国生まれの科学者の経歴は資料が乏しく、また数が限られていたため、選択する余裕がなく、多くの失敗を経験したと述懐している。そしてその最大のみじめな失敗はイギリスの科学者クラウス・フックスの反逆行為を見抜けなかったことである。（一九九〇・一二・一掲載）

8　ゾルゲを愛した「ソニヤ」がフックスから原爆情報を受け取る

暗号名もゾルゲから与えられた

イギリスとアメリカにおける極秘の原爆計画の重要性を知った亡命ドイツ人共産主義者クラウス・フックスが、ロンドンのソ連大使館に近いハイドパークのアジトで、GRU要員「アレクサンドル」ことシモン・ダビドビッチ・クレメルに初めて会い、その秘密情報を伝えたのは、一九四一（昭和一六）年晩秋のことであった。

その後、六カ月間に三回会い、その都度、タイプあるいは手書きのレポートのコピーを手渡した。クレメルはフックスに情報員としての守則を教えようとしたが、彼は自らをスパイであるとは認めず、秘密保持の要件を無視した。当時、英米ソの大同盟の結束は固く、同盟国を助けることに倫理的ためらいは少なかった。

一九四二（昭和一七）年の秋、クレメルは別の連絡者と交代することになった。ソ連大使館の軍事アタッシェ（駐在武官）が直接連絡するのは、危険極まりないことであった。「ソニア」と呼ばれる女性がクレメルに代わり、ロンドンではなくバーミンガム附近で会うことになった。

「ソニア」の本名は、ルート・クチンスキーであり、フックス旧知のユルゲン・クチンスキーの妹である。彼女はすでにスイスにおけるソ連スパイ網の責任者として活躍。アラン・フートを工作員として受け入れ、無線業務を引き継ぐと、フートの同僚「ジャック」ことレン・ブリュアと結婚してスイスを去ったが、このことはすでに見た通りである。（第1章37参照）

「ソニア」は一九〇七（明治四〇）年五月一五日、ユダヤ系ドイツ人の子として生まれた。父親は共産党員ではなかったが左翼経済学者ルネ・クチンスキーであり、母親は芸術家であった。彼女は六人の兄妹とともにベルリン郊外の別荘で育てられたという。一八歳で共産党に入党し、一九三〇（昭和五）年二三歳で最初の夫となる建築技師と結婚した。夫は上海に働き口を見付け、妻とともに中国に移住した。彼女はそこで現地共産党の地下活動に参加。当時中国に派遣されていたリヒャルト・ゾルゲと出会った。彼女はゾルゲを尊敬し、その指導のもと、中国人革命家との連絡、武器の隠匿、文書の作成など情報工作の基本を教えられたという。「ソニア」という暗号名もゾルゲによって与えられたという。一九三二（昭和七）年のある夜、ゾルゲは突然上海を去らねばならなくなったと電話で告げてきた。「その時私は彼に愛情を抱いているのを感じた」と彼女は後に述懐している。

ゾルゲが上海を去ってから「ソニア」は再訓練のためにモスクワに召喚される。一九三四（昭和九）年、シベリア経由でチェコスロバキアに行き、生後四歳の息子を主人の両親に預け、独りモスクワに向かった。夫はソ連スパイとして中国で捕らえられていた。

モスクワでは、暗号・モールス符号・通信機等の操作を学んだ後、満州、ポーランドと危険な状態での情報活動に参加。一九三七（昭和一二）年には赤旗勲章を受賞。一九三八（昭和一三）年には無線機を持つ情報組織のチーフとしてスイスに派遣される。ここで「ソニア」は「ジム」（アラン・フート）、「ジャック」（レン・ブリュア）を部下として、第二次大戦勃発に至る激動する時期をすごし、「ジム」に組織を受け継がせ、彼女は熱烈に自分を愛した「ジャック」

と一九四〇（昭和一五）年に結婚してイギリスのパスポートを取得し、イギリスに向かった。モスクワからの指令によるものであった。

フックスついに米本土に乗り込む

フックスと「ソニア」の接触は、バンバリー市内の公園の「恋人の道」と呼ばれる小道を散歩しながら、また人目に付きにくい片隅にある大きな木の根元に浅い穴を掘って文書を埋めるといった形で行われた。しかし、彼女自身にとっては、その内容が原子爆弾の秘密であるとは理解されず、ただ非常に重要な情報とだけ納得していたようである。入手したすべての文書は、ソ連大使館の軍事アタッシェ「アレクサンドル」（クレメル）を通じて、直ちにモスクワに送られていた。こうして一年半にわたってフックスは「ソニア」と定期的に会い、自ら書いた書類を渡していた。また口頭で情報の背景となる原爆製造計画の進展、英米間の科学協力などについて説明した。当時、原爆研究を進めるかどうか迷っていたソ連にとって、これは極めて重要な情報であった。

すでに一九四二（昭和一七）年の四月、モロトフ・ソ連外相はスターリンの指示に基づいて、化学工業相のミハイル・ペルブーヒンを外務省に呼び、ウラン爆弾に関する情報ファイルを手渡し、いかなる措置を取るか、科学者たちと協議するように要請した。このファイルにはフックスが最初にクレメルに渡した情報も入っており、さらに一九四一（昭和一六）年末にかけて送った情報もあったと見られている。

ソ連の科学者たちは、これによって英米における原爆製造計画の実際を初めて知り、ソ連においても研究開発を開始することを勧告した。一九四二（昭和一七）年末にソ連国防委員会は、イーゴリ・クルチャトフ（レニングラード研究所の核物理学部長）を責任者とする原爆研究所の設置を指令し、一九四三（昭和一八）年三月に研究を始めた。英米に遅れること約三年であった。

一九四二年、フックスは再びイギリス市民権を申請して今度は承認され、八月七日、イギリス王への忠誠を誓った。「チューブ・アロイス」本部（原爆研究のモード委員会が解体・発展した組織）の支持が、それを可能とした。しかも、そのころフックスはすでに定期的にソ連に原爆の秘密情報を流していたのである。

一九四三年八月、チャーチル首相はケベックでルーズベルト大統領と会談し、原爆製造に関する英米加の秘密協定に調印した。原爆はアメリカで製造し、イギリスはパートナーとして計画に協力するというものであった。イギリスの現状でこの大規模プロジェクトを実現することが困難であることを認め、アメリカに全面協力することとしたのである。

イギリスの科学者たちは、すでにウラン235の分離について多くの研究を行っており、アメリカでの開発に協力できるため、ニューヨークでのウラン拡散分離研究に加わることになった。パイエルスはニューヨーク行きを求められ、フックスも同行することとなった。フックスは拡散問題についてすぐれた論文を書いていたため、アメリカの研究チームにも知られていた。フックスのアメリカ行きは、早速「ソニア」に伝えられた。彼女はGRU（赤軍情報総局）に報告して、フックスをアメリカでの連絡員に引き継ぐ手配をした。アメリカでの連絡員は「レイモンド」と呼ばれる人物であった。

一九四三（昭和一八）年一一月末、イギリスの科学者一行は兵員輸送に改造された商船で出航、大西洋を横断して一二月三日にバージニア州のニューポートニューズに上陸、フックスたちは列車でニューヨークに向かった。

ニューヨークでのフックスたちの生活は快適であった。一五人の科学者グループはウォール街近くにイギリス政府が借りたオフィスで研究活動を続けた。ウラン拡散分離に関する理論研究は、コロンビア大学で行われ、テネシー州オークリッジに巨大なウラン分離工場を建設して、実用に移されようとしていた。建設を担当したのは、ケレックス・コーポレーションであり、フックスはここの顧問としてウラン拡散に関する一三の論文を次々に書いている。（一九九一・一・一掲載）

9　フックスが渡した原爆資料――ローゼンバーグ夫妻に感謝したスターリン

二度と同じ場所で待ち合わせなかった

一九四四（昭和一九）年二月、寒い土曜日の午後、フックスは「ソニア」の指示に従って、テニス・ボールを手にマンハッタンのイーストサイドの南部ヘンリーストリートをぶらついていた。相手の人物は、手袋をした手に手袋を持ち、緑色の本を手にした「レイモンド」であった。二人は合図を送り合って確認した後自己紹介した。この日は二〇分ほどで別れたが、二人は二度と同じ場所で待ち合わせなかった。

二回目の会合は、二週間後にレキシントン街で行われた。夕刻である。フックスは特に文書は手渡さなかったが、ウラン拡散計画やその原爆計画での重要性、同位元素分離の二つ方式、ガス拡散と電磁分離が進められていることを話した。「レイモンド」はフックスの話をよく記憶し、別れるとすぐメモして「ジョン」と呼ばれるリーダーに渡していた。「ジョン」はアナトーリ・ヤコブレフといい、在ニューヨーク・ソ連副領事であった。

三回目の会合は二週間後に行われた。マジソン街で歩きながら、書類の入った封筒を手渡し、次の待ち合わせを決めて別れた。四回目は、四月の雨模様の夕方、ブロンクスで会った。「レイモンド」はフックスをレストランに誘い、夕食を共にした。夕食後タクシーでマンハッタンに行き、バーで酒を飲んだ。

フックスは、ウラン拡散分離工場が、ジョージア州かアラバマ州に建設されていることを話した。「レイモンド」は二人の関係についてのカバー・ストーリーを示し合わせた。フックスは別れる前に封筒を手渡した。

「レイモンド」は本名をハリー・ゴールドといい、原子力スパイ事件で脚光を浴びる人物である。後に一九五〇年代の始め、ソ連スパイの罪で死刑を宣告されたローゼンバーグ夫妻事件でも、重要証人となっている。

フックスは一九四九年にソ連の原爆実験が成功した翌五〇年にソ連のスパイとしてイギリスで逮捕されるが、それを契機にアメリカでは共犯者捜しが始まり、同年ジュリアス・ローゼンバーグと妻エセルがソ連への機密漏洩で逮捕された。夫妻は戦時中ロスアラモスの原爆工場に勤務していたエセルの弟デヴィッド・グリーングラスの証言を根拠に、一九五一年四月、首謀並びに積極的協力者として死刑判決を受けた。ソ連はこの事件を政治的でっち上げとする助命運動を国際的に展開したが、一九五三年六月夫妻は処刑された。

夫妻が冤罪だったかどうか。三七年後の一九九〇(平成二)年九月二四日発売のアメリカの週刊ニュース雑誌タイムは、フルシチョフ元首相の録音テープによる回顧録の一部を掲載。そのなかでローゼンバーグ夫妻に対し当時スターリンが、ソ連の原爆開発を早める重要な手助けをしてくれたと称賛していたことを明らかにしている。フルシチョフはスターリンが温かい言葉で二人のことを語ったのを直接聞いたと回想している。

「祖国ソ連への支援は共産主義者の国際的使命」

一九四四年前半までに米英共同研究を進めていたイギリス側の科学者たちの大半が帰国した。しかし、パイエルスと助手のフックス、もう一人の助手トニースカームは残留した。彼らは、ケレックス・コーポレーションの顧問として残ることになった。残留に当たっては、外国生まれのフックスについて、ＭＩ５に身許照介が求められたが、ＭＩ５はフックスは政治活動に積極的でなく、何ら反対すべきものはないと報告した。

こうしたなかで、フックスは原爆研究の継続に情熱を燃やすとともに、同時にソ連にできる限りの助力を与えるという目標にも、知力を傾けていた。共産党員が祖国ソ連を支援することは、共産主義者の国際的使命であると信じていたのである。米英の共産党は、「今こそ第二戦線を！」のキャンペーンを続けていた。

フックスと「レイモンド」（ハリー・ゴールド）との五回目の会合は、クイーンズの郊外で行われ、例によって別れ際にフックスが書類の入った分厚い封筒を手渡した。フックスは最初から封筒を渡さず、別れるぎりぎりまで待ってから手渡していた。二人が同時に逮捕されるような場合、「レイモンド」が秘密書類を持っていないようにするためであった。当時はまだ秘密書類の取り扱いに関する規制はそれほど厳しくなく、一部の科学者は自宅で研究を続けるため持ち出すことができた。フックスの手許にある限り、自宅で研究するためと言い訳できるからである。

「レイモンド」はそれを「ジョン」に手渡したが、その前に封筒の中の資料をのぞいて見たことがある。しかし何頁にもわたって微分方程式が手書きされており、とても理解できるようなものではなかった。

内容は、フックスがケレックス社で書いたウラン拡散に関する手書きのレポートであった。フックスは手書きで草稿を書き、秘書がタイプでコピーして一連のナンバーが打たれていたが、そのコピーと草稿がチェックのため返される。フックスはコピーを手元に置き、草稿を廃棄したことにしてゴールドに渡していたのである。

フックスの論文は高度の技術資料

フックスの論文はウラン拡散工場についての高度な技術資料であり、アメリカのウラン拡散分離工場の建設に役立ったものであり、それらがソ連の原爆計画に貴重な情報となったことはいうまでもない。

ニューヨーク五番街のメトロポリタン美術館での会合で

は、原爆計画（「マンハッタン・プロジェクト」）について知り得たいくつかについて説明した。その際、この計画にデンマークのニールス・ボーア博士が参加していること。博士はドイツ占領下のデンマークからスウェーデンに秘かに連れ出され、ニコラス・ベイカーという名前（暗号名）でアメリカに来ていることなどが伝えられた。

さらに、フックス自身が年末から来年早々ニューヨークから西南部のどこかに配置換えになる予定であること。連絡が絶えた場合には、ボストンにいる妹のところに伝言すると語った。

七月の待ち合わせにも、次の待ち合わせにも、フックスは現れなかった。

「レイモンド」は「ジョン」の指示でフックスのアパートに出掛けたが、すでにフックスの姿はなかった。

一一月の初め、ボストンのハイネマン夫人（フックスの妹のクリステル）にメッセージが手渡された。夫人もフックスの所在を知らなかったがクリスマスにはここに来ると思うと語った。

一九四三（昭和一八）年春、ニューメキシコ州北部のロスアラモスに設置された研究所は、かつてない大規模なものであり、各国の著名な科学者を集めていた。研究所と居住地区はすべて軍事基地の中にあり、全員が陸軍の管轄下に置かれた。所在そのものが秘密であったので、住所はサンタフェ私書箱一六六三とされていた。最も近いサンタフェの町には、三〇マイルもあった。（一九九一・二・一掲載）

10　原爆製造のメッカ「ロスアラモス研究所」

研究所の全部門に通じたフックス

ここロスアラモスの研究所では、核爆発装置を作り出すための厳しい努力が続けられていた。

一九四四（昭和一九）年夏には、テネシー州オークリッジのウラン拡散・濃縮工場が稼働を始め、ニューヨークでのイギリス科学者たちの理論研究は終わっていた。しかしパイエルスとその助手のフックスとスカームは、帰国せずにロスアラモスに移るよう勧告され、同意して八月に到着していたのである。

彼らは、ドイツ生まれのハンス・ベーテが代表している理論部門に加えられた。ベーテはパイエルスとは親友であった。フックスはこのロスアラモスで、新しい種類の原爆の存在を知った。ウラン２３５爆弾のことは知っていたが、プルトニウムによる核分裂爆弾については、まだ知らなかったのである。

　プルトニウムは人造の元素で、ウラン２３５と同様に分裂し連鎖反応する。ワシントン州ハンフォードには、原子炉とともにプルトニウム抽出の化学分離工場が建設されていた。

　フックスたちが参加したころ、ロスアラモス研究所では、プルトニウムをどうやって爆発させるかが重要な研究テーマとなっていた。ウラン爆弾のように、二つに分けられたウラン２３５を猛スピードで合体させて臨界量にする方法では、上手く行かないことが分かってきた。プルトニウムの臨界量は不安定であり、合体する途中の百万分の一秒の間でも分裂が始まり、エネルギーが分散して爆発が起こらない。これをいかに爆発させるかが、ロスアラモスでの研究の最大のテーマであった。結局、科学者たちは〝内爆〟（インプロージョン）として知られる新しいプルトニウム爆発の方法を考案する。合わせても臨海に至らない重さのプルトニウムを球形の爆弾内部に入れ、火薬の爆発で内側に圧縮し、臨界量に達せさせる方法である。

　パイエルスとフックスは、このプルトニウム爆弾の過早爆発の研究に入った。フックスはプルトニウムの核分裂研究グループとプルトニウム爆弾の内爆装置を研究するグループとの連絡員となり、彼自身も圧縮されたプルトニウムの作用に関する数学的推算法を考案して、高く評価された。フックスはロスアラモス研究所の全部門に通ずるようになっていた。

　一九四四（昭和一九）年一二月のクリスマスに、フックスは「レイモンド」と連絡するため、妹クリステルの家へ行こうとしたが、研究から離れられなかった。一九四五年二月になって、ようやく短い休暇を取り、クリステルと再会した。妹は前年の秋に「レイモンド」が来たこと。フックスの伝言を伝えたら、連絡の電話番号を残して帰ったことを話した。その電話番号は「ジョン」のところに通じていた。「ジョン」は「レイモンド」にすぐフックスに会って連絡するよう命じた。

「レイモンド」はクリステルの家で、フックスから研究の進展状況について、口頭で説明を受けた。フックスはさらに二〜三日中には、若干の書類を手渡すことを約束。原爆計画について知っていることを、手書きで八頁書き、ボストンで「レイモンド」に手交した。

　当時、ソ連の科学者は、プルトニウムの分裂性については知っていたが、それを爆発させるための困難な技術的問題については、全く分かっていなかった。フックスの情報がどれだけソ連の原爆開発に寄与したかは、図り知れないものがあった。ソ連の第一号原爆は、プルトニウムで製造されたのである。

ソ連の原爆計画については、いまだに歴史の謎が多く、よく分からない。原爆計画の政治面の最高責任者は、ラヴェレンチ・ベリア内務人民委員であり、科学面の責任者は、物理学者イゴール・クルチャトフ博士であった。ソ連国防委員会は、一九四二（昭和一七）年末、アメリカの「マンハッタン計画」開始の数ヵ月後に、ソ連自体の原爆研究を開始させたという。

一九四五年春軌道に乗った原爆開発

クルチャトフはモスクワに、その本部となる「ソ連科学アカデミー2号実験所」を極秘のうちに開設した。ここが一九五〇年代なかばに「原子力研究所」と呼ばれるようになった。クルチャトフは一九三七年ヨーロッパで最初のサイクロトロンを作り、三〇年代末までに、原子物理学の最先端近くにいたという。大戦中の彼の任務は、天然ウランと重水による原子炉内での連鎖反応、同位元素分離法および原爆設計であった。原爆製造が本格化するのはもちろん戦後のことだが、フックス情報は、極めて重要であったと見られている。

一九四四（昭和一九）年から四五年半ばまでに、クルチャトフの科学チームは原爆の物理理論についての研究を進めた。クルチャトフは共産党員ではなかった（一九四八年に入党）が、マンハッタン計画の科学者たちと同じような情熱と決意をもって課題に取り組んでいた。そして彼の理論能力を工業的に実証するのが、ボリス・バニコフ、アブラーミ・ザベニャギンら「赤いスペシャリスト」たちである。バニコフはマンハッタン計画のグローブス准将の役割を務めることになる。

一九四五（昭和二〇）年の春までにアメリカの原子爆弾開発は軌道に乗った。

すでに見たように、それは一九三九（昭和一九）年、アメリカに亡命していた少数のユダヤ人科学者の一団が、軍事目的のための原子力の巨大な潜在力についてアメリカ政府の注意を喚起し、ドイツ側での実験と関心を警告した時に始まった。

開発は一九三九年の一〇月に、わずかな予算で始められ、やがて二〇億ドルの巨費を投ずる「マンハッタン計画」に拡大された。計画の目的は、核分裂の連鎖反応による原子力を利用して爆弾は飛行機で運ぶことができること。さらにドイツが生産する以前に生産することであった。

「マンハッタン計画」は、原爆研究・開発・生産計画の暗号名で、正式には「マンハッタン管区」計画であった。「マンハッタン管区」は「マンハッタン工兵管区」(Manhatan Enginer District 略称ＭＥＤ)と呼ばれるアメリカ政府の秘密軍事組織で、一九四二(昭和一七)年八月一三日に、アメリカ陸軍工兵部隊の中に設置された。機密保持のため、その目的を「ＤＳＭ計画」(Development of Substitute Materials、代用物質開発)と呼んだ。

この計画の司令官には、当時アメリカ陸軍工兵部隊総司令部建設部長代理レスリー・R・グローヴス准将(後に陸軍中将)が任命され、アメリカ各地の科学者グループ、生産者グループを統轄した。

ワシントンに本部が置かれ、テネシー州オークリッジに支部が、カリフォルニア、シカゴ、コロンビア、プリンストンの各大学とニューメキシコ州のロスアラモスの原子力研究所などに科学者グループが配置された。

オークリッジ郊外のクリントンにはプルトニウム生産工場が建設されてその七万五、〇〇〇人の従業員のために、新原子力都市オークリッジが一九四三〜四四年に建設された。

ワシントン州リッチランドおよびハンフォードは、いずれもコロンビア、ヤキマ両河合流点近くにある六万人の原子力都市で、プルトニウム分離工場施設が設置された。(一九九一・三・一掲載)

11　"Y計画"の長にオッペンハイマーを任命

米陸軍が任命した三九歳の物理学者

ロスアラモスはニューメキシコ州サンタフェ市北方四〇マイルのヘーメス山脈の台地にある人口七、〇〇〇人の町で、一九四二(昭和一七)年一〇月に「マンハッタン計画」の一環として原子爆弾研究所の敷地に選ばれた。ここでウラニウムとプルトニウムによる二つの方式の原爆が設計され、生産された。この原爆の設計と組み立てを指導したのが、当時三九歳の物理学者ジュリアス・ロバート・オッペンハイマー博士であった。

当初マンハッタン計画は、原爆の素材となるウラニウム

235、プルトニウムの分離・生産、それに必要な理論的研究に重点を置いており、原爆を爆発させるための理論的研究・具体的設計については、十分でなかった。原爆開発の物理部門の責任者だったアーサー・コンプトン博士は、この原爆の設計についての研究の担当者にオッペンハイマー博士を任命した。一九四二年六月のことで、同博士はバークレーのカリフォニア大学研究所に在籍した、少数の理論物理学のグループで、高速中性子のコントロールの研究を進めていた。

九月二三日、進級して正式にマンハッタン計画の責任者となったレスリー・R・グローブス陸軍准将は、原爆の設計部門を充実しておかないと、いざ兵器として組み立てるとき間に合わなくなると考え、最高政策グループのブッシュ、コナント、コンプトンの三博士と協議し、原爆設計・兵器化研究を促進することを決め、「Y計画」（暗号名）と呼ばれる新研究所組織を作ることにした。

オッペンハイマー博士は、一九〇四（明治三七）年ニューヨークでユダヤ人の子として生まれた。富裕だった父親のもとで不自由なくすごした少年時代、贈物の鉱石コレクションから科学に興味を持ち、科学者を志し、ハーバード大学化学科を最優等で卒業した。イギリスのケンブリッジ大学、ドイツのゲッチンゲン大学に留学し、新しい展開を示していた原子物理学を専攻。二三歳で博士号を取り、ヨーロッパの多くの世界的な物理学者と知り合った。帰国後はカリフォルニア大学・工科大学で物理学の教授として教壇に立った。物理学における業績としては、宇宙線観測中に発見された新しい粒子が理論的に割り出される陽電子と中間子であると突き止めたこと。宇宙線シャワーの理論的研究など、極めて多領域であった。

グローブス准将は、一〇月一八日、カリフォルニア大学でオッペンハイマー博士と会い、研究の進展状況を聞いた。クローブス准将は原爆開発研究の責任者となる最適の人材を捜しており、適任候補者を求めていた。グローブス准将はアーネスト・ローレンス博士が適任だと思ったが、現に電磁方式によるウラニウム235の分離を進めており、これができなければ原爆そのものが作れなかった。オッペンハイマーを統括していたA・H・コンプトン博士は、シカゴから離れられなかった。ハロルド・C・ユーリー博士は化学者ですぐれた人物だったが、専門の点で適任とはいえなかった、オッペンハイマー博士は、原爆を爆発させるための理論面の処理には十分の資格をもっているが、本当にやり遂げられるのかどうか、全く分からなかった。

グローブス准将はオッペンハイマー博士をワシントンに招き、原爆をどのように設計しどうやって爆発させるかについて話し合い、そのため必要な問題を討議したうえで、「Y計画」のリーダーとしてオッペンハイマー博士を起用する方針を立てた。しかし、この方針はだれからも支持されなかった。

オッペンハイマー採用に三つの難点

オッペンハイマー博士には、三つの難点があった。一つは、行政管理の経験のないこと。第二は、ノーベル賞を受けていなかったことである。当時、原爆開発の三つの主要な研究部門、バークレーのローレンス博士、コロンビア大学のユーリー博士、シカゴ大学のコンプトン博士は、いずれもノーベル賞も受けていた。コンプトン博士の下には数名のノーベル賞受賞者がいた。相談した科学者の多くは「Y計画」の長もノーベル受賞者であることを求めるという感情を示したという。

もともとアメリカにおける原爆計画は、すでにみたように（第4章2参照）、イギリスのモード委員会（原子エネルギーの軍事利用可能性を検討するために設けた委員会、アメリカのウラニウム諮問委員会に相当。G・P・トムソン委員長一九四〇年六月設置）が四〇年秋の英米情報交換協定に基づいてアメリカに送った研究報告に大きく影響された。四一年六月二八日発足した科学研究開発局（OSRD）のV・ブッシュ長官（前NDRC局長）は、モード委員会報告から、原爆の可能性が極めて高いことを知り、七月一六日にルーズベルト大統領に報告。全米科学アカデミー（NAS）の検討を経て、一〇月九日、ホワイトハウスで大統領に直接原爆計画の概要を報告した。席上、大統領は、H・L・スティムソン陸軍長官、G・C・マーシャル参謀総長、V・ブッシュOSRD長官、J・B・コナント博士（ハーバード大学々長）で構成する少数グループによって原爆計画を極秘に進めることを指示し、この構成メンバーが後に「最高政策グループ」と呼ばれることになった。

ブッシュ長官は原爆研究開発を進めるためノーベル賞を受賞した米国科学者、A・H・コンプトン博士、E・O・ローレンス博士、H・C・ユーリー博士を、科学部門の担当者として選んだ。ローレンス博士は、主にウラン濃縮のための電磁分離法の研究開発を、重水素の発見者で同位元素分離の第一人者だったユーリー博士は、気体拡散法によるウラン濃縮の開発を進めた全米科学アカデミー（NAS）の再審委員会委員長として、イギリスのモード報告を検討した。コンプトン博士は、当初、爆弾設計のための基礎的な物理定数の研究に当たった。初めコンプトン博士は原爆を爆発させる速い中性子による核連鎖反応の研究をウイスコンシン大学のブライト博士に委託したが、研究管理、秘密保全の問題で意見が合わず、一九四二年五月に辞任した。このブライト博士の後任に選んだのが、すでに見たようにオッペンハイマー博士であった。

オッペンハイマー博士は、科学部門の担当者の三博士のようにノーベル賞受賞者ではなかった。ノーベル賞は、もともと自分の発明したダイナマイトの軍事利用による惨害に心を痛めたノーベル博士が、平和研究のために基金を提供して創設されたものであるが、ダイナマイトをはるかに凌ぐ、原子爆弾の開発にノーベル受賞者の参画が求められたのは、歴史の皮肉としかいいようがない。

しかし、グローブス准将は、他に適当な人物がいないこと。すぐれた知能の持ち主であり、理論物理学の立派な経歴を持ち、学界で尊敬されていること。さらに計画を早く進めるために必要だとして、あえてオッペンハイマー博士を〝Y計画〟の長とすることを決意した。

しかし、第三の難点は、保安上の問題であった。FBIはオッペンハイマー博士がスペイン内戦中に左翼の主張を支持したこと。友人や親戚に共産党員がいることを理由に、強く反対していた。（一九九一・四・一掲載）

12　オッペンハイマー博士はソ連のスパイか

フックスの情報と符合する点に注目

「マンハッタン計画」総指揮官グローブス准将は、オッペンハイマー博士について治安機関が、過去の交友関係を理由に、機密保持の点で心配だと報告したことに対して、断固としてそれを拒否し「彼はわれわれの計画にとって絶対必要である」と擁護した。戦後の回想録の中でも「私はオッペンハイマー博士を戦時中の彼の配置に選んだことが間違っていたとは決して考えなかった。彼は使命を達成し、それを適切に遂行した。彼以外の人物が彼より立派に、あるいは同程度に達成できたと思う人があるかもしれないが、私はそうは考えない。ロスアラモスにおける戦時中の作業をよく知っていた人びとのほとんどは私と同じ見解を抱いている」と強調している。

当時の治安機関の心配は、戦後にも続き一九五三（昭和二八）年になって、オッペンハイマー博士は機密漏洩と水爆開発計画を故意に遅延させたという汚名を着せられて、原子力委員会の聴聞会に引き出されるという「オッペンハイマー事件」となって再燃する。

一九五四（昭和二九）年四月一三日、オッペンハイマー博士が原子力委員会顧問の身分停止の処分を受け、機密漏洩の恐れがあるとする情報を根拠に、機密資料に接することが禁じられ、一二日からワシントンの原子力委員会で聴聞会が開かれていることが報道され、センセーションを巻き起こした。

このオッペンハイマー博士に対する疑惑の告発者は、上下両院合同原子力委員会で一九四九（昭和二四）年一月から一九五三（昭和二八）年六月まで、事務局次長を務めていたウイリアム・L・ボーディンであり、在任中から博士が共産党員であり、ソ連のスパイだとする疑問点をまとめ、辞任後の一九五三年一一月七日、エドガー・フーバーFBI長官に手紙を書いた。手紙には、一九四二年四月当時、①博士は毎月、共産党に献金していた。②博士の妻と弟は共産党員であった。③親友はすべて共産党員であった。④共産党員の愛人がいた。⑤専門分野以外で属していた組織は共産党だけだった。⑥戦争の初期バークレーの原子力計画委員に彼が採用したのはすべて共産党員であった。⑦ソ連のスパイとしばしば接触していた等とし、一九四二（昭和一七）年五月に共産党に対する献金をやめたが、四月に博士の名前は正式に資格審査にかけられ、彼自身その事実を知っていた。その後、マンハッタン計画のグローブス将軍とFBIに、一九三九（昭和一四）年から一九四二年四月の間のことについて、偽りの情報を繰り返して身分保証を得たと述べており、こうした証拠の検討の結果として次の結論を引き出していた。

オッペンハイマー博士は一九二九（昭和四）年から一九四二（昭和一七）年の半ばにかけて、筋金入りの共産主義者であったので、当然ソ連のために情報を流す役割を自ら買って出たか、そうした情報を求める要請に応えていたことはまず間違いない。この結論は、ソ連がバークレー内部のスパイから一九四二年当時の電磁分離法の情報を得たというクラウス・フックスの情報と符合していることに注目すべきだというのである。

フーバーFBI長官は、ボーディングの情報をアイゼンハワー大統領に報告。大統領はオッペンハイマー博士が機密資料に接しないよう「さえぎる壁」を立てるように命じた。

一二月二三日には原子力委員会のケネス・D・ニコルズ事務局長（准将、マンハッタン計画の首席将校として保安部門を担当した）が、オッペンハイマー博士に身分保証の停止理由を書いた書簡を送り、これが一九五四年四月一二日から五月六日まで、ほぼ四週間にわたる聴聞会審理の訴状に当たるものとなった。

身辺周辺情報は共産党関連ばかり

ニコルズ書簡によると、オッペンハイマー博士は、一九四三年以前に、サンフランシスコの共産党員ジーン・タートロック博士と親しく付き合っており、共産党フロントとのつながりは、ここから生じたと見られていた。一九三八（昭和一三）年には「消費者ユニオン」の西部協議会のメンバーだった。この組織は一九四四（昭和一九）年に非アメリカ活動下院特別委員会（ダイス委員会）が共産主義者アーサー・ケイレトをリーダーとする党員組織の一つと見ていた。一九四〇（昭和一五）年には「中国人民友の会」の後援者の一人であった。この組織は一九四四年にダイス委員会によって共産主義者の外部組織と規定されている。また「民主主義と知的自由のためのアメリカ委員会」のメンバーだったとされている。この委員会は一九四二年にダイス委員会によって、共産党員教師たちの擁護のための共産党員のフロントと規定され、一九四三年には下院歳出委員会の特別小委員会によって反逆的で反米的な組織と判定されている。

一九四一（昭和一六）年から四二年にかけて、博士は西部海岸の共産党機関誌「デイリー・ピープルズ・ワールド」の予約購読者であった。またアイザック・フォルコフ、スチーブ・ネルソン、ルディー・ランバート、ケネス・メイ、ジャック・マンレー、トーマス・アディスらを含む共産党員および党職員と付き合いがあった。また家族関係では、オッペンハイマー夫人キャサリン、ピューニング・オッペンハイマーは、一九三七（昭和一二）年スペイン人民戦線に参加して死亡した共産党員ジョセフ・ダレーの妻であり、共産党員だった博士の弟フランク・フリードマン・オッペンハイマーは、一九三六（昭和一一）年に共産党員となり、党のオルガナイザーであった。その夫人ジャッキー・オッペンハイマーは、一九三八（昭和一三）年に共産党員となった。

ニコルズの書簡でも一九四二（昭和一七）年当時からオッペンハイマー博士が、自分は共産党員だったことはないと終始否定してきたが、一九四二年四月以前に、サンフランシスコ地区の共産党に、毎月一五〇ドルの献金を続けていたことを暴露している。博士自身は、かつて一度も共産党員ではなかったと否定するが、共産党員との接触があまりにも多すぎたのであり、FBIや陸軍情報部のファイルには、博士の左翼組織とのかかわりにおいての情報が詳細に書き込まれていたのである。最も機密とされている業務に就くための正規のルートによる保証許可書を得ることは不可能であった。

グローブス将軍は決断を迫られていた。博士を原爆研究所の所長に任命すべきか、すべきでないかについては、すでに二週間も論議されて、なお決着がつかなかった。

グローブスは、オッペンハイマーが例外の人物であり、標準的規則で判断すべきでないと信じた。計画実現のため非常に必要とされる科学者であり、すでに多くの機密を知っていた。余人をもって代え難く、かつ時期を失すれば、マンハッタン計画そのものを遅らせることになる。なにを措いても原子爆弾の実現こそが至上命題であった。グローブス将軍は断固としてオッペンハイマー博士に任命許可書を出すよう命令し、自らその全責任を負った。この命令は、マンハッタン計画の機密保持委員会を驚愕させた。委員たちは命令を変更させようと努めたが、将軍の決心は変わらなかった。一九四三（昭和一八）年一月、正式な所長への任命状が与えられた。（一九九一・五・一掲載）

13　「原爆製造に不可欠」オッペンハイマー博士をかばったグローブス准将

「忠誠心に合理的な疑惑」で身分保証を得られず

一九四三（昭和一八）年三月一五日に、ロスアラモスに着任したオッペンハイマー博士に対する防諜・保全機関の疑念は、依然根強く残っていた。博士はすでに一九四二（昭和一七）年四月二八日に、マンハッタン計画の機密保全委員会に身分保証を申請し、委員会の質問に答えていたが、身分保証は与えられなかった。一九四二年三月一六日に施行された合衆国戦時服務規則は、「合衆国政府に対する忠誠心に合理的な疑惑」がある場合には、例外なく政府による雇用は認めないことになっていた。

グローブス将軍の決断で所長に任命され、着任はしたものの、機密保全委員会の疑惑は消えたわけではなく博士には、まだ身分保証は与えられず、厳しい監視が続いていた。ロスアラモスから出張する博士には尾行が付き、郵便物は秘かに開封され電話は盗聴された。

陸軍情報部のポリス・T・パッシュ中佐は一九四三（昭和一八）年六月一二日に、サンフランシスコに出掛けたオッペンハイマー博士を部下に監視させた。報告書には、博士が元の婚約者のジーン・タートロックとディビッド・ホウキンスという二人の共産党員を訪ねたと書かれていた。パッシュ中佐は博士が依然として共産党とつながっていると疑い、秘密の情報を党に流し、そこからソ連に送っている可能性があると見て、取るべき三方策を上申した。

①後任を見つけ、オッペンハイマー博士をマンハッタン計画から完全に外し、解雇する。②博士に次ぐ地位を設け、同計画のすべての面で博士と同等の知識を持たせるようにする。③博士をワシントンに召喚し、共産党員と付き合っているのは分かっていると告げ、秘密資料を共産党に漏らすことを厳禁すると警告すること。中佐は、第三案を実行すべきで、博士には護衛の名目で捜査官二名を付けるべきだと、六月二九日付の報告で進言した。

ジーン・タートロックはイギリスの指導教授の娘で一九三六（昭和一一）年から一九三九（昭和一四）年にかけて非常に親しかった。博士は結婚を考えたことさえあった。彼女は共産党員だが、一九三九年以降はほとんど会っていなかった。ところが、一九四三（昭和一八）年一月一二日にも、博士はロスアラモスからサンフランシスコへの旅行中に、彼女に電話し、訪問して数時間をすごしていた。

グローブス准将は、七月一五日、口頭でオッペンハイマー博士に身分保証を与えるよう重ねて指示し、七月二〇日には文書で命令した。将軍にとってマンハッタン計画の達成、つまり原爆を完成させることが至高の目的であり、最大の優先事項であった。しかも当時はナチス・ドイツに先んじて完成させることが求められていたのであり、機密に関するあらゆる手続きと決定も、この目的に合致するものでなければならなかった。博士に関する調査は、ワシントンからの命令で、八月中旬に打ち切られた。

ただし、これでオッペンハイマー博士の疑惑が解消したわけではない。

一九四三年夏、ランズデール陸軍中佐が博士と会い、カリフォルニアの工業研究所からロスアラモス研究所に志願した科学者の採用を情報部が反対していることについて懇談した。博士は非常に協力的で、共産党員は一人も計画に参加させてはならないと言っていた。その後、八月二五日、バークレー研究所を訪問した博士は、研究所付の情報将校ライル・ジョンソン中将に、ランズデール中佐からバークレーでのソ連の情報活動について聞いたので思い出したのだが、共産党シンパのジョージ・C・エルテントン博士が、建築家・技術者・化学者・工学者連盟（FACET）の活動に熱心だった。ソ連の手先として活動していると疑われるので、よく見張った方がいいと話した。博士は翌日、パッシュ中佐とも話し、この時は、エルテントンがソ連領事館員のために、手先を使って三人のバークレー研究所員に近づこうとしたと打ちあけた。パッシュ中佐が、その手先は誰かと聞いたが博士は答えなかった。

グローブスの決心は変わらなかった

数日たってランズデール中佐が、さらにグローブス准将自らが、エルテントンが使ったソ連領事館の手先の名前を聞き出そうとした。しかし、博士は頑固に拒み続けた。博士はグローブス准将に、その男の名前は言えない。強いて命令されるなら言うがと答えた。グローブスは無理強いすることを避けて、再びランズデール中佐に聞き出すことを依頼した。九月一二日に中佐が博士と懇談し、その状況は録音され、詳細に報告されたが、博士は断固として拒否し続けていた。

グローブスはオッペンハイマーが誰か自分の近親者、例えば肉親の弟をかばっているのではないかと思い、二ヵ月後に会って、再び手先が誰かを訊ね、もし言わなければ命令せざるを得なくなると告げた。今度は博士は話し出した。

一九四二（昭和一七）年から一九四三（昭和一八）年にかけた冬の一夜、当時バークレーにいたオッペンハイマー博士のもとに、友人のアーコン・シュバリエ教授がやって来た。彼はフランス人で、夫人ともどもオッペンハイマー夫妻の親友であり、かつてスペイン人民戦線救援活動や左翼教師組合の活動家であった。その際、シュバリエはオッペンハイマーに、最近ジョージ・エルテントンに会ったとき、彼が技術情報をソ連の科学者に伝える手段があると言ったことを話した。オッペンハイマーは、自分はショックを受け、それは恐るべき裏切りだと言い、以後、シュバリエもそのことは、決して口にしなかったと語った。オッペンハイマーは、エルテントンについては警告したが親友のシュバリエについては、巻き込むことを恐れて話さなかったのである。博士がシュバリエの名前を明かした直後から、シュバリエには監視が付き、FBIと陸軍情報部は、再びオッペンハイマー博士をロスアラモス研究所長から解任せよという圧力をグローブス准将にかけてきた。

シュバリエの事件を半年以上も報告しなかったことは、

重大な規律違反であり、ジーン・タートロックとの密会と合わせて、二回目の違反であった。このような人物に国家の最高機密を任せていいのだろうか、と問題にしたのである。

一九四三（昭和一八）年一二月においては、オッペンハイマー博士がロスアラモス研究所長にとどまるかどうかが問題であった。グローブス将軍は再び決断を迫られた。

しかし、決心は変わらなかった。グローブス准将にとって目的は簡単明瞭であり、一日も早く原爆を作り上げることだった。この目的のために、博士は不可欠の存在であり、他に代わるものがないと考えられた。グローブス准将はきっぱりと決断を下し、「博士は留任する」と情報部員たちに宣言した。この決断が原爆を完成させたのである。

マンハッタン計画の機密保全を分担した陸軍情報部のパッシュ中佐は、一九四三年一二月、イタリアにおける原子力関係科学技術情報を収集するため編成された科学情報隊（暗号名「アルソス」ALSOS）の指揮官となってアルジェからナポリに入り、一ヵ月半にわたってイタリアにおける原子力研究を調査した。これはドイツ国内の原子力開発の手掛かりをイタリア占領地で得ようとしたものだったが、連合軍のローマ進攻が進展しなかったため、十分なものではなかった。（一九九一・六・一掲載）

14　アメリカ科学情報隊（ALSOS）の活躍

連合軍の進撃と共に進むALSOS

マンハッタン計画総指揮官グローブス准将は、科学情報隊「ALSOS」をイタリアに派遣するとともに、ロンドンにマンハッタン計画の連絡部を設置。一九四四年一月にはK・カルバート大尉を連絡部長にした。大尉の使命は既存の情報機関・組織を利用して、ドイツの原子力開発に関する情報を収集し、報告することであった。

ドイツ原子力開発の評価に当たっては、原爆生産に必要な三要素の組み合わせが重視された。①優秀な原子科学者と技術者の数、②爆弾に必要な基礎原料の量、③研究開発施設と工業手段。これらの情報と見積もりは、常に最新のものとしておくことが求められた。

カルバート大尉はイギリス情報部と協力して、ドイツのウラン鉱石供給源であるチェコスロバキアのヨアピムシュタール鉱山の作業状況を調査し、定期的な航空写真偵察を実施して生産量を把握した。また主なドイツ科学者の住所と動静、研究所・工場・貯蔵所等の位置を示した資料を準備した。

一方、グローブス准将が、連合軍の北部フランス進攻〝オーバーロード〟作戦に際して、ドイツの放射能戦の可能性を心配して対策を準備するようマーシャル参謀総長に上申。幸いに杞憂に終わったことについては、すでに見た通りである（第4章5参照）。将軍はフランス進攻によって得られるドイツの原子力関係情報収集の機会を活かすため、イタリアで一応の成果を得た科学情報隊「ALSOS」を陸軍情報部内で再編し、適時進攻各地域に派遣するよう提案。この提案は四月四日承認された。

イタリアへの「ALSOS」隊長だったパッシュ中佐が大佐に進級して、この北部フランスでの科学情報隊長に任命された。科学技術分野の長としては、ブッシュ博士とグローブス准将によって、サミュエル・A・ゴールドスミス博士が選ばれた。

パッシュ大佐は五月中旬、ロンドンに「ALSOS」の事務所を開設するため出発した。大佐は連合国軍最高司令官アイゼンハワー将軍宛のスチムソン陸軍長官の書簡を持参したおかげで、総司令部の情報担当部長らの全面的支援を受けて「ALSOS」編成の準備を進めることができた。そうしたなかでイタリア戦線が急展開したため、ワシントンからの指令で六月に再びイタリアに向かい、ローマ陥落（六月一四日）の直後、ローマ大学に入り、イタリアの原子科学者を尋問。核分裂の分野でのドイツの研究についての情報を求めた。しかし彼らは直接の情報を持っておらず、あまり役に立たなかった

一方、北フランスにおけるALSOSの活躍は、連合軍の進撃とともに拡大した。八月九日、ALSOSの先遣隊員がフランスに上陸。まずレンヌの大学研究所を抑えた。カルバート大尉の準備した情報目標のリスト、重要人物の所在、研究機関、工場などの位置に関する情報は有用であった。

リストのトップには、フランス・レジスタンスの原子科学者フレデリック・ジョリオ・キュリーと妻のイレーヌ・キュリー（ラジウム発見者キュリー夫人の娘）の名前があった。八月二三日、パッシュ大佐とカルバート大尉他二名のALSOS隊員は、パリに向かう第一二軍団の先遣部隊に加わり、二四日、パリ郊外のジョリオの家にたどりついた。しかし一家は不在だった。当時、ジョリオ・キューリーはパリ警視庁を占拠して立て籠ったドゴール派警察官のため

に、犯罪科学研究所に硫酸ビンと塩素酸カリを持ちこみ、手製の火焔ビンを作って、ドイツ軍への抵抗を支援していたのである。

「ヒトラーの核奇襲攻撃なし」が裏付けられた

八月二五日、ＡＬＳＯＳはルクレール将軍指揮の自由フランス軍装甲師団とともにパリに入城した。フランス軍の先頭戦車に続いたのは、パッシュ大佐とカルバート大尉らのアメリカ軍ジープであった。

その日の夕方、ソルボンヌ大学の研究室でジョリオ・キューリーとそのスタッフと会ったＡＬＳＯＳは、アメリカ軍のＣレーション（戦闘糧食）を肴《さかな》にビーカーでシャンパンを酌《く》みかわしながら、パリ解放を祝い、ドイツ占領下の研究、ドイツ科学者による実験設備の利用状況などを話し合った。その結果、ドイツが原爆開発の点ではたいして進歩していないことが明らかになった。

パリにはＡＬＳＯＳの本部が設置された。カルバート大尉はロンドンでの業務に戻りイタリア・地中海方面の活動は縮小して、北フランスの活動を強化することとなった。ロンドンのカルバート隊は、ドイツの原子科学者の行方を突き止めるという困難な作業に直面していた。戦前からベルリン大学のカイザー・ウィルヘルム研究所は、欧州全体の核物理研究の中心であり、オットー・ハーンとフリッツ・シュトラスマンが最初の核分裂実験を行ったのは、この研究所であった。ベルリン空襲が強化されるようになると研究所は疎開したが、その行方は杳《よう》として分からなかった。

一九四四年の春には、スイスのベルンからＯＳＳ（米、戦略情報局）の報告として、著名な核物理学者ヴェルナー・ハイゼンベルグがヘヒンゲス付近にいるという断片情報が伝えられていたが、カルバート大尉は、こうした断片情報を総合し、さらに航空写真偵察を反覆しながら、主要科学者の所在を突き止めていった。

九月に入ってパッシュ大佐はＡＬＳＯＳの先遣隊とともにブリュッセルに入り、ベルギー領コンゴのウラン鉱石を管理するユニオン・ミニエール社を接収し、イギリス第二一軍団の支援を受けて戦線地域を捜索して六八トンのウラン鉱石を押収。アメリカに輸送した。

一一月二五日、ＡＬＳＯＳはアメリカ第六軍団の先頭とともにストラスブールに入り、大学の研究室を接収した。この大学はドイツの核兵器研究に関与している疑いがあった。七人のドイツ物理・科学者を抑留したが、尋問の結果、直接関係が無いと分かった。ＡＬＳＯＳが最も注目していたのは、C・F・フォン・ワイゼッカー教授であったが、すでに逃亡していた。しかし、押収した文書・記録・書簡等からは、ドイツの核研究計画の状況が明らかとなり、さらに長距離ロケットなどの重要な科学情報も分かってきた。アメリカ陸軍の情報部が、このように多くの科学情報と関連を持ったのは初めての経験であり、ストラスブールにおける情報作業の成果は、ALSOSの最大の成功だとされた。

調査の結果、ヒトラーは明らかに核兵器の可能性について、一九四二（昭和一七）年に報告を受けたが、一九四四（昭和一九）年後半になっても、ドイツの原爆はまだ実験段階であり、ヒトラーによる核奇襲の可能性はほとんどないことが裏付けられたのであ。ただし、ドイツは明らかに核エネルギーの研究計画を実行しており、ドイツ国内のいくつかの場所で分散して行われていることも明らかとなった。ドイツの終末に向けてALSOSの活躍は、まだまだ続いて行く。

しかし、その頃、アメリカ国内のマンハッタン計画はどうなっていたか。（一九九一・七・一掲載）

15 「真夏の危機」と革命的インプロージョン（爆縮）方式の成功

長崎投下原爆に用いられた方式

一九四四（昭和一九）年夏、ルドルフ・パイエルスとともにロスアラモスに移ったクラウス・フックスは、フラーズ・ロッジと呼ばれる独身者寮に一室を与えられた。隣にはアメリカの若い物理学者リチャード・ファインマンがいた。

フックスがロスアラモスに移った当時、マンハッタン計画はプルトニウム爆弾の製造法を巡る「真夏の危機」に直面していた。それまでロスアラモス研究所では、原爆の早期大量生産の方法として、プルトニウムを砲撃法（ガン・メソッド）で爆発させる方式で製造することを考えていた。砲撃法というのは後に広島でウラン２３５を爆発させた方法で臨界量以下に分けられた核分裂物質の一方を火薬で一方に撃ち込んで臨界量とし、核爆発を起こさせる方法であった。プルトニウムについても、当時はこの方式で爆発させられると考えていたのである。

この砲撃型プルトニウム爆弾の設計は、広島型原爆をさらに二倍にも引き延ばした五メートルほどの細長い爆弾で、その形状から「スインマン」（痩せた男）という暗号名が与えられていた。長身痩躯のルーズベルト大統領を意識したものであり、後に長崎型原爆（プルトニウム爆弾）となる暗号名「ファットマン」（太った男）は、腹の出たチャーチル首相から取ったものである。広島型原爆は、ウラン235を砲撃法で爆発させたものであったが、その形状は「スインマン」を短くしたもので「リトル・ボーイ」（小男）と命名された。

ところが、一九四四年夏、テネシー州クリントンの試験炉で作られたプルトニウムのなかに、自発的に核分裂を起こして中性子を放出するプルトニウム240が混在することが発見された。もしそうしたプルトニウムを砲撃法で爆発させようとしても、二つのプルトニウムの塊が完全に結合する前に連鎖反応が始まり、爆発は爆弾の容器を破壊する程度で終わってしまう可能性が強くなった。

このことは、七月四日、コナントがロスアラモスを訪問した際にオッペンハイマーとの間で取り上げられ、一七日にはシカゴで、コナント、フェルミ、グローブスを交えた会議で検討された結果、砲撃型プルトニウム爆弾の「スインマン」計画が放棄されることとなった。これが「真夏の危機」と呼ばれる原爆開発史上の重要な出来事であった。プルトニウム爆弾は砲撃法では爆発しない、新しい点火方式が開発されない限り不可能だということになったのである。

ウラン235の砲撃法による爆弾は、すでに確実に実現できると見積もられていたが、ウラン235の生産は遅々として進まず、当時の見通しでは、一九四五（昭和二〇）年八月に一発のウラン爆弾ができる程度であり、プルトニウム爆弾がだめなら、予備の爆弾がゼロになり、戦略的効果が半減することになった。原爆一発だけでは兵器として相手に脅威を与えることは困難であり、かつマンハッタン計画の意味が問われることになる。

原子炉で作られたプルトニウムからプルトニウム240を除去することは不可能ではないが、時間がかかりすぎた。そこで考えられたのが、当時まだ技術的に未解決であった爆縮（インプロージョン）方式を本格的に開発することだった。

この方式は、S・H・ネッダーマイヤーが思いついたもので、プルトニウムの小片を爆薬で外側から中心に向かって圧縮し、球状に集合させて臨界量に達することができるとするものであった。これが後に長崎のプルトニウム爆弾「ファットマン」に用いられたものである。オッペンハイマーは当初この方式には懐疑的であり、他の指導的科学者たちも反対であった。しかし、ネッダーマイヤーの小グループは実験を進め、失敗を繰り返していた。まわりの爆薬の爆発力を中心に一様に集中することが上手く行かなかったのである。

「原爆製造可能」を参謀総長に報告

インプロージョン方式について、オッペンハイマーらの考え方を変えさせたのが、天才的数学者ジョン・フォン・ノイマンであった。彼はアインシュタインとともにプリンストン高等学術研究所の創始者の一人であるが、マンハッタン計画の顧問の資格で定期的にロスアラモスを訪問した。一九四三（昭和一八）年の秋、インプロージョンの考え方について聞くと、複雑で彼以外理解できそうもない計算を始め、オッペンハイマーや研究所首脳に、インプロージョンが実行可能であり、弾丸の装甲内への浸透に関するある種の研究と類似性があると示唆した。

ノイマンをよく知り、尊敬していたオッペンハイマーは、始めて納得し、インプロージョンに砲撃方式と並ぶ優先権を与えた。しかし、開発はなかなか前進せず、一九四四（昭和一九）年前半期までは、砲撃方式の予備という性格が強かった。しかしプルトニウム爆弾を作るためには、技術的に未解決なこの方式が速やかに完成されなければならなかった。

当時、それを担当する兵器部では、部長のパーソンズ海軍大佐とネッダーマイヤー博士との摩擦が拡大していた。オッペンハイマー所長は、ネッダーマイヤーを兵器部から外し、当時アメリカでは数少なかった爆薬の専門家であったジョージ・B・キスチャコフスキー博士を入れて、兵器物理のロバート・ベーカー博士と協力して、インプロージョン方式の完成に当たらせた。この研究に従事する科学・技術者の数は、一年間に二〇人から六〇〇人以上にも急増した。

インプロージョン方式の有利な点の一つはタンパー（核分裂物質を包み中性子を外に出ないようにする重い金属）に天然ウランまたはウラン２３８を使うことによって臨界量を約四分の一に減らすことができる点であった。もしウラン２３５をこの方式で爆発させることができれば、貴重なウラン２３５を節約でき、複数の原爆を完成することにもなった。このため、インプロージョン方式の完成は、すでに技術的に完成していた砲撃方式に代わる最緊急の課題となったのである。インプロージョン方式では、その複雑な爆発メカニズムの作動を確認するため、爆発実験が必要であった。

このインプロージョン方式の設計と技術問題の解決は、第二次大戦の最高機密の一つであり、いまだに一般公開されてはいない。しかし、この最高機密のなかに、クラウス・フックスが、優秀な若い研究者の一人として参加していたことについては、すでに見た通りである（第４章10参照）。フックスは、ソ連に可能な限り資料を提供しようと決心していた。

グローブス准将は、一九四四（昭和一九）年八月七日、マーシャル参謀総長に開発見通しを送り、もしインプロージョン方式の開発に成功すれば、一九四五（昭和二〇）年三月から六月までの間に、小型の数キロトン級の爆縮型爆弾が数発得られる。成功しなければ、一九四五年八月一日に、一発の大型ウラン砲撃型爆弾だけになると報告した。

グローブスは、こうした原爆開発の技術的見積もりと同時に、その実戦使用のための準備を進め始めていた。（一九九一・八・一掲載）

16 「超空の要塞」とアーノルド総司令官

日本打倒のための長距離爆撃機開発

マンハッタン計画総指揮官のグローブス准将は、原爆の完成時期を一九四五（昭和二〇）年六～八月と見積もるとともに、原爆の実戦使用に備えてその運搬手段としての航空部隊の準備を、秘かに進めていた。

すでに一九四三（昭和一八）年七月には、陸軍航空軍総司令官のヘンリー・Ｈ・アーノルド将軍を訪問。原爆計画の秘密を打ち明け、協力を求めていた。近く完成し、対日空襲用に準備されているＢ29の一部を改造し、原爆を搭載できるようにするとともに、原爆攻撃を実施する特別のＢ29部隊を編成することであった。

グローブスは、もしＢ29が使えなければ、イギリスのランカスター重爆撃機を考えねばならず、そうなればチャーチル首相は大喜びだろうと話すと、Ｂ29計画の生みの親でもあるアーノルド将軍は、言下に、アメリカが開発した原爆は是非アメリカ機で運びたい。確実にＢ29が使用できるよう陸軍航空軍はあらゆる努力を惜しまないと約束した。

ここで航空史上の傑作機として今なお賞讃されているボーイングB29「スーパー・フォートレス」について触れておく必要があろう。B29はアーノルド将軍の卓抜な構想と熱意によって生まれようとしていた。それは莫大な費用がかかり、投機的で、緊急性と高度の機密が求められた原爆開発にも対比されるものであった。原爆の開発・生産は一九四一（昭和一六）年から四年間で完成したが、B29も、通常数年以上かかった設計から生産までの期間をほぼ四年間で達成。同じくアメリカの工業技術・生産力の素晴らしさを実証したものである。

B29は第二次大戦に出現した最も強力で破壊的な戦略爆撃機であった。戦略爆撃の思想は、すでに第一次大戦に遡る。一九一五（大正四）年一月、ドイツ軍が占領下のベルギー各地からツェッペリン飛行船とゴーダ爆撃機でロンドンを空襲、二七〇トンの爆弾を投下、死者一、四〇〇人以上の損害を与えたことに始まる。イギリスはこれに対し、空軍を陸海軍から独立させ、ロイヤル・エアフォース（RAF）を創設。大戦末期の数ヵ月にわたってフランスからドイツの工業中心地を爆撃、五四〇トンの爆弾を投下し、七〇〇人を殺した。イギリスは航空機を独立した戦争行動の手段として使用できることを予見し、空軍力の独立を最初に実現したのであった。

しかし、この空軍力の独立という考え方はアメリカでは受け入れられず、空軍力の優位を説き、アメリカ空軍の独立を求めたウイリアム・ミッチェル准将は、その発言を咎められて軍法会議で有罪となり退役した。一九二六（大正一五）年のことであった。軍務を離れたミッチェルは、文筆で自説の主張を続け、そのなかには一九三三（昭和八）年一月号の「リバティ」誌に寄稿した「対日戦の備えはできているか？」のように、アメリカが航続距離八、〇〇〇キロ、上昇限度一万メートルの長距離爆撃機を開発したら日本を打倒できると説く、予言的な主張もあった。それはまさに、一〇年後のB29による対日戦略爆撃を予測するものであった。

ミッチェル以後、アメリカ航空部隊は陸軍航空隊（AAC）に改編されたが、その地位は変わらず、依然としてアメリカ陸軍の補助兵力として地上作戦に直接協力することが本務だとされていた。しかしこうしたなかでミッチェルの後を継ぐ空軍独立論者は、航空技術の進歩と発展に未来への希望をつないだ。

一九三四（昭和九）年、ミッチェルの後継者の一人でもあるヘンリー・H・アーノルド陸軍中佐は早くから戦略爆撃の必要性を提唱していたが、マーチンB10爆撃機一〇機でアラスカへの長距離試験飛行を行い、往復一万三、〇〇〇キロを飛び、その耐久性を実証した。一九三五（昭和一〇）年二月、准将の臨時階級をもらった中佐は、陸軍航空隊総司令部航空集団・第一航空団の司令となり、一九三六（昭和一一）年始めにはワシントンに戻った。陸軍航空隊総司令官ウエストオーバー少将の代理となり、総司令官を補佐した。一九三八年九月、ウエストオーバー総司令官が航空事故で死去したため、総司令官となった。

B29「スーパー・フォートレス」を開発

当時、ミュンヘン会談のさなかの欧州は、宥和《ゆうわ》によってヒトラーの脅迫に屈したが、一年以内に大戦が予想される最悪の状態にあった。ルーズベルト大統領は、ヒトラーのドイツ空軍が政治的脅迫の武器となったことを重視し、それに対抗するアメリカの航空兵力を強化することを決意した。一九三八（昭和一三）年九月下旬、大統領は国内航空産業の実情調査を命じた。年間一万五、〇〇〇機を作るために、その生産力を拡大できるかどうかを決定するためであった。ルーズベルトはミッチェルの空軍力強化論の理解者であり、ミッチェルも一九三二（昭和七）年の大統領選ではルーズベルトの選挙運動に参加していた。

アーノルドは総司令官代理当時からホワイトハウスに呼ばれ、大統領からヒトラーにアメリカの力を理解させるには、空軍力の強化こそ不可欠だと聞かされた。大統領顧問のハリー・ホプキンスも、やがて陸軍参謀総長になるマーシャル将軍も空軍力強化の力強い支持者であった。

しかし、当時ミッチェルの戦略空軍論を実現できるような航空機はほとんどなかった。アメリカ陸軍航空隊総司令官となったアーノルド少将は、B17をわずか一四機持つにすぎなかった。一九三九（昭和一四）年三月、陸軍航空隊はコンソリデーテッド社に対し、後にB24「リベレーター」となる試作機の計画を承認した。「リベレーター」はB17「フライング・フォートレス」とともに第二次大戦におけるアメリカ軍重爆撃機の双璧となった。しかし、アーノルド将軍は、さらにこうした重爆を越えた超長距離戦略爆撃機の開発を求め、その要求仕様を決める任務をW・G・キルナー准将に指示した。キルナーは特別委員会を組織したが、アーノルド将軍はそのメンバーの一人として大西洋横断飛行で国民的英雄となったチャールズ・A・リンドバーグ大佐を加えた。リンドバーグは愛児の誘拐事件後ヨーロッパに移り、特にドイツではゲーリング元帥の招待でドイツ空軍を視察し、その能力と強さを見聞していた。親ナチ派と見られており、やがて孤立主義者となってアメリカの欧州戦不介入を主張するが、その彼のドイツ航空工業についての豊富な情報を、アメリカ航空兵力の急速な拡大のために活用したのである。

キルナー委員会には、他にカール・スパッツ中佐、E・L・ネイデン中佐、A・J・ライオン少佐等、後にアメリカ空軍を背負う人材が参加していた。委員会は五月に作業を始め、六月末までに報告書を作った。

一九三九年九月、ドイツのポーランド侵攻で第二次大戦が勃発した。アーノルド少将は陸軍省に対し、キルナー委員会に構想を求めた超爆撃機のプランをアメリカ航空機産業に提示する権限を求め、許可を受けると一九四〇（昭和一五）年一月、アメリカの大型機製作会社、コンソリデーテッド、ダグラス、ロッキード、ボーイングの四社に要求仕様を送った。この陸軍航空隊の要請に応えて提出された四社の設計案の中で、最も斬新だったのがボーイング社のモデル三四五であった。八、五〇〇キロ以上の航続力を持ち、爆弾搭載量はB17の三倍、全幅四三メートル強の、スマートなこの四発重爆撃機には、XB29の記号と「超空の要塞」（スーパー・フォートレス）の愛称が与えられた。一九四〇年五月のことであった。（一九九一・九・一掲載）

17　マリアナ諸島発進の第21爆撃兵団

日本本土爆撃の準備完了

一九四〇（昭和一五）年八月、アメリカ陸軍航空隊はXB29を二機発注するため三六〇万ドルを支払った。当時ドイツ空軍のイギリス本土爆撃が始まり、イギリスは存亡の岐路に立って「イギリスの戦い」（バトル・オブ・ブリテン）を続けていた。ドイツのイギリス本土上陸は必至と見られていた。

こうした情勢のなかで、アメリカ陸軍は初めてドイツへの爆撃をアメリカ本土から行うことを真剣に考え始め、キルナー委員会が報告したA計画（西半球防衛のための超長距離重爆）が戦略上の必然性を持つことになった。速やかにXB29を必要数揃えるために量産体制を作ることが緊急に要請されることになり、時間短縮のためあらゆる努力が払われた。

一九四一（昭和一六）年四月には風洞テストが行われ、シアトルのボーイング社では実物大模型が審査されて、六月一六日には、実用テスト用のＹＢ29一四機がテスト飛行もしていないのに発注された。前代未聞のことだった。

ＹＢ29の設計作業が完成した直後の六月二〇日、ルーズベルト大統領は、第二次大戦に即応するアメリカ航空戦力の大動員のための大統領命令「一九四一年戦力決議案」に署名し、マーシャル陸軍参謀総長に、アメリカ陸軍航空隊をアメリカ陸軍航空軍（ＵＳＡＡＦ）に改編する許可を与えた。陸軍航空軍は、まだ陸軍参謀本部、陸軍省から完全に独立してはいなかったが、自前の参謀組織を持ち、自主的に運用することが許され、思い通りの訓練・機材調達・作戦が可能となった。アーノルド将軍は、初代の陸軍航空軍総司令官となり、まもなく事実上の統合参謀本部のメンバーを兼ねることとなった。実質的に陸空軍として独立性を持ったのである。

この時期にルーズベルト大統領が、シエンノートの率いるアメリカ義勇軍（ＡＶＧ＝American Volunteer Group）〝フライングタイガー〟を使って中国本土から日本への長距離爆撃計画を（ＪＢ３５５計画）を進めようとしていたことが、一九七〇（昭和四五）年に公開されたアメリカ公文書のなかにあったと報道されている。

一九九一（平成三）年一一月二二日夜のアメリカＡＢＣテレビは報道番組「24／20」の中でこの計画を明らかにし、ルーズベルト大統領は一九四一年七月二三日、日本の重要施設を爆撃するため、長距離爆撃機66機を供与。数百万ドルにのぼる経費や兵員も負担することを承認、署名した。これは明らかに当時のアメリカ中立法に違反するものであった（読売新聞一九九一・一一・二四）と暴露している。

六月二四日、ボーイング社はカンザス州ウイチタにＢ29専門の新工場を建設し始めた。九月六日にはアメリカ政府の正式発注の調印が行われた。物資調達本部のケニス・Ｂ・ウルフ准将は、後日、これは〝三〇億ドルの大ばくち〟だったと述懐したという。一二月の日本軍による真珠湾攻撃にともなって、Ｂ29の発注は五〇〇機に倍増された。

一九四二（昭和一七）年二月一〇日には、陸軍航空軍と戦時生産本部（ＷＰＢ）とボーイング社、ゼネラル・モーターズ社（ＧＭ）、ノースアメリカン、ベル航空機会社の代表がデトロイトに集まり、四社が分担してＢ29一、六〇〇機を生産することを決定した。アーノルド将軍はウルフ准将をこの生産計画の責任者とした。

第一回のテスト飛行は、一九四二年九月中旬に行われ、ボーイング社のテストパイロットのエドムンド・T・アレンが、二一日に試作一号機で七五分間飛行した。発動機の不調に悩みながらもテスト飛行が続き、一二月二日には高度七、五〇〇〇メートルまで上昇した。エンジンさえ正常なら機体はその要求仕様通りであることが確認された。

しかし、開発の前途は多難であった。エンジンの不調は最後までたたった。一九四三（昭和一八）年二月一八日、二号機のテスト飛行中、一番エンジンから火を噴き、それは消したが二番エンジンも発火。アレン操縦士は引き返して着陸しようとしたが、滑走路を外れて建物に激突・爆発。一〇人の搭乗員全員とそのほかに二〇人が死亡する惨事を起こし、このためB29計画は数ヵ月間停止した。三月と四月にはトルーマン上院議員（後の大統領）を長とする上院の調査委員会が調査を行ったが、この間、B29計画は進まなかった。

この危機に際して、B29飛行実験担当のレオナード・ハーマン大佐は、ウルフ准将に、B29をできるだけ早く実戦参加させるための「特別計画」を上申。准将はこれに同意してアーノルド将軍に計画を提出。四月一八日、将軍はこれを承認。「B29特別計画班」をウルフ准将を長としハーマン大佐を補佐として編成することになつた。計画班は飛行実験計画の責任を持ち、乗員の訓練を行って、一九四三年末までに戦闘に参加できるようにする任務を与えられた。

日本攻撃のすべてのB29はマリアナ諸島から

B29による日本本土爆撃は、一九四三年八月ケベックでの米英首脳会談で初めて具体化した。この会議でアーノルド将軍は「日本打倒のための航空作戦計画」を提出した。ウルフ准将指揮下の第58爆撃航空団を使用する計画であった。

すでに開戦とともにアメリカ陸軍航空軍は急速に拡充されていた。アメリカ本土の北東・北西・東南・西南部の四地方に、それぞれ第一、第二、第三、第四航空軍が編成された。フィリピンのクラーク基地にあった極東航空軍は第五航空軍になり、パナマにあったカリブ航空軍は第六航空軍となった。

ハワイのヒッカム基地のハワイ航空軍は第七航空軍に改編されて、太平洋開戦後南太平洋に送られた。イギリス本土には第八航空軍（重爆と護衛戦闘機）と第九航空軍（戦術爆撃機）が置かれた。インドには第一〇航空軍が新設され、アラスカには第一一航空軍が置かれた。北アフリカと地中海方面には第一二航空軍が編成され、南太平洋の残存航空部隊を集めて一九四二（昭和一七）年一二月に第一三航空軍が作られた。一九四三（昭和一八）年三月には第一〇航空軍に含まれていた中国本土のシェンノート将軍指揮の「フライング・タイガーズ」が第一四航空軍に格上げされた。一九四三年一一月には地中海方面の重爆撃機隊が第一五航空軍にまとめられた。一二月には、イギリス駐留の第八航空軍と戦略爆撃での統一行動のため、第八・第一五航空軍で、アメリカ在欧戦略航空軍（ＵＳＳＡＦＥ）が創設された。

一九四四（昭和一九）年末には、陸軍航空軍の飛行機は七万八、七五七機、人員は二三七万二、二九二名に達した。この史上空前の大航空戦力はなお陸軍から完全に独立することなく、各ナンバー航空軍は、戦域司令官の指揮下に置かれていた。アイゼンハワー元帥は、第八・九・一二・一五航空軍を持ち、マッカーサー元帥は、第五・七・一三航空軍の命令権を持っていた。

こうしたなかでアーノルド陸軍航空軍総司令官は、新たに編成されるＢ29の爆撃隊を、戦域司令官の指揮下に置くのではなく、戦略爆撃に専念する部隊として、統合参謀本部に直属運用すべきだと考えた。航空参謀部は、統合参謀本部に直属の新航空軍としてすべてのＢ29を編成し、アーノルド将軍が直率する構想を立て、その航空軍を「第20」航空軍（戦略航空軍）と呼ぶことに予定した。

第20航空軍の公式の編成は一九四四（昭和一九）年四月四日であり、アーノルド総司令官が兼ねて四月六日に司令官に就任した。すでに第20航空軍個有の第20爆撃兵団は、一九四三（昭和一八）年一一月二〇日にスモーキーヒル飛行場で編成されており、ウルフ将軍の第58爆撃航空団のみがその傘下に入っていた。第20爆撃兵団が公式に第20航空軍隷下に編入されたのは四月一九日であった。

もともと第20航空軍の当初の計画は、４個爆撃兵団編成で、各兵団が四方から日本本土を戦略爆撃することになっていた。第20爆撃兵団は中国大陸から、第21はマリアナ諸島から、そして第22はフィリピンか台湾から、第23はアリューシャン列島から攻撃することになっていた。しかし、中国本土基地化による初期対日攻撃の経験の後、マリアナからの攻撃が最適と判断されて、第22・23の計画は中止され、すべてのＢ29を第21爆撃兵団に編入することになったのである。（一九九一・一〇・一掲載）

18　B29、ヒマラヤを越え中国へ

カイロ会談でB29の対日爆撃五月一日と決定

B29に原子爆弾を搭載し、爆撃実験ができるように改造するというグローブス准将の要請を受けたアーノルド陸軍航空軍総司令官は、航空資材担当のエコルズ少将にB29改造・爆撃実験・原爆戦闘部隊を組織する任務をあたえた。エコルズ少将はロスコフ・C・ウィルソン大佐を計画主任将校に任命した。

ウィルソン大佐はグローブス准将から「マンハッタン計画」の説明を受け、一九四三（昭和一八）年一〇月にはロスアラモス研究所の兵器部長ウィリアム・S・パーソンズ海軍大佐とコロンビア大学の科学者ノーマン・ラムゼー博士から、予想される爆弾には、それぞれ寸法の違う二種類があることを知らされた。「砲撃型」の「シンマン」と「爆縮型」の「ファットマン」である。この両方の爆弾を積めるようにB29を改造しなければならなかった。

ウィルソン大佐はB29開発当初からの同僚プット大佐に改造作業を依頼、四三年一二月一日、B29の基地ライトフィールドの司令官にB29一機を最優先の極秘任務のため提出すること、プット大佐が改造を担当することを通達した。改造は爆弾倉の部分だけだったが、新しい爆弾架、巻き上げ機、操弾索、懸吊装置、投下装置、縛着装置などを取り付けた。

改造工事と併行して、ウィルソン、プット両大佐は、カリフォルニア州ムーロックで、二種類の爆弾模型による投下実験を計画、一九四四（昭和一九）年二月二八日から開始、二四発の模型投下を行った。

一九四四年八月下旬、アーノルド総司令官が、この改造仕様に基づいて、さらに三機を原爆搭載機に改造する契約を結ぶ。その後改造契約は一四機に増え、さらに四八機、最終的には五四機に増加したが、戦争終結までにできたのは四八機であった。ロスアラモスの科学者たちが最終的に決定した原爆の外形は、「砲撃型」ウラン爆弾改造の「リトルボーイ」が直径七一センチ、長さ三〇五センチ、重さ約四トン。「爆縮型」プルトニウム爆弾「ファットマン」は直径一五二センチ、長さ三二五センチ、重さ四・五トンであった。

B29は原爆機への改造を進めるとともに、対日戦略爆撃の主力機としての編成・訓練・配備を並行していた。アーノルド陸軍航空軍総司令官と参謀たちは、Ｂ29を中国中部の長沙周辺に展開、二、五〇〇キロの行動半径で日本本土の軍需産業・艦船・航空機を戦略爆撃し、降伏に追い込めるとするミッチェル以来の戦略空軍論の伝統に立つ「セッティング・サン（日没）」計画を策定した。七八機のＢ29が毎月五回出撃すれば六ヵ月で日本を破壊できるという計算も立てられていた。

この計画は蔣介石の軍事顧問スチルウェル中将と中国・ビルマ・インド戦線の航空軍司令官ストラトマイヤー中将の助言で修正され、Ｂ29の基地はカルカッタ地区におき、中国奥地の昆明周辺基地で余分な燃料をおろして爆弾を積み、日本に向かうこととした。中国本土にＢ29の基地を維持することは日本軍の進攻を招き、整備・補給上も難点が多かった。この修正計画は「トワイライト（薄明かり）」と名付けられたが、なお実行は見送られた。それよりも太平洋上のマリアナ諸島の戦略的適性が注目されていたからである。

このマリアナ進攻を、Ｂ29の本格生産の時期、一九四四年半ばに繰り上げることが計画された。またインド・中国の基地化は、中国の窮状をやわらげ、とりあえず日本本土を空襲できるというメリットがあった。カイロ会談でルーズベルト大統領は、このままでは崩壊必至と見られていた蔣介石総統の国民政府軍を支え、いち早く日本本土爆撃を開始して士気を高めるため、アーノルド航空軍総司令官の提言でインド・中国基地化の新計画を採用、秘匿名「マッターホルン」と名付け、会談直前の一一月一〇日に承認した。会談ではチャーチル首相も蔣総統もこれに賛成、蔣総統はもしＢ29が一九四四（昭和一九）年四月一五日に四川省成都に進出するのなら、前進基地となる五つの飛行場を建設すると約束した。チャーチル首相も、大統領の要請に応じ、カルカッタ付近にＢ29用の四つの基地を建設することに同意した。

しかし、肝心のＢ29の生産計画は遅延し続けていた。従前とは画期的に質を異にする高い技術を要する生産は、単に人員や資材を投入するだけでは容易に促進されなかった。アーノルド航空軍総司令官と幕僚たちは、大統領が約束した一九四四年四月一五日までに一五〇機のＢ29を中国の基地に展開し、五月一日には対日爆撃を開始するという計画の厳しさに戦慄《せんりつ》しながら、推進に全力を上げた。

Ｂ29の生産を最優先とすることを統合参謀本部（ＪＣＳ）に要請するとともに、一一月末にはウルフ准将を指揮官とする第20爆撃兵団を創設、第2航空軍のサンダース准将に命じてB29搭乗員の訓練を強化した。B29搭乗員は一一人で、機長・操縦士・副操縦士・飛行技術士が各一人、航測・爆撃士が二人で、この五人が将校であり、整備・銃手四人、無線手、レーダー係各一人の六人が下士官、兵という配置であった。

一五〇機目がカンザスを発ったのは最終日四月一五日

この間、一〇月には中国戦線の情報収集を行い、一一月には、第20爆撃兵団の先遣部隊を基地建設が進められているインドに派遣した。一九四四年一月には、ウルフ准将が自ら幕僚とともにニューデリーに進出、インド・中国の対日爆撃基地建設を促進した。しかし酷暑や風塵、豪雨と泥ねい、米英中の連絡の不備で工事はなかなかはかどらなかった。

一方、B29の生産も行き詰まっており、一一月中旬までに一応完成した九七機のうち、飛べるのは一六機という状況であった。これでは三月一〇日にカンザス基地からインドに向けて出発する計画は不可能であった。アーノルド総司令官は、また大統領との約束が難しくなる状況に激怒し、現地で自ら全面的な強行生産計画を厳命した。参謀長マイヤー少将を特別計画調整官に任命、全権を託して四月中旬までにB29一五〇機を第20爆撃兵団に引き渡し、インド・中国の戦域に展開させる「カンザスの戦い」を始めた。以後五週間、総司令官も自ら生産計画の陣頭に立った。

三月下旬に最初のB29がカンザス基地で第20爆撃兵団に引き渡され、インドに向けて出発した。一五〇機目が出発したのは四月一五日であった。カンザスからモロッコのマラケシ、エジプトのカイロ、パキスタンのカラチを経てインドのカルカッタに到着した。一万八、五〇〇キロを飛んだのである。

一番機は、四月二日に到着した。二番機はイギリスを経由して四月六日に到着したが、これは連合軍の欧州本土上陸「オーバーロード」作戦にB29が使用されると、ドイツと日本に思わせるための偽瞞計画の一環として行われた。B29はドイツ軍偵察機によって高空から写真に撮られるためにイギリスに立ち寄ったのであった。四月二四日には、ウルフ第二〇爆撃兵団司令官と副司令官のサンダース准将がB29で初めてヒマラヤ山脈を越えて、中国成都周辺基地に姿を現した。四月一五日までにインドのB29は三二機に増え、五月八日には一三〇機に達した。（一九九一・一一・一掲載）

19　「大陸打通」作戦に脅威の蒋総統　B29最初の目標は北九州八幡製鉄所

陸軍「隼」戦闘機隊が始めてB29と接触

一九四四（昭和一九）年四月一〇日、アメリカ統合参謀本部はその直接指揮下で行動し、陸軍航空軍総司令官アーノルド大将を司令官とする新編第二〇航空軍についての規定を発令した。すでにB29のインド・中国奥地への派遣に対して、同戦域の指揮官たちは、当然その爆撃隊が自分たちの指揮下に入るものと考えていた。一九四四年一月、在中国第一四航空軍司令官シェンノート少将は大統領と航空軍総司令官に書簡を送り、B29に対する完全な指揮統制権を求めた。イギリス東南アジア戦域総司令官マウントバッテン卿も、南西太平洋戦域ではマッカーサー元帥も、B29の指揮権を要求していた。

こうした戦域ごとの要求に対して、指揮命令系統を明確にするために、B29は一人の指揮官のもとで統合参謀本部の直率下に置かれることになったのである。

アーノルド司令官は、インド・中国・太平洋にわたるB29の戦略爆撃を指揮する権限を持ち、B29は海軍の特定任務部隊（タスク・フォース＝機動部隊）と同様に取り扱われることになった。各戦域・地区司令官はB29に基地を提供し、警備し、補給支援することを求められ、反面、各戦域司令官には緊急な戦略・戦術的必要に際しては、B29の出動を要請することが認められた。

すでにこの第二〇航空軍の参謀長には四月四日、高々度精密爆撃論者のH・S・ハンセル准将が任命された。

日本軍戦闘機がB29を初めて視認したのは、四月二六日のことであった。インドとビルマ国境付近の上空で、チャールズ・H・ハンセン少佐操縦で北上中のB29は、六〇〇メートル下方を行く「オスカレー」（中島一式戦闘機「隼」の連合軍呼称）の編隊と遭遇した。これは陸軍飛行第六四戦隊飛行隊長宮辺大尉（このときは第二中隊長）の指揮する一二機編隊であり、半数の「隼」が急上昇して、その巨大な姿にためらいながら、右下方から攻撃をかけた。攻撃は八回以上におよび、B29は数発を被弾、銃座が故障し、左銃手が軽傷を負ったが、高度を上げて退避した。「隼」も全機帰還し、目撃した大型超重爆機について報告。日本側はB29の実戦配備を知ったのである。

B29の登場については、一九四三（昭和一八）年四月にアメリカ陸軍が長距離重爆撃機を作りつつあるという情報が知らされ、東京では陸軍省軍務局長を長とするB29対策委員会が設置された。その詳細については、同年一一月五日のニューヨーク・タイムズ紙が掲載したアーノルド陸航空軍総司令官の記者会見の記事から推定した。新爆撃機は強力な装甲と武器を持ち、超高々度を飛び、B17やB24よりも格段の航続力を持つもので、一九四四（昭和一九）年に就役すると記事は報じていた。一九四四年一月一七日には、公式に「B29はB17〝空の要塞〟を一まわり大きくした巨人機で〝超空の要塞〟（スーパー・フォートレス）と名づける」と発表された。

日本側は、これらのB29に関する情報から中国本土の桂林、柳州地区からの日本本土爆撃を想定し、その前進基地を占領・破壊して対日空襲を阻止する「一号作戦」の準備を始めた。

「支那派遣軍」百万将兵による「大陸打通」大遠征

一九四四（昭和一九）年一月二四日、大本営は「一号作戦」を発令した。粤漢線《えつかん》の打通によって広西省桂林、柳州、衡陽、長沙、遂川等の在中国アメリカ空軍基地の覆滅を唯一の目的とするもので「支那派遣軍」一〇〇万の将兵が「大陸打通」の大遠征に参加したのである。

作戦は、京漢作戦（コ号）と湘桂作戦（ト号）に大別された。コ号は四月中旬から六月下旬にかけて、北支方面軍が京漢線の南部を打通、確保を図るもので、ト号は五月下旬から翌一九四五（昭和二〇）年一月にかけて、粤漢線を打通して広東と結ぶとともに、湘桂線を打通して、仏印と結ぶものであった。作戦距離は、黄河～信陽間四〇〇キロ、岳州～衡陽～仏印間一、四〇〇キロ、衡陽～広東間六〇〇キロに及ぶ遠征であり、この間を将兵は、ほとんど航空支援なく、夜間行軍を主として黙々と歩み続けたのである。B29の行動半径にも匹敵する距離を徒歩で戦った日本と、その頭上を越えて日本本土爆撃を始めようとするB29の戦いでもあった。

一九四四年四月にインドから中国の成都にB29で初めて飛んでシェンノート在中国第一四空軍司令官や中国側関係者、基地建設労働者七万五、〇〇〇人の大歓迎を受けたウルフ第20爆撃兵団司令官、同副司令官サンダース准将は成都周辺の基地への燃料・資材の輸送に全力を上げていた。しかし、四月中に輸送された燃料は一、四〇〇トンにすぎなかった。燃料が集積されなければ対日爆撃を予定通りに始めることはできない。対日爆撃を二回やれる約二、五〇

○トンの燃料が必要だった。Ｂ29の戦闘装備を外して燃料タンクを取り付け、輸送機として使用したり、増派されたＣ46輸送機「コマンド」もヒマラヤ山系を越えてピストン輸送を行った。Ｂ29は一回で約七トンの燃料を運び、ようやく約四、四〇〇トンを集積して、六月に第一回攻撃を開始するメドが立った。

この間、四月一九日には日本陸軍の「一号作戦」が開始、京漢線を打通する「コ号」が成功。五月二六日には「ト号」が発動され、六月一八日長沙が占領された。

アーノルド陸航空軍総司令官は当初「セッティング・サン」計画で、シェンノート将軍の勧める桂林・長沙周辺にＢ29の基地建設を予定していたが、日本軍の進攻による喪失を考えて、結局成都周辺に変更していただけに、「一号作戦」はその危惧を裏付け、帝国陸軍の脅威を実感させるものとなった。

衡陽も日本軍に包囲された。アメリカ第一四航空軍は戦闘・爆撃機を総動員して中国軍を支援し、四九日間抗戦を続けさせるが、八月八日には占領されることになる。この「一号作戦」の危機に直面した蔣総統とシェンノート在中国一四航空軍司令官は、Ｂ29の対日爆撃用に成都周辺に集積された軍需品を、衡陽救援を続ける第一四航空軍に転用させるようスチルウェル中国・ビルマ・インド戦域アメリカ軍司令官に要請した。しかし、スチルウェル司令官の照会に対し、マーシャル陸軍参謀総長は「ノー」と指令した。対日爆撃を促進することの方が、中国情勢の一時好転よりも、はるかに重要であるとの見解に基づくものであった。

この間、ウルフ司令官は、六月五日、Ｂ29の試験的作戦として、タイのバンコクへの爆撃を実施した。中国に集積した燃料を消費せずにインドから発進できるからである。出撃九八機のうちバンコク上空には八〇％が到達、出撃基地に帰れたのは七六機であり、ほとんど取るに足らない損害を与えただけで、Ｂ29五機と搭乗員一五人を失うという高い犠牲を払うことになった。

ウルフ第20爆撃兵団司令官に対し、アーノルド総司令官は緊急電報を送り、六月中旬に予定されるマリアナ諸島に対する上陸作戦に呼応するため、日本本土爆撃の早期開始を厳命した。ウルフ司令官は対日第一撃にＢ29五〇機の出撃を予定したが、総司令官は不満であり、最低七五機での攻撃を命令した。六月一三日にはインドから中国への移動が始まり、翌一四日には、八三機が成都周辺に進出した。ワシントンの統合参謀本部が選出した攻撃目標は、北九州の八幡の製鉄所であった。（一九九一・一二・一掲載）

20　昭和一九年六月一四日に八幡製鉄所初爆撃。ソ連領不時着B29をソ連が押収

サイパン攻撃に呼応する「B29日本本土爆撃」

一九四四（昭和一九）年六月一四日の夕刻、七五機のB29が彭山基地からそれぞれ二トンの爆弾をかかえて離陸を開始した。しかし七機は離陸できず一機は離陸直後に墜落し、四機は故障で引き返し、北九州の八幡に向かったのは六三機であった。八幡には圧延鋼の年間生産量の四分の一を占める製鉄所があった。

午後一一時三〇分、完全に灯火管制された八幡上空に最初のB29が到着した。日本軍の探照灯がとらえ、高射砲が応戦を始め、六機が被弾した。夜間戦闘機も攻撃を加えたがほとんど効果はない。ただしB29側も半数が目標を識別できず、レーダー爆撃を行った。目視して爆撃できたのは四分の一にすぎなかった。その上、基地に引き上げる途中で二機が墜落、日本本土初爆撃に同行した従軍記者が死亡した。他の一機は中国軍後方に不時着したが、日本軍の戦闘・爆撃機が攻撃して炎上破壊された。

結局、このB29による日本本土初爆撃では、第20爆撃兵団は、偵察用B29を含め七機と五五人の搭乗員を失った。しかも八幡製作所の損害は軽微であった。戦後のアメリカ戦略爆撃調査団の報告でも、「一九四四年六月第20爆撃司令部によって行われた八幡の爆撃は、投弾量も二二一トンという比較的軽量で、生産の低下は言うに足るほどのものはなかった」と記している。しかし、この29による日本初爆撃の翌六月一五日には、マリアナ諸島のサイパン島にアメリカ軍が上陸し、太平洋戦線の戦勢が変わろうとしていた。七月九日に日本軍の組織的抵抗が終わると、アメリカ軍工作部隊が直ちに航空基地を建設し始め、サイパンでは一〇月に、グァムは一二月、テニアンは翌一九四五年三月までに五つの基地が完成することになる。

「B29日本本土を爆撃」というニュースは、折からノルマンディー上陸作戦の橋頭堡確保と同じような扱いで、マスコミが大宣伝し、アーノルド将軍はB29による全世界的な航空戦の開始であると声明した。

六月一六日、第20航空軍司令部はウルフ第20爆撃兵団司令官に対し、引き続き日本全域、満州、スマトラに対する爆撃準備を下令した。アメリカ軍のマリアナ作戦に呼応して、日本の戦力を分散させる計画であった。しかし、八幡

爆撃によって、中国基地のガソリン集積量は一九〇〇トンに減少しており、航空燃料の急速な輸送が行われない限り、早急な作戦は不可能であった。六月二七日には重ねて、七月上旬の九州爆撃、七月下旬の満州鞍山製鉄所爆撃、八月のパレンバン製油所爆撃が命令された。

B29の燃料補給巡り司令官交代

ウルフ司令官は、命令実行には中国への燃料輸送強化が必要だとし、輸送機とB29の増強を要請。特に鞍山爆撃には命令の半数機五〇機程度しか出動できないと報告した。この報告がアーノルド総司令官を激怒させた。

七月四日、総司令官はウルフ第20爆撃兵団司令官を解任、本国の軍需資材司令部に転属させ、後任に欧州戦域で実戦経験を積んだカーチス・E・ルメイ少将を任命した。

このアーノルド大将の突然の人事は、現地の実情、特に航空燃料輸送とB29の依然続いた故障の状況を考えると、あまりにも短慮ではなかったかと批判するものもあった。しかし、当のウルフ司令官自身は、こうした将軍の気短さこそが、到底不可能と見られていたB29の、かくも早期の実戦配備を可能としたものだと理解しており、一切を後継者に託して黙々と離任した。総司令官にとってウルフ司令官は、B29を作り育て上げるためには適任であったが、それを運用し戦うには不適任と見られたのである。闘志を持って日本を叩き潰さなければならない時であった。

ウルフ少将は七月六日、副司令官サンダース准将に指揮権を委ね、B24で帰国した。サンダース司令官代理は、翌七日、B29一八機をもって九州爆撃を行い、大村・佐世保・長崎・八幡の軍需施設に小規模攻撃を加えた。この間、インドから中国への燃料輸送が反復され、七月下旬までにようやく三、九五四トンを集積することができた。

七月二九日、鞍山爆撃のため七二機のB29が離陸した。一〇〇機による昼間精密爆撃が求められていたが、目標に到達できたのは六〇機であった。天候が良く爆撃に絶好であったが、製鉄所に与えた損害は軽微であった。

スマトラ島のパレンバン製油所を爆撃する計画はカイロ会談で提案された計画であった。B29はセイロン島東海岸のイギリス空軍基地から出撃、片道三、〇〇〇キロも飛ばねばならなかった。サンダース司令官代理は八月九日に五六機を集結、一〇日午後発進させて夜間爆撃を敢行。日本への燃料輸送を阻止するため、八機が河港に一六個の機雷を投下した。しかしその成果はほとんどなく、一回だけで中止された。同日、長崎に対しても二九機のB29が攻撃を行い、この際、始めて日本軍戦闘機一機の撃墜を確認した。

ドイツ本土爆撃の指揮から日本爆撃へ

日本側はＢ29の初期本土爆撃の経験から防空強化を行い、その効果は八月二〇日の八幡爆撃の際発揮された。この日は、Ｂ29六一機が昼間の高々度精密爆撃を企画して八幡上空に侵入した。迎撃した日本軍は一機を対空砲火で、三機を戦闘機で撃墜、うち一機は体当たり攻撃によるものであった。この撃墜四機に加えて一〇機が航法上の事故で失われ、九五名の搭乗員が戦死あるいは行方不明となった。事故の一〇機のうち、少なくとも三機はソ連領に緊急着陸し、機体は押収された。搭乗員たちは捕虜扱いされ、数ヵ月後に、イラン国境から脱出することを許された。もちろんＢ29は返還されず、デッドコピーされた。ソ連は期せずしてＢ29の最高機密を直接入手したのである。すでにテヘラン会談（一九四三〈昭和一八〉年一一月）の際、ルーズベルト大統領はスターリン大元帥に、ソ連の対日参戦直後にＢ29を展開するためシベリア、沿海州の基地を提供して欲しいと要請。これに対しソ連側は曖昧な返事をしただけで実現することはなかったが、スターリンは最も欲しがっていたＢ29そのものを押収して知らん顔であった。アーノルド航空軍総司令官は憤激し、許すことのできない行為だと非難したが、どうすることもできなかった。

カーチス・Ｅ・ルメイ少将が第20爆撃兵団の新司令官として着任したのは、八月二九日のことである。一九四二（昭和一七）年から一九四四（昭和一九）年半ばのＤデイ（ノルマンディー上陸作戦）まで第8航空軍とともにヨーロッパでドイツ本土爆撃を指揮していたルメイ少将は、Ｂ29計画については全く関与していなかったが、七月初め命令を受けて急拠ワシントンに戻り、アーノルド陸航空軍総司令官の指示を受けた。アーノルド将軍が心血を注いだＢ29がようやく作戦を開始して一ヵ月、成果はまだ微々たるものであり、将軍にとって不満足なものであった。Ｂ29の戦力を実証し戦略空軍の威力を示すことがルメイ新司令官に期待されていた。（一九九二・一一・一掲載）

21　ルメイ司令官の漢口焼夷弾爆撃

司令官の空中指揮

カーチス・Ｅ・ルメイ新司令官は着任早々サンダース准

将が計画した鞍山爆撃をそのまま実施することを決め、一九四四（昭和一九）年九月八日、自らB29に同乗して出撃した。アメリカ陸航空軍では欧州戦線での経験から、司令官が空中指揮することを厳禁していた。経験豊かな指揮官を危険にさらすことを避けるためで、アーノルド総司令官はルメイ准将の赴任に当たり、特に固く禁じていた。しかし司令官としてのルメイは作戦飛行を熟知するための飛行経験を不可欠と考えており、この最初の出撃を一回限りの条件付きで許可を得ていた。

満州鞍山の昭和製鋼熔鉱炉に対する爆撃にはB29一〇八機が参加。九〇機が目標に到達、高度七〜八千メートルで爆撃を行い、二〇六トンの爆弾を投下した。上空では日本軍戦闘機が待ち構えていた。陸軍の2式戦「鍾馗」と2式複座双発戦「屠龍」四〇数機が後上方から迎撃したが、B29のスピードが速く有効弾が少なかった。高射砲はかなり有効で、ルメイ司令官の乗機も被弾して、二〇センチほどの穴が空いた。上着やボロ布を詰め込んでふさぎ、そのまま帰還したが、この作戦でのB29の損失は三機であった。

鞍山爆撃に対して日本側は、九月九日早朝、成都周辺の新津基地を爆撃し、B29と輸送機を小破した。鞍山への三度目の爆撃が九月二六日に行われ、B29一〇九機が出撃した。天候が悪く、八三機がレーダー爆撃を行ったが、ほとんど効果がなかった。しかもこの夜、日本軍は成都周辺基地に対し、漢口から陸軍99式双発軽爆と97式重爆機による夜襲を行った。日本軍の一号作戦はたけなわであった。

ルメイ司令官は着任後、B29爆撃隊の戦技向上を図り、編隊爆撃の先導となる搭乗員の特別訓練、欧州戦線の戦訓による一二機編隊の実施など、爆撃効果の発揮に努力した。しかし、B29の故障の続出、中国奥地への航空燃料輸送の困難は相変わらずであり、苦しい戦いが続いた。

一〇月一四〜一七日には、台湾高雄周辺を延べ二三二機で攻撃、三機を失った。一〇月二五日には七八機が大村を空襲、二機喪失。一一月三、五日にはインドからラングーン、シンガポールを延べ一二五機で爆撃、三機喪失。一一月一一日には再度大村を目ざしたが、折から九州に接近した台風に阻まれ、急拠目標を南京に変更したが、無線を受信できなかった二九機が嵐の中を大村に接近、わずか五機だけが目標を爆撃した。南京に向かった六七機は、鉄道・発電所・兵営等を爆撃したが損失は五機にのぼった。

ウェデマイヤーに代わって状況は一変

一一月二一日にはさらに大村を一〇九機で大挙攻撃した

が、上空は密雲に閉され、目標は確認できず、おまけに日本陸海軍の防空戦闘隊の猛攻を受け、六機が撃墜され、離陸直後に墜落した一機、帰途不時着大破した二機を含め、九機と五三人の搭乗員を失うという最悪の日となった。陸軍の4式戦「疾風《はやて》」、海軍の局地戦「雷電」が延べ三〇〇回以上の攻撃を加えたという。一二月七日には一〇八機で奉天を爆撃したが、このときも日本軍防空戦闘隊が激しく反撃し、B29七機が失われた。日本戦闘機は体当たり攻撃で一機を撃墜するとともに、三号爆弾という時限信管付きの小形爆弾をB29の編隊上空から投下して撃破する新戦術を取り始めた。

一号作戦の進展でシェンノート少将の第14航空軍の基地は次々に日本軍に占領・破壊されていた。中国戦域ではB29の戦略爆撃も第14航空軍の戦術攻撃も、ともにヒマラヤ越えで空輸される補給物資に依存していた。七月にはターナー准将の空輸司令部が拡充されて、空輸が大幅に改善されていたが、シェンノートが切望する前線への補給は依然乏しかった。

犬猿の仲であったスチルウエル・アメリカ陸軍中国・ビルマ・インド戦域司令官兼中国戦域参謀長に働き掛けて、B29による日本軍阻止を申し入れたが、にべもなく断られていた。しかし、蒋介石総統の信頼を失い、東南アジア連合軍最高司令官マウントバッテン大将にも嫌われたスチルウエル中将が一〇月一九日に更迭され、アルバート・C・ウェデマイヤー中将に代わると状況は一変した。ウェデマイヤー中将の柔軟で融和的な人柄は、シェンノート司令官と意気投合し、その意見をよく聞くようになった。それまで半年間、再三、漢口の日本補給基地撃滅にB29を使用すべきだと主張してきたシェンノートの意見は、ようやく聞き入れられることになる。ウェデマイヤー司令官は、ルメイ第20爆撃兵団司令官に作戦協力を求めた。

日本陸軍が大陸打通にとどまらず、重慶を狙う作戦を準備していると見て、B29による阻止を求め、アーノルド陸航空軍総司令官、統合参議本部を動かして、漢口大爆撃を発令させたのである。

貴重な戦訓をもたらした漢口への焼夷弾爆撃

この漢口爆撃に際し、ルメイ司令官は昆明に飛び、在中国第14航空軍のシェンノート司令官と協議したが、両者は戦術についてなかなか合意できなかった。

ルメイは高々度精密爆撃という戦略空軍の戦術を、シェンノートは多年にわたる対日戦の経験から、焼夷弾のみによる低空攻撃（六、〇〇〇メートル以下）を主張。高々度爆撃に反対した。しかし、ルメイはかつて在欧州第8爆撃兵団の第三〇五爆撃航空軍司令（大佐）当時、B17爆撃機の密集編隊一斉投弾爆撃方式を実施して命中精度を高めた経験もあり、この「フライング・タイガー」の主張に柔軟に対応。結局、焼夷弾七割、焼弾三割の比率で、低高度から投弾することに同意した。

一九四四年一二月一八日、第20爆撃兵団はB29九四機を漢口爆撃に出撃させ、八四機が目標に到達、初めて五一一トンにのぼる焼夷弾攻撃を行い、漢口周辺を焼き払った。揚子江岸五キロの全域に大火災が起こり、三日間にわたって燃え続け、ドック、倉庫地域を破壊し尽くした。密集する中国家屋は、焼夷弾でたちまち燃え上がり、大火災となって、予想以上の爆撃効果を上げ、後に、ルメイによる対日焼夷弾攻撃への重要な戦訓を与えることとなった。なお、この漢口爆撃には、シェンノートの第14航空軍も、B24三四機、戦闘機一四九機を出撃させ、日本軍機撃滅のために参加した。

しかし、中国奥地からの対日戦略爆撃は、当初、ルーズベルト大統領やアーノルド陸航空軍総司令官が期待していた成果を上げられなかった。なによりも、ヒマラヤ越えの補給が大変であり、飛行場も不備、しかも日本本土とはなお遠く離れすぎていた。すでにサイパン基地が整備されているなかで、中国からの攻撃は必要なくなりつつあった。

第20航空軍第20爆撃兵団は、一九四四（昭和一九）年末までに中国からの撤収計画を立て、一九四五（昭和二〇）年一月二八日までにインド基地に引き揚げ、二月二〇日以降、マリアナへの移動を開始した。B29は中国とインドの基地から延べ三、〇五八機が出撃、目標に一万一、四七七トンの爆撃を投下した。このインドと中国からのB29の運用は、新型超大型爆撃機を最終的に整備し、試験するという目的には、よく貢献したということであった。（一九九二・一二・一掲載）

22　B29の対日戦果挙がらず、マリアナに来た猛将ルメイ

最初の東京空襲は中島飛行機武蔵野工場

一九四四（昭和一九）年六月一一日、アメリカ海兵隊の二個師団が東京から約二、五〇〇キロの距離にあるサイパン島に上陸。翌一二日には陸軍一個師団も加わり、七月九

日までの激戦の末､占領した。七月二一日にはグアム島に、二三日はテニアン島に上陸、八月九日には完全に占領した。サイパン失陥は、中国奥地からのＢ29の九州爆撃開始とともに日本の政治指導層に衝撃を与え､東条内閣が倒れ、小磯内閣に代わった。ルーズベルト大統領はマリアナ作戦の成功を、日本の工業中枢を爆撃できる基地を与えてくれたと評価した。

基地建設は上陸二週間後の六月二四日には開始され、最初の滑走路が日本軍飛行場跡に作られ、イスレイフィールドと命名された。八月中旬までにサイパン島は大規模な航空基地へと変貌した。

Ｂ29は一〇月一二日にサイパンに進出。第21爆撃兵団の司令官となったハンセル准将（元第20航空軍参謀長）が一番機で到着。一八日には第73爆撃航空団の司令官オドンネル准将が二番機で到着。以来一一月二三日までに一〇〇機以上が集結した。

一一月一日、Ｂ29を改造した写真偵察機Ｆ13がスティークリイ大尉の操縦で初めて東京上空に飛来、飛行雲を引きながら高々度から数千枚の航空写真を撮影して、第21爆撃兵団の攻撃目標を明らかにした。マリアナからのＢ29の最優先攻撃目標は日本の航空工業であった。一一月一一日、第20航空軍参謀長ノールシュタッド少将は、最初の東京空襲の目標として中島飛行機の武蔵野工場を指示した。当時ここでは日本の航空エンジンの三〇％が生産されていた。

一一月一七日の早朝から搭乗員たちはＢ29に乗り込み出発準備を整えた。しかし天候が悪く中止となり、以来五日間天候が回復せずワシントンをじりじりさせた。七日目の二四日になってようやく天候が回復し、第73爆撃航空団のオドンネル准将操縦の一番機が離陸、次々に一一〇機が離陸した。しかし一七機は故障のため引き返し、九四機が北上、日本本土に向かった。高度八、〇〇〇から一万メートルで富士山上空から東進し、東京を目指した。午後一時すぎ中島飛行機工場は雲に覆われ、目標に向かった三五機のうちわずか二四機だけが工場地域に四八発を投下、五七人が焼死、七五人が負傷した。他の六四機は住宅地域を盲爆し、六機は爆撃できなかった。首都防空の日本軍戦闘機の迎撃によってＢ29一機が本州沖合い三〇キロの海中に墜落､全員戦死した。飛行第47戦隊見田伍長の2式戦「鍾馗」が体当たりで昇降舵と右水平安定板をもぎ取り撃墜したのである。他の一機は、燃料切れで不時着水したが、搭乗員は捜査機に発見され、二〇時間後に駆逐艦に救助された

この第一回東京空襲は成功とはいえなかった。アメリカ

戦略爆撃調査団の報告でも「爆撃精度は貧弱であり、装備も軽量でかつ敵の反撃は熾烈であった」とされている。

反復爆撃を受けた名古屋三菱工場

一一月二七日には同様な爆撃が八一機で行われたが、目標上空が密雲で覆われていたため、ほとんど効果がなかった。しかもこの間、日本軍は硫黄島経由でサイパン島を爆撃、イスレイフィールドにあったB29四機を破壊、六機に大損害を与え、一一機を破損するという打撃を与えた。

アメリカ側は混み合っているサイパン島からグアム、テニアン島へ兵力分散を図るとともに、硫黄島への攻撃を本格化し始めた。

第73爆撃航空団は一一月二九〜三〇日、一二月三日と東京爆撃を反覆したが、天候と日本側の反撃で九機を失い、しかも実質的成果を上げられなかった。しかし一二月一三日、名古屋の三菱航空機発動機工場に対する爆撃は、成果を上げ、一八日にも反覆された。この一八日はルメイの第20爆撃兵団が漢口を焼夷弾攻撃で壊滅させた日でもあったが、密雲に覆われた名古屋の三菱航空機組立工場をレーダー爆撃し、その一七%以上を破壊、人員四〇〇人以上を殺傷した。ただし工場の生産は一〇日間停まっただけで、B29八機が失われた。第20爆撃兵団が漢口に対して行った焼夷弾攻撃の壊滅的打撃と比べて、ハンセルの精密爆撃方式は、明らかに効率が悪かった。

一二月一九日、第20航空軍参謀長ノールシュタット少将は、ハンセル第21爆撃兵団司令官に、一〇〇機のB29による名古屋市の全面的焼夷弾攻撃を指令した。しかしハンセル准将は、地域焼夷弾攻撃への転換に反対、目視とレーダーによる精密爆撃という当初の任務に固執、アーノルド第20航空軍司令官に直接手紙で訴えた。

一二月二二日、第21爆撃兵団は、三度目の名古屋三菱攻撃を行い、実験的に焼夷弾だけを携行した七八機を出撃させた。四八機が目標に到達、雲上からレーダー爆撃したが、戦果はわずかで日本軍戦闘機によって三機を失った。

ハンセンに代わり漢口爆撃ルメイが転属

一二月二五日クリスマスの夜と二六日の夜、硫黄島を中継して日本陸海軍の最後の空襲がサイパン島に対して行われた。海軍の陸上攻撃機「銀河」と陸軍の四式重爆「飛竜」計二四機が出撃、うち一五機がイスレイフィールドを特攻爆撃、B29一一機を破壊、四三機を損傷させた。しかし、これが最後で、一月三日以降マリアナへの反撃は中絶した。

一方、マリアナからは一二月二七日、東京の中島飛行機武蔵野工場に対する精密爆撃を続行するため、七二機が出撃したが、わずか三九機が目標に到達したにすぎず、三機を失った。この日、ハンセル司令官は記者会見し、マリアナからの日本本土爆撃一ヵ月を総括して「われわれは爆弾すべてを目標に正確に落としたわけではない。一ヵ月の成果に満足しているわけではない。われわれはまだ初期の実験段階にある」と発表した。

この発表はアーノルド陸航空軍総司令官の気に障った。特にB29がまだ初期の実験段階にあるような言い方には我慢ができなかった。B29の実験段階はすでに終わっており、その戦略兵器としての価値をこれから実証しようとするときに、これでは前途が思いやられた。アーノルド元帥（一二月に昇進）は、かつてウルフを突然ルメイに代えたように、一九四五年早々、ハンセルをルメイに代えることを決意した。

一九四五（昭和二〇）年の元旦、昆明にいたルメイ第20爆撃兵団司令官に、マリアナに来るようにとの通達が発せられ、昆明からグアムに直行、一月七日に到着した。ここで司令官交代人事が告げられた。ハンセルはB29の教育航空団に転属し、ルメイが少将に昇進して第21爆撃兵団の指揮を取り、ルメイの後任の第20爆撃兵団司令官には、ハンセルの第21爆撃兵団参謀長だったロジャー・M・ラメイ准将が決定した。ハンセルは高々度精密爆撃方式に固執し、しかもそれが予期の成果を生まなかったため更迭されたのである。（一九九二・三・一掲載）

23　3月10日の東京大空襲

実験場に日本の都市の実物大を再現

一九四五（昭和二〇）年一月二〇日、カーチス・ルメイ少将は第21爆撃兵団司令官として、グアム島の基地に着任した。着任後最初に始めたのは新人搭乗員の訓練強化であった。目標に正確に爆弾を投下する爆撃手の技術を上げることが先決だった。市街地の航空写真だけを頼りに正確に爆撃するのは至難であった。爆撃照準用レーダーの精度は十分でなく、沿岸部の都市に限られていた。おまけに日本上空の天候は、ルメイの想像以上に悪く、これが高々度精密爆撃の成績不良に大きく影響していた。気象偵察機を飛ばして、その情報で気象班が天気図を作り、予報を出した。本土上空への単機飛行が可能な場合には、訓練を兼ねて気象偵察が繰り返し実施された。

　Ｂ29の高々度精密爆撃によって日本を打倒する見込みを、予定される日本本土上陸以前に立てることは至難と見られた。ルメイはＢ29の作戦を変えることを考え始めた。彼は航空写真を検討して、日本側に低空用の対空火器が少ないことに気付いた。当時、東京周辺の防空部隊は、7～12センチ口径の高射砲を約五〇〇門装備していたが、高射機関砲は、多連装のものが五基、二連装が三〇基というお粗末さであった。高々度（約八、〇〇〇メートル以上）から低高度（約二、〇〇〇メートル前後）へ高度を下げると燃料消費が少なくなり、その分爆弾を多く積むことができる。特に夜間爆撃にすれば成功の確率は高く、未熟な爆撃手でも目標地域に投弾しやすい。レーダー照準でも沿岸都市の市街地なら、識別は容易であった。それに日本の早期警戒網はドイツのように優秀でなく、夜間戦闘機の脅威はほとんどないと見られた。低高度で夜間に焼夷弾を日本の都市産業地域に無差別に使用するというＢ29戦法の革新は、ルメイの大胆な発想の転換によって実現されようとしていた。

　すでに日本の木と紙の都市が空襲に弱いことは、一九二四（大正一三）年にミッチェル准将がアジア旅行中に注目して、陸軍省に報告していた。日中戦争が始まると、日本機の中国都市に対する焼夷弾攻撃が多くの損害を与えたのを目撃したシェンノート大佐が、一九四〇（昭和一五）年に対日爆撃に有効な焼夷弾の開発をアーノルド陸軍航空隊司令官に上申したが、無防備都市に対する日本の無差別攻撃を非難していたアメリカ政府の方針と合わないと拒否された。しかし、このアメリカ政府の方針は、その後、ドイツ空軍のイギリス本土爆撃で変化し、アーノルド将軍は焼夷爆弾の開発をバネブァ・ブッシュ博士（科学研究開発局ＯＳＲＤ長官）に依頼した。真珠湾以後、都市の無差別爆撃に反対してきたルーズベルト大統領も、チャーチル首相の対日無差別焼夷弾攻撃提案（「太平洋に関するノート」一九四一年一二月二〇日）に同意するようになった。

　一九四三（昭和一八）年三月、アメリカ陸航空軍はユタ州のダグウェイ実験場に典型的な日本の都市を実物大に再現した。開戦前一八年間日本で暮らした建築家アントニン・レイモンドが設計し、使用材料はハワイから運ばれ、畳まで実物が使われた。この日本都市を焼夷弾攻撃する研究とテストが繰り返され、その結果に基づき、一九四四（昭和一九）年秋にナパーム（ガソリンのゼリー化剤）を主体にした新型のM69焼夷弾が作られた。M69焼夷弾は高度六〇〇メートルで破裂して三八個の棒状の小型弾となって散布され、建物に突きささって激しく燃え上がった。布製のリボンが付いており、ひらひらとあまり速く落下しないようになっていた。

ダグウェイ実験場での一連の実験結果から研究者たちは、焼夷弾の大量使用で日本に大打撃を与え得るという報告書をブッシュ博士に提出。博士はアーノルド将軍に示した。焼夷弾による対日市街地爆撃は、恐らく史上初めて最小の努力で最大の損害を与える絶好のチャンスと見られ、同量の通常爆弾による戦略目標への精密爆撃より、少なくとも5倍の威力があるとされた。さらにその破壊効果が日本の戦争遂行意思そのものに与える影響も無視できないと見られた。ただし、焼夷弾を集中投下して大規模火災を起こさせるには四〇〇機のB29が必要と見積もられていた。

一九四五（昭和二〇）年二月一九日、第20航空軍司令部は、ルメイ第21爆撃兵団司令官に指令を発し、焼夷弾による市街地攻撃が精密爆撃による航空産業への攻撃よりも優先することを示した。この日、アメリカ海兵隊は硫黄島に上陸、太平洋戦争屈指の大激戦を一ヵ月にわたって続け、B29の進路を妨げる最後の砦を取り除いた。

三月初旬、ルメイ司令官は東京夜間焼夷弾攻撃を三月九日深夜と決定、幕僚や航空団長たちと作戦を検討。まずB29から尾部銃座だけを残して、機銃と弾薬、射手をおろし、機体を軽くして焼夷弾の搭載量を増やした。また攻撃は、低空一、五〇〇〜一、八〇〇メートルで先導機の誘導に従って、編隊ではなく各個に進入することとした。この出撃のため、マリアナ基地には三八五機のB29が準備された。

空中指揮官には第三一四爆撃航空団司令官T・パワー准将が当たることとなった。出撃前日には第20航空軍参謀長のノールシユタット少将がグアム基地に到着。第21爆撃兵団司令部で東京夜間大爆撃の成果を見守った。

戦争史上、非戦闘員が蒙った最大の犠牲

三月九日一七時三四分、グアムの第三一四爆撃航空団のB29がパワー司令官に率いられて離陸を開始。四〇分後にはサイパンから第七三爆撃航空団が、テニアンからは第三一三爆撃航空団が離陸を始めた。各機には、合計二、〇〇〇トンのM47、M69焼夷弾が搭載されていた。離陸したB29は単機ごとに東京まで七時間の飛行を続けた。

ルメイ司令官は先頭を行く爆撃先導機に、最優秀で経験豊富なレーダー手を搭乗させ、目標に指示弾を投下する任

務を与えた。先導機は、野島崎上空をすぎ、東京湾北部から下町上空に達し、十日一時二一分に第一弾を投下した。最初に東京上空に達した爆撃先導機は、下町密集地帯の約二五平方キロの方形地域に一八〇発のＭ47焼夷弾を一直線に投下。二番機がこれにＸ型に交差して投弾、たちまち炎の十字が燃え上がった。先導機に続いて次々とＢ29が火の目印を目指して侵入、Ｍ69焼夷弾を投下していった。

各所に火災が起こり、たちまち広がって大火となり、折からの季節風に煽られ、一、八〇〇度を超える火の嵐となった。すさまじい上昇気流がＢ29を翻弄し、機内には煙が入り込み、人肉の焦げる臭いさえしたという。

一夜のうちに東京の下町約四一平方キロが灰燼に帰し、八万三、七八三人が死亡、四万九一八人が負傷、一〇〇万人以上の都民が焼け出される惨事となった。Ｂ29の損害は一五機であった。黒焦げの遺体を全部片づけるのに二五日もかかった。これはドレスデンやハンブルグの被災をはるかに凌ぐ大量虐殺であった。

三月十日の東京大空襲は、戦争の歴史が始まって以来、交戦国の非戦闘員が体験した最も大きな犠牲だとされ、Ｂ29による夜間低空焼夷弾攻撃は、対日戦略爆撃の転換点となり、太平洋戦争終結への転換となった。それにピリオドを打ったのが、Ｂ29による広島・長崎への原爆投下であった。（一九九二・四・一掲載）

24　大統領直結の「五〇九」部隊を編成

任務は「原子爆弾の投下」

原爆計画マンハッタン・プロジェクトのレスリー・Ｒ・グローブス少将は、一九四四（昭和一九）年八月、陸航空軍総司令官アーノルド大将の連絡将校オリバー・Ｐ・エコルズ少将の代理ロスコー・Ｃ・ウイルソン大佐を通じて、原爆製造の進展状況の情報を伝え、運搬手段としてのＢ29の準備を要請した。

ウイルソン大佐はこの要請に応じて、Ｂ29を準備する支援計画を立て、①Ｂ29の一個中隊を早急に編成する。②その人員をできるだけ早く選定する。③特別訓練のための基地の設置。④Ｂ29の改造は九月三〇日までに三機が間に合うよう開始される。⑤インプロージョン型爆弾「ファットマン」の弾道テストを九月末から一月一日まで続行。訓練は高性能爆薬をつめた演習用爆弾を使用する、等を約束した。

一九四四年夏、マリアナ諸島のB29基地化が進められている時、アメリカ陸航空軍は、原爆を運搬し、目標に投下するための戦闘部隊の編成を極秘裡に始めた。アーノルド大将はこの部隊の指揮官として、ポール・W・チベッツ大佐を任命した。大佐はヨーロッパおよび北アフリカ戦域の第九七爆撃航空群司令としてめざましい戦歴を残していた。また一九四二（昭和一七）年一一月の北アフリカに対する「トーチ作戦」を始めるため、クラーク将軍を乗せフランスとの秘密会合地に飛んだり、アイゼンハワー将軍を乗せてジブラルタルまで飛んだこともあった。一九四四年二月に本国に帰還、同春、B29の説明を受けた後、アラモゴード基地でB29のテストと作戦使用上の訓練に従事した。多年にわたって重爆撃機の運用経験を持つ名パイロットであり、陸航空軍に並ぶもののない指揮官で当時、二九歳の若さであった。

第2航空軍司令官ウザル・G・エント将軍に呼ばれてコロラドスプリングスに着いたチベッツ大佐は、保安将校ランズデール大佐の面接の後、エント将軍、ノーマン・ラムゼイ教授、ウィリアム・スターリング・パーソンズ海軍大佐に紹介されて始めてマンハッタン計画を知らされ、任務の説明を受けた。エント将軍は、訓練中の「三九三爆撃隊」をこの任務の中核とすると決めた。パーソンズ海軍大佐とチベッツは以後約一年間、相互に協力を続け、四五年八月にチベッツが最初の核爆弾装備のB29を操縦したとき、パーソンズは爆弾倉に吊られた原爆の最終調整を行い、ともに広島に飛ぶことになる。

この日を契機にチベッツ大佐の人生は一変した。九月には、この秘密部隊の中核となるため、第五〇四爆撃航空群から第三九三爆撃飛行隊が引き抜かれ、第五〇九混成航空群、略して「五〇九」が編成された。五〇九混成グループは、ソルトレーク市から約一〇〇マイル、ネバダ州にほど近いユタ州にあるウェンドーバー飛行場を訓練基地とするため移動した。

ウェンドーバーが訓練基地に選ばれたのには理由があった。ロスアラモス研究所から近く航空連絡の便がよかったこと。模擬爆弾による投下実験場のあるソールトン・シー地区からも近く、かつ人口密集地から遠く離れており、機密保持上適当であった。また、老朽化していたが既存の施設があり、直ちに使用できたためでもあった。

第五〇九混成航空群の定員は、将校二二五名、下士官兵一、五四二名であり、他に科学者・技術者を含めて総計一、〇〇〇名弱であったが、完全な独立部隊で通常の指揮命令系統によらず大統領に直結していた。大統領の命令は、ヘンリー・スチムソン陸軍長官→ジョージ・C・マーシャル参謀総長→レスリー・グローブス少将（マンハッタン管区司令官）→ヘンリー・アーノルド陸航空軍総司令官に下り、「五〇九」は陸航空軍総司令官に直属していた。

原爆投下でB29が吹き飛ばされないために

部隊は、B29の第三九三爆撃飛行隊の他に第三九〇補給中隊、第三二〇輸送航空隊、第一三九五MP隊、第一軍需中隊特別航空係、軍需省混成グループ所属第一技術分遣隊、等々が所属しており、放射能専門家を含む専属の医療班、コックが加わっていた。

この新しい組織の正式編成は、一九四四（昭和一九）年一二月一七日に行われた。

当初この得体の知れない部隊へのB29の供給は、陸航空軍関係者にとって、B29の生産がままならぬなかで厄介なことであり、全く気乗りがしないようであった。こうしたなかでアーノルド司令官は、グローブス少将の要請に、即座に同意し、早急に必要とするB29の供給を命じただけでなく、マンハッタン計画の要求に対しては無条件で、論議を一切抜きにして応ずるべきだという印象を陸航空軍の幕僚たちに実感させた。アーノルド将軍は、原爆計画の重要性を十分に承知しており、その遂行のための協力を惜しまなかったのである。

B29の原爆用爆弾倉の改造はすでに進められていたが、（第４章18参照）最初の三機が一〇月一日までにウェンドーバー基地でチベッツ大佐に引き渡され、早速、模擬原爆による弾道テストが開始された。ウェンドーバーの西方一三キロの地点に爆撃演習場を作り、ここで模擬爆弾の投下実験をした。第五〇九混成航空群には、プルトニウム原爆と同一の寸法・重量の模擬爆弾が約二〇〇個供給されたが、それが原爆模擬弾であることは、チベッツ以外だれも知らなかった。偽装のため同一形状で通常爆薬の爆弾も供給されており、〝かぼちゃ〟とアダ名が付けられていた。原子爆弾の投下法を考えることが、最初の任務となった。原爆の爆発で生ずる衝撃波は約一三キロ以内のB29を吹き飛ばす恐れがあると、パーソンズ大佐は計算した。チベッツ大佐は、投下高度九、一四〇メートル（三万フィート）で投下された原爆の爆発地点と投下したB29との距離は約九・七キロと見積もった。あと三・三キロ離れないとB29は吹き飛ばされる。どうすべきか、チベッツ大佐は、原爆投下直後に一五五度の急旋回をすれば、原爆が落下前進するのとほぼ反対方向にＢ29を飛ばすことができ、爆発までに必要ぎりぎりの一三キロ離脱できると計算したのである。

模擬爆弾の投下訓練と一五五度の旋回機動が、搭乗員たちにとって習性となるまで続けられた。一二月には、第三九三爆撃飛行隊が洋上飛行訓練のため、キューバのバチスタ飛行場に派遣され、二カ月にわたって洋上飛行と高々度からの目視およびレーダー爆撃訓練を行った。この訓練では、常に単機で行動することが求められ、編隊飛行は一切行われなかった。原爆機は常に単機で行動できる能力を持つことが要求されていた。

パーソンズ大佐のロスアラモス研究所での補佐官Ｆ・Ｌ・アッシュワース海軍中佐は、爆弾の弾道データから爆弾投下の最良の手順を決定するためのテストを続け、機体の安全問題と取り組んだ。同中佐はキング元帥（合衆国艦隊司令長官兼海軍作戦部長）の命により四五年二月、グアム島のニミッツ太平洋戦域司令長官に親書を届けた。それは進行中の原爆開発状況と、八月までにそれの使用準備を整えることが要請されており、同時に、第五〇九混成航空群の基地の位置を選定することを命じていた。（一九九二・五・一掲載）

25　テニアン基地で原爆の最終組み立て

起爆装置に関する第一級の専門家

キング元帥からニミッツ提督にあてた計画を知らせる親書を届けたフレデリック・Ｌ・アッシュウォース海軍中佐は、原爆投下に当たる第五〇九混成航空群の基地選定を協議し、テニアン島の北基地を推薦された。ここは一九四五（昭和二〇）年六月までに完成させる予定で建設が進められていた。中佐はここを調査して基地として適当であると認め、組み立て工場、研究所、倉庫、爆弾貯蔵庫など必要な区域を確保した。テニアンの北基地は二月末から海軍の施設部隊によって建設が進められた。

グローブス少将は原爆基地建設の進展状況を確認するために、テニアンにマンハッタン管区の代表者を派遣することとし、エルマー・Ｅ・カークパトリック陸軍大佐を選任した。マリアナに到着した大佐は、突然第21爆撃兵団司令部を訪れ、ルメイ司令官と二人だけで会って、原爆計画と第五〇九混成航空群の特別基地建設を推進するという自分の任務を打ちあけた。ルメイ少将は全面的な協力を約束した。三月の初めのことであった。

数週間後、アーノルド陸航空軍総司令官はルメイ司令官に、第五〇九混成航空群を第21爆撃兵団の指揮下に入れることを指示。ただし、この計画の実験的な性質に鑑み、特に初期の段階では、大部分の指令を総司令部から出すと通告した。

カークパトリック大佐は、テニアン島への船舶からの荷下ろしの渋滞で、最重要装備品の到着が遅延することを改善したり、理由を説明せずに莫大なセメントを入手したり、建設計画の推進に努めた。また、原爆搭載機が出動途上に事故を起こしたとき、緊急に不時着し、他のB29に積み替えを行うための応急施設を硫黄島に建設することが四月の初旬に決定されると、中旬には現地に出掛け、第一優先による作業実施を指令したニミッツ元帥の命令を伝え、七月一日までに完成するよう現地当局に求めた。しかし、この要求は実現せず、作業はなかなか進まなかった。これを知った大佐は、ニミッツ司令部に現状を訴え、やっと間に合わせることができた。

テニアン基地で原爆の最終組み立てを行う地上勤務の技術部隊の組織については、一九四四（昭和一九）年六月ごろから検討されていたが、実際に選定されたのは、一九四五（昭和二〇）年五月の始めであった。一二名の技術者、一七名の陸軍下士官、七名の海軍士官と一名の陸軍士官からなる三七名が定員であった。その主要担当と配置は次の通りだった。全般責任＝パーソンズ海軍大佐、科学技術代行＝ラムゼイ、軍事代行＝アッシュワーズ海軍中佐、爆縮型爆弾組立班＝ワーナー、砲撃型爆弾組立班＝バーチ、信管班＝コール、電気起爆班＝スチブンソン予備少佐、填充班＝モリソン、ベーカー、観測班＝アルバレッツ、ワルドマン、需品班＝ダイク、特別顧問団＝サーバー、ペニー、ノーラン軍医大尉。

ウイリアム・スターリング・パーソンズ海軍大佐については、ロスアラモス研究所の兵器部長として登場したが、（第４章15と18参照）原爆の全貌に通じた数少ない技術士官であり、当時四四歳の最年長者であった。原爆の信管と起爆装置に関する第一級の兵器専門家としてマンハッタン計画に参加した。一九〇一（明治三四）年一一月シカゴで生まれ、ニューメキシコで育った。一九一九（大正八）年アナポリス海軍兵学校入学、卒業後艦隊勤務の後、一九三〇（昭和五）年アナポリスの大学院とワシントンの海軍工廠で兵器工学を学んだ。一九四二（昭和一七）年四月以降は、バネブア・ブッシュ博士の助手を兼ねてＯＳＲＤ（科学研究開発局）で働いていた。当時の主な仕事は、近接電波信管の開発であった。一九四三（昭和一六）年六月一五日、マンハッタン計画の「Ｙ用地」（ロスアラモス研究所）に着任。兵器部で、いかに原爆を兵器としてまとめ上げ、爆発させるかの研究開発に従事してきた。

六月三〇日「五〇九」テニアン訓練開始

このパーソンズ大佐の人事は、グローブス准将が原爆の兵器計画早期開始を進言し、それを推進する担当主任の選考について、軍事政策委員会（一九四二〔昭和一七〕年九月、ブッシュ博士、Ｗ・Ｒ・Ｅ・パーネル准将の三人をメンバーとして設置）の助言を求めたことから、一九四三年五月の同委員会で決まった。高性能爆薬、火砲等兵器に理解と経験があり科学者から尊敬される人物であること。実際に原爆を使用する計画にも参加するので正規の軍人であることが望ましいが、陸軍には該当する人材がいなかった。ブッシュ博士が海軍士官でもいいかとたずねると、グローブス准将は即座に結構ですと答えた。そこでパーソンズ中佐（当時）が推薦され、パーネル少将も賛成して決定されたのである。

グローブス将軍は後に、パーソンズ大佐について、期待以上の立派な成果を上げ、責任を果たしただけでなく、計画推進のため、摩擦の解消にも協力し、特に最終段階で、計り知れない価値を発揮したと書いている。

海軍の施設部隊によるテニアン北基地の建設が進むなかで、ウェンドーバーの第五〇九混成航空群は、太平洋戦域への展開を準備した。五月初め、地上勤務員の主力はウェンドーバーを出発、乗船地のシアトルに向かった。秘密保持のため、隔離された特別車両で輸送され、五月六日シアトルを出航、二九日にテニアン島に到着した。飛行部隊は、五月一八日にチベッツ大佐が搭乗員の先遣隊を連れて到着。六月一一日は、戦闘部隊が到着し始め、相次いで特別改造のＢ29一八機が集結した。

ルメイ少将は六月にワシントンに赴き、グローブス少将と初めて会って原爆の引き渡しと作戦計画について打ち合わせた。グローブス少将はルメイ少将に非常に強い印象を受け、非凡の才能を直観し、深く信頼した。

グローブスは原爆の予想される威力、引き渡し予定時期、生産の状況を説明、完成次第二つの型の爆弾が日本の目標に投下されることを期待すると述べ、原爆投下作戦の実施はルメイが訓令の範囲内で思う通りにやって欲しいと要望。パーソンズ大佐と補佐官アッシュウォーズ中佐の役割を説明した。ルメイは、若干の質問の後に、爆撃は護衛機なしのB29単機でやると言明。日本側は高々度を飛ぶB29単機には偵察か気象観測と決め込んで関心を持たないだろうと指摘した。グローブスは原爆投下作戦はルメイの縄張りだが、その時には附近に観測機がいるようにする必要があると付け加えた。この会見には、原爆投下の作戦計画に取り組んでいたファーレル准将も同席した。

第五〇九混成航空群の隊員たちは、テニアン島の熱帯の自然に喜んだ。島民たちは親切であり、海水浴には絶好の砂浜があった。しかしマンハッタン管区の機密保安委員が到着すると、有刺鉄線の柵が巡らされ、歩哨が立った。「五〇九」隊員たちには島民と親しくなってはいけないとの命令が出た。

「五〇九」は六月三〇日、集中的な訓練行動を始めた。離陸、北上して硫黄島まで航法飛行し、帰途にマリアナ諸島中のロタ島に投弾して帰るコースを五～六回繰り返し、他にロタ島への短距離爆撃飛行を何回か行い、続いてトラック諸島と南鳥島への長距離飛行も実施された。いずれも二～九機の少数機による飛行であった。（一九九二・六・一掲載）

26　模擬原爆の投下訓練

〝かぼちゃ〟で調べた日本側の迎撃状況

第五〇九混成航空群のB29は、いずれも原爆搭載用に改造されていたので、通常の爆弾を装着することはできなかった。そのため、爆縮型原爆（ファットマン）と同型に作られた模擬爆弾に約二・五トンの爆薬を詰め、近接信管で空中爆発させることができる訓練用爆弾（五トン）が使用された。〝パンプキン〟（かぼちゃ）と呼ばれ、機密保持のため「五〇九」の任務は、この爆弾を投下することにあるという噂をテニアンに流布させた。〝パンプキン〟は六月末に現地に到着し始めた。

「五〇九」の大部分の隊員は、訓練の本当の理由を知らされず、連日の〝かぼちゃ〟爆弾投下訓練にいささか失望していた。「五〇九」の日本上空への出撃は七月二〇日に始まった。予定攻撃目標所在の地区に搭乗員たちを慣れさせ、目標発見を確実にするため、〝かぼちゃ〟投下都市は原爆目標の近くであるが、目標都市を外してあった。爆撃は高々度で、目視とされていたが、天候で不可能な場合はレーダー使用が認められていた。

この「五〇九」の日本本土への模擬原爆投下の状況については、平成三年の一一月愛知県の市民グループが、国立国会図書館（東京）で「第五〇九混成航空群特別爆撃任務表」（一九四五（昭和二〇）年）と地図のマイクロフィルムを発見。七月二〇日から八月一四日までに国内一七都府県の四四ヵ所に計五〇発の模擬爆弾〝かぼちゃ〟を投下していたことを明らかにした。この「春日井戦争を記録する会」の調査では、実際の原爆投下もその任務に含まれており、八月六日の広島は第一三任務、九日の長崎は第一六任務で、いずれもATOMIC（原爆）と付記されていた。地区別投下目標は次の通り。

【昭和二〇（一九四五）年七月二〇日】茨城県北茨城市▽東京都千代田区▽福島県いわき市三カ所▽福島県（不明）▽新潟県長岡市▽富山市三カ所【七月二四日】愛媛県新居浜市2カ所▽兵庫県（不明）▽神戸市三カ所▽三重県四日市市▽大阪府堺市▽岐阜県大垣市【七月二六日】新潟県柏崎市▽新潟県鳥井峠付近▽茨城県日立市▽福島県いわき市▽静岡県島田市▽名古屋市▽静岡県浜松市▽富山市▽大阪市▽静岡県焼津市【七月二九日】山口県宇部市三カ所▽福島県郡山市二カ所▽東京都（不明）▽和歌山県▽京都府舞鶴市【八月六日】広島市（原爆）【八月八日】愛媛県宇和島市▽福井県敦賀市▽徳島市▽三重県四日市二カ所【八月九日】長崎市（原爆）【八月一四日】愛知県春日井市▽愛知県豊田市。（日本経済新聞、平成三年一一月一八日）

日本の目標を原子爆弾で攻撃するときと同じ一連の模擬爆弾として、少数機での出撃を繰り返し、日本側の迎撃状況を調べた。地区別投下目標のなかで、七月二〇日東京都千代田区とあるのは、原爆投下訓練飛行の第一日、一機が東京の皇居に〝かぼちゃ〟を投下して失敗したといわれる事件である。広島攻撃の際には気象偵察機として先行誘導したクロード・イーザリー大尉操縦の「ストレート・フラッシュ」がその一機だとされている。目標上空が晴れそうもなかったので、ジャック・ビバンズ軍曹が東京の皇居に落として帰ろうと提案、全員が賛成して実行、皇居を狙って投弾したが外れて、鍛冶橋付近で炸裂したというのである。彼らが命令違反をとがめられたのか、目標を外したことを叱られたのかはっきりしない。

マッカーサーも「民主化した天皇制維持」で合意

また、この爆撃が当初から計画されて、わざと目標を外した一種の心理作戦であったのかどうか、なお定かではない。

当時、ラジオ・トウキョウは、その爆撃意図を測りかねて「敵爆撃機の戦術は、これまでの経験や常識では予想することのできないほど非常に複雑になっている。今朝、帝都上空を通過したＢ29一機は、都民を少しも意識せずに東京都の一角に爆弾を投下した。これは恐らく都民の心を惑わせようとするいわゆる奇襲作戦であろう」と見た。当時、東京はほとんど焼野原であり、そこに大型爆弾を一発だけ、なぜ投下するのか、その意図が分からなかったのである。原爆の投下訓練だとは、想像の外にあった。

すでに、この三カ月前の一九四五（昭和二〇）年四月、アメリカ戦時情報局（ＯＷＩ）は、「皇居・神社への空爆と天皇の扱い」という機密文書を作成、アメリカ国務省・陸海軍三省調整委員会に提出していた。

この文書とそれを巡るアメリカ政府内の議論をまとめたイギリス外務省作成の秘密報告が、ロンドンのイギリス公文書館に保存されていることが、四七年ぶりに一九九二（平成四）年一月に判明（ロンドン五日共同）したことから、その内容が明らかになった。

文書は五枚綴りで「トップ・シークレット」と赤インクで書かれたうえ、ワシントンのイギリス政府の出先からロンドンの外務省政治情報局あて一九四五（昭和二〇）年五月五日付で、「日本の天皇問題はアメリカだけには任せておけないので検討して欲しい」との添え書き付きで残されていた。

アメリカＯＷＩ文書によると、アメリカ国務省でこの問題が討議されたのは、四月二一日の三省調整委員会である。Ｂ29の東京空襲で、すでに皇居や神社にも被害が出始めたなかで、これについてアメリカがどのような態度を示すかを検討したもので、①完全沈黙、②軍事的必要性を説明して空襲を認める、③慎重に目標を限定して実行していると説明する、④誤爆であると認める、など対応が考えられるが、①以外はいずれも日本側「鬼畜米国」の逆宣言に使う可能性が高いとし、何も言わない方針を示唆。当面は空襲続行、硫黄島占領、沖縄上陸の三作戦が日本を降伏に追い込むと規定した。また同文書は、敗北した日本で天皇はある程度の社会・政治的安定を維持するために利用し得る、と規定しており、イギリス側の報告もそれを容認し、当面の目的を告げずに皇居・神社への攻撃を続行することが、当面の心理戦として日本人の士気を挫くことになると結論付けていた。

天皇の扱いについてOWI文書は、明治維新以来、日本の天皇概念は、近代軍国主義の要であり、日本軍と天皇は一体化しているので、軍事的損失が日本人の心の中で天皇の不可侵性、神性に関する神話を崩壊させると分析し、天皇や皇室を直接攻撃することなく、皇居や神社に軽微な損失を与えるとの作戦をとったことを明らかにしていた。

イギリス側の報告は、加えて、この会議に参加した調整委員会極東小委員会のドーマン議長が、民主化した天皇制を維持するとの方針を、マッカーサー連合軍司令官もすでに支持したと述べたという。

七月二〇日、対日原爆投下訓練の第一日に、東京都千代田区を目標に投下、目標を外れたという模擬原爆は、アメリカ兵の子供じみた提案で行われた誤爆なのか、あるいは天皇問題を周到に考えて実施された心理作戦であったのか、想像は拡大するが、真相はなお定かではない。ただし、それを実行したクロード・イーザリー大尉は、少佐として広島への気象偵察に参加し、戦後は太平洋の原爆実験にも従事したが、退役後、自殺未遂、強盗などの違法行為を繰り返し、自分の犯罪は広島に対する罪の意識によると主張、『良心の咎め』と題する本を執筆。精神に異常をきたし、一九七六（昭和五一）年にガンで死亡している。（一九九二・七・一掲載）

27　サイパン、テニアン基地の米軍電波を傍受していた陸軍中央特種情報部第三課

連絡ルート上の問題で貴重な時間を空費

日本側は「五〇九」の原爆投下に必要な技術を磨き上げるための訓練飛行を、単なる気象観測、あるいは偵察飛行と誤解した。また日本側は燃料が極度に不足していたので、少数機を一々迎撃して無駄使いすることはできなかった。機材は本土決戦に備えて温存させていた。ただしB29の動静については通信傍受によって監視が続けられていた。

すでに一九四三（昭和一八）年七月、大本営陸軍部第一八班が参謀総長の直轄部隊「陸軍中央特種情報部」となった。傍受は東京田無の陸軍通信所の一部を転用して始められた。中国奥地の成都周辺を基地とするB29に対しては、兵庫県小野の基地が担当した。傍受基地は千葉県館山、和歌山県白浜、静岡県伊東に開設され、方向探知基地は札幌・田無・福岡・上海にまで拡大された。

マリアナの日本軍が玉砕した一九四四（昭和一九）年七

月ごろからは、本格的な活動が始まり、通信諜報班は「陸軍中央特種情報部第三課」（課長＝重松正彦少佐）となった。第三課は太平洋を八つの班で区切って担当。特にB29の動きの探知に重点をおき、B29が太平洋上の基地を飛び立つ時から追跡することが可能となっていた。大本営陸軍部は特種情報部から上がってくる情報を、第二部第六課（欧米課）に回していた。ここで情報参謀の堀栄三少佐が情報を総合的に判断し、アメリカ軍の作戦意図を分析した。京浜地区の防空を担当した陸軍の第一〇飛行師団でも昭和一九年一一月、B29の東京空襲に対応して特種情報班を編成、暗号解読や英会話の通訳を集め、サイパン、テニアン基地のアメリカ軍の電波を傍受し、B29の行動に関する情報を直接収集した。アメリカ軍が無線電話を使用する時には、ナマの会話が聞けたので、二世の通訳が翻訳して、その意図を察知しようとした。

B29迎撃にとって最も肝心なことは、まず来襲を早期に探知し、その情報によって出撃する飛行隊を適切に運用することであった。縦深の極めて浅い日本本土の弱点を補うためには、情報の早期入手と間髪を入れない防空戦闘機の出動を可能とすることが、本土防空の眼目となっていた。しかし、情報は組織上まず上級司令部に集まり、それを飛行師団・高射師団司令部に流し、そこから飛行隊、高射砲隊に流されるため、その間に貴重な時間が空費されることが多かった。

例えば、八丈島の電波警戒機乙（レーダー有効距離約二五〇キロ）が、南方二〇〇から二五〇キロでB29編隊を探知、警戒警報を発令、司令部に報告、司令部から飛行師団に出動を下令、先頭機が離陸、戦隊が迎撃配備、高度約一万メートルに達するには、約八五分から八七分を要した。八丈島・東京間は約三〇〇キロであり、B29の巡航速度で約六〇分かかったので、飛行機隊が配備につくころには、東京は爆撃されてしまうことになった。このため第一〇飛行師団では独自に特種情報班を編成したが、東部軍では昭和二〇年春になって、遅ればせながら第一〇飛行師団長の指揮下に東部軍情報隊を入れるという応急措置を取った。また海軍は、電波警戒機を積んだ二〇〇～三〇〇トンの小艇を、小笠原諸島東西の線に配置して、早期にB29の来襲を探知しようとした。その数は約五〇隻に上ったという。

しかし、B29の本土爆撃は、三月一〇日の東京大空襲を契機として、四・五・六の三ヵ月間、大都市の焼夷弾攻撃、重要港湾、海峡に対する機雷投下を反覆。六月からは、中小都市に対する焼夷弾攻撃を始めた。この間、四月七日には、伊勢神宮の神域が被爆し、四月一三日には、皇居と大宮御所の一部が炎上、明治神宮も灰燼に帰し、日本人を切歯扼腕させた。こうした状況に対し、アメリカ戦時情報局（ＯＷＩ）がどう対応するか秘かに協議していたことについては、すでに見た通りである。

正体不明の「特殊任務機」がテニアンで行動顕著に

暗号は解読できなかった。しかし、アルファベットと数字の識別はできていたので、アメリカ軍機の発するコールサインが、徹底的にマークされた。サイパン、グアム、テニアン島に基地を作り進出してきたＢ29は、離着陸の際地上基地と交信する。電文の冒頭はコールサインで一定の符合となっており、続く本文は暗号で解読できない。ただコールサインは変わらない。それらを収集して分析して行くと、機種や部隊編成まで判ってきた。

一九四四（昭和一九）年秋、周波数一万二、五〇〇キロサイクルで「ＮＰＮ5ＰＰＰ」という電波をキャッチした。ちょうどそのころ海軍の特攻機がサイパン島のＢ29に攻撃をかけていたことから、「ＮＰＮ5」はサイパンの基地司令官の記号、「ＰＰＰ」は空襲警報と判断され、以来この周波数に合わせて傍受が続いた。Ｂ29の空襲が本格化すると、「15Ｖ425」とか「16Ｖ425」という数字が増えてきた。Ｂ29は来襲して目標に爆弾を投下して二分ほどたつと戦果報告の通信を行う。「ＮＰＮ5　15Ｖ497　12Ｖ34……」と続く。ＮＰＮ5は基地司令官、次は報告機、第四九七航空群の一五番機、続く数字と記号は爆弾効果、日本側の迎撃状況、被害状況等、Ｖは目視照準で、Ｒは悪天候下のレーダー照準と見られていた。大被害を受けるとナマ文のモールス信号で交信し、「エンジン出火」「方位を知らせ」とやっていて、最後に「バンボーよこせ」となる。バンボーとは救助用飛行艇で、これが出ると墜落はほぼ確実と見られた。特種情報部のＢ29一覧表には、約六〇〇機が登録されていた。こうしたＢ29の発進から帰還までの通信を傍受し、監視を続けることで、どの程度の編隊がどのあたりに向かっているかを、かなりの精度でとらえることが可能となった。堀栄三情報参謀は、Ｂ29の本土空襲が四～五時間前には捕捉できたと述べている。

一九四五（昭和二〇）年五月ごろには、異常な編隊がテニアンに進行してきたことが探知された。通信内容の解読はできなかったので、「正体不明機」と呼ばれ、監視が続けられた。ハワイを出発した「不明機」はＶ六〇〇番台のコールサインを発した。従来六〇〇番台のコールサインを持つ部隊は、マリアナにはいなかった。六〇〇番台の飛行機は、約一二機まで増えたが、それ以上は増えなかった。

六月になると、近辺を訓練のように飛び始め、順次硫黄島や日本本土にも接近し始めた。いつも単機か少数機で行動し、基地と頻繁に交信していた。七月から八月に入るころには、その行動が顕著になり、この「正体不明機」は、何らかの特殊任務を実行する部隊ではないかとの疑惑が深まり、特種情報部はV六〇〇番台の飛行機を「特殊任務機」と呼ぶようになった。こうして原爆の運搬手段としてのB29の五〇九混成グループの準備が進み、マリアナ基地からの出撃訓練が続くなかで、肝心の原爆開発はどうなっていたか。爆縮型（インプロージョン）のプルトニウム爆弾〝ファットマン〟の爆発実験（暗号名トリニティ）が、七月に実施されようとしていたのである。（一九九二・八・一掲載）

28　原爆実験用地が「死の旅」に決定。暗号名「トリニティ」の前進

実験計画の担当者ベインブリッジ博士

暗号名「トリニティ」（「三位一体」）の実験準備が続けられていた。トリニティ実験は、プルトニウム爆弾の爆発実験ではなく爆縮装置（インプロージョン方式）による核爆発テストに狙いがあった。砲撃法（ガン・メソッド）によるウラン爆弾については、装置の開発が進み、その信頼性が確認されていた。一九四四（昭和一九）年三月には実物大の砲撃装置が発注され、一〇月にロスアラモスに到着。本物のウラン235ではなく天然ウランを使った作動実験が行われ、一二月までには、その確実さがほぼ実証されていた。

一九四五（昭和二〇）年に入って、設計が決定され、砲撃のための点火装置について空中投下実験を続け、すべて成功していた。しかし、ウラン235の生産がなかなか進まず、とても爆発実験を行う余裕がなかったが、各種試験の積み重ねで、実験しなくても実用に耐え得る状況になっていた。

これに対して、爆縮方式は不確定要素が多く、ぜひとも爆発実験が必要であった。実験の準備は一九四四年三月、グローブス少将とオッペンハイマー博士の協議によって開始された。当初、爆発が起こらなかったり、意外な小爆発で終わった場合に、貴重なプルトニウムをできるだけ多く回収できるようにするため、爆発を大きな鋼鉄製容器の中で行うことが考えられた。

発注された巨大な容器は〝ジャンボ〟と命名され、東部地方の製造工場から特別の車両でゆっくり運ばれ、三六個の大車輪のついた特別製トレーラーに積み換えられて運ばれたが、結局使わずに終わった。

一年にわたった爆縮方式の研究が急進展し、爆発が小規模あるいは不発となる可能性が少なくなり、大規模爆発となる公算が大きくなったからである。またもし〝ジャンボ〟を使用して本格的な核爆発となった場合の危険性の大きさが考慮されたので、やめたのである。

〝トリニティ〟という暗号名は、オッペンハイマー博士によって選定された。実験計画は、ケネス・T・ベインブリッジ博士に託された。

彼は原爆の研究に当初からかかわってきた科学者の一人であった。一九三三（昭和八）年にはイギリスのラザフォード卿に認められてキャベンディッシュ研究所に留学。レオ・シラードの連鎖反応理論に接した。一九三四（昭和九）年にハーバード大学教授として帰国、同位元素の分離に関心を持ち、ウラン238と235の分離研究を行った。一九四〇（昭和一五）年にはE・O・ローレンス博士に勧められてバネヴァ・ブッシュの国防調査委員会のレーダー研究に参画した。一九四〇(昭和一五)年夏には、イギリスのティザート調査団が訪米、原爆の米英共同開発の第一歩となるが、（第1章7、第4章2参照）一九四一（昭和一六）年三月にはベインブリッジ博士はアメリカ技術代表団の一員として渡英。この際イギリスのモード委員会に出席。原爆製造について専門家として討議に参加。五月帰米して国防調査委員会のブッシュ博士に討議内容を報告、原爆開発を本格化する契機となった。一九四三（昭和一八）年にはオッペンハイマー博士によってロスアラモス研究所に招かれ、一九四四(昭和一九)年の「真夏の危機」(第4章15参照)からは、パーソンズ大佐とともにキスチャコウスキー博士の爆縮起爆方式研究に入り、その責任者となった。

ベインブリッジ博士は、オッペンハイマー所長、グローブス少将と相談し、実験用地の選定から始めた。一九四四年の春から夏にかけて七カ所の候補地を調査し、視察した。用地の条件としては、機密保持と安全確保上、十分広大な地域であり、縦二四マイル、横一七マイルの敷地が必要なこと、付近に人家のない地域であること、またロスアラモスからあまり遠くないことが必要だった。

キャンプで週二度起きた誤爆事件

結局、ニューメキシコ州南部の砂漠地帯、アラモゴード爆撃地域の一部が選定された。この不毛の砂漠は、初期のスペイン人開拓者がジョルナダ＝デル＝ムエルト（死の旅）と呼んだところで、最も近い町ソコロとカリゾゾまで二〇マイル以上離れていた。ロスアラモスの南約二〇〇マイルの地点にあり、あまり遠くもなく、またロスアラモスの研究内容と関連づけられるほど近くもなかった。

一九四四（昭和一九）年九月、グローブス少将は第二航空軍司令官U・G・エント少将に、その管轄下にある爆撃演習場の北西の一角を使用できるよう交渉し、確保した。一〇月には「トリニティ」キャンプの計画がロスアラモス研究所のW・A・スチーブンス少佐によって立てられ、一二月にはその建設が完了。ロスアラモスの警備部隊から憲兵小隊がこのキャンプに移駐し、道路を周辺から遮断した。

ベインブリッジがこの基地キャンプを初めて訪れたのは一九四五（昭和二〇）年一月であり、以来ベインブリッジ班の科学者たちは、数ヵ月間にわたり兵舎で眠り、実験地域に閉じ込められることになった。砂漠の炎暑の中で監視や機器の取り付けという重労働が続いたが、士気は高かった。

一九四五年三月から「トリニティ」は最優先計画となり、ベインブリッジの下にTR計画という特別部が組織された。「トリニティ」実験に先立って、まず一〇〇トンの高性能爆薬を爆発させる実験が五月に行われることになった。巨大な爆発によって、後から本物の実験で使用する計測機器の補正のためのデータを得ることが狙いであった。TNT火薬は高さ二〇フィートの塔の上に積み重ねられた。計測機器はTNT五、〇〇〇トン相当と見積もられていた「トリニティ」実験に対応するような距離に配置され、ハンフォードの原子炉の核分裂生成物一、〇〇〇キュリーをTNT火薬の箱の間において、放射能拡散の様子が分かるようにした。実験当日には、警備委員を除く全員に対し、爆発二時間前にゼロ地点から半径一万ヤードの地域から退去するよう命令が出された。五月七日の夜明け前、一、〇〇〇トンのTNT爆薬が爆発した。その橙色の火球は砂漠の空を照らし、六〇マイル先からも眺められた。実験は有意義であり、より大きな爆発に対する機器の調整や待避所の設計などに必要なデータを数多く提供した。

「トリニティ」キャンプでは、いよいよ本番の実験に向けて日夜を分かたぬ活動が続き、二五〇人のロスアラモスの科学者たちが集まっていた。そうした五月中旬の出来事だった。陸航空軍のB17爆撃機がトリニティ・キャンプの明かりを夜間爆撃標識と間違えて、一週間に二晩も誤爆するという恐ろしい事件が起こった。もし先導機の爆弾で標的用電灯が消えたら、後続機は明かりのついた宿舎めがけて次々に爆弾を投下し、大きな被害が出たものと見られた。この誤爆事件の後、ベインブリッジは、SCR五八四型射撃標準レーダー二基と操作要員を要求した。この射撃標準レーダーはドイツのロケット兵器を打ち落とすために開発されたもので、V1の九〇%を射ち落とすのに貢献した新兵器であった。ベインブリッジは、新米の爆撃手にもしもせっかく実験塔に据え付けた原爆を壊されたらと本気で心配し、もし今度来たらその鼻先に発煙弾を打ち上げ警告するため要求したのであるが、オッペンハイマー所長は、危険すぎると彼の提案を拒否した。

こうしたなかでいよいよ「トリニティ」実験が実施されることになる。（一九九二・九・一掲載）

29 「この世のものとも思われない……」人類最初の核爆発実験

一五日の夕刻までに天候は回復しなかった

雨が降り始め、遠雷が轟《とどろ》くなか、グローブス少将、バネヴァ・ブッシュ、ジェームス・コナント両博士が「トリニティ」キャンプに到着した。一九四五（昭和二〇）年七月一五日、日曜の午後であった。オッペンハイマー所長が三人を迎え、状況を説明した。すでに実験準備は完了、フェルミ、ベーテ、A・ローレンス博士ら主要科学者たちも集まっていた。イギリスからはJ・チャドウィック卿が、また人類最初の原爆実験を取材する唯一の新聞記者として秘かに指定されていたニューヨーク・タイムズの科学担当W・L・ローレンス記者も呼ばれていた。

天候が最も気掛かりであった。風雨が危険な放射性物質を拡散し、汚染することが心配されていた。すでに六月の初旬、実験主任のベインブリッジ博士は、オッペンハイマー所長から、トルーマン、チャーチル、スターリンの三首脳会談が七月一五日から始まる予定だと知らされていた。それまでに「トリニティ」実験が成功すれば、トルーマン大統領にとってポツダム会談での切り札となるはずであった。

二四時間不眠不休の活動が続くなか、プルトニウムの核心部分がロスアラモスから「トリニティ」キャンプに運ばれた。ベインブリッジ博士が爆発地点（零地点）から約一マイル（一・六キロメートル）離れた組立ハウスで受け取った。ここではグローブス将軍の代理としてファーレル准将が受領書に署名し、陸軍がロスアラモス研究所から正式に受け取り、再び科学者たちによって組立作業を進めるという手続きが取られた。

厳重に黒テープで目張りされ、真空掃除された室内では、プルトニウムの二つの半球が組み立て結合された。このプルトニウムは、特殊な爆薬の殻の中に収められるのであるが、その殻の部分は爆縮法の中心となったキスティアコフスキー博士によって、七月一三日の金曜日にロスアラモスから運ばれ、爆発ゼロ地点に建てられた三四メートルの鉄塔の下に張られたテントの中に運び込まれた。その日の午後、最終的な組立作業が始まった。

組立ハウスから注意深く運ばれた八ポンド（約三・六キログラム）の核心部となるプルトニウム球が巻き上げ機で吊り上げられ、爆薬殻の開口部にゆっくりと降ろされた。科学者たちの緊張は極度に高まった。しかし、一度では入らなかった。プルトニウム球が沙漠の炎暑で膨張したためで、しばらく待って試みた二度目で収まり、科学者たちをほっとさせた。

一四日午前八時にテントは除かれ、五トンのファットマンが塔の頂上にゆっくりと吊り上げられた。頂上には爆弾を保護するための鋼鉄小屋が造られてから取り付けられた。最も微妙な起爆部分は全装置が塔上に上げられてから取り付けられた。ただし、起爆装置の回線だけは、まだつながれていなかった。同夜遅く、組立作業はほぼ完了し、ファットマンは塔上に残され、塔は武装兵に厳しく監視されていた。

「トリニティ」キャンプに到着したグローブス少将は、科学者たちの異常な興奮状態に気がついた。特に極度の緊張が忍耐力の限度に達しているように見えたオッペンハイマー博士のことを心配した。すでに五月の模擬爆発実験の後、ファーレル准将を通じて、ベインブリッジ博士に、本実験が迫ったら安全のためオッペンハイマー博士を、本人に気付かれないように爆弾から遠ざけるようにせよと命じていたが、それはとてもできない相談であった。博士はわが子同様の爆弾を最後まで自分の目で見届けようとしていた。

一五日の夕刻までに天候は回復しなかった。科学者たちはオッペンハイマー博士に二四時間の延期を求めた。グローブス少将はオッペンハイマー博士とベースキャンプで静かに問題点を討議した。気象学者の予測は当てにできなかった。延期は明らかに多くの危険を孕んでいた。

「それは巨大な緑色の超太陽であった」

沙漠の中に立つ塔は、落雷で避雷針の役目を果たすことになりかねなかった。ケーブルや導線は風雨に曝されて不発の原因になるかもしれなかった。サボタージュや破壊活動の危険性も考えられた。ベインブリッジ博士を責任者とする科学者・技術者たちは、一〜二週間前からの点検・調整作業で疲れ切っていた。

日没時にグローブスとオッペンハイマーは実験を二〜三時間以上延ばさないことを決め、一六日午前一時に、さらに状況を検討することにした。その間、仮眠を取ることになったが、グローブス少将が熟睡するなか、科学者たちはまんじりともしなかった。午後一一時少し前、降り続く雨の中、実験準備の七名のチーム、ベインブリッジ、キスティアコフスキー、ジョー・マッキベン、ブッシュ中佐、気象班二名、護衛一名が、キャンプを出発、実験塔への最後の点検に向かった。

深夜、グローブス少将とオッペンハイマー博士は本部キャンプを離れ、五マイル先の制御待避壕に入った。二人は数分ごとに外に出ては天を仰いだが、天候は回復していなかった。オッペンハイマー博士の緊張は爆発寸前に達していた。グローブス少将は博士を外に連れ出しては雨の中を歩きまわり、実験は必ず成功すると言いきかせ、安心させようと努めた。

当初午前二時と予定した実験は、ベインブリッジ博士からの連絡で午前四時に延期した。しかし気象条件は変わらず、再び延期となった。四時四五分ごろ、気象班が天気予報を伝えた。それによると明け方午前五時すぎには、ほぼ実験可能な天候になるものと見られた。ベインブリッジ実験主任はオッペンハイマー所長とファーレル准将に電話を掛け、同意を求めた。グローブス少将はオッペンハイマー博士を促して決心させた。爆発は一六日午前五時三〇分と決まった。

秒読みは、五時一五分に始まった。オッペンハイマー博士は爆心ゼロ地点から一〇マイル（一六キロメートル）離れた主観測壕にベインブリッジ博士とともに残り、グローブス少将らは、そこから三マイル離れた「トリニティ」キャンプに引き返し、そこで、ブッシュ、コナント両博士、フェルミ、ローレンス博士らとともにゼロ・アワーを待った。ニューヨーク・タイムズのローレンス記者も、ここで人類最初の核爆発を取材した。

実験に際しては、実戦使用の際の衝撃を体験するため、B29二機を観測機として上空を飛ばせることになっていたが、天候不良で観測は行われなかった。しかし、ようやく離陸した一機には、パーソンズ大佐とカリフォルニア大学の若い科学者ルイス・アルバレッツ博士が同乗、爆発の閃光と衝撃を経験した。この二人は、三週間後の広島投下に参加。パーソンズは「エノラ・ゲイ」に、アルバレッツは観測機「グレート・アーチスト」に同乗、広島の最後を目撃することになる。

ゼロの瞬間についてローレンス記者は書いた。「この世のものとも思われない無数の太陽を一つにしたような光が上がった。それは世界がかつて一度も見たことのない日の出、巨大な緑色の超太陽ともいうべきものだった。二度目の閃光が上がって、八千フィート以上の高さに達し、さらに高くなって、雲にまでも達した。眼の眩むような輝きで、大地と空を照らし出した」。（一九九二・一〇・一掲載）

30　原爆実験「成功」の報告書がポツダムのトルーマン大統領に届いた

そのとき、ソ連スパイ「クラウス・フックス」は……

ソ連スパイ最初の原爆実験の瞬間について、多くの人々の感想が語り継がれている。オッペンハイマー博士は、そのとき、ヒンズー教の聖典バカバッドギーターの一節「千の太陽の放射がいちどに空に飛び込んだら、それは巨大な太陽の輝きにも似て……私は死神となる、世界の破壊者となる」が心にひらめいたという。

キスチャコフスキー博士は「この世の終わり地球最後の瞬間には、最後の人間はわれわれがロスアラモスで見たのとそっくりな光景を見るに違いない」と語った。実験主任のベイブリッジ博士は、爆風が頭上を通りすぎ、成功を確認したとき、かたわらのオッペンハイマー博士と喜び合いながら「俺たちは、どいつも、こいつも、くそったれだ」と叫んでいた。

実験成功の後、ジープで観測壕からベースキャンプにオッペンハイマー博士とともに戻ってきたファーレル准将は、グローブス少将に歩み寄って「戦争は終わりました」と報告した。グローブス少将は「そうだ。われわれが日本に二発の原爆を投下したら」と答え、オッペンハイマー博士に「私はあなたの仕事を誇りに思う」と祝福の言葉を述べた。

ベースキャンプで見守っていたフェルミ博士は、爆発の瞬間、用意した一握りの紙の細片を六フィートの高さからおとした。爆風がそれを吹き飛ばしたが、彼は素早くその移動距離を測り、暗算で爆発力を推定、ＮＴＮ火薬二万トンに相当すると語った。この推計は、後に実際のデータに基づく計算値とほとんど同じだったことが明らかになった。

ソ連の原爆スパイ、クラウス・フックスについては、彼がいかに「マンハッタン計画」に参加したかを、すでに見てきたが、（第4章2、3、8～10参照）彼もまたこの場に立っていた。「トリニティ」実験の準備チームに加えられていたフックスは原爆の爆発効果を推定する任務を与えられていた。フックスはソ連のために、二種類の爆弾の製造状況を数字を上げて報告にまとめ、特に完成したばかりの爆弾のデザインを寸法を入れて書いた。また実験に使われたプルトニウム爆弾の構造を詳細に説明した資料を作り、実験直前の六月に、サンタフェで連絡員「レイモンド」（本名ハリー・ゴールド、第4章9参照）に手渡し、口頭で、近く原爆実験が行われること、その威力はＴＮＴ火薬一万トンに相当するだろうと予告した。

「レイモンド」がこれをメモし、情報として「ジョン」（ヤコブレフ在ニューヨーク・ソ連副領事）に上げたことは言うまでもない。その際「レイモンド」は「ジョン」から託されてきた一、五〇〇ドル入りの封筒を渡したが、フックスは封も切らずにそれを返した。

フックスは次の接触を八月中に求めたが、「レイモンド」の都合で九月一九日にすることで別れた。別れた後「レイモンド」は、アルバカーキに戻り、デイビッド・グリーングラスのアパートを訪ねた。グリーングラスはロスアラモス駐留の陸軍工兵隊分遣隊の技術軍曹であり、金属加工工場でプルトニウム爆弾用の爆縮レンズを製作していた。グリーングラスの妻ルースは、ジュリアス・ローゼンバーグの妻エセルの妹であった。

グリーングラスは週末をこのアパートですごしていた。「レイモンド」が「ジュリアスから来た」と告げ、厚紙の切片を示すと、グリーングラスは自分の切片と合わせて確認した上で、知り得た情報のすべてと爆縮レンズのスケッチを書いて手渡し、五〇〇ドル入りの封筒を受け取った。

ジュリアス・ローゼンバーグはニューヨークに小さな機械工場を持ち親ソ共産党組織のいくつかに関係していた。「ジュリアスから来た」とは彼から紹介されたということでグリーングラスの義兄であった。後に、このジュリアス、エセル・ローゼンバーグ夫妻に対する原爆スパイ裁判で、「レイモンド」ことハリー・ゴールドが、アルバカーキの接触を証言し、グリーングラスもそれを認めたことが、夫妻に対する訴追の中心になるが、それは戦後のことである。

「リトル・ボーイ」はテニアンに向かった

「トリニティ」実験成功直後の七月一六日午前七時三〇分、グローブス少将はワシントンの事務所の秘書ジーン・オレアリー夫人に、暗号で電話し、ポツダムにいるスチムソン陸軍長官に報告すべき内容を伝えた。陸軍長官は出発に先立ち、ジョージ・L・ハリソンを連絡者に指名していた。

オレアリー夫人はグローブス少将からの通信文をハリソン事務所に届け、長官宛暗号電報の起案を手伝い、第一報が発信された。一七日の正午、ファーレル准将をつれてワシントンに帰ったグローブス少将は、ハリソン氏と相談して第二報を発信するとともに、さらに詳細な報告を作成し、伝書便によってポツダムに届けることとした。暗号電報では簡潔すぎて、この歴史的瞬間を伝えるには物足りなかった。

グローブス少将はファーレル准将とともに夜を徹して詳報を書き続け、スチムソン長官に直接語りかけるような口調で、原爆第一号成功の感激を冷静・客観的に述べた歴史的な文書を書き上げた。草稿は直ちにタイプで打たれたが、高度の機密事項なのでオレアリー夫人と、もう一人の秘書だけが打つことを許された。このため、さらに一晩徹夜が続き打ち終わると署名もそこそこに、伝書便の待つ飛行場に直接運ばれた。

報告書は七月二一日の午前一一時三五分にポツダムの陸軍長官に手渡された。スチムソン長官とバンディ陸軍次官補は直ちにそれを読み、同午後三時マーシャル陸軍参謀総長、同三時三〇分トルーマン大統領とバーンズ国務長官に読んで聞かせた。その後、陸軍長官と次官補はチャーチルイギリス首相とチャーウエル特別科学顧問と協議したが、チャーチル首相が報告書を読んだのは、翌二二日朝であった。言うまでもなく、ポツダム会談のさなかのことである。

これより先「トリニティ」実験直前の七月一四日、ロスアラモスから「リトルボーイ」と呼ばれるウラニウム原爆の本体が木箱に密閉され、トラックでアルバカーキに運ばれた。グローブス事務所のファーマン少佐と放射能専門家のノーラン大尉が重武装した保安部員とともに付き添い、空軍機でアルバカーキからサンフランシスコのハミルトン・フィールドへ運び、そこからハンターズ・ポイントの海軍造船所に入り、一六日の夜明け前、ファーマンとノーランは陸軍砲兵将校の軍服を着けて、重巡洋艦インディアナポリスに乗り込み、木箱をクレーンで吊り上げ厳重に積載された。インディアナポリスは直ちに出航、ハワイを経由テニアン島に向かった。乗員はその不思議な木箱に好奇心を募らせたが、二人の偽砲兵将校は懸命にそれを受け流した。艦長でさえも、その積荷が何であるかを知らされなかった。艦長の受けた命令は簡潔であった。万一艦が沈むときには、いかなる犠牲を払っても、その積荷を救わなければならない、というものであった。（一九九二・一一・一掲載）

31　決定した「十一月一日九州上陸作戦」

イギリスの立場を不利にしたチャーチル退陣

チャーチルイギリス首相がトルーマンアメリカ新大統領に対し早急に米英ソ三国首脳会議を開くべきだと申し入れたのは、ドイツ降伏の直前、一九四五（昭和二〇）年五月五日のことであった。チャーチルは赤軍が急速に西方に進出してくることを憂慮し、米英軍が現に保持している地点を固守することを再三要請し続けた。しかし、トルーマン新大統領とその顧問たちは、スターリンとの対決を好まなかった。

トルーマン大統領は五月下旬、故ルーズベルト大統領の最も信頼し、黒幕以上の分身ともいわれたハリー・ホプキンズ特別補佐官を米英ソ首脳会談の根廻しのため大統領特使として訪ソさせた。ホプキンズは一九二八年からルーズベルトに仕え、ルーズベルトと同じくアメリカ・フリーメーソンの高位者であった。すでに肝臓癌に冒され余命いくばくもなく、一九四六（昭和二一）年一月には亡くなるが、五回にわたってスターリンと会談し、七月中旬にベルリン近郊ポツダムで首脳会談を開くことに合意した。

米英ソ三国首脳の三回目でかつ最後の会合となったポツダム会談は、一九四五年七月一七日に開かれ、八月二日に終了した。半月に及ぶ長い会期であった。テヘラン会談は四日間、ヤルタ会談は八日間であり、その二倍の期間を要したにもかかわらず、成果は乏しかった。

アメリカは新任のトルーマン大統領とバーンズ国務長官がポツダムに出かけた。アメリカは、解放した欧州をヤルタ合意に沿って支援することを協議しようと思っていた。その前提として東欧諸国で自由選挙を準備し、援助することが、民主主義政府を樹立する最も確かな方法だと考え、ソ連もこれを拒否できないと見ていた。

イギリスは経済危機に直面し、かつ東欧と中東に対するソ連の侵出を警戒していた。イギリスでは対ドイツ戦終結後の五月二三日に戦時保守・労働連立内閣が解散を行い、七月五日に総選挙となった。選挙結果は七月二六日まで発表されなかったが、チャーチルは政権交代を予期し、アトリー労働党首にオブザーバーとして出席を求めた。選挙結果が発表され、アトリーが首相になると、チャーチルは再び会議に出席せず、アトリー新首相とベヴィン新外相がポツダムに戻った。保守党の敗北は歴戦の指導者チャーチルの退陣という重大な結末となり、ポツダムにおけるイギリスの立場を不利にした。

スターリンの目的は三つあった。一つはドイツから大量の賠償の取り立て、二つは、すでに東欧諸国に樹立した〝人民民主主義〟政権を米英に承認させること。第三には、南方トルコ、イランに対してソ連の安全地帯を確保することであった。

チャーチルはギリシャ、ユーゴその他東欧各国の現状について抗議し、スターリンは激しく反発。またソ連のドイツに対する賠償要求にも強硬に反対した。

アメリカはヤルタにおけるように、対立する英ソの中間の立場を取った。我慢できる限りソ連との友好を維持することを求め、対立する問題は先送りした。ポツダムでは戦後の米ソ対立への構図が明白となるが、当時は英ソ代表の対立の方が目立っていた。トルーマンにとっては、まだソ連の対日参戦を確実にすることが当面の急務であった。会談前日の七月一六日、アメリカニューメキシコ州アラマゴールドで原爆実験が成功したことについては、同日の夕方、ポツダムのスチムソン陸軍長官が、その第一報となる暗号電報を受け取った。ベルリン市内の視察から戻ったトルーマン大統領に早速報告。一七日の昼食後、チャーチル首相にも耳打ちした。チャーチルは、実験成功を喜んだが、その情報の公表には強く反対した。同夜には、第二報を受け取った。

トルーマン、スターリンへの対応強気に

七月一七日、スターリンはトルーマンを訪問、昼食を共にした。バーンズ国務長官、モロトフ外相、ヴィシンスキー外務次官が同席。席上スターリンは、ヒトラーがまだ生きており、スペインからアルゼンチンに隠れていると語り、アメリカ側を驚かせた。また、ヤルタで密約した対日参戦

の前提となる中国との協定ができていないと苦情を述べた。

午後には第一回本会議が開かれ、トルーマンが議長となって四つの課題を提案した。①平和条約準備のための米英ソ三国外相会議の設置。②ドイツに対する連合国の政治・経済政策の大綱。③イタリア、ギリシャ、ルーマニア、ブルガリア、ハンガリーでの自由選挙のためのヤルタ宣言に基づく共同行動。④イタリア休戦条件の緩和と国連加盟承認。

スターリンはソ連が希望する議題を説明。①ドイツの艦艇と商船の処分、賠償。②イタリア植民地の一部へのソ連信託統治の要求。③ルーマニア、ブルガリア、ハンガリーに対する外交上の承認。④スペイン、タンジール、シリア、レバノン情勢。⑤ロンドンにあるポーランド人機関の廃止。

七月一八日午後の第二回本会議では、ロンドンが三国外相会議の常設の場所として選ばれ、第一回を九月一日に開くと報告された。またトルーマンの第二提案について論議があり、ドイツの東部国境をソ連の提案するナイセ川以西とすることにチャーチルが反発して激論となった。七月一九日の第三回本会議は連合国ドイツ占領軍の政治活動に対する指令を承認したが、その後はチャーチルとスターリンの論争に終始した。

七月二〇日の第四回本会議では、イタリア情勢とその植民地処分が討議された。七月二一日の第五回本会議では、ポーランドとバルカンに議題が戻り、ポーランド亡命政権の資産を新ポーランド臨時政府に移すことが合意された。またイタリア、東欧三国の自由選挙も討議されたが、スターリンはそれを外交上の承認の問題にすり替えようとした。トルーマンは自由選挙が行われるまではソ連支配地域の現政権を承認する意向はないと述べ、チャーチルがそれを支持した。七月二二日の第六回会議では、再びポーランド国境の検討が行われたが、成果はなかった。チャーチルはポーランドによる広大なドイツ領の併合が、将来の戦争の種子となることを恐れた。スターリンにとってポーランド国境の西方への拡大は、ソ連の安全保障上不可欠であった。議論は行き詰まり、二四日、二五日の本会議でも事態は変わらなかった。

グローブス少将の陸軍長官宛の原爆実験成功の詳報（一八日付）がスチムソン長官の手に渡ったのは、七月二一日午前一一時三五分であった。陸軍長官は午後三時半に大統領にそれを読んで聞かせ、翌朝にはチャーチル首相も始めて報告を読んだ。報告を読み終わった後チャーチルが語った言葉を、スチムソンは日記（七月二二日）に書き残している。「昨日の本会議でトルーマンは明らかに何者かによって力付けられ、非常に強い、はっきりした態度でソ連に立ち向かっていたのに私は気がついた。今やそれが何であるか分かった。私も今、同じような気持ちだ」。チャーチルは原爆の使用をソ連に知らせることに同意した。

七月二四日午前、対日作戦を討議する第一回米英首脳会議が開かれ、日本本土進攻を主目的とし、一一月一日、九州上陸を予定することが決定された。（一九九二・一二・一掲載）

32　完全に騙された日本の終戦外交。ポツダム会議と対ソ交渉

「日本降伏」を巡る米英ソの思惑

ポツダムで米英ソの軍事会議が開かれたのは、七月二四日の午後一回だけで、その際三国の幕僚長が自国の対日戦略を説明した。

ソ連の首席代表で赤軍参謀次長アントノフ大将は、ソ連が満州の日本軍に攻撃準備を完了する時期を八月下旬と約束した。はっきりした日時は、当時モスクワで行われていた中ソ交渉の結果に左右されるとも言明した。ヤルタでルーズベルト大統領がスターリン元帥に約束した満州の諸権益について、中華民国政府は強硬に拒否を続け、中ソ条約締結に至ったのは、八月一四日のことになる。

この日の会議の後、トルーマン大統領はスターリン元帥に歩みより、これまで戦争に使用されたことのないような強力な兵器を造ったとさりげなく告げた。スターリンは特別の関心を示さぬように、ただ、日本に対し効果的に使われるよう望むと答えたのみであった。

このことから、トルーマン大統領、バーンズ国務長官、チャーチル首相まで、スターリンは無関心で、原爆について何ら情報を得ていないと誤断したが、スターリンはフックスからの情報で、ロスアラモスでの原爆実験の進行ぶりを十分知りながら、わざと無関心を装ったのである。ソ連側の随員だったジューコフ元帥の回想録によると、その夜、スターリンはモロトフに「クルチャトフに伝えて、急がさなくてはだめだ」と語り、並々ならぬ関心を示していたという。

七月二六日、米ソの軍事会議で、シベリアにおけるアメリカ軍用気象観測所の設置、米ソ両海空軍の作戦行動区域、

極東米ソ両軍司令部の直接連絡と損傷艦艇・航空機による基地相互使用が合意された。ここで朝鮮が北緯三八度線によって南北の米ソ作戦行動地域に区分されることになった。

アメリカは、ソ連とは対日戦への協力について、イギリスとは東南アジア問題について、それぞれ別個に交渉した。ソ連は対日参戦の代償として、中国と日本から多くの権益を手にしようとしていた。イギリスは東南アジアの植民地問題へのアメリカの介入、英仏植民地主義復活反対に不満だったが、軍事補給の大部分をアメリカに依存しているという厳然たる事実が、それを黙認させていた。

七月二六日に発表されるポツダム宣言の原案は、すでに五月下旬に駐日大使だったグルー国務長官代理のもとで作成されていた。グルー案は、日本降伏の最大の心理的障害となっていた天皇制度の存続について、日本人の懸念を取り除くことであった。グルー案を基礎としてスチムソン陸軍長官の案も、天皇制の存続を明記していた。しかし、新人のバーンズ国務長官は批判的であり、対日宣言を出すことにも反対であった。バーンズはポツダムへの出発前にハル前国務長官と相談したが、ハルも天皇制の維持を認めるような文書がいま公表されると、連合国関係にトラブルを生じかねないと見ていた。

国務省の大勢も天皇制の存続に批判的であり、アメリカ国内の世論も厳しかった。このため宣言案は未決定のままポツダムに持ち越された。しかし、七月一六日の原爆実験成功の情報は、アメリカ首脳にこの際「無条件降伏」を勧告することは有効であり、原爆使用の最後通告の意味からも必要だということになった。

日本のソ連仲介依頼をスターリン、ポツダムで暴露

そのころ、日本政府はソ連が日本と米英との和平の仲介・調停をしてくれるものと信じきっていた。モスクワ駐在の佐藤尚武大使が、ソ連は日本の和平提案に冷淡であり、拒否されるだろうと報告し、またチタの満州国領事館や在満特務機関からは、ソ連・満州国境にソ連軍部隊が続々と集結中であるとの情報が送られていたにもかかわらず、天皇の特使として近衛文麿公爵をモスクワに派遣しようとソ連政府に打診していた。

モロトフ外相はポツダムに出発する直前の七月一一日に佐藤大使に会い、日本の要請をもっと慎重に検討する必要があるからと回答を引き延ばした。スターリンとモロトフは、日本の必死の和平仲介要請を聞き流しながら、他方、

ヤルタで獲得したソ連の対日参戦の秘密条件である中ソ協定について、中華民国国民政府の宋子文外交部長と会談を続けていた。日露戦争で失った旧ロシアの在満利権の回復――旅順の租借、南満州鉄道の共同経営、大連の国際管理等々について、蔣介石総統は事前に何ら相談もなく、ヤルタで一方的に決められたことに激怒しており、当然ながら中ソ交渉は難航していた。

日本政府は完全に騙されていた。東京とモスクワとの外交電報は、米英両国が傍受解読しており、大統領、国務長官、陸軍長官等アメリカ代表団首脳は、日本とソ連との慌ただしい折衝を察知し、日本の和平意図を知りながらポツダム会談に臨んでいた。それゆえにスチムソン陸軍長官は、七月一六日に、大統領宛宣言覚書の中で、もし降伏しなければ徹底的に破壊すると警告する時期が来ている。この警告はできるだけ早く発した方がよいと強調したのである。

トルーマン大統領はリーヒ大統領付幕僚長の修正案を採用して宣言をまとめ、肝心の天皇制存置の部分を削除したものとすることに決めた。スチムソン陸軍長官等は、天皇制存続の明示、原爆投下の警告、スターリンの署名のうちのどれか一つでも入れれば、日本は降伏すると示唆したが、公表されたポツダム宣言には、どれ一つ入れられなかった。

トルーマン大統領は七月二四日に蔣介石総統に宣言文を送って署名を要請。一五日に帰国することになっていたチャーチル首相に対しては、蔣介石総統からの同意が得られれば、ポツダムから共同で宣言を発するようにしたいと手紙を書いた。チャーチルは帰国直前に覚書を書き「国王陛下の政府に代わって、私は喜んで現在の形式の宣言文に調印する意向であります。できる限り早くそれが発せられるよう希望します」と回答した。蔣介石総統からは、二六日に承諾の返事があり、同日遅くに「ポツダム宣言」として発表された。ソ連はまだ日本と戦争していないので署名は求められなかったが内容については事前に通知された。

七月二六日の夕方、イギリスでの選挙結果を知らせるニュースが傍受された。チャーチルとイーデンは辞職し、クレメント・アトリーが新首相に、アーネスト・ベヴィンが新外相になった。会談の日程は新イギリス代表団の到着まで延期となった。

七月二八日、アトリーイギリス新首相とベヴィン新外相がポツダムに到着。この日、チャーチル首相は大戦の終結を目前に退陣した。同夜、第一〇回本会議が開かれた。

席上、スターリンは、七月一八日に日本から和平交渉の仲介を依頼してきたことを初めて説明し、近衛を団長とする使節団を派遣したいという提案だったが、申し出が漠然としすぎていると回答した。今日（二八日）またメッセージが来たが、それには使節団の目的は、これ以上の死傷を避ける方策を求めること、今後の対ソ政策を説明すること、ソ連と協力したいということが述べられていた。これに対しても前と同じ回答をするつもりだと述べた。トルーマンとアトリーは、すでに傍受された電報で知っていたが、一応、感謝の言葉を述べた。（一九九三・一・一掲載）

33 「京都」に猛反対のスチムソン陸軍長官

できるだけ早く日本に使用すべし

ポツダム会議のさなか七月二一日正午前、H・スチムソン陸軍長官は伝書便からグローブス少将の原爆実験詳報を受け取ったが、その午後、ジョージ・L・ハリソン特別顧問からの電報で、グローブスが選択した原爆投下目標に「あなたのお気に入りの都市」が選ばれたと知らされ、愕然とした。かねてグローブス少将に対し「京都」を目標から外すよう説得していたにもかかわらず、まだ外さないのか。スチムソン長官はトルーマン大統領とアーノルド陸航空軍総司令官の同意を得て直ちに京都に対する攻撃を承認しないという返電を送った。

このころ、グローブス少将はマンハッタン計画の総仕上げとなる原爆投下作戦の最終指令案を準備していた。

すでに三ヵ月前の四月二五日、ホワイトハウスでトルーマン新大統領に対しスチムソン陸軍長官は、初めて原爆開発計画の状況を説明し、四ヵ月以内に兵器として完成すると報告。原爆使用がもたらす政治・外交上の影響を検討する特別委員会の設置を勧告、新大統領の承認を得た。これが「暫定委員会」として知られるもので、スチムソン長官が委員長になり、その特別顧問のジョージ・L・ハリソンが委員長代理、ジェームズ・F・バーンズ（ポツダム会議には国務長官として参加）が大統領の個人的代表となった。その他の委員としては、ラルフ・A・バード海軍次官、ウイリアム・L・クレイトン国務次官補、バネヴァア・ブッシュOSRD（科学研究開発局）長官、カール・T・コンプトン博士、ジェームズ・B・コナント博士らが参加した。またそれを補佐する科学諮問委員会が設けられ、アーサー・コンプトン（シカゴ大学冶金研究所長）、ローレンス（カリフォルニア大学放射線研究所長）、フェルミ（シカゴ大学教授）、オッペンハイマー（ロスアラモス研究所長）の各博士が加わり、マーシャル陸軍参謀総長とグローブス少将等が出席した。

六月一日「暫定委員会」は報告を作成、次の勧告を大統領に行った。①原爆はできるだけ早く日本に対して使用すべきである。②民間の建物に囲まれた軍事目標に対して使用すべきである。③事前の警告を行うことなく使用すべきである。

原爆投下の目標をどこにするかについては一九四四年秋以来、検討が進められた。グローブス少将は参謀本部との連絡将校の指名をマーシャル陸軍参謀総長に要請したが、マーシャル元帥は原爆計画の機密保持のためグローブス自身が使用計画を立てることを求めた。グローブスはアーノルド陸航空軍総司令官に連絡して「目標委員会」を作り、オッペンハイマー博士、その顧問フォン・ノイマン博士、第二〇航空軍参謀長のノースタッド准将、トマス・ファレル准将らを委員として極秘裡に討議を重ねた。

目標選定の基準は、グローブス自身が決めた。①日本国民の継戦意思に大きな影響を及ぼす目標であること。②爆撃効果がはっきり分かる大きさを持つこと。③軍事的性格を持つこと。軍司令部所在地、補給基地等。当初、東京も目標の一つとして検討されたが、すでにその大半はＢ29に焼かれ、目標とならなくなった。皇居に対する攻撃は、国務省も陸軍省も避けることが決定していた。（第４章26参照）

グローブス少将は原爆投下決定に最高司令官としての大統領が、陸軍省の作った計画を承認あるいは不承認という形で参加することを期待した。本来なら統合幕僚長会議で検討され、決定されるべきものだが、それは期待できなかった。大統領付幕僚長（議長）のレーヒ提督が原爆計画そのものに信頼を持っておらず、とても原爆投下作戦を決定するとは考えられなかったからである。レーヒ元帥は原爆を使わなくても海軍による封鎖で日本は降伏すると確信していた。このため原爆投下は、アメリカの統合幕僚長会議、あるいは米英連合参謀本部のいずれの検討も経ずに実施されるという、軍人のグローブスにとっては全く異例の形で実行されることとなる。

京都の文化に心打たれたスチムソン

目標委員会が五月一〇～一一日の会議で選定し、グローブスが承認した目標は①京都、②広島、③横浜、④小倉陸軍造兵廠であった。特に京都は、原爆の破壊力を実証し得る絶好の目標であった。彼はこの目標を入れた作戦計画を作り、マーシャル陸軍参謀総長に報告して承認を受けようと考えていた。しかし、これを知ったスチムソン陸軍長官は、その報告をまず自分に見せることを要求した。

グローブス少将が軍事作戦に関する事項なので、参謀総長と検討した上でお目にかけたいと断ると、スチムソンは「それを決定するのはマーシャルではない。私だ」と言い、直ちに報告を持って来るよう求めた。

報告が届けられるまでの間、陸軍長官はどこを目標にするのかとたずねた。グローブスが目標を上げると、長官は「京都」について即座に反応し、不同意だと言明した。京都は日本の古くからの首都であった歴史的な都市であり、日本人にとって宗教的な重要性を持つ心の故郷だというのが反対理由であった。スチムソン長官はかつてフィリピン総督時代（一九二七〜一九二八年）に京都を訪問したことがあり、その文化に心打たれた経験を持っていた。

グローブスはなおも数字を上げて、執拗に京都が目標として好適だと強調したが、無駄であった。届けられた書類を見ても納得せず、直ちにマーシャル参謀総長の部屋に入り、目標の中の京都には同意しないと言い、その理由を説明した。マーシャル元帥は目標選定の理由に目を通したが、陸軍長官の意見には反対せず、また自ら意見を述べることもなかった。スチムソン長官は目標の決定は、アメリカが戦後に占める歴史的地位によって左右されるべきだという見解を持ち、どんな手段にせよ、この地位に不利を招くことは極力避けるべきだと強調した。

しかし、グローブスはその後も京都に執着した。京都は原爆の効果を実証するにはまたとない広さを持ち、この点、広島はそれほど理想的とは言えなかった。ポツダム会議に出掛けた陸軍長官に、グローブスはハリソン暫定委員会議長代理を通じて、ダメ押しの要請電報を送ったが、返事は「ノー」であった。加えて、翌七月二二日には、陸軍長官が大統領と目標について討議した結果、大統領もスチムソン長官の決定に同意したという電報が届き、それ以来、京都の名前は再び口にされなかった。

グローブス少将は、原爆投下によって戦争が終結した後で、自分の意見がスチムソン長官に一蹴され、そのおかげで日本人の死傷者が減ったことを、しみじみ嬉しかったと回想した。京都は当初原爆攻撃リストに選ばれたため、陸軍省の特別承認を受けずに攻撃することが禁じられていたために、B29の激しい空爆を免れていた。しかし、リストから外されたため、B29の爆撃目標となる危険が生じた。グローブスはアーノルド陸航空軍総司令官に話して、京都を禁止リストに残しておくよう指示してもらった。このた

め京都は、無傷のまま残された。（一九九三・二・一掲載）

34　「原爆使用反対」最初の警鐘者に秘密漏洩の危険を感じた国務長官

終戦一年前に設置した戦後政策委員会

原爆開発に参画してきた科学者の思いはさまざまであった。もともと原爆そのものが、アインシュタイン、シラード、ウイグナー等亡命ユダヤ人科学者が、ヒトラーが持つことを阻止し、ナチスに先がけて開発しようという意図から出発したことは、すでに見た通りである（第４章１参照）。

計画が始まり、若い研究者たちが動員されると、あるものは「愛国心」から、あるものは研究への関心から、厳しい機密保全の管理体制のなかで、それぞれの課題に全力を上げて取り組んだ。彼らのほとんどは、その目的を知らされないまま、ひたすら自らの任務を果たすことのみが求められていた。当初、陸軍の防諜部が、後にはマンハッタン管区の特別防諜部隊がＦＢＩと連絡して機密措置を徹底した。研究者たちは自分の領域は知っていたが、それが他の領域とどうつながるかは知らされず、また全体として何をやろうとしているか分からないように区分けされた。

バークレーの放射線研究所では、五〇二名の研究者のうち、原爆の開発など知っていたのは、わずか二七名（約五％）にすぎなかったという。しかし、そうした秘密保全が厳しければ厳しいほど、知的水準の高い研究者は、真実を察知し、秘かな誇りと自負、あるいは不安と嫌悪を抱いていた。

こうしたなかで、一九四四年初めごろまでには、ドイツの原爆保有の可能性がないことが明らかとなった。原爆開発の当初の動機だった反ナチズムの論理は崩れようとしていた。またマンハッタン計画そのものが軌道に乗り始めていた。特にシカゴの冶金研究所ではプルトニウム生産に必要な基礎的研究がほぼ完成し、今後の研究をどう進めるか考えるべき時期に来ていた。冶金研究所の研究者たちは、研究開発のあり方とともに、機密保全で厳しく制約されてきた管理体制、待遇問題等について、さまざまな論議を始めた。

もともと「冶金研究所」はコンプトン博士によってシカゴ大学の物理学科の建物の中に秘密裡に設置されたもので、その名称そのものが暗号名であった。本来、原爆開発のため科学研究所開発局（ブッシュ）傘下の研究所として発足したが、シカゴ大学の組織と結びついた形を取ったため、大学の自治と慣行が維持されて、研究者の自由な討論の雰囲気が残っていた。またそれはグローブス少将のマンハッタン計画総指揮官任命以前から行われていたため、将軍の統制もなかなか及ばない面もあった。冶金研究所の責任者であるコンプトン博士は、こうした研究者たちの侃々《かんかん》諤々《がくがく》の論議とマンハッタン計画による統制との板ばさみになり、その調整に苦慮した。

一九四四（昭和一九）年春、コンプトン博士は冶金研究所の一九四五年度研究計画報告書を提出したが、グローブス少将は七月初旬、冶金研究所の研究計画が待機状態になる九月以降、人員を二五〜七五％削減するよう要請したため、研究所では論議が沸騰した。

コンプトン博士は研究所での論議を沈静させるため、G・E社から参加していたZ・ジェフリーズを責任者とする委員会を七月末に設置し、シカゴ・グループの将来構想を取りまとめさせた。ジェフリーズ委員会は一一月一八日に「ニュークレオニクス（原子核工学）要綱」を提出する。またコンプトン博士はこうした冶金研究所内部の論議と研究者の不満を、ブッシュに報告し、ブッシュはコナントと相談して、戦後の原子力利用と研究開発についての国家政策を検討する「戦後政策委員会」の設置を決定、八月二九日に発足させた。この委員会の設置については、グローブス少将も了承しており、特にシカゴ・グループの科学者の不安に対し、戦後政策の検討が進められていることを知らせるため必要だと見ていた。

「20億ドル投入は何のため？」

こうして終戦一年前に、ほぼ時期を同じくして「ジェフリーズ委員会」と「戦後政策委員会」の二つの委員会ができた。いずれも戦後のアメリカの原子力政策に影響を与えていくが、とりわけジェフリーズ報告は、シカゴ・グループの戦後構想を代弁するものであり、原子力を巡る科学者運動の出発点となった。

R・C・トルーマンを委員長とする「戦後政策委員会」はブッシュの科学研究開発局と陸海軍による原爆開発政策決定機関である「軍事政策委員会」の決定に基づくもので、その報告は、戦後の国家政策のあり方を検討していた。その考え方は、アメリカの原子力委員会（AEC）構想につながっていく。

シカゴ冶金研究所に所属していたレオ・シラード博士についでは、一九三九年にアインシュタイン博士に原爆開発をルーズベルト大統領に勧める手紙を書かせた当人として有名だが、彼はシカゴ・グループの一員として、原爆使用反対の最初の警鐘を打ち鳴らす一人となった。道義的・倫理的理由と、原爆使用は最後に恐るべき軍拡競争を招来するからというのが、その信念であった。

シラード博士は再びアインシュタイン博士に頼んで、ルーズベルト大統領への紹介状を書いてもらい、ルーズベルト夫人を通じて、大統領への面接を申し入れた。夫人が四月に面会できるよう計ってくれたので、シラードは上司のコンプトン博士にこのことを話し、大統領に自分のメモ「シラードの意見」を渡したいが、その前に読んで欲しいと頼んだ。彼はコンプトンが直接大統領にコンタクトするのではなく、指揮系統を通じてやれと怒るのではないかと心配していたが、コンプトンは静かに一読して「大統領に読んでもらったらよい」といった。

しかし、シラードが大統領に会う前の四月一二日、ルーズベルトは急死し、シラードのメモは行きどころを失った。彼は屈せず、新任のトルーマン大統領宛の手紙をアインシュタイン博士に書いてもらったが、トルーマンは会おうとせず、暫定委員会で大統領の個人代表であり、間もなく国務長官となるジェームズ・バーンズに面会するよう取り計った。

シラードは化学者ハロルド・ユーリー、シカゴ大学物理学副部長ウォルター・バートキイの三人でバーンズ宅を訪問した。しかし、この会見は完全な失敗に終わった。バーンズはシラードの業績を知らず、シラードも老練なバーンズの政治力を過小評価していた。バーンズはシラードたちが、政府の原爆使用、戦後政策について知らされておらず、参画させられていないと不満を洩らすことに不快な印象を持った。バーンズは当時「暫定委員会」でまさにその問題についての検討を進めていたのである。また原爆使用の非道義性指摘については、何のために二〇億ドルの巨費をかけたのかという思いが強かった。

バーンズはシラードの態度に、秘密漏洩の危険さえ感じた。五月三一日の「暫定委員会」の直前、グローブス少将をそっと呼んでこのことを話した。グローブスはバーンズ邸をシラードらが訪問したとき、数名で尾行し、何時に着いて何時に終わったかも知っていると語った。グローブスにとって、自分の許可もなくバーンズに会うこと自体が、シラードらの重大な機密違反であった。まして国の政策に干渉するとは何事か。彼は腹の中で激高する自分を抑えかねていた。（一九九三・三・一掲載）

35　大統領の承認を得た原爆投下命令。最初から無視された使用反対派

使用反対で結束したシカゴ・グループ

「暫定委員会」が六月一日に行った対日原爆無警告投下勧告に対し、マンハッタン計画に参加した科学者の中には反対するものが少なくなかった。レオ・シラード博士を先頭とするシカゴの科学者グループは、対日無警告使用に反対し、かつ原爆の国際管理を強調していた。六月二日、科学諮問委員会のメンバーとして暫定委員会の決定に参加したアーサー・コンプトン博士はシカゴに戻り、研究者たちの興奮状態をなだめるため、スチムソン陸軍長官を議長とする委員会があり、その科学諮問委員会が六月下旬に再開されること。その際、原子力の使用法について検討することになるので、シカゴの科学者の考え方も参考にすると報告した。

このことはシカゴ・グループの科学者たちを結束させ、たちまち、研究計画・社会的政治的検討・教育生産・管理・組織の六委員会を結成した。なかでも社会と政治を検討する委員会は、後にノーベル賞を受賞する物理学者ジェイムス・フランクを委員長として、活発に行動した。いわゆる「フランク委員会」である。この委員会は六月一一日までに報告書をまとめ、原爆の国際管理と第一弾の使用を検討、もし日本の都市に使用したら将来の国際管理は不可能になると論じた。これは対日原爆無警告使用に反対する最も組織的な声明文であり、非軍事的示威実験を要望した。

しかし、すでに暫定委員会は科学諮問委員たちの意見を聞いた上で、原爆使用を大統領に勧告していた。この肝心な点について、コンプトンは口止めされていたので伝えることができず、フランク委員会は原爆使用についてはまだ未定のものと誤解していた。フランクは自らワシントンに出掛け、スチムソン陸軍長官にコンプトンとともに報告を手渡そうとしたが、陸軍長官には面会できなかった。コンプトンは報告書に自らのコメントを書いたメモを付けてスチムソンの顧問のハリソンに託した。

六月中旬、暫定委員会の科学諮問委がロスアラモスで開かれ、フランク報告書が検討された。オッペンハイマー、コンプトン、ローレンス、フェルミの四科学者が討議した。コンプトン博士はフランク報告書起草のきっかけを作った当人であったが、フランク報告の内容については批判的で

あった。その理由は原爆使用によって多くのアメリカ人の生命を救うことについて述べていないこと。また今使うことで次の戦争がどのような事態もたらすか警告することになる点を上げていないことであった。コンプトンはすでにこのことをメモにしてフランク報告に添付し、ハリソン顧問に託していた。

四科学者の討議は二日間続き、対日直接使用を回避する方法を見付けようと努力した。ローレンス博士はフランク報告を支持し、原爆の示威実験にこだわりフェルミ博士も原爆投下に反対した。しかし、討議の結果、六月一六日、陸軍長官に報告された科学諮問委の正式報告は戦争を終結させる見込みのある方法として、いかなる技術的示威をも提案するわけにはいかない。直接軍事使用に代わるような受け入れ可能な代案はないというもので、二週間前の暫定委員会の結論を追認することとなった。

「八七％は賛成」と不正確報告、大統領はすでにGO

フランク報告が同意されなかったことは、シカゴの科学者に再び騒ぎをもたらした。なかでも最も活発に原爆使用反対を叫んだのはレオ・シラード博士であった。彼はもはや対日原爆使用反対では実効が上らないと考えた。フランク報告は受け入れられず、すでに最初の原爆実験は七月一六に実施され、秘密保全のため、シカゴの科学者たちがロスアラモスに電話を掛けることも禁じられていた。グローブス少将はシカゴの科学者運動がロスアラモスに波及することを最も警戒していた。シラードとして残された道は、道徳上の理由で原爆不使用を訴える以外になかった。彼は七月一七日にトルーマン大統領宛請願文書を起草し、日本に降伏条件を提示し、日本側がこれを拒否した場合以外、原爆使用は正当化されないこと。使用を余儀なくされる場合には、あらゆる道義的責任を考慮すべきと書いた。この請願文書は六七名の署名を得て、コンプトン博士からグローブス少将、そして陸軍長官の事務所に届けられたが、その時、大統領も陸軍長官もポツダムに出掛けており、それを読む機会はなかった。

このシラードの請願運動に対しては、クリントン研究所（プルトニウム分離施設）のG・W・パーカー博士らが反対陳情を行い、原爆投下で早期に戦争を終結することがアメリカ兵の命を救うと主張。パーカーはコンプトン宛の七月一六日の手紙で、戦争に勝つまでは政治的・道徳的論議を優先させるのではなく、判断を参謀グループに委ねるべきだと書いた。

ロスアラモス研究所のテラー博士は、シラードからのフランク報告に対する請願署名要請を受けて、オッペンハイマー所長に相談した。オッペンハイマーは科学諮問委のメンバーでもある立場から、科学者が自分の権威を政治的声明の土台として用いるのは適当ではないと述べ、ワシントンに影響を与えるには、反抗するよりも静かに接触する方が望ましいと説得した。

グローブス少将にとって、こうした科学者たちの論争は論外であった。彼にとってはいかに最初の原爆実験で威力を確認し、対日実戦使用を行うかが当面最大の急務であり、公開実験で威力を示し、その後で最後通告するなどというのは、学者のたわごととしか思えなかった。原爆の圧倒的な威力による不意打ちが日本政府並びに国民に与える効果が重要であり、それを台無しにするような考え方は正気の沙汰ではなかった。しかし、こうした「望ましからざる科学者」たちの運動に対して、少なくとも原爆が投下されるまでは、どのような措置も取れないし、取らないことが確認されていた。

グローブスはコンプトンに至急、科学者たちを対象に使用法に関する意識調査を実施するよう依頼した。調査はシカゴ冶金研究所を主とし、原爆開発計画を知っている研究者に五つの選択肢をもった回答票をみせ、自分の意見に最も近いものを選ばせ、一五〇名が回答した。結果は、①味方の損害を最小限にするため、日本を速やかに降伏させるよう使用する　一五％、②日本で軍事的実演をやり、本格使用の前に降伏の機会を与える　四六％、③日本の代表を加えアメリカで実験をやり、使用する前に降伏の機会を与える　二六％、④軍事的に使用せず、実験を公開する　一一％、⑤秘密にして、この戦争では使用しない　二％、であった。

コンプトン博士はこの結果から、八七％の科学者が軍事使用を肯定していたと、〝我田引水〟して報告した。グローブス少将は七月二四日に意見調査の結果を受け取り、八月一日にスチムソン事務所に提出した。広島攻撃の五日前のことであった。しかも、かねてグローブス少将によって起案された原爆投下命令は、七月二四日午後、スパーツ戦略航空軍司令官に発せられるとともに、大統領の正式承認を得るためポツダムに送られ、翌七月二五日、正式に許可された。（一九九三・四・一掲載）

36　もし「インディアナポリス」がテニアン島到着前に沈没したら、広島の悲劇はなかった！

ハンディ作戦部長「長崎」を目標に追加

原爆投下作戦（暗号名「センターボード」）の組織は、グローブス少将が指導権を持ち、同少将代理T・F・ファーレル准将および軍事政策委員会の海軍委員W・R・パーネル海軍少将が、現地陸海軍指揮官と計画調整のためマリアナ基地に進出。作戦の命令はグローブス少将が起案、マーシャル参謀総長の承認を受け、アメリカ陸航空軍総司令官アーノルド元帥の署名を経て、第20航空軍司令官スパーツ大将の指揮の下に実施されることとなった。開戦時、航空軍参謀長だったカール・スパーツは欧州での航空戦、とりわけドイツに対する戦略爆撃の指揮を取り、帰国後大将に昇任、原爆実験（七月一六日）の直後、日本に対する戦略爆撃最終段階の指揮官となった。

グローブス少将はさっそく状況を説明し、前々からルメイ第21爆撃航空団司令官と打ち合わせていた計画を了承・確認した。また、それまでグローブスと協議して原爆投下準備を進めてきたルメイ少将は、八月二日付で第20航空軍参謀長となり、スパーツ司令官を補佐することとなった。実際に原爆を投下する第21爆撃航空団の第五〇九混成航空群は、ポール・チベッツ大佐の指揮下にあり、その原爆搭載第一号機は同大佐の母親の名前から「エノラ・ゲイ」と命名され、同機には、原爆開発に従事、兵器として「リトル・ボーイ」をまとめ上げた先任技術将校パーソンズ海軍大佐が最終調整のため搭乗することになっていた。

七月二三日、グローブス少将がすでに五月に起案し、ハンディ参謀本部作戦部長が手を入れた原爆投下作戦命令（暗号名「センターボード」）が準備された。

「宛　第20航空軍司令官カール・スパーツ大将　(1)第20航空軍第五〇九混成航空群は、一九四五年八月三日以降、天候の許す限り速やかに、次の目標の一つに最初の特殊爆弾を投下せよ。〈目標〉広島、小倉、新潟および長崎。陸軍省より派遣された軍人および科学者は、爆弾投下機に随伴した観測機上にあって爆発効果の観測および記録に従事せよ。ただし観測機は爆発地点より数マイル以内に近寄ることを禁ず。(2)特殊爆弾計画者の諸準備完了次第、次の爆弾を前記目標に投下せよ。前記目標以外の目標を選定する場合は、別に指令す。(3)本兵器の対日使用に関する情報は陸軍長官並びに大統領以外には一切洩らさないこと。予め特別の許可なく現地指揮官は本件に関しコミュニケまたは新聞発表を行わないこと。ニュース記事はすべて陸軍省の特別検閲を受けること。(4)以上は陸軍長官並びに参謀総長の指令と承認のもとに発せられたものである。貴官は個人的にこの指令の写しをマッカーサー将軍（南西太平洋方面最高指揮官）およびニミッツ提督（太平洋方面最高指揮官）に手交されたい。参謀総長代理参謀本部作戦部長トーマス・T・ハンディ」

第四目標としての長崎については、グローブス少将は承知していなかったが、ポツダムのアーノルド元帥が、七月二二日、スチムソン陸軍長官と話し合った結果、挿入された。アーノルド元帥の使者は二四日にワシントンに到着し、目標委員会に長崎を加えることを勧告した。しかし、ファーレル准将をはじめ出席者の多くは反対した。理由は、長崎が細長く二つの山の間にあるため、爆発効果が十分発揮されないこと。またすでに数回爆撃が行われており、原爆の効果測定に不適当だとするものであった。このことは折り返しポツダムに電報で送られ、アーノルド将軍の再考を求めたが、将軍は「勧告通り」に固執した。終日論議が重ねられた後、ハンディ作戦部長が長崎を目標リストに加えることを決定、追加したのである。

伊58潜の重巡「インディアナポリス」撃沈

ハンディ作戦部長は、ポツダムのマーシャル参謀総長の決裁を求めたので、二四日の夕、グローブスがマーシャル将軍とスチムソン陸軍長官宛に原爆投下作戦計画の最終的承認を求めた。また作戦部長は、統合幕僚長会議が七月三日付で出していた広島・小倉・新潟への爆撃禁止命令を解除し、第20航空軍第五〇九混成航空群のみがその攻撃に当たるとする命令を承認して欲しいと参謀総長に求めた。マーシャル陸軍参謀総長は、七月二五日朝、それを承認する旨電報。ここに原爆投下作戦命令が下達されたのである。

七月二六日、アメリカ海軍の重巡洋艦インディアナポリスが「リトル・ボーイ」の本体を積んで、ハワイ経由テニアン島に到着した（第4章30参照）。少量のウラニウム235を含む「リトル・ボーイ」最後の部品は、アルバカークからテニアン島に数日後に空輸された。

インディアナポリスは荷揚げをすませると直ちにフィリピンに向かったが、七月三〇日、日本の伊58潜水艦の雷撃を受けて沈没、アメリカ海軍史上最も悲惨な遭難の一つとなった。当時、フィリピンの南方海域で作戦するため「回天」を積載した二隻の潜水艦が日本から出撃していた。七月二四日、伊53潜はエンガノ岬の東方海域で二基の「回天」を発進させて船団攻撃を行い、護衛駆逐艦「アンダーヒル」を撃沈した。それから四日後、グアムとレイテを結ぶ航路上を哨戒していた伊58潜は、タンカーと見られる目標に「回天」二基を発射させたが命中しなかった。しかし、その翌三〇日の夜半、同潜はグアムからレイテに向けて一六ノットで単独航行中の重巡インディアナポリスを発見し、魚雷六本を発射、二本が命中、同艦は一五分間で沈没した。乗員のうち約三〇〇名が救助されたが、生存者は救出されるまで三日半も漂流したため、鱶《ふか》に襲われて次々に死亡、死者が合わせて八七三名に上るという大惨事となった。同艦の沈没は八四時間も分からず捜索が遅れたためである。

このころ、アメリカ太平洋艦隊の情報部は無線諜報によって、伊53、伊58両潜がフィリピン海中部で行動中であることを知っていた。情報は直ちに艦隊司令部に届けられたが、「ウルトラ」情報であったため、通報先は極めて限定されていた。「インディアナポリス」はもとより、グアムの海軍作戦基地にも届かず、利用できる状況ではなかった。伊58潜がフィリピン海で行動中という確実な情報が与えられていたら、インディアナポリスには直衛艦を付けたり、警戒を厳しくするなど対応もあったであろうが、後の祭りであった。ただアメリカにとって不幸中の幸いは「リトル・ボーイ」の本体を届けた後の悲劇であったことで、グローブス少将は「われわれの荷物がよくまあ無事に目的地に届いたものだ」と嘆息した。日本潜水艦が跳梁するなかをソーナーも持たず、防御力の乏しい、原爆を運ぶには最もふさわしくない艦であったことに慄然としたのである。

日本にとって最大の不幸は、伊58潜をハワイ・テニアンの航路帯に派遣しなかつたことである。歴史にもしもが許されるとして、インディアナポリスがテニアン島到着前に沈没していたら、広島の悲劇はなかったであろう。また沈没の確認が遅れて多くの乗員が鱶の餌食となったインディアナポリスの悲劇もなかったのである。（一九九三・五・一掲載）

37　ポツダム宣言を「黙殺」「笑殺」した鈴木首相と朝日・毎日・読売

「日本は連合国の最後通告を拒否した」

八月二日にポツダム会談は終わった。すで七月二六日にポツダム宣言が発表されていた。ワシントンの戦時情報局は、同午後六時（日本時間二七日午前八時）日本語に翻訳した宣言文を、サンフランシスコ放送局から日本に向けて放送し始めた。

傍受した外務省は、緊急幹部会を開いて対応を検討し、①天皇の将来の地位が不明瞭であること、②無条件降伏が帝国陸海軍に対して用いられていること、③ソ連が宣言に関与していないこと、を問題点として注目。午前一一時に東郷外相が参内してポツダム宣言の訳文を提出。戦争終結についてソ連に申し出ていることでもあり、ソ連の態度を見定めた上で措置したいと上奏した。

午後一時半から定例の最高戦争指導会議でも、これを最後通告と見たものはなかった。宣言中の「迅速かつ完全なる破壊」という文言は、単なる威嚇としか取られなかった。肝心の天皇の地位が不明確である以上、仲介を申し入れたソ連の態度を見た上で回答してもいい、事態の推移を見守ろうと、例によって〝静観〟という最悪の選択となった。日本は宣言について受諾か拒否かという二者択一を迫られているという事態を正しく受けとめられなかったのである。

二八日の朝刊各紙は、内閣情報局の指導のもとにポツダム宣言の要旨を掲載したが、政府の公式見解は発表されなかった。しかも新聞各社は戦意昂揚の立場から「笑止、対日降伏条件」（読売報知）、「聖戦を飽くまで完遂」（毎日）、「政府は黙殺」（朝日）と思い思いの見出しを立てて軍強硬派に迎合した。加えて同午後三時、ポツダム宣言について新聞記者に聞かれた鈴木（貫太郎）首相が、ノーコメントと答えるところを、思わず「カイロ宣言の焼き直しで政府としては何ら重大な価値があるとは考えない。ただ黙殺するだけである」と答えた。この首相発言は日本の新聞では小さく扱われ、記憶にとどめる者は少なかった。

しかし、アメリカ側はすばやくとらえた。三〇日のニューヨーク・タイムズは第一面で「日本は連合国の降伏要求の最後通告を正式に拒否した」と報じた。これで日本に原爆を落とす大義名分ができあがることになった。またソ連も、この「黙殺」を八月八日の参戦の絶好の理由として取り上げ「日本の武装兵力の無条件降伏を要求した三国の要求は日本の拒否するところとなった。したがって極東戦争に対する調停に関するソ連にあてた日本政府の提案は一切の基礎を失った」と述べることになる。すでにヤルタ協定でとっくに対日参戦を約束していながら白々しく、日本をもてあそんでいたのである。

八月二日、東郷（茂）外相はモスクワの佐藤（尚武）大使に緊急電報を送り、「戦況は急迫している。近衛特使の件、さらに一歩進めてソ連政府に交渉せられたい……至急モロトフと会談せられたい」と督促した。しかし、佐藤大使はモロトフと連絡できなかった。モロトフは旅行中で戻るのは八月五日すぎで、会えるのは八日以降だと聞かされていたのである。

話はポツダムで行われた七月一八日夕のスターリン・トルーマン会談に遡るが、席上、スターリンは七月一三日に佐藤大使がモロトフに届けた文書の写しをトルーマンに手渡した。この文書にはソ連政府に近衛特使の受け入れを要請した天皇からの親書が同封されていた。一二日夜、東郷外相が佐藤大使宛に、天皇が近衛公に親書を託してモスクワに派遣されるご内意であることをソ連政府に申し入れ、ソ連側の同意を取り付けるよう訓令し、ソ連側はロゾフスキー外務次官が受け取り、外相不在のため、早急な回答は不可能だと引き延ばした当の申し入れ文書であった。

ひたすらソ連の仲介を信じた日本

スターリンはトルーマンにこの佐藤大使からの文書について、この申し入れには何も回答しないつもりだと述べた。トルーマンはすでに日本の対ソ申し入れについて暗号解読によって知っていたが、何も知らない素振りで、それはスターリン自身が決めることだと答えた。

スターリンは重ねて日本人がしばらく安心して眠っているよう宥《なだ》めておくことが賢明かもしれないと言い、申し入れが曖昧で、近衛訪ソの目的を具体的に示していないので結論が出せないと回答したらどうだろうかと持ちかけた。トルーマンがうなずくと、スターリンは私の回答を日本側に伝える前に大統領にお見せしましょうと言い、会談が終わった時に、対日回答の写しをトルーマンに渡した。モスクワでは、同じく一八日の夕方、ロゾフスキー外務次官が待ちかねていた佐藤大使に、五日前の申し入れに対し、趣旨が曖昧なので「明確な回答を与えられない」という回答を手渡していた。

ポツダム宣言が出されても、外務省はなおソ連の真意を図りかねており、佐藤大使にモロトフ外相と至急面会して態度を探るよう訓令した。これに対し七月三〇日、佐藤大使は先に申し入れた特使派遣計画は当然米英首脳にも伝わったと考えられ、それに対する回答が共同宣言だと推断すべきではないかと返電。なおソ連との交渉に望みを託そうとする外務省と、すでに米英ソは共通の利益で結ばれていると見るモスクワ大使館との見方の差は、ひどく喰い違っていた。

　情報が無かったわけではない。東シベリア鉄道の要衝チタ市には、昭和七年満ソ協定で承認された満州国のチタ総領事館があったが、ここでは館員として身分を変えた関東軍の情報将校が常に在勤、シベリア鉄道の動向を監視していた。一九四四（昭和一九）年一〇月末、原田統吉大尉（後に少佐、一九八八（昭和六三）年死去）が、林という偽名で主事として着任した。原田大尉は陸軍中野学校創設期の出身者（乙1長）であり、同じく中野出身の森良信少尉（乙1短）、村上喜市軍曹（丙2）とともに身分を秘匿、偽名で情報勤務を続けた。

　一九四五（昭和二〇）年三月初め、チタ駅で兵員・武器を満載して東へ向かう列車が目撃され、日を追ってその数が増加していった。丘の中腹にあった領事館の屋根裏の壁の隙間からは、三〇〇メートルほどの幅ではあるが、シベリア鉄道を見下すことができた。そこから秘かに列車を監視する作業を四月末から始め、ソ連侵攻の直前まで続けた。六月一〇日ごろには「七、八月の候、ソ連侵攻の公算最も大なり」という判断を打電した。七月初旬では早すぎ、八月末では遅すぎるとの結論に達したのである。

　この判断は誤っていなかった。参謀本部第二部ロシア課の課長白木大佐は七月三〇日、ソ連軍の国境へ兵力増強の現状からすれば、対日参戦は八月一〇日ごろだろうと推定し、すでにソ連・満州国境に集結している兵力は一三〇万以上、航空機五、六〇〇〇、戦車三、〇〇〇台の大部隊であると指摘した。作戦課の参謀たちは、この分析を認めなかった。認めることは関東軍の崩壊を意味した。それゆえに情報に耳を覆い、目をつむり、「ソ連は対日参戦しない」と信じ込み、ひたすら対ソ交渉による米英との和平仲介を求めたのである。願望によって情報を判断するという最悪の選択であった。すでにマリアナ基地では「エノラ・ゲイ」の準備が進められていた。（一九九三・六・一掲載）

38　広島に原爆が落ちた日

「エノラ・ゲイ」機中で最終完成品に組み立てる

七月二〇日、ファーレル准将はグローブス少将の代理とし、軍事政策委員会の海軍委員パーネル海軍少将とともにグアム島に到着、ルメイ第20航空軍事司令官と打ち合わせた。「センターボード」（原爆投下作戦の暗号名）が始動し始めた。

八月三日、第20航空軍司令部では特別爆撃任務命令第13号のコピーが分配されていた。「第20航空軍は八月六日、日本の目標を目視爆撃する。第一目標は広島市の工業地帯、爆撃時期は午前九時三〇分とする」。第二目標は小倉、第三目標は長崎、爆弾投下は高度三万フィート（約一万メートル）。添付の航空図には爆撃ルートが、基地↓硫黄島↓北緯三三度三七分・東経一三四度三〇分（四国東南端、大島）↓北緯三四度一五分三〇秒・東経一三三度三三分三〇秒（香川県三崎半島の先端）↓IP（イニシャル・ポイント＝爆弾投下作業開始地点）北緯三四度二四分・東経一三三度五分三〇秒（三原市）↓目標、と指示されていた。

この作戦には七機のB29が充当された。内三機は気象観測用、一機は硫黄島で待機、二機は科学機器投下と観測者運搬用、残る一機が「エノラ・ゲイ」で原爆を運んだ。八月四日、第五〇九混成航空群の作戦参加搭乗員は、初めて自分たちが運ぶ爆弾についてパーソンズ大佐から説明を受け、アラモゴード実験の写真をみせられた。

八月五日、天気予報は良好であった。直径二八インチ（七一センチメートル）長さ一〇フィート（約三メートル）重量四トンの原爆リトルボーイをB29に搭載するため、地面に穴を掘ってジャッキに載せた爆弾を入れ、「エノラ・ゲイ」を滑走させて前部爆弾倉が穴の上に来る位置で止め、ジャッキで持ち上げた爆弾を爆弾倉に取り付けるという方法が取られた。積み込まれた爆弾は、未完成品だった。万一「エノラ・ゲイ」が離陸時に墜落し火災を起こすような場合の危険をパーソンズ大佐が指摘し、飛行途上で原爆を完全装備することを申し出たのである。テニアン島に進出していた〝技術グループ〟が検討、ロスアラモス研究所とグローブス少将に連絡の上、決定された。

パーソンズ大佐は、リトルボーイを積んで整備中の「エノラ・ゲイ」に乗り込み、機上作業が可能かどうかを地上で確認した。ファーレル准将の回想によると、パーソンズ大佐は、まだ一〇～一五時間あるといって、汗のふき出る暑い機内の窮屈な爆弾倉の中で、顔や手を真黒にしながら休みなく働き、手を切って血を流していた。ファーレル准将が上等の皮手袋を提供したが、手袋を付けては仕事にならないと断られた。パーソンズ大佐は作業の感触を手を通じて覚え、それを数回繰り返して本番に備えた。

五日の真夜中に搭乗員集合が命ぜられ、教会で祈りを捧げた後、最後に天候の説明があった。六日午前一時三〇分、気象観測機が離陸した。この「ストレート・フラッシュ」はクロード・イーザリー少佐が操縦、広島に向かうよう命ぜられていた。午前二時「エノラ・ゲイ」が二機の観測機を従え、滑走路の飛行ラインに到着。同午前二時四五分滑走し始めた。原爆と七、六〇〇ガロンの燃料のため離陸は極めて困難であった。見送る人々、とりわけファーレル准将をはらはらさせながら「エノラ・ゲイ」はようやく離陸した。

離陸直後からパーソンズ大佐は、機内で原爆投下の準備作業を始めた。作業はまず塊状のウラニウムと起爆薬の装填から始まった。次いで四七ポンドの爆薬をつめ、その後ろに砲尾を取り付けた。各段階の作業が終了するたびにパーソンズ大佐はチベッツ大佐に伝え、チベッツはテニアンの技術グループに送信し、無線連絡が途切れるまで繰り返した。

運命の八月六日午前八時一六分

パーソンズ大佐の航空日誌には次のように記入された。「一九四五年八月六日午前二時四五分離陸。三時、最終起爆装置取り付けに着手。三時一五分、起爆装置取り付け完了。六時五分、硫黄島上空より日本に向かう。七時三〇分、赤プラグを挿入（投下すれば爆発する状態にすることを）した。……」

B29に対する通信諜報を日本陸軍の中央特殊情報部が実施し、大本営陸軍部第二部第六課（米英課）の情報参謀堀栄三少佐分析・判断していたことについては、すでに述べた（第4章27参照）。八月六日午前三時ごろ、正体不明の「特殊任務機」から、ごく短い電波がワシントンに飛んだ。内容は全く分からなかったが、コールサインからは二〜三機の編隊と判断された。午前四時すぎには、硫黄島のアメリカ軍基地に対して「われ目標に進行中」との無線を発進。特情部は「特殊任務機」が行動していると緊張し、防空部隊に「二〜三機のB29北進中」と連絡、全神経を集中したが、それ以後は無線封止したのか、電波は一切出さなくなった。

午前七時二〇分ごろ、豊後水道水の子灯台上空から広島上空に達したB29の一機が、播磨灘に向けて東進中簡単な電報を発信したことを、陸海軍の受信所が傍受した。もちろん、内容は分からない。それは気象偵察機「ストレート・フラッシュ」からの通信であり、「エノラ・ゲイ」もそれを傍受していた。チベッツ大佐は通信士リチャード・ネルソン新兵が受信紙に書き込んだ「YS3、Q〜3、B〜2、

C〜1」という暗号を翻訳した。「低・中・高空とも雲量一〇分の三以下、第一目標を爆撃せよ」。チベッツ大佐は「ヒロシマに決まったぞ」と叫んだ。

日本側は、通常一機のＢ29の電報受信は、後続編隊があれば、それに対する気象の通報であると、統計的に知っていたが、このとき豊後水道方面には全く後継編隊がなかった。どうしたのかと気を取られているうちに、豊後水道とは反対の東からＢ29が広島上空に向かった。

パーソンズ大佐の日誌には「七時四一分、上昇開始。気象状況受信、第一・第三目標上空は良好、第二目標上空は不良。八時三八分、高度三万二、七〇〇フィート（約九、九七〇メートル）で水平飛行に移る。八時四七分、電子信管テスト、結果良好。九時四分、針路西。九時九分、目標広島視界に入る。」（時間はテニアン時間、日本時間は一時間マイナス）航空士のヴァン・カーク大尉が搭乗員に伝えた。「まもなくＩＰ（イニシャル・ポイント＝爆弾投下作業開始地点）が来るぞ」。窓近くの乗員は一斉に窓の外を見た。間違いなく広島であった。

爆撃手が「ＩＰ」と叫んだ。目標まで約二七キロ、爆弾投下作業が始まり「エノラ・ゲイ」の爆弾倉の扉が開き、高い周波数の信号音が無線で継続して伝えられ、二機の観測機に間もなく爆弾投下だと知らせた。観測機では、カメラの準備、投下機器の準備が行われた。信号音は一分以上続いた。航法士ヴァン・カーク大尉の航空記録には次のように記されている。「ＩＰ、〇九一二（日本時間八時一二分）針路二六四、気温マイナス二三度C、高度三、一〇六フィート」「爆弾投下、〇九一五（八時一五分）」機内では、搭乗員たちが秒読みを始めた。原爆リトル・ボーイは午前八時一五分一七秒に投下され、四三秒後の八時一六分ジャスト、広島上空五八〇メートル付近で炸裂した。

日本にとどめをさした原爆の一閃

広島は一瞬にして地獄の業火に焼き尽くされた。全く廃墟と化した地域は約四四平方キロ（市の約六割）であった。死傷者は合計一二万九、五五八人、うち死者・行方不明が九万二、一五三人、負傷者は三万七、四二五人、建物や家屋の五割以上は完全に破壊されたと公式報告（終戦直後）は伝えたが、その後の実情調査では、当時市内にいた約四二万人のうち、約一五万九、〇〇〇人（約三八％）が四カ月後の一二月末までに死亡したと推定されている。この原爆の一閃は、周知のようにすでに気息奄々《きそくえんえん》として終末の段階にあった日本に、ポツダム宣言受諾による戦争終結を決意させた。

八月七日午前一時すぎ、同盟通信の川越受信所は、トルーマンアメリカ大統領の声明を受信した。ワシントン八月六日午前一一時に予告された記者会見で、大統領新聞係秘書が読み上げたものであり、大統領はポツダム会談から帰国の途上で、大西洋を重巡オーガスタ艦上でこの発表を承認していた。「今から一六時間前、アメリカ空軍機は日本の重要軍事基地である広島に爆弾一発を投下した。この爆弾は、ＴＮＴ高性能爆薬の二万トン以上に相当する威力、史上最強力のグランド・スラム爆弾の二千倍以上の威力を持つものである。……これは原子爆弾である。原爆は宇宙の根源的な力を応用したものである。……日本に対して太陽の原動力ともなっている力が放出されたのである。……」

この声明は直ちに外務省、陸海軍省、宮中などに伝達された。八月八日朝、昭和天皇は東郷外相に、原爆が使用された以上は戦争継続は不可能だから、一刻も早く終戦に持ち込むよう鈴木首相に伝えることを命じた。その一週間後の八月一五日、御聖断による玉音放送で第二次世界大戦は終結した。（一九九三・七・一掲載）

著者紹介

春日井邦夫（かすがい　くにお）

一九二五（大正一四）年、東京に生まれる。一九四二（昭和一七）年春に、東京都立航空工業学校在学中に、仲小路彰の「日本世界史観」に出会い、同年六月開催の「アジア復興レオナルド・ダ・ヴィンチ展覧会」を見学し、心酔。戦後、山中湖畔で一二年間、仲小路彰の薫陶を受ける。一九六五（昭和四〇）年より二二年間、内閣調査室に勤める。

著書『基地闘争』（昭和三八年、国際政治調査会）

情報《じょうほう》と謀略《ぼうりゃく》　上巻

平成二六年九月二五日　初版第一刷発行

著　者　春日井邦夫
発行者　佐藤今朝夫
発行所　株式会社　国書刊行会
〒一七四―〇〇五六
東京都板橋区志村一―一三―一五
TEL 〇三（五九七〇）七四二一
FAX 〇三（五九七〇）七四二七
http://www.kokusho.co.jp
印　刷　株式会社　エーヴィスシステムズ
製　本　株式会社　ブックアート
落丁本・乱丁本はお取替え致します。

ISBN 978-4-336-05856-0